Introduction to Artificial Intelligence

人工智能导论

◎ 廉师友 编著

U0387557

清華大学出版社

北京

内容简介

本书首先概述了人工智能的基本概念、研究内容、研究方法、分支领域、应用前景、历史沿革、现状与趋势等,勾画了人工智能学科的总体架构;然后概略而简要地阐述了各个分支的基本原理、基本技术、研究课题和发展概况。全书分为 6 篇 19 章,内容全面、系统、经典而新颖。

本书结构合理,层次分明,条理清楚,理例结合,图文并茂,深入浅出,详略得当,纸电结合,易读易懂,易教易学。

本书适用于人工智能专业和计算机类、自动化类及电子信息类各专业的人工智能基础或前导性课程,也可作为非人工智能专业的研究生教材或教参,还可供其他专业的师生和科研及工程技术人员自学或参考。

图书在版编目(CIP)数据

人工智能导论/廉师友编著. —北京:清华大学出版社,2020.10(2024.2重印)
21 世纪高等学校人工智能专业规划教材
ISBN 978-7-302-55603-9

Ⅰ. ①人… Ⅱ. ①廉… Ⅲ. ①人工智能-高等学校-教材 Ⅳ. ①TP18

中国版本图书馆 CIP 数据核字(2020)第 089368 号

策划编辑:魏江江
责任编辑:王冰飞
封面设计:刘 键
责任校对:李建庄
责任印制:丛怀宇

出版发行:清华大学出版社
   网 址:https://www.tup.com.cn,https://www.wqxuetang.com
   地 址:北京清华大学学研大厦 A 座   邮 编:100084
   社 总 机:010-83470000   邮 购:010-62786544
   投稿与读者服务:010-62776969,c-service@tup.tsinghua.edu.cn
   质量反馈:010-62772015,zhiliang@tup.tsinghua.edu.cn
   课件下载:https://www.tup.com.cn,010-83470236
印 装 者:三河市天利华印刷装订有限公司
经 销:全国新华书店
开 本:185mm×260mm 印 张:26   字 数:601 千字
版 次:2020 年 10 月第 1 版   印 次:2024 年 2 月第 9 次印刷
印 数:15001~17000
定 价:69.80 元

产品编号:085054-01

前 言

党的二十大报告中指出：教育、科技、人才是全面建设社会主义现代化国家的基础性、战略性支撑。必须坚持科技是第一生产力、人才是第一资源、创新是第一动力，深入实施科教兴国战略、人才强国战略、创新驱动发展战略，这三大战略共同服务于创新型国家的建设。高等教育与经济社会发展紧密相连，对促进就业创业、助力经济社会发展、增进人民福祉具有重要意义。

在互联网、大数据和高速计算的支持下，以深度学习的成功应用为标志和引信，近年来蓄势已久的人工智能研究和应用出现了井喷式爆发。人工智能的迅猛发展引起了世界各国的高度重视，各国政府纷纷制定、颁布相关的规划和政策。2017 年 7 月，国务院发布了《新一代人工智能发展规划》。2018 年 4 月，教育部又发布了《高等学校人工智能创新行动计划》。此后，国内各高等院校纷纷开设了人工智能课程，有不少高校设置了人工智能专业，甚至成立了人工智能学院。

正是在这样的背景下，笔者才撰写了这本《人工智能导论》，并荣幸地被清华大学出版社列选和出版。但本书并非一部全新之作，它实际上是在《人工智能技术导论》（第三版）的基础上扩充而成的。

2000 年 1 月，笔者的《人工智能技术导论》一书在西安电子科技大学出版社出版。2002 年推出该书第二版，2007 年推出第三版。其中，第二版被评为科技类全国优秀畅销书并荣获省部级教学成果二等奖，第三版则为国家"十一五"规划教材并再次获省级二等奖。从 2000 年起，这三部教材相继发行至今，已被国内百余所院校所采用，并被数十部同类教材或书籍所参考，还被数百篇有关学术论文所引用。

然而，近年来人工智能学科正在以前所未有的速度迅猛发展，新思想、新理论、新技术、新方法不断涌现，新分支、新领域不断开拓，那么，在这样的新形势下，作为人工智能的导论性教材也应该与时俱进，于是，这部新版教材便应需而生。

鉴于已经有了人工智能专业，这部新教材的适用范围就从计算机、信息类专业扩展到人工智能专业。于是，其写作目标被定为：勾画人工智能学科的总体架构，阐述其各个分支的原理、方法、课题和发展概况，涵盖人工智能的基本知识、经典内容和最新进展，为读者进一步学习和研发奠定基础，指引方向。

面对新的水准和目标，笔者参阅了国内外大量文献资料，一方面博采众长，一方面又不落俗套，大胆创新，在原教材的基础上，对本书的内容进行重新策划，反复斟酌，几经修改，方脱稿成书。具体来讲，对于本书的撰写，笔者主要从以下几个方面做了努力和探索，这也可算是本书的一些特色。

——结合人工智能学科的已有成果与研究现状，以及自己的教学和研究实践，在第 1

章中系统地介绍了人工智能的基本概念、研究内容、研究方法、分支领域、应用前景、历史沿革、现状与趋势,全方位地归纳和总结了人工智能的基本原理,构成了全书的导引和平台。

——将人工智能学科的研究内容归纳概括为:搜索与求解、知识与推理、学习与发现、发明与创造、感知与响应、理解与交流、记忆与联想、竞争与协作、系统与建造、应用与工程等十个方面,它们构成了人工智能学科的总体架构;进而在此基础上组织教材,将教材内容分为搜索与求解、知识与推理、学习与发现、感知与决策和理解与交流、系统与建造等五个知识单元,再加上第一单元共六个单元。这六个知识单元构成了本书独特的结构风格。

——在选材方面,以全面、基础、典型、新颖为原则,以人工智能的经典著作为依据,并参考 ACM 和 IEEE-CS 中对人工智能课程内容的要求,同时又兼顾该学科的当前热点,确定各篇、章、节的具体内容和详略程度。书中收编了人工智能的最新成果,但又不刻意赶时髦、追风头;书中涉及人工智能的诸多课题,但对于较深入和较专门的内容则点到为止。另外,书中还融入了笔者自己的一些学术观点和研究成果(书中第 8.5.1 节～8.5.3 节和第 14 章取材于笔者的专著: *Principles of Imprecise-Information Processing*: *A New Theoretical and Technological System*(Springer Nature, 2016),这些可作为选讲内容)。

还需说明的是,考虑到本书的专业性质,故选材较为宽泛和基础。其中有些内容看起来似乎不那么时髦和热门,但对于人工智能专业和计算机类专业的学生来讲,则是必备的基础知识。这些内容即使课堂上不讲或不全讲,也至少可以作为学生的专业资料积累和知识储备。

——从整书到各篇、章、节,基本上都是"概述"+"实例"——这种近乎"分形"式的结构模式和行文风格,从而使教材内容泛而不空,虚中有实,而使读者能够既概略又具体地了解和掌握人工智能的基本知识和技能。

——本书在写作上所追求的目标和效果是:将道理讲清楚,让读者看明白。为此,本书在写法上继续保持层次分明、条理清楚、理例结合、图文并茂、深入浅出、详略得当的行文风格,并力求将复杂问题简单化,将艰涩理论通俗化,使得本书更加易读易懂、易教易学。

——为了体现和突出"导论"性,书中每一篇的开头都有导语,大部分章节开头都有引言或概述,有些章节末尾还有进一步的延伸学习导引。

——除了习题外,书中还安排了上机实习及指导。书末还附有中英文名词对照及索引——相当于一本小型人工智能辞典。另外,对任课老师还配备了一整套教学资源,包括教学大纲、教学课件、电子教案、在线作业、教学计划表和微课视频,可供使用或参考。

——本书的结构特点使本书具有很好的适应性。事实上,任课老师和读者可以以第 1 章为基础和平台,再根据各自的需要,灵活地选取书中的篇、章、节甚至小节,组织自己的教学内容。也就是说,本书可适应多种不同课时和要求的教学。

以上特点使得本书还特别适合自学。

> **资源下载提示**
> 课件等资源：扫描封底的"课件下载"二维码，在公众号"书圈"下载。
> 教材（源码）等资源：扫描目录上方的二维码下载。
> 在线作业：扫描封底刮刮卡中的二维码，可以登录在线作业平台。

总之，较之前的《人工智能技术导论》（第三版），本书内容更加充实和精练，质量又有了进一步提升。虽然如此，但之前教材的影子仍隐约可见。也就是说，使用过《人工智能技术导论》（第三版）的院校和老师很容易转到这部新教材上来。

全书共有 6 篇 19 章，全部讲授大约需要 80 学时。目录中带星号的章节可作为选讲内容。另外，还有 10 学时的上机实习。

经过 60 余年的发展，人工智能已有了长足进步，内容已非常丰富；但它仍然是一个发展中的学科，尚未形成一个公认的定型的理论和技术体系。所以，要编撰一部高质量、有特色的导论性教材并非易事。加之视野和水平有限，所以，尽管自己付出了很大努力，但书中肯定仍有一些不尽如人意甚至错误之处。故恳请专家、同行不吝赐教，也希望选用本书的各位老师和同学及读者提出宝贵意见和建议。

在本书出版之际，我要衷心感谢清华大学出版社计算机与信息分社社长魏江江和王冰飞编辑，正是在他们的支持和付出下，本书才得以顺利完成和出版。同时，我还要感谢那些为本书提供了知识资源的国内外专家、学者以及所有为本书的撰写和出版提供过帮助和支持的人士！

作　者
2020 年 4 月

目　录

第1篇　概述与工具

第 2 篇　搜索与求解

第 3 篇　知识与推理

第 4 篇 学习与发现

第1篇 概述与工具

何为人工智能？如何实现人工智能？人工智能有何用？人工智能如何用？……这些问题和知识是学习人工智能，研究人工智能，应用人工智能所需要考虑和了解的。本篇将简要阐述这些问题，并引导读者概览人工智能王国的神奇风貌和历史渊源。

第 1 章

人工智能概述

1.1 什么是人工智能

1.1.1 人工智能的概念

顾名思义,人工智能就是人造智能(Artificial Intelligence,AI)。具体来讲,目前"人工智能"一词是指用计算机模拟或实现的智能。因此,人工智能又称机器智能。当然,这只是对人工智能的字面解释或一般解释。关于人工智能的科学定义,学术界目前还没有统一的认识和公认的阐述。下面是部分学者对人工智能概念的描述,可以看作是他们各自对人工智能所下的定义。

——人工智能是那些与人的思维相关的活动,诸如决策、问题求解和学习等的自动化(Bellman,1978)。

——人工智能是一种计算机能够思维,使机器具有智力的激动人心的新尝试(Haugeland,1985)。

——人工智能是研究如何让计算机做现阶段只有人才能做得好的事情(Rich Knight,1991)。

——人工智能是那些使知觉、推理和行为成为可能的计算的研究(Winston,1992)。

——广义地讲,人工智能是关于人造物的智能行为,而智能行为包括知觉、推理、学习、交流和在复杂环境中的行为(Nilsson,1998)。

——Stuart Russell 和 Peter Norvig 则把已有的一些人工智能定义分为 4 类:像人一样思考的系统、像人一样行动的系统、理性地思考的系统、理性地行动的系统(2003)。

可以看出,这些定义虽然都指出了人工智能的一些特征,但用它们却难以界定一台计算机是否具有智能。因为,要界定机器是否具有智能,必然要涉及什么是智能。但这却是一个难以准确回答的问题。因为关于什么是智能,至今还没有一个公认的定义。这也正是人工智能至今没有公认定义的根本原因。所以,尽管人们给出了人工智能的不少说法,但都没有完全或严格地用智能的内涵或外延来定义人工智能。

1.1.2　图灵测试和中文屋子

关于如何界定机器智能,早在人工智能学科还未正式诞生之前的 1950 年,计算机科学创始人之一的英国数学家阿兰·图灵(Alan Turing)就提出了现称为"图灵测试"(Turing test)的方法。简单来讲,图灵测试的做法是:让一位测试者分别与一台计算机和一个人进行交谈(当时是用电传打字机),而测试者事先并不知道被测者哪一个是人哪一个是计算机。如果交谈后测试者分不出被测者哪一个是人哪一个是计算机的话,则可以认为这台被测的计算机具有智能。

对于图灵测试,美国哲学家约翰·西尔勒(John Searle,1980)提出了异议。他用一个现在称为"中文屋子"的假设,试图说明即便是一台计算机通过了图灵测试,也不能说它就真的具有智能。中文屋子假设:有一台计算机阅读了一段故事并且能正确回答相关问题,这样这台计算就通过了图灵测试。西尔勒设想将这段故事和问题改用中文描述(因为他本人不懂中文),然后将自己封闭在一个屋子里,代替计算机阅读这段故事并且回答相关问题。描述这段故事和问题的一连串中文符号只能通过一个很小的缝隙被送到屋子里。西尔勒则完全按照原先计算机程序的处理方式和过程(如符号匹配、查找、照抄等)对这些符号串进行操作,然后把得到的结果即问题答案通过小缝隙送出去。因为西尔勒根本不懂中文,不可能通过阅读理解来回答问题,但按照计算机程序的处理方法也得到了问题的正确答案。于是,西尔勒认为尽管计算机以这种符号处理方式也能正确回答问题,并且也可通过图灵测试,但仍然不能说计算机就真正有了智能。

其实,图灵测试是一种基于功能、效果的机器智能鉴定方法。就是说,只要从功能、效果上看,如果一个计算机系统能够表现出像人类一样的智慧,就可以说该计算机系统具有了相应的智能。而西尔勒通过中文屋子假设强调的是,机器只有像人一样通过真正的心理级思考(甚至还要有意识和情感)所表现出的某种智慧才算是该机器真正具有了这种智能。在西尔勒看来,中文屋子并不是基于对文本的理解而回答问题的,尽管从整体和外观来看,也可以说这个屋子是理解了中文故事和问题的,但其实内部并没有像人一样的"心理级"上的分析、理解过程。

在学术界,那种仅能通过图灵测试的人工智能,或者更一般地,用功能模拟方法实现的人工智能被(哲学家)称为弱人工智能(weak AI),而通过像人一样的思考(心理活动)过程所实现的人工智能被称为强人工智能(strong AI)。显然,强人工智能的实现难度要远大于弱人工智能。现阶段我们所学习、研究和开发的人工智能还仅限于弱人工智能。但应该指出,从效果上看,强人工智能并非总是高于弱人工智能,或者说,弱人工智能并非一定低于强人工智能。究竟孰高孰低? 则要看具体的应用场景。此外,相比而言,强人工智能也许会带来更令人担忧的社会问题和伦理问题。

1.1.3　脑智能和群智能

　　人的智能源于大脑。由于人脑是由大约 10^{12} 个神经元组成的一个复杂的、动态的巨型神经网络(neural network)系统,其奥秘至今还未完全揭开,因而导致了人们对智能的模糊认识。但从整体功能来看,人脑的智能表现还是可以辨识出来的。例如学习、发现、创造等能力就是明显的智能表现。进一步分析可以发现,人脑的智能及其发生过程在其心理层面上都是可见的,即以某种心理活动和思维过程表现的。这就是说,基于宏观心理层次,就可以定义智能和研究智能。基于这一认识,我们把脑(主要指人脑)的这种宏观心理层次的智能表现称为**脑智能**(Brain Intelligence,BI)。

　　令人惊奇的是,人们发现,一些生物群落或者更一般的生命群体的群体行为或者社会行为,也表现出一定的智能。例如:蚂蚁群、蜜蜂群、鸟群、鱼群等。在这些群体中,个体的功能都很简单,但它们的群体行为却表现出相当的智慧。例如:蚂蚁觅食时总会走最短路径。人们进一步发现,人体内免疫系统中淋巴细胞群也具有学习、寻优等能力。

　　我们再用群的眼光来考察脑,可以发现,脑中的神经网络其实也就是由神经细胞组成的细胞群体。当人们在进行思考时,大脑中的相关神经元只是在各司其职,至于它们在传递什么信息甚至在做什么,神经元自己并不知道。然而由众多神经元所组成的群体——神经网络却具有自组织、自学习、自适应等智能表现。现在人们把这种由群体行为所表现出的智能称为**群智能**(Swarm Intelligence,SI)。

　　可以看出,群智能是有别于脑智能的。事实上,它们是属于不同层次的智能——脑智能是一种**个体智能**(Individual Intelligence,II),而群智能是一种**社会智能**(Social Intelligence,SI)或者说**系统智能**(system intelligence)。对于人脑来说,宏观心理(或者语言)层次上的脑智能与神经元的群体行为又有着密切的关系——正是微观生理层次上低级的神经元的群体行为的"涌现"(emergence)而最终形成了宏观心理层次上高级的脑智能(但二者之间的具体关系如何却仍然是个谜,这个问题的解决可能需要借助于脑科学和系统科学),所以,研究脑智能就不能仅仅局限于心理层次,还要深入生理(神经网络)层次。

1.1.4　符号智能和计算智能

　　既然智能可分为脑智能和群智能,那么通过模拟、借鉴脑智能和群智能就可以研究和实现人工智能。事实上,现在所说的符号智能(Symbolic Intelligence,SI)和计算智能(Computational Intelligence,CI)正是这样做的。

1. 符号智能

　　符号智能就是符号人工智能,它是模拟脑智能的人工智能,也就是所说的传统人工智能或经典人工智能。符号智能以符号形式的知识和信息为基础,主要通过逻辑推理,运用知识进行问题求解。符号智能的主要内容包括知识获取(knowledge acquisition)、知识表示(knowledge representation)、知识组织与管理和知识运用等技术(这些构成了所称的知识工程(Knowledge Engineering,KE))以及基于知识的智能系统等。

2. 计算智能

计算智能就是计算人工智能,它是模拟群智能的人工智能。计算智能以数值数据为基础,主要通过数值计算,运用算法进行问题求解。计算智能的主要内容包括神经计算(Neural Computation,NC)、进化计算(亦称演化计算,Evolutionary Computation,EC)、遗传算法(Genetic Algorithm,GA)、进化规划(Evolutionary Planning,EP)、进化策略(Evolutionary Strategies,ES)、免疫计算(immune computation)、粒群算法(Particle Swarm Optimization,PSO)、蚁群算法(Ant Colony Algorithm,ACA)、自然计算(Natural-Inspired Computation,NIC)等。计算智能主要研究各类优化搜索算法,是当前人工智能学科中一个十分活跃的分支领域。

1.1.5　统计智能和交互智能

除符号智能和计算智能外,人工智能还有两个重要组成部分,本书称之为统计智能(statistical intelligence)和交互智能(interactional intelligence)。

1. 统计智能

不直接考虑事物的内部结构原理,而是针对事物的外在表现,采集或收集相关的测量数据,然后用统计、概率和其他数学方法让计算机进行某种处理,往往也可发现原事物的性质、关系、模式或规律,也即相关知识;然后运用所得知识来解决相关应用问题。这样,计算机也就具有了解决这类问题的智能。我们把这种利用样例数据并采用统计、概率和其他数学方法而实现的人工智能称为统计智能。后面章节中的统计机器学习、统计模式识别、统计语言模型等,就是统计智能的相关内容。事实上,统计智能已经占了人工智能相当大的份额。

2. 交互智能

人类或动物往往能在与环境的反复交互过程中获得经验和知识,进而能够适应环境或者学会某种技能。于是,人们就让智能体(智能机器人或更一般的 Agent)模仿人或动物,并在与环境的交互过程中通过某种方式(如试错)进行自学习而逐渐获得相关经验、知识和技能,从而使机器具有了智能。我们把这种通过交互方式而实现的人工智能称为交互智能。例如,强化学习(Reinforcement Learning,RL)就是实现交互智能的一种重要方法。

1.2　为什么要研究人工智能

1.2.1　研究人工智能的意义

计算机是迄今为止最有效的信息处理工具,以至于人们称它为"电脑"。但现在的普通计算机系统的智能还很有限,例如缺乏自适应、自学习和自优化等能力,也缺乏社会常识或专业知识等,只能被动地按照人们为它事先安排好的步骤进行工作。因而它的功能和作用就受到很大的限制,难以满足越来越复杂和越来越广泛的社会需求。既然计算机和人脑一样都可进行信息处理,那么是否能让计算机同人脑一样也具有智能呢? 这正是人们研究人工智能的初衷。

事实上,如果计算机自身也具有一定智能的话,那么,它的功效将会发生质的飞跃,成为名副其实的电"脑"。这样的电脑将是人脑更为有效的扩大和延伸,也是人类智能的扩大和延伸,其作用将是不可估量的。例如,用这样的电脑武装起来的机器人就是智能机器人。智能机器人的出现,标志着人类社会进入一个新的时代。

研究人工智能也是当前信息化社会的迫切要求。人类社会现在已经进入了信息化时代,信息化的进一步发展,必须有智能技术的支持,或者说就是智能化。

智能化也是自动化发展的必然趋势。自动化发展到一定水平,再向前发展就必然是智能化。事实上,智能化将是继机械化、自动化之后,人类生产和生活中的又一个技术特征。

另外,研究人工智能,对探索人类自身智能的奥秘也可提供有益的帮助。人们通过电脑对人脑进行模拟,从而揭示人脑的工作原理,发现自然智能的渊源。事实上,有一门称为"计算神经科学"的学科正迅速崛起,它从整体水平、细胞水平和分子水平对大脑进行模拟研究,以揭示其智能活动的机理和规律。

1.2.2 人工智能的研究目标和策略

人工智能作为一门学科,其研究目标就是制造智能机器和智能系统,实现智能化社会。具体来讲,就是要使计算机不仅具有脑智能和群智能,还要具有看、听、说、写等感知、理解和交流能力。简言之,就是要使计算机具有自主发现规律、解决问题和发明创造的能力,从而大大扩展和延伸人的智能,实现人类社会的全面智能化。

但由于理论和技术的制约,这一宏伟目标一时还难以完全实现。因此,人工智能学科的研究策略是先部分地或某种程度地实现机器的智能,并运用智能技术解决各种实际问题特别是工程问题,从而使现有的计算机更灵活、更好用和更有用,成为人类的智能化信息处理工具,进而逐步扩展和不断延伸人的智能,实现智能化。

需要指出的是,人工智能的长远目标虽然现在还不能完全实现,但在某些方面,当前的机器智能已表现出相当高的水平。例如,在博弈、推理、识别、翻译、学习以及规划、调度、控制等方面,当前的机器智能已达到或接近能同人类抗衡和媲美的水平,而在有些方面甚至已经超过了人类。

1.3 人工智能的相关学科

现在,人工智能已构成信息技术领域的一个重要学科。由于该学科研究的是如何使机器(计算机)具有智能或者说如何利用计算机实现智能的理论、方法和技术,所以,当前的人工智能既属于计算机科学技术的一个前沿领域,也属于信息处理和自动化技术的前沿领域。由于其研究内容涉及"智能",而从生命体的智能表现来看,"智能"的内涵和外延至少涉及感知、认知、决策、响应、学习、发现、发明、创造等,进而涉及脑与神经、心理、思维、推理、计算、联想以及语言、行为等。而要人工地实现"智能",则还要有数学的支撑。由此可见,人工智能不局限于计算机、信息和自动化等学科,它还涉及智能科学、认知科学、心理科学、脑及神经科学、生命科学、语言学、逻辑学、行为科学、教育科学、系统科学、数理科学以及控制论、信息论、哲学甚至经济学等众多学科领域。所以,人工智能实际上是一门综合性的交叉学科和边缘学科。

1.4 人工智能的研究内容

综合考虑人工智能的内涵、外延、原理、方法、理论、技术、表现和应用等,本书将人工智能学科的研究内容归纳为:搜索与求解、知识与推理、学习与发现、发明与创造、感知与响应、理解与交流、记忆与联想、竞争与协作、系统与建造、应用与工程等十个方面。这十个方面也就是人工智能的十个主题或者说十个分支领域,它们构成了人工智能学科的总体架构。

1.4.1 搜索与求解

这里的搜索,是指计算机或智能体为了达到某一目标而多次进行某种操作、运算、推理或计算的过程。人工智能的研究实践表明,许多问题(包括智力问题和实际工程问题)的求解都可以描述为或者归结为对某种图或空间的搜索问题(其实,搜索也是人在求解问题而不知现成解法的情况下所采用的一种普遍方法)。进一步,人们发现,许多智能活动(包括脑智能和群智能)的过程,甚至几乎所有智能活动的过程,都可以看作或者抽象为一个基于搜索的问题求解过程。因此,搜索技术就成为人工智能最基本的研究内容。

1.4.2 知识与推理

我们知道"知识就是力量"。在人工智能研究中,人们则更进一步领略到了这句话的深刻内涵。事实上,只有具备了某一方面的知识,方可解决相关的问题。所以,知识是智能的基础,甚至可以说"知识就是智能"。那么,要实现人工智能,计算机就必须拥有存储知识和运用知识的能力。为此,就要研究面向机器的知识表示和相应的机器推理技术。知识表示形式要便于计算机接受、存储和处理,机器的推理方式与知识的表示形式又息息相关。由于推理是人脑的一个基本而重要的功能,因而在符号人工智能中几乎处处都与推理有关。这样,知识表示和机器推理就成为人工智能的重要研究内容。事实上,知识与推理也正是知识工程的核心内容。

1.4.3 学习与发现

如前所述,经验积累、规律发现和知识学习诸能力都是智能的表现。那么,要实现人工智能,就应该赋予计算机这些能力。简单来讲,就是要让计算机或者说机器具有自学习能力。试想,如果机器能自己总结经验、发现规律、获取知识,然后再运用知识解决问题,那么,其智能水平将会大幅提升,甚至会超过人类。因此,关于机器的自主学习和规律发现技术就是人工智能的重要研究内容。

事实上,机器学习(Machine Learning,ML)与知识发现(Knowledge Discovery,KD)

现在已是人工智能的热门研究领域,而且取得了长足进步和丰硕成果。例如,基于神经网络的深度学习(Deep Learning,DL)技术的出现和发展已将机器学习乃至人工智能及其应用提高到一个新的水平。

1.4.4　发明与创造

不言而喻,发明创造应该是最具智能的体现。或者可以说,发明创造能力是最高级的智能。所以,关于机器的发明创造能力也应该是人工智能研究的重要内容。这里的发明创造是广义的,它既包括通常所说的发明创造,如机器、仪器、设备等的发明和革新,也包括创新性软件、方案、规划、设计等的研制和技术、方法的创新以及文学、艺术的创作,还包括思想、理论、法规的建立和创新等。发明创造不仅需要知识和推理,还需要想象和灵感;它不仅需要逻辑思维,而且还需要形象思维和顿悟思维。所以,这个领域应该说是人工智能中最富挑战性的一个研究领域。目前,人们在这一领域已经开展了一些工作,并取得了一些成果。例如:已展开了关于形象信息的认知理论、计算模型和应用技术的研究,已开发出了计算机辅助创新软件,还尝试用计算机进行文艺创作,等等。但总的来讲,原创性的机器发明创造进展甚微,甚至还是空白。

1.4.5　感知与响应

这里的感知是指机器感知,就是计算机直接"感觉"周围世界,即像人一样通过感觉器官直接从外界获取信息,如通过视觉器官获取图形、图像信息,通过听觉器官获取声音信息,等等。所以,机器感知包括计算机视觉、听觉等各种感觉能力。同人和动物一样,机器对感知的信息分析以后也要做出响应。响应可以是语言、行为或其他方式。显然,感知和响应是拟人化智能个体或智能系统(如智能机器人)所不可缺少的功能组成部分。所以,机器感知与响应也是人工智能的研究内容之一。

其实,机器感知也是人工智能最早的研究内容之一,而且已经发展成为一个称为模式识别(Pattern Recognition,PR)的分支领域。近年来,在深度学习技术的支持下,模式识别已取得了长足进步和发展,诸如图像识别和语音识别已经基本达到实用化水平。

1.4.6　理解与交流

像人与人之间有语言信息交流一样,人机之间、智能体之间也需要有直接的语言信息交流。事实上,语言交流是拟人化智能个体或智能系统(如人-机接口、对话系统和智能机器人)所不可缺少的组成部分。机器信息交流涉及通信和自然语言处理(Natural Language Processing,NLP)等技术。自然语言处理包括自然语言理解和表达,而理解则是交流的关键。所以,机器的自然语言理解与交流技术也是人工智能的研究内容之一。

关于自然语言处理的研究,人们先后采用基于语言学、基于统计学和基于神经网络机器学习的三种途径和方法。从目前的实际水平来看,基于神经网络的方法处于领先地位。

1.4.7　记忆与联想

记忆是人脑的基本功能之一,人脑的思维与记忆密切相关。所以,记忆是智能的基本条件。不管是脑智能还是群智能,都以记忆为基础,在人脑中,伴随着记忆的就是联想,联想是人脑的奥秘之一。

分析人脑的思维过程可以发现,联想实际是思维过程中最基本、使用最频繁的一种功能。例如,当听到一段乐曲,人们头脑中可能会立即浮现出多年前的某一个场景,甚至一段往事,这就是联想。所以,计算机要模拟人脑的思维就必须具有联想功能。要实现联想无非就是建立事物之间的联系,在机器世界里面就是有关数据、信息或知识之间的联系。建立这种联系的方法很多,比如用指针、函数、链表等,通常的信息查询就是这样做的。但传统方法实现的联想,只能对于那些完整的、确定的(输入)信息联想起(输出)有关的信息。这种"联想"与人脑的联想功能相差甚远。对那些残缺的、失真的、变形的输入信息,人脑仍然可以快速准确地输出联想响应。例如,人们对多年不见的老朋友(面貌已经变化),仍能一眼认出。

从机器内部的实现方法来看,传统的信息查询是基于传统计算机的按地址存取方式进行的。而研究表明,人脑的联想功能是基于神经网络的按内容记忆方式进行的。也就是说,只要是内容相关的事情,不管在哪里(与存储地址无关),都可由其相关的内容被想起。例如,"苹果"这一概念,一般有形状、大小、颜色等特征,按内容记忆方式就是由苹果形状想起颜色、大小等特征,而不需要关心其内部地址。

在机器联想功能的研究中,人们利用这种按内容记忆原理,采用一种称为"联想存储"的技术来实现联想功能。联想存储的特点是:

- 可以存储许多相关(激励,响应)模式对;
- 通过自组织过程可以完成这种存储;
- 以分布、稳健的方式(可能会有很高的冗余度)存储信息;
- 可以根据接收到的相关激励模式产生并输出适当的响应模式;
- 即使输入激励模式失真或不完全时,仍然可以产生正确的响应模式;
- 可在原存储中加入新的存储模式。

联想存储可分为矩阵联想存储、全息联想存储、Walsh 联想存储和网络联想存储等。

另外,人们也研究用人工神经网络(Artificial Neural Network,ANN)实现记忆与联想。例如,Hopfield 网络、循环神经网络、长短期记忆网络等就是这方面的一些成果。而语义网络(见 7.3 节)则是基于信息之间语义关联的一种联想机制。

记忆和联想也是人工智能的研究内容之一,这也是一个富有挑战性的技术领域。

1.4.8 竞争与协作

与人和动物类似,智能体(如智能机器人)之间也有竞争与协作关系。例如,机器人足球赛中同队的机器人之间是协作关系,而异队之间则是竞争关系。所以,实现竞争与协作既需要个体智能也需要群体智能或者说系统智能。这样,竞争与协作也就成了人工智能不可或缺的研究内容。

关于竞争与协作的研究,除了利用博弈论、对策论等有关理论来指导外,人们还从动物群体(例如,蚁群、蜂群、鸟群、鱼群等)的群体行为中获得灵感和启发,然后设计相应的算法来实现智能体的竞争与协作。

1.4.9　系统与建造

系统与建造是指智能系统的设计和实现技术,包括智能系统的分类、硬/软件体系结构、设计方法、实现语言工具与环境等。由于人工智能一般总要以某种系统的形式来表现和应用,因此,关于智能系统的设计和实现技术也是人工智能的研究内容之一。

显然,智能系统的建造技术与通常的计算机系统特别是计算机应用系统的建造技术密切相关。事实上,通常的计算机技术包括硬件技术、软件技术和网络技术等都可以为智能系统的建造提供支持;反过来,智能系统的建造又会进一步推动计算机技术和网络技术的发展。

1.4.10　应用与工程

应用与工程指人工智能的应用和工程技术研究,这是人工智能与实际问题的接口。应用与工程主要研究人工智能的应用领域、应用形式、具体应用工程项目等,其研究内容涉及问题的分析、识别和表示,相应求解方法和技术的设计与选择等。随着人工智能的飞速发展,人工智能技术已经越来越多地付诸实际应用。所以,关于人工智能的应用与工程可以说是方兴未艾。其实,人工智能的研究和解决实际问题也是相辅相成的。一方面,人工智能技术的发展使许多困难问题得以解决;反之,实际问题又给人工智能的研究不断提出新的课题。所以,应用与工程也是人工智能的重要研究内容之一。

1.5　人工智能的研究途径与方法

基于脑智能的符号智能和基于群智能的计算智能是人工智能的两种研究途径与方法,但这样划分过于笼统和粗糙。下面,将人工智能的研究途径和方法做进一步细分。

1.5.1　心理模拟,符号推演

"心理模拟,符号推演"就是从人脑的宏观心理层面入手,以智能行为的心理模型为依据,将问题或知识表示成某种逻辑网络,采用符号推演的方法,模拟人脑的逻辑思维过程,实现人工智能。

采用这一途径与方法的原因是:①人脑可意识到的思维活动是在心理层面上进行的(如人的记忆、联想、推理、计算、思考等思维过程都是一些心理活动),心理层面上的思维过程是可以用语言符号显式表达的,因而,人的智能行为可以用逻辑来建模;②心理学、逻辑学、语言学等实际上也是建立在人脑的心理层面上的,因而,这些学科的一些现成理论和方法可供人工智能参考或直接使用;③当前的数字计算机可以方便地实现语言符号型知识的表示和处理;④可以直接运用人类已有显式知识(包括理论知识和经验知识)建立基于知识的智能系统。

基于心理模拟和符号推演的人工智能研究,被称为心理学派、逻辑学派和符号主义(symbolism)。早期的代表人物有纽厄尔(Allen Newell)、肖(J. C. Shaw)、西蒙(Herbert Simon)等,后来还有费根鲍姆(E. A. Feigenbaum)、尼尔逊(Nilsson)等。其代表性的理念是所谓的"物理符号系统假设"。即认为,人对客观世界的认知基元是符号,认知过程就是符号处理的过程;而计算机也可以处理符号,所以,就可以用计算机通过符号推演的方式来模拟人的逻辑思维过程,从而实现人工智能。

符号推演法是人工智能研究中最早使用的方法之一。人工智能的许多重要成果也都是用该方法取得的,如自动推理、定理证明、问题求解、机器博弈、专家系统等。由于这种方法模拟人脑的逻辑思维,利用显式的知识和推理来解决问题。因此,它擅长实现人脑的高级认知功能,如推理、决策等。

1.5.2　生理模拟,神经计算

"生理模拟,神经计算"就是从人脑的生理层面,即微观结构和工作机理入手,以智能行为的生理模型为依据,采用数值计算的方法,模拟脑神经网络的工作过程,实现人工智能。具体来讲,就是用人工神经网络作为信息和知识的载体,用称为神经计算的数值计算方法来实现网络的学习、记忆、联想、识别和推理等功能。

我们知道,人脑的生理结构是由大约 10^{12} 个神经元(细胞)组成的神经网络,而且是一个动态的、开放的、高度复杂的巨系统,以至于人们至今对它的生理结构和工作机理还未完全弄清楚。因此,对人脑的真正和完全模拟,一时还难以办到。所以,目前的结构模拟只是对人脑的局部或近似模拟,也就是从群智能的层面进行模拟,实现人工智能。

这种方法一般是通过神经网络的"自学习"获得知识,再利用知识解决问题。神经网络具有高度的并行分布性、很强的鲁棒性和容错性,它擅长模拟人脑的形象思维,便于实现人脑的低级感知功能,例如,图像、声音信息的识别和处理。

生理模拟、神经计算的方法早在 20 世纪 40 年代就已出现,但由于种种原因而发展缓慢,甚至一度出现低潮,直到 80 年代中期才重新崛起,现已成为人工智能研究中不可或缺的重要途径与方法。

采用生理模拟、神经计算方法的人工智能研究,被称为生理学派、连接(联结)主义(connection)。其代表人物有 McCulloch,Pitts、F. Rosenblatt、T. Kohonen、J. Hopfield 等。

1.5.3　行为模拟,控制进化

除了上述两种研究途径和方法外,还有一种基于"感知-行为"模型的研究途径和方法,我们称其为行为模拟法。这种方法是用模拟人和动物在与环境的交互、控制过程中的智能活动和行为特性,如反应、适应、学习、寻优等,来研究和实现人工智能。基于这一方法研究人工智能的早期典型代表是 MIT 的 R. Brooks 教授,他研制的六足行走机器人(亦称为人造昆虫或机器虫),曾引起人工智能界的轰动。这个机器虫可以看作是新一代的"控制论动物",它具有一定的适应能力,是一个运用行为模拟即控制进化方法研究人工智能的代表作。事实上,Brooks 教授的工作代表了称为"现场(situated)AI"的研究方向。现场 AI 强调智能系统与环境的交互,认为智能取决于感知和行动,智能行为可以不需要知识,提出"没有表示的智能""没有推理的智能"的观点,主张智能行为的"感知-动作"模式,认为人的智能、机器智能可以逐步进化,但只能在现实世界与周围环境的交互中体现出来。智能只有放在环境中才是真正的智能,智能的高低主要表现在对环境的适应性上。

基于行为模拟方法的人工智能研究,被称为行为主义(behaviorism)、进化主义、控制论学派。行为主义曾强烈地批评传统的人工智能(主要指符号主义,也涉及连接主义)对真实世界的客观事物和复杂境遇,作了虚假的、过分简化的抽象。沿着这一途径,人们研制具有自学习、自适应、自组织特性的智能控制系统和智能机器人,进一步展开了人工生命(artificial life)的研究。

1.5.4　群体模拟,仿生计算

"群体模拟,仿生计算"就是模拟生物群落的群体智能行为,从而实现人工智能。例如,模拟生物种群有性繁殖和自然选择现象而出现的遗传算法,进而发展为进化计算;模拟人体免疫细胞群而出现的免疫计算、免疫克隆计算及人工免疫系统;模拟蚂蚁群体觅食活动过程的蚁群算法;模拟鸟群飞翔的粒群算法和模拟鱼群活动的鱼群算法等。这些算法在解决组合优化等问题中表现出卓越的性能。这些对群体智慧的模拟是通过一些诸如遗传、变异、选择、交叉、克隆等所谓的算子或操作来实现的,我们统称其为仿生计算。

仿生计算的特点是,其成果可以直接付诸应用而解决工程问题和实际问题。目前这一研究途径方兴未艾,展现出光明的前景。

1.5.5　博采广鉴,自然计算

其实,人工智能的这些研究途径和方法的出现并非偶然。如前所述,至今人们对智能的科学原理还未完全弄清楚。所以,在这种情况下研究和实现人工智能的一个自然的思路就是模拟自然智能。起初,人们知道自然智能源于人脑,于是,模拟人脑智能就是研究人工智能的一个首要途径和方法。后来,人们发现一些生命群体的群体行为也表现出某些惊人的智慧,于是,模拟这些群体智能,就成了研究人工智能的又一个重要途径和方法。现在,人们则进一步从生命、生态、系统、社会、数学、物理、化学、甚至经济等众多学科和领域寻找启发和灵感,展开人工智能的研究。

例如,人们从热力学和统计物理学所描述的高温固体材料冷却时,其原子的排列结构与能量的关系中得到启发,提出了"模拟退火算法"。该算法已是解决优化搜索问题的有效算法之一。又如,人们从量子物理学中的自旋和统计机理中得到启发,而提出了量子聚类算法。1994年阿德曼(Addman)使用现代分子生物技术,提出了解决哈密顿路径问题的DNA分子计算方法,并在试管里求出了此问题的解。

这些方法一般被称为自然计算。自然计算就是模仿或借鉴自然界中的某种机理而设计计算模型,这类计算模型通常是一类具有自适应、自组织、自学习、自寻优能力的算法。如神经计算、进化计算、免疫计算、生态计算、量子计算、分子计算、DNA计算和复杂自适应系统等都属于自然计算。自然计算实际是传统计算的扩展,它是自然科学和计算科学相交叉而产生的研究领域。自然计算能够解决传统计算方法难以解决的各种复杂问题,在大规模复杂系统的最优化设计、优化控制、网络安全、创造性设计等领域具有很好的应用前景。

1.5.6　着眼数据,统计建模

"着眼数据,统计建模"就是着眼于事物或问题的外部表现和关系,收集、采集、整理相关信息并做成样本数据,然后基于样本数据用统计学、概率论和其他数学理论和方法建立数学模型,并采用适当的算法和策略进行计算,以期从事物外在表现的样本数据中推测事物的内在模式或规律,并用之于解决相关实际问题。这种方法实际也是科学研究中的一种常用方法。一般来说,用这种方法所获得的知识,虽然有些并不完全精确,有些则具有不确定性,但这些知识是对客观规律的一种定量描述,因而仍然能有效地解决实际问题。所以,它也是人工智能的一个不可或缺的研究途径与方法。

以上给出了当前人们研究人工智能的 6 种途径和方法。它们各有所长,也有各自的局限性。所以,这些研究途径和方法并不能互相取代,而是并存和互补的关系。

1.6 人工智能的应用

人工智能的应用十分广泛,下面仅给出其中一些重要的应用领域和研究课题。

1.6.1 难题求解

这里的难题,主要指那些没有算法解,或虽有算法解但在现有机器上无法实施或无法完成的困难问题。例如,智力性问题中的梵塔问题、n 皇后问题、旅行商问题、博弈问题等;又如,现实世界中复杂的路径规划、车辆调度、电力调度、资源分配、任务分配、系统配置、地质分析、数据解释、天气预报、市场预测、股市分析、疾病诊断、故障诊断、军事指挥、机器人行动规划等,也是这样的难题。在这些难题中,有些是组合数学理论中所称的 NP (Nondeterministic Polynomial,非确定型多项式)问题或 NP 完全(Nondeterministic Polynomial Complete,NPC)问题,NP 问题是指那些既不能证明其算法复杂度超出多项式界,但又未找到有效算法的一类问题。而 NP 完全问题又是 NP 问题中最困难的一种问题,例如,有人证明过排课表问题就是一个 NP 完全性问题。

研究工程难题的求解是人工智能的重要课题,而研究智力难题的求解则具有双重意义:一方面,可以找到解决这些难题的途径;另一方面,由解决这些难题而发展起来的一些技术和方法可用于人工智能的其他领域。这也正是人工智能研究初期,研究内容基本上都集中于游戏世界的智力性问题的重要原因。例如,博弈问题就可以为搜索策略、机器学习等研究提供很好的实际背景。

1.6.2 自动规划、调度与配置

在上述的难题求解中,规划、调度与配置问题是实用性、工程性最强的一类问题。规划一般指设计制订一个行动序列,例如机器人行动规划、交通路线规划。调度就是一种任务分派或者安排,例如车辆调度、电力调度、资源分配、任务分配。调度的数学本质是给出两个集合间的一个映射。配置则是设计合理的部件组合结构,即空间布局,例如资源配置、系统配置、设备或设施配置。

从问题求解角度看,规划、调度、配置三者又有一定的内在联系,有时甚至可以互相转化。事实上,它们都属于人工智能的经典问题之一的约束满足问题(Constraint Satisfaction Problems,CSP)。这类问题的解决体现了计算机的创造性,所以,规划、调度、配置问题求

解也是人工智能的一个重要研究领域。

自动规划的研究始于 20 世纪 60 年代,最早的自动规划系统可以说就是 Simon 的通用问题求解系统 GPS 和 Green 方法。1969 年,斯坦福研究所设计了著名的机器人动作规划系统 STRIPS,成为人工智能界的经典自动规划技术。之后,人们又开发了许多非经典规划技术,如,排序(或分层)规划技术、动态世界规划、专用目的的规划器等。进一步,人们又将机器学习和专家系统技术引入自动规划。在自动配置方面,1982 年卡内基-梅隆大学为 DEC 公司开发的计算机自动配置系统 XCOM(也称 R1)堪称一个典型代表。

另一方面,迅速发展的约束程序设计(Constraint Programming,CP)特别是约束逻辑程序设计(Constraint Logic Programming,CLP)也将为规划、调度和配置问题提供强大的技术支持。

1.6.3 机器博弈

机器博弈是人工智能最早的研究领域之一,而且经久不衰。

早在人工智能学科建立的当年——1956 年,塞缪尔就研制成功了一个跳棋程序。1959 年,装有这个程序的计算机击败了塞缪尔本人,1962 年又击败了美国一位州冠军。

1997 年 IBM 的"深蓝"计算机以 2 胜 3 平 1 负的战绩击败了蝉联 12 年之久的世界国际象棋冠军加里·卡斯帕罗夫,轰动了全世界。2001 年,德国的"更弗里茨"国际象棋软件更是击败了当时世界排名前 10 位棋手中的 9 位,计算机的搜索速度达到创纪录的 600 万步/s。

2016—2017 年,DeepMind 研制的围棋程序 AlphaGo 更是横扫人类各路围棋高手。2017 年 12 月,DeepMind 又推出了一款名为 Alpha Zero 的通用棋类程序,除了围棋外,该程序还会国际象棋等多种棋类。可以说,在棋类比赛上,计算机或者说人工智能已经彻底战胜人类了。

机器人足球赛是机器博弈的另一个战场。近年来,国际大赛不断,盛况空前。现在这一赛事已覆盖全世界的众多大专院校,激发了大学生们的极大兴趣和热情。

事实表明,机器博弈现在已经不仅仅是人工智能专家研究的课题,而是已经进入了人们的文化生活。机器博弈是对机器智能水平的测试和检验,它的研究将有力地推动人工智能技术的发展。

1.6.4 机器翻译与机器写作

机器翻译就是用计算机进行两种语言之间的自动翻译,其研究由来已久。早在电子计算机问世不久,就有人提出了机器翻译的设想,并开始了这方面的研究,但由于曾经过分依赖于基于规则的自然语言理解,所以一度进展缓慢。20 世纪 80 年代,统计方法被引入机器翻译,使机器翻译有了巨大的进步和发展。近年来,神经网络机器学习的再度兴起,又给机器翻译带来了新的繁荣。据报道,在新闻稿的英-汉互译翻译方面,机器翻译已达到甚至超过人类专家水平。总之,在基于规则、基于统计和基于联结三大自然语言处理方法和学派的轮番攻关下,机器翻译质量不断提高,现已逐步进入实用化阶段。然而,在一些专业性较强的翻译邻域,还需要三大学派继续联合攻关。

另一方面,现在机器人写新闻稿(即用计算机自动生成新闻稿)已经不是新闻了。而最近又有报道:一篇题为 *PaperRobot*:*Incremental Draft Generation of Scientific Ideas* 的论文已被 ACL 2019(自然语言处理领域顶级会议)录用,文中介绍了一个最新开发的 PaperRobot,它能实现从 Idea、摘要、结论到"未来研究"的自动生成,甚至还能写出下一篇论文的题目,此事在推特上引起大量关注。

PaperRobot 的工作流程包括以下 3 个内容。

(1) 对目标领域的大量人类撰写的论文进行深入的理解,并构建全面的背景知识图谱。

(2) 通过结合从图注意力(graph attention)和上/下文文本注意力(contextual text attention),从背景知识库 KG 中预测链接,从而产生新想法。

(3) 基于 memory-attention 网络,逐步写出一篇新论文的一些关键要素:首先从输入标题和预测的相关实体,生成一篇摘要;再从摘要生成结论和未来工作;最后从未来工作生成下一篇论文的标题。

研究者还对这个论文生成器进行了图灵测试:将 PaperRobot 生成的生物医学领域论文摘要、结论和未来工作部分,同人类所写的同领域论文,让一名生物医学领域的专家进行比较。结果专家认为,摘要、结论和未来工作部分分别有 30%、24% 和 12%,PaperRobot 生成的比人类写得更好。

该论文作者来自伦斯勒理工学院、DiDi 实验室、伊利诺伊大学香槟分校、北卡罗来纳大学教堂山分校和华盛顿大学。其中,第一作者 Qingyun Wang(王清昀)是伦斯勒理工学院的大四本科生。

1.6.5 机器定理证明

机器定理证明是人工智能的一个重要的研究课题,也是最早的研究领域之一。定理证明是最典型的逻辑推理问题之一,它在发展人工智能方法上起过重大作用。如关于谓词演算中推理过程机械化的研究,帮助人们更清楚地了解到某些机械化推理技术的组成情况。很多非数学领域的任务如医疗诊断、信息检索、规划制订和难题求解,都可以转化成一个定理证明问题,所以机器定理证明的研究具有普遍意义。

机器定理证明的方法主要有以下 4 类。

(1) 自然演绎法:其基本思想是依据推理规则,从前提和公理中可以推出许多定理,如果待证的定理恰在其中,则定理得证。

(2) 判定法:对一类问题找出统一的计算机上可实现的算法解。在这方面有个著名的成果,就是我国数学家吴文俊教授 1977 年提出的初等几何定理证明方法。

(3) 定理证明器:它研究一切可判定问题的证明方法。

(4) 计算机辅助证明:它是以计算机为辅助工具,利用机器的高速度和大容量,帮助人完成手工证明中难以完成的大量计算、推理和穷举。证明过程中所得到的大量中间结果,又可以帮助人形成新的思路,修改原来的判断和证明过程,这样逐步前进直至定理得证。这种证明方法的一个重要成果就是,1976 年 6 月美国的阿普尔(K. Appel)等人证明了 124 年未能解决的四色定理,引起了全世界的轰动。一般来讲,适于计算机辅助证明的是这样一类问题：它需要检索的信息量极大，且证明过程需根据中间结果反复由人修改。

1.6.6　自动程序设计

自动程序设计就是让计算机设计程序。具体来讲，就是只要给出关于某程序要求的非常高级的描述，计算机就会自动生成一个能完成这个要求目标的具体程序。所以，这相当于给机器配置了一个"超级编译系统"，它能够对高级描述进行处理，通过规划过程，生成所需的程序。但这只是自动程序设计的主要内容，它实际是程序的自动综合。自动程序设计还包括程序自动验证，即自动证明所设计程序的正确性。这样，自动程序设计也是人工智能和软件工程相结合的研究课题。

1.6.7　智能控制

智能控制就是把人工智能技术引入控制领域，建立智能控制系统。智能控制具有两个显著的特点：第一，智能控制是同时具有知识表示的非数学广义世界模型和传统数学模型混合表示的控制过程，也往往是含有复杂性、不完全性、不确切性或不确定性以及不存在已知算法的过程，并以知识进行推理，来引导求解过程。第二，智能控制的核心在高层控制，即组织级控制，其任务在于对实际环境或过程进行组织，即决策与规划，以实现广义问题求解。

智能控制系统的智能可归纳为以下几方面。

（1）先验智能：有关控制对象及干扰的先验知识，可以从一开始就考虑在控制系统的设计中。

（2）反应性智能：在实时监控、辨识及诊断的基础上，对系统及环境变化的正确反应能力。

（3）优化智能：包括对系统性能的先验性优化及反应性优化。

（4）组织与协调智能：表现为对并行耦合任务或子系统之间的有效管理与协调。

1.6.8　智能管理

智能管理就是把人工智能技术引入管理领域，建立智能管理系统。智能管理是现代管理科学技术发展的必然趋势。智能管理是人工智能与管理科学、系统工程、计算机技术及通信技术等多学科、多技术互相结合、互相渗透而产生的一门新技术、新学科。它研究如何提高计算机管理系统的智能水平，以及智能管理系统的设计理论、方法与实现技术。

智能管理系统是在管理信息系统、办公自动化系统、决策支持系统的功能集成和技术集成的基础上，应用人工智能的专家系统、知识工程、模式识别、神经网络等方法和技术，进行智能化、集成化、协调化，设计和实现的新一代的计算机管理系统。

1.6.9　智能决策

智能决策就是把人工智能技术引入决策过程，建立智能决策支持系统。智能决策支持系统是在 20 世纪 80 年代初提出来的。它是决策支持系统与人工智能，特别是专家系统相结合的产物。智能决策既充分发挥了传统决策支持系统中数值分析的优势,也充分发挥了专家系统中知识及知识处理的特长,既可以进行定量分析,又可以进行定性分析,能有效地解决半结构化和非结构化的问题。从而,扩大了决策支持系统的范围,提高了决策支持系统的能力。

智能决策支持系统是在传统决策支持系统的基础上发展起来的,由传统决策支持系统再加上相应的智能部件就构成了智能决策支持系统。智能部件可以有多种模式,例如专家系统模式、知识库系统模式等。专家系统模式是把专家系统作为智能部件,这是目前比较流行的一种模式。该模式适用于以知识处理为主的问题,但它与决策支持系统的接口比较困难。知识库系统模式是以知识库作为智能部件。在这种情况下,决策支持系统就是由模型库、方法库、数据库、知识库组成的"四库系统"。这种模式接口比较容易实现,其整体性能也较好。

一般来说,智能部件中可以包含以下知识。

(1) 建立决策模型和评价模型的知识。

(2) 如何形成候选方案的知识。

(3) 建立评价标准的知识。

(4) 如何修正候选方案,从而得到更好候选方案的知识。

(5) 完善数据库,改进对它的操作及维护的知识。

1.6.10　智能通信

智能通信就是把人工智能技术引入通信领域,建立智能通信系统。智能通信就是在通信系统的各个层次和环节上实现智能化。例如在通信网的构建、网管与网控、转接、信息传输与转换等环节,都可实现智能化。这样,网络就可以运行在最佳状态,使网络活化,使其具有自适应、自组织、自学习及自修复等功能。

1.6.11　智能预测

智能预测就是将人工智能技术引入预测领域,建立智能预测模型或系统。例如,使用机器学习方法,从大量观测数据中获取天气变化的规律,建立相应的气象预测模型,对未来的天气做出预测。又如,从大量商业数据中由机器学习获取市场变化的规律,建立相应的经济预测模型,对未来的市场经济做出预测。对于那些不确定性或者难以建立精确数学模型的系统,智能预测则可大显身手。

1.6.12　智能仿真

智能仿真就是将人工智能技术引入仿真领域,建立智能仿真系统。仿真是对动态模型的实验,即行为产生器在规定的实验条件下驱动模型,从而产生模型行为。具体地说,仿真是在3种类型知识——描述性知识、目的性知识及处理知识的基础上产生另一种形式的知识——结论性知识。因此,可以将仿真看作一个特殊的知识变换器,从这个意义上讲,人工智能与仿真有着密切的关系。

利用人工智能技术能对整个仿真过程(包括建模、实验运行及结果分析)进行指导,能改善仿真模型的描述能力,在仿真模型中引进知识表示将为研究面向目标的建模语言打下基础,提高仿真工具面向用户、面向问题的能力。从另一方面来讲,仿真与人工智能相结合可使仿真更有效地用于决策,更好地用于分析、设计及评价知识库系统,从而推动人工智能技术的发展。正是基于这些方面,将人工智能特别是专家系统与仿真相结合,就成为仿真领域中一个十分重要的研究方向。

1.6.13　智能设计与制造

从 20 世纪八九十年代开始,人工智能技术已被引入设计和制造领域,以实现智能设计与制造。

在设计方面,首先人工智能被用于计算机辅助设计(CAD),建立智能 CAD 系统,实现自动数据采集、智能交互、智能图形学以及设计自动化。从具体技术来看,智能 CAD 技术大致可分为规则生成法、约束满足法、搜索法、知识工程方法和形象思维方法等。

智能制造就是在数控技术、柔性制造技术和计算机集成制造技术的基础上,引入智能技术。智能制造系统由智能加工中心、材料传送检测和实验装置等智能设备组成,它具有一定的自组织、自学习和自适应能力,能在不可预测的环境下,基于不确定、不精确、不完全的信息,完成拟人的制造任务,形成高度自动化生产。

1.6.14　智能车辆与智能交通

智能车辆就是将人工智能技术用于车辆驾驶,实现无人驾驶的车辆。随着计算机视觉、机器感知、智能控制、智能机器人等技术的飞速发展,智能车辆应运而生,并发展迅猛。国内外的许多公司竞相推出了各自的无人驾驶车,现在已进入上路测试阶段。

智能交通就是在公共交通的各个环节引入人工智能技术,建造智能交通系统,实现路况实时监测、车辆实时调度、实时路径规划等。这就需要计算机视觉、模式识别、自动调度与规划、自然语言人机接口等智能技术的支持,当然还需要卫星导航、电子地图等设施和技术的配合。其实,现在的交通系统已经部分地实现智能化了。

1.6.15　智能诊断与治疗

将人工智能技术引入疾病诊断与治疗由来已久,早在 20 世纪七八十年代,人们已将专家系统技术用于疾病诊断与治疗。现在,进一步将深度学习、强化学习、模式识别及机器人等技术引入疾病的诊断和治疗,如今已取得了一定的成果。但由于人体的复杂性以及安全性问题,从现阶段来看,人工智能还只能作为人类医生的助手,帮助人类医生提高疾病诊断和治疗水平。

1.6.16　智能生物信息处理

进入 21 世纪后,生命科学的研究深入基因和蛋白质层次,由此而产生的数据量和复杂度激增,以至于由常规计算技术主导的生物信息处理已难以胜任。于是,人工智能技术被引入生命科学的研究,即用人工智能技术研究、解决生物信息处理中的困难问题。譬如,对海量基因测序数据的处理,对蛋白质折叠结构的研究等。事实上,这一领域现在发展迅速。据报道,谷歌的一个名为 AlphaFold 的研究项目已取得了一项重大成果:根据基因序列成功地预测了蛋白质的三维结构。众所周知,蛋白质是构筑生命体的基本分子材料,而蛋白质是以某种折叠形式而构造的,不同的折叠结构决定了蛋白质不同的功能和生物活性,所以,能预测蛋白质的折叠结构,将有助于对生物体特别是人类的生理、病理、药理的研究,对疾病诊断与治疗有重大意义。可见,人工智能在生物信息处理乃至生命科学领域也可大显身手。

1.6.17　智能教育

智能教育就是在教育的各个环节引入人工智能技术,实现教育智能化。

个人计算机问世不久,人们便开展计算机辅助教学(Computer Aided Instruction, CAI);之后,随着人工智能技术的发展,CAI 升级为智能 CAI(ICAI)。ICAI 的特点是能对学生因材施教地进行指导,ICAI 具备下列智能特征:

(1) 自动生成各种问题与练习。

(2) 根据学生的水平和学习情况自动选择与调整教学内容与进度。

(3) 在理解教学内容的基础上,自动解决问题,生成解答。

(4) 具有自然语言的生成和理解能力。

(5) 对教学内容有解释咨询能力。

(6) 能诊断学生错误,分析原因并采取纠正措施。

(7) 能评价学生的学习行为。

(8) 能不断地在教学中改善教学策略。

为了实现上述 ICAI 系统,一般把整个系统分成专门知识、教导策略和学生模型等 3 个基本模块和一个自然语言的智能接口。

近年来,随着人工智能技术、互联网技术、通信技术与计算技术的飞速发展,在 ICAI 的基础上,智能教育被提上了教育界的议事日程。智能教育将会使当前的教育形式、教学方式、教学内容、教育资源分配等发生重大变革,远程教育、个性化教育、名师面对面、因材施教、随机学习等设想,都在陆续变为现实。

1.6.18　智能人-机接口

智能人-机接口就是智能化的人-机交互界面。这种人机交互界面使机器更加灵性化、拟人化、个性化。现在这方面已经取得了一些进展,如网上已经出现了多个有一定智能水平的人机对话系统。随着智能通信和智能化网络的发展,智能接口已是人-机交互的迫切需要和人-机接口技术发展的必然趋势。智能人-机接口涉及机器感知,特别是图形图像识别与理解、语音识别、自然语言处理、不确切性信息处理、机器翻译等诸多 AI 技术,另外,还涉及多媒体、虚拟现实等技术。

1.6.19　模式识别

识别是人和生物的基本智能信息处理能力之一。事实上,人们几乎无时无刻不在对周围世界进行着识别。而所谓模式识别,指的是用计算机进行物体识别。这里的物体一一般指文字、符号、图形、图像、语音、声音及传感器信息等形式的实体对象(但不包括概念、思想、意识等抽象或虚拟对象,后者的识别属于心理、认知及哲学等学科的研究范畴)。模式识别是人和生物的感知能力在计算机上的模拟和扩展,其应用十分广泛。诸如信息、遥感、医学、影像、安全、军事等领域都是模式识别用武之地。经过多年的研究,模式识别已有了长足进步和发展。例如,图像识别、人脸识别、语音识别、手写体文字识别等技术已经投入实际使用,而基于模式识别还出现了生物认证、数字水印等新技术。

1.6.20 智能机器人

智能机器人也是当前人工智能领域一个十分重要的应用领域和热门的研究方向。由于它直接面向应用,社会效益高,所以,其发展非常迅速。事实上,有关机器人的报道,近年来在媒体上已频频出现。诸如工业机器人、太空机器人、水下机器人、家用机器人、军用机器人、服务机器人、医疗机器人、运动机器人、助理机器人、机器人足球赛、机器人象棋赛等,应有尽有。

智能机器人的研制几乎需要所有的人工智能技术,而且还涉及其他许多科学技术门类和领域。所以,智能机器人是人工智能技术的综合应用,其能力和水平已经成为人工智能技术水平甚至人类科学技术综合水平的一个代表和体现。

1.6.21 数据挖掘与知识发现

随着计算机、数据库、互联网等信息技术的飞速发展,人类已进入大数据(big data)时代。例如,企业中出现了以数据仓库为存储单位的海量数据,互联网上的 Web 页面更以惊人的速度不断增长。面对这些浩如烟海的数据,人们已经无法用人工方法或传统方法从中获取有用的信息和知识。而事实上这些数据中不仅承载着大量的信息,同时也蕴藏着丰富的知识。于是,如何从这些数据中归纳、提取出高一级的更本质更有用的规律性信息和知识,成了人工智能的一个重要研究课题。也正是在这样的背景下,数据挖掘(Data Mining,DM)与数据库中的知识发现(Knowledge Discovery in Databases,KDD)技术便应运而生。

其实,数据挖掘和数据库中的知识发现的本质含义是一样的,只是前者主要流行于统计、数据分析、数据库和信息系统等领域,后者则主要流行于人工智能和机器学习等领域。所以,现在有关文献中一般都把二者同时列出。

数据挖掘现已成为人工智能应用的一个热门领域和研究方向,其涉及范围非常广泛,如企业数据、商业数据、科学实验数据、管理决策数据等,尤其是 Web 数据的挖掘。所以,KDD 已几乎等同于 KD,或者说也可以简称为 KD。

1.6.22 计算机辅助创新

计算机辅助创新(Computer Aided Innovation,CAI)是以"发明问题解决理论(TRIZ)"为基础,结合本体论(ontology)、现代设计方法学、计算机技术而成的一种用于技术创新的新技术手段。CAI 现已成为新产品开发中的一项关键性基础技术。计算机辅助创新可以看作是机器发明创造的初级形式。

在计算机辅助创新方面,Genrich Altshuller 等人(苏联)在分析了全世界近 250 万件高水平的发明专利,并综合多学科领域的原理和法则后,建立了一种被称为 TRIZ(TRIZ 是由俄语拼写的单词首字母组成,用英语也可缩写为 TIPS,其全称为 Theory of Inventive Problem Solving)的发明创造理论和方法。TRIZ 是由解决技术问题和实现创新开发的各种方法、算法组成的综合理论体系,其基本原理是:企业和科学技术领域中的问题和解决方案是重复出现的;企业和科学技术领域的发展变化也是重复出现的;高水平的创新活动经常会应用到专业领域以外的科学知识。因此,技术系统的进化遵循客观的法则群,人们可以应用这些进化法则预测产品的未来发展趋势,把握新产品的开发方向。在解决技术问题时,如果不明确应该使用哪些科学原理法则,则很难找到问题的解决对策。TRIZ 就是提供解决问题的科学原理并指明解决问题的探索方向的有效工具。同时,产品创新需要和自然科学与工程技术领域的基本原理以及人类已有的科研成果建立千丝万缕的联系,而各学科领域知识之间又具有相互关联的特性。显然,对这些关联特性的有效利用会大大加快创新进程。

基于 TRIZ,人们已经开发出了不少计算机辅助创新软件。例如:

(1) 发明机器(Invention Machine)公司开发出的 TechOptimizer 就是一个计算机辅助创新软件系统。TechOptimizer 软件是基于知识的创新工具,它以 TRIZ 为基础,结合现代设计方法学、计算机辅助技术及多学科领域的知识,以分析解决产品及其在制造过程中遇到的矛盾为出发点,从而解决在新产品开发过程中遇到的技术难题而实现创新,并可为工程技术领域新产品、新技术的创新提供科学的理论指导,并指明探索方向;

(2) IWINT,Inc.(亿维讯)公司研发的计算机辅助创新设计平台(Pro/Innovator),它基于 TRIZ,将发明创造方法学、现代设计方法学与计算机软件技术融为一体。它能够帮助设计者在概念设计阶段有效地利用多学科领域的知识,打破思维定势、拓宽思路、准确发现现有技术中存在的问题,找到创新性的解决方案。在保证产品开发设计方向正确的同时,实现创新。如今已成为全球研究机构、知名大学、企业解决工程技术难题、实现创新的有效工具。这种基于知识的创新工具能帮助技术人员在不同工程领域产品的方案设计阶段,根据市场需求,正确地发现并迅速解决产品开发中的关键问题,高质量、高效率地提出可行的创新设计方案,并将设计引向正确方向,为广大企业提高自主创新能力和实现系统化创新提供行之有效的方法和方便实用的创新工具。

(3) 基于知识发现的计算机辅助创新智能系统(CAIISKD),是国内学者研发的一个以创新工程与价值工程为理论基础,以知识发现为技术手段,以专家求解问题的认知过程为主线,以人机交互贯穿的多层递阶、综合集成的计算机辅助创新智能系统。

1.6.23　计算机文艺创作

在文艺创作方面,人们也尝试开发和运用人工智能技术。事实上,现在计算机创作的诗词、小说、乐曲、绘画时有报道。例如,下面两首古诗就是计算机创作的。

云松

銮仙玉骨寒,

松虬雪友繁。

大千收眼底，

斯调不同凡。

无题

白沙平舟夜涛声，

春日晓露路相逢。

朱楼寒雨离歌泪，

不堪肠断雨乘风。

下面的这篇英文小说也是计算机创作的。

Betrayal

Dave Striver loved the university. He loved its ivy-covered clocktowers, its ancient and sturdy brick, and its sun-splashed verdant greens and eager youth. He also loved the fact that the university is free of the stark unforgiving trials of the business world-only this isn't a fact: Academia has its own tests, and some are as merciless as any in the marketplace. A prime example is the dissertation defense: To earn the PhD, to become a doctor, one must pass an oral examination on one's dissertation. This was a test Professor Edward Hart enjoyed giving.

Dave wanted desperately to be a doctor. But he needed the signatures of three people on the first page of his dissertation, the priceless inscriptions that, together, would certify that he had passed his defense. One of the signatures had to come from Professor Hart, and Hart had often said-to others and to himself-that he was honored to help Dave secure his well-earned dream.

Well before the defense, Striver gave Hart a penultimate copy of his thesis. Hart read it and told Dave that it was absolutely first rate, and that he would gladly sign it at the defense. They even shook hands in Hart's book-lined office. Dave noticed that Hart's eyes were bright and trustful, and his bearing paternal.

At the defense, Dave thought that he eloquently summarized chapter 3 of his dissertation. There were two questions, one from Professor Rodman and one from Dr. Teer; Dave answered both, apparently to everyone's satisfaction. There were no further objections.

Professor Rodman signed. He slid the tome to Teer; she too signed, and then slid it in front of Hart. Hart didn't move.

"Ed?" Rodman said.

Hart still sat motionless. Dave felt slightly dizzy.

"Edward, are you going to sign?"

Later, Hart sat alone in his office in his big leather chair, saddened by Dave's failure. He tried to think of ways he could help Dave achieve his dream.

其汉语译文为：

背　叛

戴夫·斯特赖维尔喜爱这所大学。他喜爱校园里爬满常青藤的钟楼,那古色古香而又坚固的砖块,还有那洒满阳光的碧绿草坪和热情的年轻人。使他感到欣慰的还有这样一件事,即大学里完全没有商场上那些冷酷无情的考验——但事实恰恰并非如此:做学问也要通过考试,而且有的考试与市场上的考验一样不留情面。最好的例子就是论文答辩:为了取得博士学位,成为博士,博士生必须通过论文的口试,爱德华·哈特教授就喜欢主持这样的答辩考试。

戴夫迫切希望成为一名博士。但他需要让3个人在他论文的第一页上签上他们的名字,这3个千金难买的签名能够证明他通过了答辩。其中一个签名是哈特教授的。哈特常常对戴夫本人和其他人说,对于帮助戴夫实现他应该有的梦想,他感到很荣幸。

答辩之前,斯特赖维尔早早给哈特送去了他论文的倒数第二稿。哈特阅读后告诉戴夫,论文水平绝对一流,答辩时他会很高兴地在论文上签名。在哈特那四壁摆满书橱的办公室里,两人甚至还握了手。戴夫注意到,哈特两眼放光,充满信任,神情宛如慈父一般。

在答辩时,戴夫觉得自己流利地概括了论文的第三章。评审者提了两个问题,一个是罗德曼教授提的,另一个是蒂尔博士提的。戴夫分别作了回答,并且显然已让每个人心悦诚服,再没有人提出异议。

罗德曼教授签了名。他把论文推给蒂尔,她也签上了名字,接着便把本子推到了哈特跟前。哈特没有动。

"爱德华?"罗德曼问道。

哈特仍然坐在那儿,毫无表情。戴夫感到有点眩晕。"爱德华,你打算签名吗?"

过后,哈特一个人待在办公室里,坐在那张宽大的皮椅里,他为戴夫未能通过答辩感到难过。他试图想出帮助戴夫实现他梦想的办法。

其实,上面这些都是多年前的作品了。现在计算机诗词已有了进一步发展。据报道,微软的小冰已经出版诗集了,还有人已经用计算机创作出《哈利·波特》的续集。在技术上也有了很大进展。以前的计算机诗词一般是用一种称为词语沙拉(word salad)的技术,以及后来的基于模板和模式、基于统计等方法生成的。用这些方法生成的古诗,要么是诗句之间缺乏语义连贯性,要么缺乏灵活性,而且有别于诗词领域的专业知识,需要专家设计大量的人工规则,对生成诗词的格律和质量进行约束。近年来,基于神经网络的机器学习被引入机器写诗,例如基于RNN(循环网络)语言模型的方法,将诗歌的整体内容,作为训练语料送给RNN语言模型进行训练。训练完成后,先给定一些初始内容,然后就可以按照语言模型输出的概率分布进行采样得到下一个词,不断重复这个过程就可以产生完整的诗歌。还可用LSTM(长短期记忆)网络实现一个写诗机器人。网上现在已推出了好几款写诗软件,用户只需输入几个随意想到的名词、形容词,计算机就能在数秒内完成一首现代诗。在计算机诗词领域,清华大学有一支劲旅,该团队推出了一款名为"九歌"的计算机自动作诗系统。

需要指出的是,以上仅给出了人工智能应用的部分领域和课题。事实上,除了上面所列举的例子外,还有智能材料、智能建筑、智能家居、智能服装、智能服务、智能传媒、智能检测、智能农业等,不一而足。当今的人工智能研究与实际应用的结合越来越紧密,受应用的驱动越来越明显。现在,人工智能技术已同整个计算机科学技术、网络技术、信息技术紧密结合在一起,其应用也与传统的计算机应用越来越融合,有的则直接面向应用。归纳起来,AI 的应用形成了以下几条主线:

——从基于图搜索的问题求解到基于各种智能算法的问题求解。

——从图像识别、语音识别到景物分析、视频理解,再到自然语言人机对话。

——从专家(知识)系统到 Agent 系统和智能机器人系统。

——从机器学习到大数据挖掘与知识发现。

——从单机环境下的智能程序到以 Internet 和 WWW 为平台的分布式智能系统。

——从智能技术的单一应用到各种各样的智能产品、智能机器/仪器/设施和智能工程。

1.7 人工智能的分支领域与研究方向

经过 60 余年的发展,人工智能现在已经成为一个大学科了,而且还在迅猛发展,不断分化出新的分支和研究方向,同时有些技术和方法又互相结合,互相渗透。所以,要想完全厘清人工智能的分支领域与研究方向并非易事,下面我们从不同的视角对人工智能的分支领域与研究方向做一简单归纳。

从研究内容来看,如前所述,人工智能可分为搜索与求解、知识与推理、学习与发现等十大分支领域(它们构成了人工智能学科的总体架构)。这十大领域各自又有其子领域和研究方向,本书的篇、章、节基本上就是按照这样的知识体系组织的。

从研究途径和智能层次来看,人工智能可分为符号智能、计算智能、统计智能和交互智能等四大分支领域。这四大领域各自又有一些子领域和研究方向。如符号智能中又有图搜索、自动推理、不确定性推理、不确切性推理(含近似推理)、专家系统、知识工程、知识库系统、符号学习等分支和方向;计算智能中有神经计算(含连接学习)、进化计算(含遗传算法)、免疫计算、蚁群计算、粒群计算、自然计算等分支和方向;统计智能有统计学习、统计模式识别、基于统计的自然语言处理等分支和方向;交互智能有强化学习、Agent、智能机器人、控制进化等分支和方向等。

从所模拟的脑智能或脑功能来看,AI 中有机器学习、机器感知、机器联想、机器推理、机器行为等分支领域。而机器学习又可分为符号学习、连接学习(神经网络学习)、统计学习、交互学习等分支领域和方向,这四个分支领域又有各自更细的分支和方向。如神经网络学习中的深度学习、交互学习中的强化学习,统计学习中的支持向量机,符号学习和统计学习都有的决策树学习、统计学习和神经网络学习都有的监督学习和无监督学习。机器感知和交流又可分为计算机视觉、模式识别、图像识别与理解、语音识别、自然语言处理等领域和方向。这些领域又都可再分为基于规则(或结构)、基于统计和基于联结三大方法和流派。

从系统角度看,AI 中有智能计算机系统和智能应用系统两大类。智能计算机系统又可分为智能硬件平台、智能操作系统、智能网络系统等。智能应用系统又可分为基于知识的智能系统、基于算法的智能系统和兼有知识和算法的智能系统等。另外,还有分布式人工智能系统,包括多 Agent 系统、智能机器人系统。

从应用角度看,如 1.6 节所述,AI 中有难题求解等数十个分支领域和研究方向。

从信息处理角度看,人工智能的研究涉及确定-确切性信息处理、不确定-确切性信息处理、确定-不确切性信息处理、不确定-不确切性信息处理等四个主题,而后面三个主题实际上可归结为不确定性信息处理和不确切性信息处理两个主题。这样,从信息处理角度看,人工智能则可分为确定-确切性信息处理、不确定性信息处理和不确切性信息处理三大领域。

1.8　人工智能学科发展概况

1.8.1　孕育与诞生

现在公认,人工智能学科正式诞生于 1956 年。那年夏季,由美国达特莫斯(Dartmouth)大学的麦卡锡(J. McCarthy)、哈佛大学的明斯基(M. Minsky)、IBM 公司信息研究中心的洛切斯特(N. Rochester)、贝尔实验室的香农(C. E. Shannon)共同发起,并邀请 IBM 公司的莫尔(T. More)和塞缪尔(A. M. Samuel)、麻省理工学院的塞尔夫里奇(O. Selfridge)和索罗门夫(R. Solomonff)以及兰德公司和卡内基工科大学的纽厄尔(A. Newell)、西蒙(H. A. Simon)等,共十位来自数学、心理学、神经生理学、信息论和计算机等方面的学者和工程师,在达特莫斯大学召开了一次历时两个月的研究会,讨论关于机器智能的有关问题。会上经麦卡锡提议,正式采用了"人工智能"这一术语。从此,一门新兴的学科便正式诞生了。

人工智能学科虽然正式诞生于 1956 年,但之前已经被孕育十余年了。事实上,早在20 世纪 40 年代就有学者开始用数学方法研究人脑神经元的信息处理机制了。1950 年,电子计算机刚问世不久,英国科学家图灵就发表了题为"计算机与智能"的论文,并提出了著名的"图灵测试"。

可见,人工智能实际上是数理科学、计算机科学、逻辑学、心理学、脑科学、神经生理学和信息科学等诸多学科发展的必然趋势和必然结果。

1.8.2　符号主义先声夺人

在 1956 年之后的十多年间,人工智能的研究取得了许多引人瞩目的成就。从符号主义的研究途径来看,主要有以下工作。

1956 年,美国的纽厄尔、肖和西蒙合作编制了一个名为逻辑理论机(Logic Theory Machine,LT)的计算机程序系统。该程序模拟了人用数理逻辑证明定理时的思维规律。利用 LT 纽厄尔等人证明了怀特海(Alfred North Whitehead)和罗素(Bertrand Russell)的名著——《数学原理》第 2 章中的 38 条定理(1963 年在另一台机器上证明了全部 52 条定理)。而美籍华人、数理逻辑学家王浩于 1958 年在 IBM-704 计算机上用 3～5 分钟证明了《数学原理》中有关命题演算的全部定理(220 条),并且还证明了谓词演算中 150 条定理的 85%。

1956 年,塞缪尔研制成功了具有自学习、自组织、自适应能力的跳棋程序。这个程序能从棋谱中学习,也能从下棋实践中提高棋艺,1959 年它击败了塞缪尔本人,1962 年又击败了美国一个州的冠军。

1959年,籍勒洛特(H. Gelernter)发表了证明平面几何问题的程序,塞尔夫里奇推出了一个模式识别程序;1965年罗伯特(Roberts)编制出了可以分辨积木构造的程序。

1960年,纽厄尔、肖和西蒙等人通过心理学试验总结出了人们求解问题的思维规律,编制了通用问题求解程序(General Problem Solving,GPS)。该程序可以求解11种不同类型的问题。

1960年,麦卡锡研制成功了面向人工智能程序设计的表处理语言LISP。该语言以其独特的符号处理功能,很快在人工智能界风靡起来。它武装了几代人工智能学者,至今仍然是人工智能研究的一个有力工具。

1965年,鲁宾逊(Robinson)提出了消解原理,为定理的机器证明做出了突破性的贡献。

在这一时期,虽然人工智能的研究取得了不少成就,但就所涉及的问题来看,大都是一些可以确切定义并具有良好结构的问题;就研究的内容来看,主要集中于问题求解中的搜索策略或算法,而轻视了与问题有关的领域知识。当时人们普遍认为,只要能找到几个推理定律,就可以解决人工智能的所有问题。所以,这一时期人工智能的研究主要是以推理为中心,有人将这一时期称为人工智能的推理期。

推理期的人工智能基本上还是停留在实验室,没有面向真实世界的复杂问题。之后,在认真考察了现实世界中的各种复杂问题后,人们发现要实现人工智能,除了推理搜索方法外,还需要知识。于是人工智能的研究又开始转向知识。

1965年,美国斯坦福大学的费根鲍姆(E. A. Feigenbaum)教授和他的团队所研制的基于领域知识和专家知识的名为DENDRAL的程序系统,标志着人工智能研究的一个新时期的开始。该系统能根据质谱仪的数据并利用有关知识,推断出有机化合物的分子结构。该系统当时的能力已接近于甚至超过有关化学专家的水平,后来在英、美等国得到了实际应用。由于DENDRAL系统的特点主要是依靠其所拥有的专家知识解决问题,因此,后来人们就称它为专家系统(Expert System,ES)。继DENDRAL之后,还有一些著名的专家系统,如医学专家系统MYCIN、地质勘探专家系统PROSPECTOR、计算机配置专家系统R1等相继问世。这些专家系统进一步完善了专家系统的理论和技术基础,同时也扩大了专家系统的应用范围。

由于专家系统走出了实验室,能解决现实世界中的实际问题,被誉为“应用人工智能”,所以,专家系统很快成为人工智能研究中的热门课题,并受到企业界和政府部门的关注和支持。

在这一时期,还发生了一些重大学术事件,如1969年国际人工智能联合会议(International Joint Conferences on Artificial Intelligence,IJCAI)宣告成立;1970年国际性的人工智能专业杂志 *Artificial Intelligence* 创刊;1972年法国马赛大学的科麦瑞尔(A. Colmerauer)在Horn子句的基础上提出了逻辑程序设计语言PROLOG;1977年,在第五届国际人工智能会议上,费根鲍姆进一步提出了知识工程的概念。这样,人工智能的研究便从以推理为中心转向以知识为中心,进入了所称的知识期。

从此以后,专家系统与知识工程便成为人工智能的一个最重要的分支领域。同时,“知识是智能的基础和源泉”的思想也逐渐渗透到人工智能的其他分支领域,如自然语言理解、景物分析、文字识别和机器翻译等。于是,运用知识(特别是专家知识)进行问题求解,便成为一种新的潮流。

自20世纪80年代后,专家系统与知识工程在理论、技术和应用方面都有了长足的进步和发展。专家系统的建造进入应用高级开发工具时期。专家系统结构和规模也在不断扩大,出现了多专家系统、大型专家系统、微专家系统和分布式专家系统等。同时,知识表示、不精确推理、机器学习等方面也都取得了重要进展。各个应用领域的专家系统如雨后春笋般地在世界各地不断涌现,还出现了不限于专家知识的基于知识的系统(knowledge-based system)和知识库系统(knowledge base system)。专家系统、知识工程的技术应用于各种计算机应用系统,出现了智能管理信息系统、智能决策支持系统、智能控制系统、智能CAD系统、智能CAI系统、智能数据库系统、智能多媒体系统等。

另外,20世纪80—90年代,以LISP机和PROLOG机为代表的智能计算机成为各国竞相研发的重大课题。虽然取得了不少成果,但最终未达到预期目标。

1.8.3 连接主义不畏坎坷

在连接主义阵营,早在20世纪40年代就有一些学者开始了神经元及其数学模型的研究。例如,1943年,心理学家McCulloch和数学家Pitts提出了形式神经元的数学模型——称之为MP模型;1944年,Hebb提出了改变神经元连接强度的Hebb规则。MP模型和Hebb规则至今仍在各种神经网络中起着重要作用。

20世纪50年代末到60年代初,开始了人工智能意义下的神经网络系统的研究。一群研究者结合生物学和心理学研究的成果,开发出一批神经网络,开始时用电子线路实现,后来用更灵活的计算机模拟。如1957年罗圣勃莱特(F. Rosenblatt)开发的称为感知器(Perceptron)的单层神经网络、1962年维特罗(B. Windrow)提出的自适应线性元件(Adaline)等。这些神经网络已可用于诸如天气预报、电子线路分析、人工视觉等领域。当时,人们认为智能的关键仅仅是如何构造足够大的神经网络的方法问题。但类似的网络求解问题的失败和成功同时并存,造成无法解释的困扰。人工神经网络研究开始了一个失败原因的分析阶段。作为人工智能创始人之一的著名学者明斯基应用数学理论对以感知器为代表的简单网络做了深入的分析,并于1969年和白伯脱(Papert)共同发表了颇有影响的*Perceptrons*一书。书中证明了那时使用的单层人工神经网络,无法实现一个简单的异或门(XOR)所完成的功能。明斯基本人也对神经网络的前景持悲观态度。

由于明斯基的理论证明和个人的威望,这本书的影响很大,使许多学者放弃了在该领域中继续努力,政府机构也改变基金资助的投向。另一方面,在此期间,基于逻辑与符号推理途径的研究不断取得进展和成功,也掩盖了发展新途径的必要性和迫切性。因此,神经网络的研究进入低谷。

然而,仍有少数杰出科学家,如寇耐(T. Kohonen)、葛劳斯伯格(S. Grossberg)、安特生(J. Andenson)等,在极端艰难的环境下仍然坚韧不拔地继续努力。

经过这些科学家的艰苦探索,神经网络的理论和技术在经过近20年的暗淡时期后终于有了新的突破和惊人的成果。1985年,美国霍布金斯大学的赛诺斯(T. Sejnowsk)开发了名为 NETtalk 英语读音学习用的神经网络处理器,输入为最多由 7 个字母组成的英语单词,输出为其发音,由于该处理器自己可以学习许多发音规则,因此从一无所知起步,经过 3 个月的学习所达到的水平已可同经过 20 年研制成功的语音合成系统相媲美。同年,美国物理学家霍普菲尔特(J. Hopfield)用神经网络迅速求得了巡回推销员路线问题(即旅行商问题)的准优解,显示它在求解"难解问题"上的非凡能力。实际上,早在 1962年,霍普菲尔特就提出了著名的 HNN 模型。在这个模型中,他引入了"能量函数"的概念,给出了网络稳定性判据,从而开拓了神经网络用于联想记忆和优化计算的新途径。此外,还有不少成功的例子。这些重大突破和成功,轰动了世界。人们对冷落了近 20 年的神经网络又刮目相看了。另一方面,在这一时期,在符号主义途径上,人工智能虽然在专家系统、知识工程等方面取得了较大的进展,但在模拟人的视觉、听觉和学习、适应能力方面,却遇到了很大的困难。这又使人们回过头来对人工智能的研究途径作新的反思,不得不寻找新的出路。正是在这样的背景下,神经网络研究的热潮再度出现。

1987 年 6 月,第一届国际神经网络会议(ICNN)在美国圣第亚哥召开。会议预定 800人,但实际到会达 2000 多人。据报道会上气氛之热烈,群情之激昂,是国际学术会议前所未有的。例如,会上有人竟喊出了"AI is dead,Long live neural networks"的口号。会议决定成立国际神经网络学会,并出版会刊 *Neural Networks*。

从此之后,神经网络东山再起,其研究活动的总量急剧增长,新的研究机构、实验室等与日俱增,各国政府积极组织与实施有关的科研攻关项目。然而,几年时间过去了,并未出现人们预期的结果。另一方面,1995 年后,计算智能方面的研究工作,特别是统计学习方面的重大突破——支持向量机,也冲淡和分散了人们对神经网络的热情和注意力。于是,关于神经网络的研究热潮再次降温。

但所幸的是,与上次"倒春寒"时的情形一样,在这样的形势下,仍有学者锲而不舍,扎扎实实地进行着自己的研究工作。这其中的典型代表当推加拿大多伦多大学的 Geoffrey Hinton 教授和他的团队。他们不随波逐流,不见异思迁,而是在屡遭挫败的情况下,仍然"固执己见",坚持不懈,终于发现和提出了基于深度神经网络的"深度学习"技术并获得成功。深度学习,可以说是 AI 史上最重大的一次技术突破,虽然这一重大突破直到 2012年后才真正被学术界承认,但它引起的轰动是"核弹"级的。深度学习再一次掀起了神经网络的研究热潮,也掀起了机器学习乃至人工智能的研究热潮。

2018 年,ACM 将图灵奖颁发给了 Geoffrey Hinton、Yann LeCun 和 Yoshua Bengio这三位深度学习的开创者,可谓实至名归。

这里还应该提及的是,多年来,德国学者 Jürgen Schmidhuber 和他的团队在神经网络和深度学习领域也有出色的工作和傲人的成就(详见微课)。

视频讲解

1.8.4 计算智能异军突起

继模拟人脑微观结构的神经计算之后,1962 年福格尔(Fogel)受物竞天择的生物进化过程的启发,提出了进化程序设计(Evolutionary Programming,EP),也称进化规划的概念和方法,开创了从脑和神经系统以外的生命世界中寻找智慧机理之先河。1964 年,雷切伯格(Rechenberg)、施韦费尔(Schwefel)和比纳特(Bienert)提出了另一个被称为进化策略的搜索算法。1967 年,Bagley 和 Rosengerg 提出了遗传算法的初步思想。1975年,霍兰德(Holland)的出色工作奠定了遗传算法的理论基础,使这个模拟生物有性繁殖、遗传变异和优胜劣汰现象的优化搜索算法付诸了实际应用。至此,进化计算的研究方向基本形成。1980 年,霍兰德教授实现了第一个基于遗传算法的机器学习系统——分类器系统(classifier system)。1989 年,D. J. Goldberg 总结了遗传算法的主要成果,全面论述了遗传算法的基本原理及其应用,奠定了现代遗传算法的科学基础。1992 年,Koza 将遗传算法应用于计算机程序设计,提出了遗传程序设计(Genetic Programming,GP)的新概念和新方法。

1965 年,美国学者 L. A. Zadeh 推广传统集合的定义,提出了模糊集合(fuzzy set)的概念。基于模糊集合,人们又发展了模糊逻辑、模糊推理、模糊控制等,形成了处理不确切性信息和知识的一些理论和方法。

1994 年,关于神经网络、进化程序设计和模糊系统的三个 IEEE 国际会议联合举行了首届计算智能大会"The First IEEE World Congress on Computational Intelligence"。这标志着一个有别于符号智能的人工智能新领域——计算智能正式形成。

此外,在 20 世纪 90 年代前后,涌现出了一批计算智能的新理论和新算法:

- 20 世纪 90 年代初,意大利学者多里戈(M. Dorigo)、马尼佐(V. Maniezzo)和科洛龙(A. Colorni)等人研究蚂蚁寻找路径的群体行为,提出了蚁群算法。
- 1986 年,Farmer 首次将人体免疫机理和人工智能结合起来。1990 年伯西尼(Bersini)首次使用免疫算法(immune algorithm)来解决实际问题。20 世纪末,福雷斯特(Forrest)等将免疫系统中抗体识别抗原的机理与遗传算法相结合,提出了免疫遗传算法,并将其用于计算机安全。同期,de Castro 和 Gaspar 分别从克隆选择原理出发,建立了克隆选择算法和模式跟踪算法;Dasgupta 设计了阴性选择算法,并用于入侵检测问题;亨特(Hunt)等人将免疫算法用于机器学习领域。
- 源于对鸟群捕食的行为研究,Eberhart 和 Kennedy 于 1995 年开发了粒群算法。
- 1991 年波兰数学家 Pawlak 提出了粗糙集(rough set)理论。

这些新理论和新算法的出现,进一步扩充了计算智能的内涵和外延。另外,在 Zadeh 的倡导下,模糊逻辑、神经计算、概率推理、遗传算法、混沌系统和信任网络等被合称为软计算(soft computing)。

进入 21 世纪后,计算智能不论从理论上还是应用上都取得了长足的发展。特别是进化计算、免疫算法、蚁群算法、粒群算法等构成了一个被称为智能计算或智能算法的新领域,且出现了蓬勃发展的局面。其应用遍及网络安全、机器学习、数据挖掘和知识发现、模式识别、自动规划、自动配置、自动控制、故障诊断、加工调度、聚类分类和计量化学等众多领域,大大推进了人工智能技术的研究和发展,也大大扩展和加快了人工智能技术的实际应用。

1.8.5 统计智能默默奉献

虽然统计模式识别、统计学习、统计语言模型等技术几乎占领了人工智能的半壁江山,但在一般的人工智能发展史的叙述中却未见关于"统计智能"的专门评说。为什么会有这种现象呢？原来,习惯上(至少在一些人的观念里)"人工智能"一词仅指符号智能,而"机器学习"也仅指连接学习和统计学习,因而往往就把机器学习、模式识别、计算智能等与人工智能并列而论。于是,用统计方法做模式识别、机器学习、自然语言处理(包括机器翻译)等的学者也就不觉得自己的工作与人工智能有什么关系。然而,人工智能既然涵盖所有非自然智能,自然也应该包括用任何数学方法实现的智能。其实,大概从 2012 年深度学习成名之后,特别是 2016 年 AlphaGo 出现之后,学术界已经不成文地将"人工智能"正式扩展为涵盖符号智能、计算智能、个体智能、群体智能以及各类机器学习、模式识别、自然语言处理、数据挖掘与知识发现等的"大人工智能"或者说广义人工智能了。现在家喻户晓的"人工智能"也就是这种"大人工智能"。其实,尽管统计学家们也许并未意识到或者并不认为用算法解决诸如分类、聚类、回归等问题是在实现人工智能,但他们的工作却实实在在地使机器具有了智能。例如,通过某一算法发现了分类判别函数或者实现了回归估计,这难道不是机器智能的表现吗？还需指出的是,神经网络与统计学习实际上有一定的交集,它们都基于样本数据进行学习,统计学习以神经网络作为学习模型,而好多神经网络学习算法则有统计学基础(例如多层感知器就是另一类非参数估计)。既然如此,那么,基于神经网络的机器学习能作为连接主义而归入人工智能,而统计学习为什么就不能是人工智能的一个分支呢？

正由于概念和观念上的不一致,所以导致了一直在默默地为人工智能做贡献的相关统计方法却未有相应的名分,而长期被作为"编外成员"。这显然是不合情理的现象和局面。既然现在的人工智能是广义人工智能,那么,就应该将统计学习、统计模式识别、统计自然语言处理等正式归入人工智能范畴,将基于统计方法而实现的人工智能称为统计智能,并填补统计智能在人工智能发展史上的空白。这也是本书安排这一小节的初衷。

当然,由于这方面的资料缺乏(专门的史料还未见到),加之作者的视野和水平所限,所以,下面也只是大体按时间顺序粗线条地罗列一些重大事件,算是抛砖引玉。

自 20 世纪 20 年代,统计学进入推断统计学阶段。在上一个描述统计学阶段,统计规律(分布函数)已得到充分研究,而这一阶段则要找到一种可靠的统计推断方法,即

给定一个来自某一函数依赖关系的经验数据集,推断这一函数依赖关系。

在随后的研究中,有两个著名的事件:

(1) 英国学者 R. A. Fisher 提出了参数统计学统一框架下的统计推理主要模型。

(2) Gliveko、Cantelli 和 Kolmogorov 开始了统计推理的一般分析。

这两个事件决定了统计推理的两种主要研究方法:

(1) 特殊(参数化)推理方法,其目的是建立一类简单的统计推理方法,用于解决实际问题。

(2) 通用方法,其目的是为任何统计推理问题找到一种(归纳)方法。

Fisher 把统计推理问题简化为估计一个产生随机信号且属于一个已知函数族密度函数的问题。按照 Fisher 的观点,统计学的主要目标就是从一个给定的(简单)模型族中估计观测到的事件的模型。

1930 年至 1960 年为参数推理方法的黄金时期,它占据了统计推理的统治地位。在这期间,势函数、线性分类、最近邻方法被提出,但由于没有实现这些算法的快速计算机或

大型存储器,因而未能完全展示它们的潜力。

在这一时期,Fisher 还提出了方差(variance)的概念和方差分析方法、Fisher 准则函数、最大似然方法、随机化方法、重复性和统计控制的理论,以及各种相关系数的抽样分布。这一阶段贡献最大、最为著名的学者当推 R. A. Fisher,以致有人将这一时期称为统计学的 Fisher 时代。

1960 年后,计算机进入统计学研究,当人们试图利用计算机分析包含很多因子的复杂模型,或者想得到更精确的解时,参数推理方法的缺点和问题便暴露了出来,于是,许多统计学家重新考虑整个统计工作的主要目标,提出了"数据分析"的新方向,拟实现基于数据的归纳推理,而不是利用纯统计技术来完成归纳推理。这一阶段的突出成果有 P. Huber 提出的参数统计学的鲁棒方法,J. Nedler 和 R. Wedernburn 提出的广义线性模型,等等。20 世纪 80 年代,L. Breiman、P. Huber 和 J. Friedman 开始用正则化经验风险最小化方法取代最大似然方法。

尽管人们做了很大努力,也取得了不少成果,但经典的参数体系的局限性仍然存在。于是,研究工作又回到统计推理的一般问题上。

20 世纪 60 年代后期,为了克服模式识别问题中的"维数灾难",V. N. Vapnik 和 A. Ya. Chervonenkis 提出了一种不同的方法,即 VC 理论。从而,开创了一个新的被称为"预测统计学"的体系。

20 世纪 60 年代末 70 年代初,Vapnik 和 Chervonenkis 在 F. Rosenblatt 的神经元模型——感知器及其学习方法的启发下,提出了经验风险最小化(empirical risk minimization, ERM)原则,建立了模式识别问题的 ERM 理论。进而又推广了 Gliveko-Cantelli-Kolmogorov 理论,并提出了事件集合(指示函数)的容量和 VC 维的新概念。随后 Vapnik 又提出了结构风险最小化(SRM)原则。

1984 年 Valiant 提出了 PAC(probably approximately correct)学习模型。

1995 年 Cortes 与 Vapnik 提出支持向量机(Support Vector Machine,SVM)这一统计学习新方法。接着 Boser、Guyon 和 Vapnik 又引入核技巧,提出非线性支持向量机。随后,支持向量机又被研究者们推广到多分类问题、回归问题、结构预测等领域,发展出一个支持向量机家族。2000 年初,支持向量机又被进一步推广为核机器(kernel machine)。支持向量机具有泛化性能好、适合小样本、适用面宽和支持超高维(如 100 000 维)等优点,将统计学习乃至机器学习提高到一个新的层次和水平,引起了轰动和广泛关注。

1995 年和 1998 年,Vapnik 先后出版了《统计学习理论的本质》和《统计学习理论》两部很有影响力的学术专著,全面总结并系统论述了主要由其研究、发展的一套基于经验数据估计依赖关系的一般理论,以及在此理论基础上的学习机器:支持向量机。统计学习理论与传统统计学理论相比,有更好的实用性。它将统计学习中的判别方法(此外还有一种"生成方法")的理论和技术发展到了最高阶段(支持向量机方法就是一种判别方法)。Vapnik 教授则被认为是一位判别方法的开创者。

20 世纪 70 年代,统计方法被引入自然语言处理,出现了统计语言学,有力地推动了自然语言处理的进展。这其中的关键人物是 Frederrick Jelinek 和他领导的 IBM 华生实验室。他们采用基于统计的方法,将语音识别率从 70% 提升到 90%,语音识别的规模从几百单词上升到几万单词。

1988 年 IBM 的 Peter Brown 等人提出了基于统计的机器翻译方法。但由于当时没有足够的统计数据,也没有强大的计算能力,所以没有进行下去。

20 世纪 70 年代,IBM 华生实验室的 James 和 Janet Baker 将隐马尔科夫模型引入语音识别,从而使识别错误率从 30% 降至 10%。90 年代后,隐马尔科夫模型陆续被成功地应用于机器翻译、图像处理、手写体识别以及基因序列分析等领域。

基于统计方法的自然语言处理是在大量的语言资料(语料库)的基础上用统计和概率的理论和方法研究自然语言处理。基于统计的流派被称为"经验主义"学派,始于 20 世纪 70 年代后期,到了 20 世纪 90 年代,"经验主义"学派超越了基于规则的"理性主义"学派,成为 NLP 领域的后起之秀。

1.8.6　智能主体一统江湖,Agent & Robot

20 世纪 80 年代中期,Agent(智能主体或智能体)的概念被(明斯基)引入人工智能领域,形成了基于 Agent 的人工智能新理念。这里所说的 Agent 指的是一种具有智能的实体。它可以是智能软件、智能设备、智能机器人(Robot)或智能计算机系统等。Agent 是多种智能技术之集大成,人们试图用 Agent 技术统一和发展人工智能技术。Agent 的出现,标志着人们对智能认识的一个飞跃,从而开创了人工智能技术的新局面。从此,智能系统的结构形式和运作方式发生了重大变化,传统的"知识+推理"的脑智能模式发展为以 Agent 为基本单位的个体智能和社会智能新模式。20 世纪 90 年代以后,Agent 技术蓬勃发展,Agent 与 Internet 和 WWW 相结合,更是相得益彰——人工智能的应用范围大为扩展,社会效益日渐明显;同时也促进了人工智能技术的进一步发展。

1.8.7　知识工程东山再起,机器学习领衔高歌

2010 年后,互联网上的各种数据激增,人类进入了大数据时代;同时,计算机的运算能力也不断提升(从 CPU 到 GPU 到 TPU,再到云计算),这就使得蓄势待发的深度学习如鱼得水、如虎添翼,迅速展现了其威力和优势,占领了机器学习领域的制高点。在深度学习的带动下,强化学习也越来越受到人们的重视,而成为机器学习的另一个热点。这样,机器学习特别是基于神经网络的机器学习在深度学习的鼓舞、启发和影响下有了突飞猛进的发展,有力地推动了人工智能的发展和繁荣,极大地改变了人工智能的面貌、生态和社会地位,使人工智能彻底走出象牙塔,进入企业,进入社会,进入千家万户。

另一方面,2012 年,Google 将"知识图谱"技术引入其搜索引擎,建立了互联网上的知识库,进一步提高了搜索质量和效率。随后,其他网站纷纷效仿,掀起了知识图谱的研究和应用热潮,使其成为人工智能的又一个热门领域,也使知识工程甚至符号智能也再度活跃起来。

1.8.8　现状与趋势

首先指出,由于人工智能技术的飞速发展和笔者水平及视野的限制,因此,很难在这样一个小节的篇幅里,对人工智能的现状和发展趋势作出全面、准确的评估。但概括地

讲,我们认为,当前人工智能的现状和发展呈现出如下特点:

(1) **多种途径齐头并进,多种方法协作互补**

本章给出了 6 种研究途径与方法,这里还要特别提及的是,近年来迅速发展的认知计算(cognitive computing)和量子计算对人工智能的研究和发展有重要意义。

(2) **新思想、新技术不断涌现,新领域、新方向不断开拓**

这里要特别提及的是,继深度学习算法获得成功后,人工智能芯片现在又成为一个新的研发热点,呈现出百花齐放的热闹局面。此外,关于“通用人工智能”(Artificial General Intelligence,AGI)的研究也逐渐热了起来。

(3) **理论研究更加深入,应用研究愈加广泛**

人们从脑科学、认知科学、生命科学和系统科学中探究智能的原理和奥秘,同时又不断开发和拓展现有人工智能技术的应用领域。

(4) **企业公司进军 AI,协作竞争你追我赶**

现在,国内外的许多大型企业和公司(有 IT 界的也有非 IT 界的)纷纷加入 AI 的研发行列,例如美国的 IBM、微软、Google、Facebook、Amazon、非营利组织 OpenAI,中国的百度、腾讯、阿里等,而且大有“喧宾夺主”、后来居上的气势。另外,新创的专业 AI 公司如雨后春笋,不计其数。

(5) **研究队伍日益壮大,AI 教育蔚然成风**

现在大专院校和科研院所中与智能相关的学科、专业和研究方向越来越多;国内的许多大学成立了人工智能学院或开设了人工智能专业,理工科几乎所有专业都已经或将要开设人工智能通识课;甚至还准备在高中试验开设人工智能课。另外,社会上和网络上各种讲座、培训班、书讯等更是令人目不暇接。

(6) **各类活动空前活跃,社会影响与日俱增**

社会上与人工智能有关的组织、团体、刊物、网站、网文急剧增多,相关活动、会议、赛事日益频繁;人工智能的产品、系统、工程几乎应有尽有;有关人工智能的新闻报道频频出现。可以说,现在“人工智能”已经家喻户晓。

以上特点展现了人工智能学科的繁荣景象和光明前景。虽然在通向其最终目标的道路上,还会有不少困难、问题和挑战,但前进和发展毕竟是大势所趋。一个智能化新时代正在向我们大踏步走来。

习题 1

1. 什么是人工智能? 人工智能的研究意义、目标和策略是什么?
2. 人工智能有哪些研究途径与方法? 它们的关系如何?
3. 人工智能有哪些研究内容?
4. 人工智能有哪些分支领域和研究方向?
5. 人工智能有哪些应用领域或课题? 试举出几例。
6. 简述人工智能的发展概况。

第 2 章

人工智能程序设计语言

2.1 概述

我们知道,人工智能所解决的问题并非一般的数值计算或数据处理问题。所以,用常规的程序设计语言进行人工智能程序设计,就显得不那么得心应手。于是,面向人工智能程序设计的语言便应运而生。

第一个人工智能程序设计语言是表处理语言 LISP(LISt Processing 的缩写)。它于1960 年由美国麻省理工学院的麦卡锡(John Macarthy)和他的研究小组首先设计实现。正如其名称所示,LISP 最擅长表处理,亦即符号处理。半个多世纪以来,它在人工智能领域中发挥了非常重要的作用,许多著名的人工智能系统都是用 LISP 语言编写的。LISP被誉为人工智能的数学,至今仍然是人工智能研究和开发的主要工具之一。

现在,人工智能程序设计语言已有了很大的进步和发展。继 LISP 之后,还相继出现了 PROLOG、C++、Java、MATLAB、Python 等语言。概括起来,面向人工智能程序设计的语言包括函数型、逻辑型、面向对象型、计算型及混合型等多种类型。

2.1.1 函数型语言

LISP 是一种函数型程序设计语言。LISP 程序由一组函数组成,程序的执行过程就是一系列的函数调用和求值过程。但 LISP 还不是纯函数型语言,准确地讲,它是基于λ-函数的语言。除 LISP 外,20 世纪 70 年代,J. Backus 还提出了一种被称为 FP 的所谓纯函数型程序设计语言。

2.1.2 逻辑型语言

逻辑型程序设计语言起源于 PROLOG(PROgramming in LOGic 的缩写)。PROLOG

首先由法国马赛大学的 Colmerauer 和他的研究小组于 1972 年研制成功,后来在欧洲得到进一步发展。特别是 1981 年日本宣布要以 PROLOG 作为他们正在研制的新一代计算机——智能计算机的核心语言,更使 PROLOG 举世瞩目,迅速风靡世界,成为与 LISP 并驾齐驱的甚至更加流行的智能程序设计语言。

由于 PROLOG 语言是一种逻辑型程序设计语言,因此用它编写的程序也就是逻辑程序,即在 PROLOG 程序中一般不需告诉计算机"怎么做",而只需告诉它"做什么"。因此,PROLOG 亦属陈述性语言。与通常的过程性程序设计语言相比,PROLOG 可以说是更高级的语言。

PROLOG 语言是以 Horn 子句逻辑为基础的程序设计语言,它是最具代表性的一种逻辑程序设计语言。早期的 PROLOG 版本都是解释型的。1986 年,美国的 Borland 公司推出了编译型 PROLOG——Turbo PROLOG,并很快成为 PC 机上流行的 PROLOG。现在则有运行在 Windows 和 Linux 环境下的 Visual PROLOG 和 Linux 下的 SWI Prolog。但这些 PROLOG 语言版本属顺序逻辑程序设计语言。为了进一步提高运行效率和推理速度,从 20 世纪 80 年代初起,人们开始研制并行逻辑程序设计语言。现在已开发出了不少并行逻辑语言,其中比较著名和成熟的有 PARLOG(PARallel LOGical programming language)、Concurrent PROLOG、GHC(Guarded Horn Clauses)等。

2.1.3 面向对象语言

自 20 世纪 80 年代以来,面向对象程序设计(object-oriented programming,OOP)异军突起,发展迅速,并越来越流行起来。面向对象程序以其信息隐蔽、封装、继承、多态、消息传递等一系列优良机制,大大改善了软件的复杂性、模块性、重用性和可维护性,有望从根本上解决软件的生产效率问题。另一方面,由于面向对象程序设计的类、对象、继承等概念,与人工智能,特别是知识表示和知识库产生了联系。因而,面向对象程序设计语言也成为一种人工智能程序设计语言,而被广泛引入人工智能程序设计,特别是知识工程、专家系统程序设计。

面向对象程序设计语言种类繁多,已发展成为一个大家族。其中最纯正、最具面向对象风格的语言当推 Smalltalk,而最流行的是 C++。此外,Java 是适于网络(Internet)环境的一种面向对象语言。

2.1.4 计算型语言

所谓计算型语言,就是面向数值计算的程序设计语言。最典型的计算型语言就是 MATLAB。计算型语言属于过程性语言,长于描述算法,而且本身又自带算法库,所以是机器学习的常用编程语言。另外,在机器学习领域还有一些流行的编程语言,如 R、Python、Java、WEKA、GO、JavaScript、Scala、Darknet 等,也可看作计算型语言,虽然它们有些同时也是面向对象语言。

2.1.5 混合型语言

以上几种语言都各有所长,但也都有其不足之处。为了扬长避短,便出现了基于这几种语言的混合型语言。

1. 函数型与逻辑型相结合的语言

函数型与逻辑型语言的结合方式有耦合型和统一型两类。统一型又可分为具有归结语义的函数型语言和集成式语言两个子类。

耦合型语言意为将具有归约语义的函数型语言和具有归结语义的逻辑型语言组合在一起,并在二者之间提供一个接口而形成的一种混合型语言。其典型代表有以下3种。

(1) LOGLISP,该语言在 LISP 的基础上增加了表达合一、回溯等机制的系统函数,从而在保持 LISP 特色的同时又有了逻辑程序设计能力。

(2) FUNLOG,该语言在 PROLOG 之外又增加了函数定义机制,系统以归结语义执行 PROLOG 程序,以归约语义求解函数。

(3) POPLOG,这是 POP-11、PROLOG 和 LISP 的混合型语言,3 种成分各有一个增量式编译器。具有归结语义的函数型语言又可分为 N-语言、F-语言和 R-语言。

集成式语言对函数成分和逻辑成分平等看待,并把它们对称地组织起来。其典型代表有 LEAF 和 APPLOG。

2. 函数型与面向对象相结合的语言

在 LISP 语言的基础上再扩充面向对象机制而产生的语言,被称为函数型的面向对象程序设计语言(也称为面向对象的 LISP)。这种语言现已成为一个家族,其中比较著名的有以下 6 种。

(1) Flavors,由 MIT 的 Lisp Machine 小组于 1979 年研制而成,它的基语言是 Symbolics Common LISP。

(2) LOOPS(Lisp Object-Oriented Programming System),它是在 InterLisp-D 环境上实现的基于 LISP 的 OOP 语言,由 Xerox 公司于 1983 年推出。

(3) CommonLoops,它是基于 CommonLisp 的函数型 OOP 语言,由 Xerox 公司于 1985 年推出。

(4) CLOS(CommonLisp Object System),它是 Xerox 公司于 1986 年推出的一个 CommonLoops 与 New Flavors 的后继产品。

(5) CommonObjects,它是由 HP 公司于 1983—1985 年实现的又一个基于 CommonLisp 的 OOP 语言。

(6) OBJ2,也是一种面向对象的函数型语言。

3. 逻辑型与面向对象相结合的语言

著名的逻辑型与面向对象相结合的语言有以下 3 种。

(1) SPOOL,该语言是日本 IBM 分部于 1985 年推出的以面向对象思想扩充的 PROLOG 语言。

（2）Orient 84K,该语言是 Keio 大学于 1984 年发表的基于 PROLOG 和 Smalltalk 的并行执行语言。

（3）Vulan,该语言是一种面向对象的逻辑型语言。

4. 计算型与面向对象型相结合的语言

典型的计算型与面向对象型相结合的语言如 Python。

以上综述了人工智能程序设计语言概况。下面将进一步介绍 PROLOG 语言和 Python 语言,以便为书中后面的章节提供一个具体的语言工具,以提高有关内容的可理解性和可操作性。另一方面,这两种语言也是学习和研发人工智能的经典和流行语言工具。

2.2　知识工程经典语言 PROLOG

PROLOG 语言是一种基于 Horn 子句的逻辑型程序设计语言,也是一种陈述性语言。PROLOG 与人工智能的知识表示、自动推理、图搜索、产生式系统和专家(知识)系统等有着天然的联系,很适合智能程序设计。故本书把 PROLOG 语言作为例程语言。

2.2.1　PROLOG 的语句

PROLOG 语言仅有 3 种语句,称为事实、规则和问题。

1. 事实(Fact)

格式　⟨谓词名⟩(⟨项表⟩).

其中谓词名是以小写英文字母开头的字母、数字、下画线等组成的字符串,项表是以逗号隔开的项序列。PROLOG 中的项包括由常量或变量表示的简单对象以及函数、结构和表等,即事实的形式是一个原子谓词公式。例如:

```
student(john).
like(mary,music).
```

就是 PROLOG 中的两个合法事实。

功能　一般表示对象的性质或关系。

例如上面的两个事实就分别表示"约翰是学生"和"玛丽喜欢音乐"。

作为特殊情形,一个事实也可以只有谓词名而无参量。例如:

```
abc.
repeat.
```

等也是允许的。

2．规则（Rule）

格式　⟨谓词名⟩(⟨项表⟩)︰-⟨谓词名⟩(⟨项表⟩){,⟨谓词名⟩(⟨项表⟩)}.

其中"︰-"号表示"if"（也可以直接写为 if），其左部的谓词是规则的结论（也称为头），右部的谓词是规则的前提（也称为体），{ }表示零次或多次重复，逗号表示 and（逻辑与），即规则的形式是一个逻辑蕴含式。例如：

```
bird(X):-animal(X),has(X,feather).
grandfather(X,Y):-father(X,Z),father(Z,Y).
```

就是 PROLOG 的合法规则。

功能　一般表示对象间的因果关系、蕴含关系或对应关系。

例如，上面的第一条规则表示"如果 X 是动物，并且 X 有羽毛，则 X 是鸟"；第二条规则表示"X 是 Y 的祖父，如果存在 Z，X 是 Z 的父亲并且 Z 是 Y 的父亲"。

作为特殊情形，规则中的谓词也可以只有谓词名而无参量。例如：

```
run:-start,step1(X),step2(X),end.
```

也是一个合法规则。

3．问题（Question）

格式　?-⟨谓词名⟩(⟨项表⟩)){,⟨谓词名⟩(⟨项表⟩)}.

例如：

```
?-student(john).
?-like(mary,X).
```

就是两个合法的问题。

功能　表示用户的询问，它就是程序运行的目标。

例如，上面的第一个问题的意思是"约翰是学生吗?"，第二个问题的意思是"玛丽喜欢谁?"。

问题可以与规则及事实同时一起给出，也可以在程序运行时临时给出。

2.2.2　PROLOG 的程序

PROLOG 程序一般由一组事实、规则和问题组成。问题是程序执行的起点，称为程序的目标。例如下面就是一个 PROLOG 程序。

```
likes(bell,sports).
likes(mary,music).
likes(mary,sports).
likes(jane,smith).
friend(john,X):-likes(X,reading),likes(X,music).
```

```
friend(john,X):-likes(X,sports),likes(X,music).
?-friend(john,Y).
```

可以看出,这个程序中有 4 条事实、2 条规则和 1 个问题。其中事实、规则和问题都分行书写。规则和事实可连续排列在一起,其顺序可随意安排,但同一谓词名的事实或规则必须集中排列在一起。问题不能与规则及事实排在一起,它作为程序的目标要么单独列出,要么在程序运行时临时给出。

这个程序的事实描述了一些对象(包括人和事物)间的关系;而规则则描述了 John 交朋友的条件,即如果一个人喜欢读书并且喜欢音乐(或者喜欢运动和喜欢音乐),则这个人就是 John 的朋友(当然,这个规则也可看作是 John 朋友的定义);程序中的问题是"约翰的朋友是谁?"。

PROLOG 程序中的目标还可以变化,也可以含有多个语句(上例中只有一个)。如果有多个语句,则这些语句被称为子目标。例如对上面的程序,其问题也可以是:

```
?-likes(mary,X).
```

或

```
?-likes(mary,music).
```

或

```
?-friend(X,Y).
```

或

```
?-likes(bell,sports),likes(mary,music),friend(john,X).
```

等等。但对于不同的问题,程序运行的结果一般是不一样的。

还需说明的是,PROLOG 程序中的事实或规则一般被称为它们对应谓词的子句。例如上面程序中的前 4 句都是谓词 likes 的子句。PROLOG 规定,同一谓词的子句应排在一起。从语句形式和程序组成来看,PROLOG 就是一种基于 Horn 子句的逻辑程序。这种程序要求用事实和规则来求证询问,即证明所给出的条件子句和无条件子句与目标子句是矛盾的,或者说程序中的子句集是不可满足的。这就是所谓的 PROLOG 的说明性语义。

从 PROLOG 的语句来看,PROLOG 语言的文法结构相当简单。但由于它的语句是 Horn 子句,而 Horn 子句的描述能力是很强的,所以 PROLOG 的描述能力也很强。例如,当它的事实和规则描述的是某一学科的公理,那么问题就是待证的命题;当事实和规则描述的是某些数据和关系,那么问题就是数据查询语句;当事实和规则描述的是某领域的知识,那么问题就是利用这些知识求解的问题;当事实和规则描述的是某初始状态和状态变化规律,那么问题就是目标状态。所以,PROLOG 语言实际是一种应用相当广泛的智能程序设计语言。从上面最后一个目标可以看出,同过程性语言相比,一个 PROLOG 程序,其问题相当于主程序,其规则相当于子程序,而其事实则相当于数据。

2.2.3 PROLOG 程序的运行机理

首先引入几个基本概念。

1) 自由变量与约束变量

PROLOG 中称无值的变量为自由变量,有值的变量为约束变量。一个变量取了某值就说该变量约束于某值,或者说该变量被某值所约束,或者说该变量被某值实例化了。在程序运行期间,一个自由变量可以被实例化而成为约束变量,反之,一个约束变量也可被解除其值而成为自由变量。

2) 匹配合一

两个谓词可匹配合一,是指两个谓词的名相同,参量项的个数相同,参量类型对应相同,并且对应参量项还满足下列条件之一:

① 如果两个都是常量,则必须完全相同;

② 如果两个都是约束变量,则两个约束值必须相同;

③ 如果其中一个是常量,一个是约束变量,则约束值与常量必须相同。

④ 至少有一个是自由变量。

例如,下面的两个谓词:

```
pre1("ob1","ob2",Z).
pre1("ob1",X,Y).
```

只有当变量 X 为自由变量或被约束为 ob2,且 Y、Z 的约束值相同或者至少有一个是自由变量时,它们才是匹配合一的。

PROLOG 的匹配合一,与归结原理(见 5.2 节)中的合一的意思基本一样。但这里的合一还是一种操作。这种操作可使两个能匹配的谓词合一起来,即为参加匹配的自由变量和常量,或者两个自由变量建立一种对应关系,使得常量作为对应变量的约束值,使得两个对应的自由变量始终保持一致,即若其中一个被某值约束,则另一个也被同一值约束;反之,若其中一个的值被解除,则另一个的值也被解除。

3) 回溯

所谓回溯,就是在程序运行期间,当某一个子目标不能满足(即谓词匹配失败)时,控制就返回到前一个已经满足的子目标(如果存在的话),并撤销其有关变量的约束值,然后再使其重新满足。成功后,再继续满足原子目标。如果失败的子目标前再无子目标,则控制就返回到该子目标的上一级目标(即该子目标谓词所在规则的头部)使它重新匹配。回溯也是 PROLOG 的一个重要机制。

下面介绍 PROLOG 程序的运行过程。仍以上面的程序为例。设所给的询问是

```
?- friend(john,Y).    (John 和谁是朋友?)
```

则求解目标为:

```
friend(john,Y).
```

这时,系统对程序进行扫描,寻找能与目标谓词匹配合一的事实或规则头部。显然,程序中前面的 4 条事实均不能与目标匹配,而第五个语句的左端即规则

```
friend(john,X):- likes(X,reading),likes(X,music).
```

的头部可与目标谓词匹配合一。但由于这个语句又是一个规则,所以其结论要成立则其前提必须全部成立。于是,对原目标的求解就转化为对新目标

```
likes(X,reading),likes(X,music).
```

的求解。这实际是经归结,规则头部被消去,而目标子句变为

```
?- likes(X,reading),likes(X,music).
```

现在依次对子目标

```
likes(X,reading)和 likes(X,music)
```

求解。

子目标的求解过程与主目标完全一样,也是从头对程序进行扫描,不断进行测试和匹配合一等,直到匹配成功或扫描完整个程序为止。

可以看出,对第一个子目标 like(X,reading)的求解因无可匹配的事实和规则而立即失败,进而导致规则

```
friend(john,X):- likes(X,reading),likes(X,music).
```

的整体失败。因此,刚才的子目标

```
likes(X,reading)和 likes(X,music)
```

被撤销,系统又回溯到原目标 friend(john,X)。这时,系统从该目标刚才的匹配语句处(即第五句)向下继续扫描程序中的子句,试图重新使原目标匹配,结果发现第六个语句的左部,即规则

```
friend(john,X):- likes(X,sports),likes(X,music).
```

的头部可与目标为谓词匹配。但由于这个语句又是一个规则,因此,这时对原目标的求解,就又转化为依次对子目标

```
likes(X,sports)和 likes(X,music)
```

的求解。这次,子目标 likes(X,sports)与程序中的事实立即匹配成功,且变量 X 被约束为 bell。于是,系统便接着求解第二个子目标。由于变量 X 已被约束,因此这时第二个子目标实际上已变成了

```
likes(bell,music).
```

又由于程序中不存在事实 likes(bell,music),因此该目标的求解失败。于是,系统就放弃这个子目标,并使变量 X 恢复为自由变量,然后回溯到第一个子目标,重新对它进行求

解。此时,系统已经记住了刚才已同第一子目标谓词匹配过的事实的位置,在重新求解时,便从下一个事实开始测试。当测试到程序中第三个事实时,第一个子目标便求解成功,且变量 X 被约束为 mary。这样,第二个子目标也就变成了

```
likes(mary,music).
```

再对它进行求解。这次很快成功。

由于两个子目标都求解成功,所以,原目标 friend(john,Y)也成功,且变量 Y 被约束为 mary(由 Y 与 X 的合一关系)。于是,系统回答:

```
Y = mary
```

程序运行结束。上述程序的执行过程可图示如下(见图 2-1)。

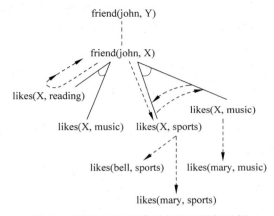

图 2-1 PROLOG 程序运行机理图解示例

上述程序的运行是一个通过推理实现的求值过程。我们也可以使它变为证明过程。例如,把上述程序中的询问改为

```
? - friend(john,mary).
```

则系统会回答:yes。

若将询问改为:

```
? - friend(john,smith).
```

则系统会回答:no。

从上述程序的运行过程来看,PROLOG 程序的执行过程是一个(归结)演绎推理过程。其推理方式为反向推理,控制策略是深度优先且有回溯机制,具体实现方法是:自上而下匹配子句;从左向右选择子目标;(归结后)产生的新子目标总是插入被消去的目标处(即目标队列的左部)。PROLOG 的这种归结演绎方法被称为 SLD(Linear resolution with Selection function for Definite clause)归结,或 SLD 反驳-消解法。这样,SLD 归结就是 PROLOG 程序的运行机理,它也就是所谓的 PROLOG 语言的过程性语义。

2.3 机器学习流行语言 Python

2.3.1 Python 语言的特点和优势

Python 语言是新西兰的 Guido van Rossum 于 1990 年创建的,名称 Python 来自英国流行喜剧"Monty Python 的飞行马戏团"。现在,Python 由一个志愿者团队开发和维护。

Python 是一个解释型面向对象程序设计语言,也是一种跨平台脚本语言,其程序代码可以在 Windows、Linux、Mac OSX 等各类操作系统上运行。

Python 支持网络编程,支持矢量编程,尤其是带有丰富的程序库,诸如开源机器学习算法库 Scikit-learn,用于自然语言处理的 NLTK 库,统计数据可视化库 Seaborn,可用于高效训练图像处理的神经网络单元的 Theano 库,科学计算的核心库 SciPY、NumPY、matplotlib、Pandas 以及 GPU 并行库等,使得编程方便快捷,程序运行效率高,功能强大。特别是 Python 可以使用开源深度学习框架 TensorFlow 方便地编制深度学习程序。

此外,Python 还免费、开源,使用者可以从 Python 的网站(https://www.python.org)下载。

正因为具有如此多特点和优势,所以 Python 现在被广泛使用,特别是在数据科学和机器学习领域堪称最为流行的语言。

Python 的两个版本 Python 2 和 Python 3 是共存的(二者虽然并不兼容,但前者的程序可以转换为后者的程序)。

2.3.2 Python 程序举例

尽管 Python 有其诸多的特色和优势,但其实,Python 的数据类型、静/动态数据结构、运算及表达式、基本处理语句、基本程序结构、函数定义与调用、外部文件调用、外部资源的使用、程序的书写形式与风格等都与其他语言大同小异;而作为一种面向对象语言,其在类定义、实例生成和访问以及继承和多态机制等方面也与其他面向对象语言类似。又由于本书的目标和篇幅所限,所以在这里对 Python 及其编程就不做详细介绍了。

下面将给出几个程序实例并加以解释和说明,以便使读者管中窥豹地对 Python 有一个初步印象。如果读者已经学过其他程序语言,在读了这几个例子程序后,就能触类旁通地编写一些简单的 Python 程序了。

例 2-1 求两个整数的最大公约数程序。

```
# 这是一个求两个整数的最大公约数的 Python 程序
i1 = eval(input("输入第一个整数:"))
i2 = eval(input("输入第二个整数:"))
c = 1                    # 设置一个临时计算器 c,以存放当前能够整除所给两个整数的那个最大数
d = 2                    # 设 d 为除数,置初值为 2
while d <= i1 and d <= i2:
    if i1 % d == 0 and i2 % d == 0:   # 判别 d 是否能整除 i1 和 i2
        c = d                         # 用 d 更新 c
```

```
        d += 1                    # 给 d 加 1,继续循环
    gcd = c                       # 循环结束后,将 c 赋予 gcd 作为两整数的最大公约数
    # 输出最终结果
    if gcd == 1:
        print(i1,"和",i2,"互质")
    else:
        print(i1,"和",i2,"的最大公约数是",gcd)
```

在这个程序中：第 1 行是个注释行；第 2～5 行为 4 个赋值语句,其中第 2 句、第 3 句的赋值表达式中又嵌套着键盘输入语句；第 6～9 行为 while 型循环语句,其中又嵌套了一个选择语句；最后 4 行是一个双向选择语句,其中两个执行语句是输出语句。

例 2-2 圆类及实例。

```
from Figures import Circle        # 从程序文件 Figures.py 中导入(圆)类 Circle
def main ():                      # 定义主函数 main
    circle1 = Circle(1)           # 生成一个半径默认为 1 的类 Circle 的实例对象(圆)circle1
    a1 = circle1.getArea()        # 向 circle1 发消息请求其面积并将返回结果赋给 a1
    circle2 = Circle(2)           # 生成一个半径为 2 的类 Circle 的实例对象(圆)circle2
    a2 = circle2.getArea()
    circle3 = Circle(3)
    a3 = circle3.getArea()
    circle4 = Circle(4)
    a4 = circle4.getArea()
    circle5 = Circle(5)
    a5 = circle5.getArea()
    list1 = list([a1,a2,a3,a4,a5])# 创建一个列表 list1
    # 连续输出上面 5 个圆的半径和面积
    for i in range(1,5,1):
        print("半径为",i,"的圆的面积是",list1[i])
main()                            # 运行主函数 main
```

这是一个面向对象程序,程序定义了一个主函数,然后运行它。在程序中：第 1 行首先将外部程序 Figures.py 中所定义的圆类 Circle 导入；第 2～15 行定义了主函数 main,其中第 14 行、第 15 行为 for 循环语句。

习题 2

1. 简述智能程序设计语言的分类和发展概况。

2. 读下面的 PROLOG 程序,指出运行结果。

```
p(a1): - p1(b),p2(c).
p(a2): - p1(b),p3(d),p4(e).
p(a3): - p1(b),p5(f,g).
p1(b)  - p11(b1),p12(b2).
p3(d): - p31(d1).
p2(c1).p4(e1).p5(f,g).p11(b1).p12(b2).p31(d11).
? - p(X)
```

3. 试编写一个描述亲属关系的 PROLOG 程序,然后给出一些事实数据,建立一个小型演绎数据库。

提示:可以以"父/母-子/女"作为基本关系,(以"父亲"和"母亲"作为基本谓词),再由此来描述祖父、祖母、兄弟、姐妹以及其他亲属关系。

4. 从 Python 的网站下载、安装一个 Python 版本,并运行本章第 2.3 节中的两个例程。

第2篇　搜索与求解

搜索是人工智能技术中进行问题求解的基本技术,不管是符号智能还是计算智能以及统计智能和交互智能,也不管是解决具体应用问题(如证明、诊断、规划、调度、配置、优化),还是智能行为本身(如学习、识别),最终往往都归结为某种搜索,都要用某种搜索算法去实现。

符号智能中的搜索运用领域知识,以符号推演的方式,顺序地在问题空间中进行,其中的问题空间又可表示为某种状态图(空间)或者与或图的形式。所以,这种搜索也称为图搜索。图搜索技术是人工智能中发展最早的技术,已取得了不少成果。例如,"启发式"图搜索算法曾一度是人工智能的核心课题,A^* 算法和 AO^* 算法就是两个著名的启发式搜索算法。图搜索模拟的实际是人脑分析问题、解决问题的过程,它是基于领域知识的问题求解技术。

计算智能中的搜索主要以数值计算的方法,步进地或随机地在问题的解空间中进行。早期开发的搜索算法有梯度下降(上升)算法、模拟退火算法等,后来,人们又引入仿生优化算法,如遗传算法、进化计算、蚁群算法、免疫算法、粒群算法等,形成了称为智能算法的研究方向。这些搜索算法在解决优化问题中表现出卓越的性能,使搜索技术达到了一个新的水平。计算智能中的搜索算法是借鉴或模拟某些自然现象或生命现象而实现的搜索和问题求解技术。这种搜索也是问题求解中不可或缺的基本技术。

统计智能中的问题往往被归结为最优化问题,而后者本质上也是一种搜索问题,其搜索算法与计算智能中的算法类似或相同。在交互智能中搜索过程则更为明显。

第 3 章

图搜索与问题求解

图搜索是人工智能中发展最早的技术,已取得了不少成果。本章主要介绍传统的图搜索技术[包括状态图(空间)搜索、与或图搜索和博弈树搜索]及其问题求解。

3.1 状态图与状态图搜索

3.1.1 状态图

先看几个智力问题及其求解。

迷宫问题 走迷宫是人们熟悉的一种游戏,图 3-1 所示的就是一个迷宫。如果把该迷宫的每一个格子以及入口和出口作为节点,把通道作为边,则该迷宫可以由一个有向图表示(见图 3-2)。那么,走迷宫其实就是从该有向图的初始节点(入口)出发,寻找目标节点(出口)的问题,或者是在该有向图中寻找从初始节点到目标节点路径的问题。

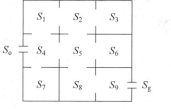

图 3-1　迷宫图

图 3-2　迷宫的有向图表示

八数码问题 在一个 3×3 的方格棋盘上放置 1、2、3、4、5、6、7、8 八个数码,每个数码占一格,且有一个空格。这些数码可在棋盘上移动,其移动规则是:与空格相邻的数码方可移入空格。现在的问题是:对于指定的初始棋局和目标棋局(见图 3-3),给出数码的移动序列。该问题称为八数码问题或重排九宫问题。

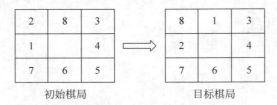

初始棋局　　　　　　　　目标棋局

图 3-3　八数码问题示例

可以想象,如果把整个棋盘所表示的一个棋局作为一个节点,则相邻的节点就可以通过移动数码一个一个地产生出来。这样,所有节点按相邻关系就可以连成一个有向图。可以看出,图中的一条边(即相邻两个节点的连线)就对应一次数码移动;反之,一次数码移动也就对应着图中的一条边。数码移动是按移动规则进行的。所以,图中的一条边也就代表一个移动规则或者移动规则的一次执行。那么,这个八数码问题也就是从该有向图的初始节点(初始棋局)出发寻找目标节点(目标棋局)的问题,或者是在该有向图中寻找一条从初始节点到目标节点的路径问题。

以上两个问题虽然内容不同,但抽象地看,它们都是在某个有向图中寻找目标或者路径的问题。在人工智能中,把这种描述问题的有向图称为状态空间图,简称**状态图**(state graph)。之所以称为状态图,是因为图中的节点代表问题中的一种格局,一般称之为问题的一个状态;边表示两节点之间的某种联系,如可以是某种操作、规则、变换、算子、通道或关系等。在状态图中,从初始节点到目标节点的一条路径,或者所找的目标节点,就是相应问题的一个解。根据实际需要,路径解可以表示为边的序列或节点的序列。例如,迷宫问题的解可以是节点序列,而八数码问题的解可以是边(即棋步)序列。

状态图实际上是一类问题的抽象表示。事实上,有许多智力问题(如梵塔问题、旅行商问题、八皇后问题、农夫过河问题等)和实际问题(如路径规划、定理证明、演绎推理、机器人行动规划等)都可以归结为在某一状态图中寻找目标或者路径的问题。在状态图中寻找目标或者路径的基本方法就是搜索。因此,研究状态图搜索具有普遍意义。

3.1.2　状态图搜索

所谓搜索,顾名思义,就是从初始节点出发,在图中试探地前进,寻找目标节点的过程(也可以反向进行)。那么,当目标节点找到后,路径也就找到了。所以,寻找目标和寻找路径是一致的。可以想象,由于图中有许多节点和边,因此,搜索过程中经过的节点和边,按连接关系,便会构成一个树形的有向图。这种树形有向图称为**搜索树**。随着搜索的进行,搜索树会不断地生长,直到当搜索树中出现目标节点时,搜索便停止。这时从搜索树中就可以找出从初始节点到目标节点的路径来。为此,在搜索过程中应当随时记录搜索轨迹。

上面仅是对搜索的通俗描述。现在我们考虑如何用计算机来实现上述搜索。

1. 搜索方式

用计算机来实现状态图的搜索有两种最基本的方式:树式搜索和线式搜索。

所谓树式搜索,形象地说就是以"画树"的方式进行搜索。即从树根(初始节点)出发,一笔一笔地描绘出一棵树来。准确地讲,树式搜索就是在搜索过程中记录所经过的所有节点和边。所以,树式搜索所记录的轨迹始终是一棵"树",这棵树也就是搜索过程中所产生的搜索树。

所谓线式搜索,形象地讲就是以"画线"的方式进行搜索。准确地讲,线式搜索在搜索过程中只记录那些当前认为是处在所找路径上的节点和边。所以,线式搜索所记录的轨迹始终是一条"线"(折线)。

线式搜索的基本方式可分为不回溯的和可回溯的两种。不回溯的线式搜索就是每到一个"岔路口"仅沿一条路继续前进,即对每一个节点始终都仅生成一个子节点(如果有子节点的话)。生成一个节点的子节点也称对该节点进行扩展。这样,如果扩展到某一个节点,该节点恰好就是目标节点,则搜索成功;如果直到不能再扩展时,还未找到目标节点,则搜索失败。可回溯的线式搜索也是对每一个节点都仅扩展一条边,但当不能再扩展时,则退回一个节点,然后再扩展另一条边(如果有的话)。这样,要么最终找到了目标节点,搜索成功;要么一直回溯到初始节点也未找到目标节点,则搜索失败。

由上所述可以看出,树式搜索成功后,还需再从搜索树中找出所求路径,而线式搜索只要搜索成功,则"搜索线"就是所找的路径,即问题的解。

那么,又怎样从搜索树中找出所求路径呢?这只需在扩展节点时记住节点间的关系即可。这样,当搜索成功时,从目标节点反向沿搜索树按所做标记追溯回去一直到初始节点,便得到一条从初始节点到目标节点的路径,即问题的一个解。

2. 搜索策略

由于搜索具有探索性,所以要提高搜索效率(尽快地找到目标节点),或要找最佳路径(最佳解)就必须注意搜索策略。对于状态图搜索,已经提出了许多策略,大体可分为盲目搜索和启发式(heuristic)搜索两大类。

通俗地讲,盲目搜索就是无"向导"的搜索,启发式搜索就是有"向导"的搜索。那么,树式盲目搜索就是穷举式搜索,即从初始节点出发,沿连接边逐一考察各个节点(看是否为目标节点),或者反向进行;而线式盲目搜索,对于不回溯的就是随机碰撞式搜索,对于回溯的则也是穷举式的搜索。

启发式搜索则是利用"启发性信息"引导的搜索。所谓"启发性信息"就是与问题有关的有利于尽快找到问题解的信息或知识。例如"欲速则不达""知己知彼,百战不殆""学如逆水行舟,不进则退"等格言,就是指导人们行为的启发性信息。常识告诉人们,如果有向导引路,就会少走弯路而事半功倍。所以,启发式搜索往往会提高搜索效率,而且可能找到问题的最优解。根据启发性信息的内容和使用方式的不同,启发式搜索又可分为许多不同的策略,如全局择优、局部择优、最佳图搜索等。

按搜索范围的扩展顺序的不同,搜索又可分为广度优先和深度优先两种类型。树式搜索既可深度优先进行,也可广度优先进行;不回溯的线式搜索,则总是深度优先进行。

3. 搜索算法

由于搜索的目的是寻找初始节点到目标节点的路径,所以在搜索过程中就得随时记录搜索轨迹。为此,我们用一个名为 CLOSED 表(如图 3-4 所示)的动态数据结构来专门记录考察过的节点。对于树式搜索来说,CLOSED 表中存储的正是一棵不断成长的搜索树;而对于线式搜索来说,CLOSED 表中存储的是一条不断伸长的折线,可能它本身就是所求的路径(如果能找到目标节点的话)。

另一方面,对于树式搜索来说,还得不断地把待考察的节点组织在一起,并做某种排序,以便控制搜索的方向和顺序。为此,我们采用一个名为 OPEN 表(如图 3-4 所示)的动态数据结构,来专门登记当前待考察的节点。

OPEN 表	
节点	父节点编号

CLOSED 表		
编号	节点	父节点编号

图 3-4 OPEN 表与 CLOSED 表示例

下面给出树式搜索和线式搜索的一般算法。

树式搜索算法

(1) 把初始节点 S_0 放入 OPEN 表中。

(2) 若 OPEN 表为空,则搜索失败,退出。

(3) 移出 OPEN 表中第一个节点 N 放入 CLOSED 表中,并冠以顺序编号 n。

(4) 若目标节点 $S_g = N$,则搜索成功,结束。

(5) 若 N 不可扩展,则转(2)。

(6) 扩展 N,生成一组子节点,对这组子节点做如下处理:

① 删除 N 的先辈节点(如果有的话)。

② 对已存在于 OPEN 表的节点(如果有的话)也删除之;但删除之前要比较其返回初始节点的新路径与原路径,如果新路径"短",则修改这些节点在 OPEN 表中的原返回指针,使其沿新路径返回(见图 3-5)。

③ 对已存在于 CLOSED 表的节点(如果有的话),做与②同样的处理,并且再将其移出 CLOSED 表,放入 OPEN 表重新扩展(为了重新计算代价)。

④ 对其余子节点配上指向 N 的返回指针后放入 OPEN 表中某处,或对 OPEN 表进行重新排序,转(2)。

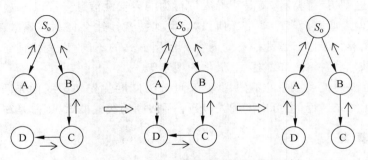

图 3-5 状态图搜索过程中修改返回指针示例

说明：

（1）这里的返回指针也就是父节点在 CLOSED 表中的编号。

（2）步骤（6）中修改返回指针的原因是，这些节点又被第二次生成，所以它们返回初始节点的路径已有两条，但这两条路径的"长度"可能不同。当新路径短时便会走新路径。

（3）这里路径的长短是按路径上的节点数来衡量的，后面将会看到路径的长短也可以按其"代价"（如距离、费用、时间等）衡量。若按其代价衡量，则在需修改返回指针的同时修改相应的代价值，或者不修改返回指针但要修改代价值（为了实现代价小者优先扩展）。

线式搜索算法分为不回溯的线式搜索和可回溯的线式搜索两种。

不回溯的线式搜索

（1）把初始节点 S_0 放入 CLOSED 表中。

（2）令 $N=S_0$。

（3）若 N 是目标节点，则搜索成功，结束。

（4）若 N 不可扩展，则搜索失败，退出。

（5）扩展 N，选取其一个未在 CLOSED 表中出现过的子节点 N_1 放入 CLOSED 表中，令 $N=N_1$，转步骤（3）。

可回溯的线式搜索

（1）把初始节点 S_0 放入 CLOSED 表中。

（2）令 $N=S_0$。

（3）若 N 是目标节点，则搜索成功，结束。

（4）若 N 不可扩展，则移出 CLOSED 表的末端节点 N_e，若 $N_e=S_0$，则搜索失败，退出。否则，以 CLOSED 表新的末端节点 N_e 作为 N，即令 $N=N_e$，转步骤（3）。

（5）扩展 N，选取其一个未在 CLOSED 表中出现过的子节点 N_1，放入 CLOSED 表中，令 $N=N_1$，转步骤（3）。

需要说明的是，上述算法仅是搜索目标节点的算法，当搜索成功后，如果需要路径，还须由 CLOSED 表再找出路径。找路径的方法是：对于树式搜索，从 CLOSED 表中序号最大的节点起，根据返回指针追溯至初始节点 S_0，所得的节点序列或边序列即为所找路径；对于线式搜索，CLOSED 表即为所找路径。

3.1.3　穷举式搜索

下面先讨论树形结构的状态图搜索，并仅限于树式搜索。

按搜索树生成方式的不同，树式穷举搜索又分为广度优先和深度优先两种搜索方式。这两种方式是最基本的树式搜索策略，其他搜索策略都是建立在它们之上的。

1. 广度优先搜索

广度优先搜索就是始终先在同一级节点中考察，只有当同一级节点考察完之后，才考察下一级节点。或者说，是以初始节点为根节点，向下逐级扩展搜索树。所以，广度优先策略的搜索树是自顶向下一层一层逐步生成的。

例 3-1 用广度优先搜索策略求解八数码问题。

设初始节点 S_0 和目标节点 S_g 分别如图 3-3 所示的初始棋局和目标棋局,用广度优先搜索策略,即可得到如图 3-6 所示的搜索树。

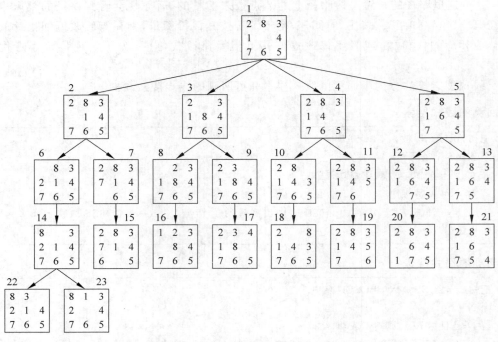

图 3-6　八数码问题的广度优先搜索

广度优先搜索算法

(1) 把初始节点 S_0 放入 OPEN 表中。

(2) 若 OPEN 表为空,则搜索失败,退出。

(3) 取 OPEN 表中前面第一个节点 N 放在 CLOSED 表中,并冠以顺序编号 n。

(4) 若目标节点 $S_g = N$,则搜索成功,结束。

(5) 若 N 不可扩展,则转步骤(2)。

(6) 扩展 N,将其所有子节点配上指向 N 的指针依次放入 OPEN 表尾部,转步骤(2)。

其中 OPEN 表是一个队列,CLOSED 表是一个顺序表,表中各节点按顺序编号,正被考察的节点在表中编号最大。如果问题有解,OPEN 表中必出现目标节点 S_g,那么,当搜索到目标节点 S_g 时,算法结束,然后根据返回指针在 CLOSED 表中往回追溯直至初始节点,所得的路径即为问题的解。

广度优先搜索也被称为宽度优先或横向搜索。这种策略是完备的,即如果问题的解存在,则一定能用它找到解,且找到的还是最优解(即最短的路径)。这是广度优先搜索的优点。它的缺点是搜索效率低。

2．深度优先搜索

深度优先搜索就是在搜索树的每一层始终先只扩展一个子节点，不断地向纵深前进，直到不能再前进(到达叶子节点或受到深度限制)时，才从当前节点返回到上一级节点，沿另一方向又继续前进。这种方法的搜索树是从树根开始一枝一枝逐步形成的。

深度优先搜索算法

(1) 把初始节点 S_0 放入 OPEN 表中。

(2) 若 OPEN 表为空，则搜索失败，退出。

(3) 取 OPEN 表中前面第一个节点 N 放入 CLOSED 表中，并冠以顺序编号 n。

(4) 若目标节点 $S_g=N$，则搜索成功，结束。

(5) 若 N 不可扩展，则转步骤(2)。

(6) 扩展 N，将其所有子节点配上指向 N 的返回指针依次放入 OPEN 表的首部，转步骤(2)。

可以看出，这里的 OPEN 表为一个堆栈，这是与广度优先算法的唯一区别。

例 3-2 对前面的八数码问题，应用深度优先搜索策略，可得如图 3-7 所示的搜索树。

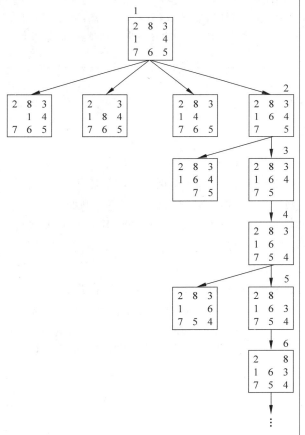

图 3-7 八数码问题的深度优先搜索

深度优先搜索也称为纵向搜索。由于一个有解的问题树可能含有无穷分枝,深度优先搜索如果误入无穷分枝(即深度无限),则不可能找到目标节点。所以,深度优先搜索策略是不完备的。另外,应用此策略得到的解不一定是最佳解(最短路径)。

3. 有界深度优先搜索

广度优先和深度优先是两种最基本的穷举搜索方法,在此基础上,根据需要再加上一定的限制条件,便可派生出许多特殊的搜索方法。例如有界深度优先搜索。有界深度优先搜索就是给出了搜索树深度限制,当从初始节点出发沿某一分枝扩展到一限定深度时,就不能再继续向下扩展,而只能改变方向继续搜索。节点 x 的深度(即其位于搜索树的层数)通常用 $d(x)$ 表示,则有界深度优先搜索算法如下。

有界深度优先搜索算法

(1) 把 S_0 放入 OPEN 表中,置 S_0 的深度 $d(S_0)=0$。

(2) 若 OPEN 表为空,则失败,退出。

(3) 取 OPEN 表中前面第一个节点 N,放入 CLOSED 表中,并冠以顺序编号 n。

(4) 若目标节点 $S_g=N$,则成功,结束。

(5) 若 N 的深度 $d(N)=d_m$(深度限制值),或者若 N 无子节点,则转步骤(2)。

(6) 扩展 N,将其所有子节点 N_i 配上指向 N 的返回指针后依次放入 OPEN 表中前部,置 $d(N_i)=d(N)+1$,转步骤(2)。

3.1.4 启发式搜索

1. 问题的提出

从理论上讲,穷举搜索法似乎可以解决任何状态空间的搜索问题,但实践表明,穷举搜索只能解决一些状态空间很小的简单问题,而对于那些大状态空间问题,穷举搜索就不能胜任了。因为大空间问题往往会导致"组合爆炸"。例如梵塔问题,当阶数较小(如小于6)时,在计算机上求解并不难,但当阶数再增加时,其时空要求将会急剧地增加。例如当取 64 时,则其状态空间中就有 $3^{64}=0.94\times10^{30}$ 个节点,最短的路径长度(节点数)$2^{64}-1\approx2\times10^{19}$。这是现有任何计算机都存放不下,也不能计算的。又如博弈问题,计算机为了取胜,它可以将所有走法都试一下,然后选择最佳走步。找到这样的算法并不难,但计算的时空消耗却大得惊人。例如:就可能有的棋局数讲,一字棋是 $9!\approx3.6\times10^5$,西洋棋是 10^{78},国际象棋是 10^{120},围棋是 10^{761}。假设每步可以选择一种棋局,用极限并行速度(10^{-104} 秒/步)计算,国际象棋也得算 10^{16} 年。这些困难迫使人们不得不寻找更有效的搜索方法,于是提出了启发式搜索策略。

2. 启发性信息

启发式搜索就是利用启发性信息进行制导的搜索。启发性信息是有利于尽快找到问题之解的信息。按其用途划分,启发性信息一般可分为以下 3 类。

（1）用于扩展节点的选择，即用于决定应先扩展哪一个节点，以免盲目扩展。

（2）用于生成节点的选择，即用于决定应生成哪些后续节点，以免盲目地生成过多无用节点。

（3）用于删除节点的选择，即用于决定应删除哪些无用节点，以免造成进一步的时空浪费。

例如，由八数码问题的部分状态图可以看出，从初始节点开始，在通向目标节点的路径上，各节点的数码格局同目标节点相比较，其数码不同的位置个数在逐渐减少，最后为零。所以，这个数码不同的位置个数便是标志一个节点到目标节点距离远近的一个启发性信息，利用这个信息就可以指导搜索。可以看出，这种启发性信息属于上面的第一种类型。

需要指出的是，不存在能适合所有问题的万能启发性信息，或者说，不同的问题有不同的启发性信息。

3. 启发函数

在启发式搜索中，通常用所称的启发函数来表示启发性信息。启发函数是用来估计搜索树上节点 x 与目标节点 S_g 接近程度的一种函数，通常记为 $h(x)$。

如何定义一个启发函数？启发函数并无固定的模式，需要具体问题具体分析。通常可以参考的思路有：一个节点到目标节点的某种距离或差异的度量；一个节点处在最佳路径上的概率；或者根据经验的主观打分；等等。例如，对于八数码难题，$h(x)$ 就可以定义为节点 x 的数码格局同目标节点相比数码不同的位置个数。

4. 启发式搜索算法

启发式搜索要用启发函数来导航，其搜索算法就要在状态图一般搜索算法基础上再增加启发函数值的计算与传播过程，并且由启发函数值来确定节点的扩展顺序。下面给出树形图的树式搜索的两种启发式搜索策略及算法。

（1）全局择优搜索

全局择优搜索就是利用启发函数制导的一种启发式搜索方法。该方法亦称为最好优先搜索法，其基本思想是：在 OPEN 表中保留所有已生成而未考察的节点，并用启发函数 $h(x)$ 对它们全部进行估价，从中选出最优节点进行扩展，而不管这个节点出现在搜索树的什么地方。

全局择优搜索算法
_____

（1）把初始节点 S_0 放入 OPEN 表中，计算 $h(S_0)$。

（2）若 OPEN 表为空，则搜索失败，退出。

（3）移出 OPEN 表中第一个节点 N，将其放入 CLOSED 表中，并冠以序号 n。

（4）若目标节点 $S_g = N$，则搜索成功，结束。

（5）若 N 不可扩展，则转步骤（2）。

（6）扩展 N，计算每个子节点 x 的函数值 $h(x)$，并将所有子节点配以指向 N 的返回指针后放入 OPEN 表中，再对 OPEN 表中的所有子节点按其函数值大小以升序排序，转步骤（2）。

例 3-3 用全局择优搜索法解八数码问题。初始棋局和目标棋局如图 3-8 所示。

解 设启发函数 $h(x)$ 为节点 x 的格局与目标格局相比数码不同的位置个数。以这个函数制导的搜索树如图 3-8 所示。图中节点旁的数字就是该节点的启发函数值。由图可见,此八数码问题的解为:S_0, S_1, S_2, S_3, S_g。

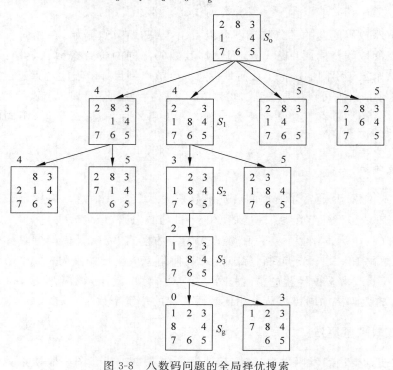

图 3-8 八数码问题的全局择优搜索

视频讲解

(2) 局部择优搜索

局部择优搜索与全局择优搜索的区别是,扩展节点 N 后,仅对 N 的子节点按启发函数值大小以升序排序,再将它们依次放入 OPEN 表的首部。故算法从略。

3.1.5 加权状态图搜索

1. 加权状态图与代价树

设图 3-9(a)所示的是一个交通图,而 A 城是出发地,E 城是目的地,边上的数字代表两城之间的交通费。我们考虑:如何找出一条从 A 到 E 费用最少的旅行路线。

可以看出,这个图与前面的状态图不同的是边上附有数值。它表示边的一种度量(此例中是交通费,当然也可以是距离)。一般称这种数值为权值,而把边上附有数值的状态图称为**加权状态图**或赋权状态图。

显然,加权状态图的搜索与权值有关,并且要用权值来导航。具体来讲,加权状态图的搜索算法,要在一般状态图搜索算法基础上再增加权值的计算与传播过程,并且要由权值来确定节点的扩展顺序。

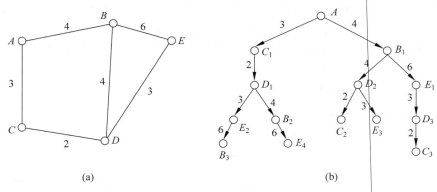

图 3-9 交通图及其代价树

一般加权状态图的搜索比较复杂,但树形加权状态图——代价树的搜索相对容易。所以可以将加权状态图转换成代价树来搜索,其转换方法是,从初始节点起,先把每一个与初始节点相邻的节点作为该节点的子节点;然后对其他节点以此类推,但对其他节点 x,不能将其父节点及祖先作为 x 的子节点。例如,把如图 3-9(a)所示的交通图转换成代价树如图 3-9(b)所示。所谓代价,可以是两点之间的距离、交通费用或所需时间等。通常用 $g(x)$ 表示从初始节点 S_o 到节点 x 的代价,用 $c(x_i, x_j)$ 表示父节点 x_i 到子节点 x_j 的代价,即边 (x_i, x_j) 的代价。从而有

$$g(x_j) = g(x_i) + c(x_i, x_j)$$

而

$$g(S_o) = 0$$

下面介绍两种代价树的搜索策略,即分支界限法和最近择优法。

2. 分支界限法(最小代价优先法)

分支界限法的基本思想是:每次从 OPEN 表中选出 $g(x)$ 值最小的节点进行考察,而不管这个节点是在搜索树的什么位置上。

可以看出,这种搜索法与前面的全局择优法的区别仅是选取扩展节点的标准不同,一个是代价值 $g(x)$(最小),一个是启发函数值 $h(x)$(最小)。这样,把最好优先法算法中的 $h(x)$ 换成 $g(x)$ 即可得分支界限法的算法。所以,从算法角度考虑,这两种搜索法实际是一样的。但二者在计算节点的代价值与启发函数值的方法是有差别的。

事实上,一个节点 x 的代价值 $g(x)$ 是从初始节点 S_o 方向计算而来的,其计算方法为

$$g(S_o) = 0$$
$$g(x_j) = g(x_i) + c(x_i, x_j) \quad (x_j \text{ 是 } x_i \text{ 的子节点})$$

而启发函数值 $h(x)$ 则是朝目标节点方向计算的;$g(x)$ 与 x 的父节点代价有关,与子节点代价无关,而 $h(x)$ 与 x 的父、子节点的启发值均无关。

3. 最近择优法(盲人爬山法)

同上面的情形一样,这种方法实际上同局部择优法类似,区别也仅是选取扩展节点的

标准不同,一个是代价 $g(x)$ 值最小,一个是启发函数 $h(x)$ 值最小。这就是说,把局部择优法算法中的 $h(x)$ 换成 $g(x)$ 就可得最近择优法的算法。

现在基于代价树求解上面那个旅行路线问题。易见采用分支界限法所得路径为

$$A \to C \to D \to E$$

这是一条最小费用路径(费用为8)。

3.1.6　A算法和A*算法

1.估价函数

利用启发函数 $h(x)$ 制导的启发式搜索实际上是一种深度优先的搜索策略。虽然它很高效,但也可能误入歧途。所以,为了更稳妥一些,人们把启发函数扩充为估价函数。估价函数的一般形式为

$$f(x) = g(x) + h(x)$$

其中, $g(x)$ 为从初始节点 S_0 到节点 x 已经付出的代价, $h(x)$ 是启发函数[注意, $h(x)$ 也可以用代价来定义]。即估价函数 $f(x)$ 是从初始节点 S_0 到达节点 x 处已付出的代价与节点 x 到达目标节点 S_g 的接近程度(也可以是代价)估计值之总和。有时估价函数还可以表示为

$$f(x) = d(x) + h(x)$$

其中, $d(x)$ 表示节点 x 的深度。

由于 $g(x)$ 或 $d(x)$ 越小,说明节点 x 越靠近初始节点 S_0 ,所以, $f(x)$ 中的 $g(x)$ 或 $d(x)$ 有利于搜索的横向发展。因而,可以提高搜索的完备性,但影响搜索效率。由于 $h(x)$ 越小说明节点 x 越接近目标节点 S_g ,所以, $h(x)$ 有利于搜索的纵向发展。因而可提高搜索的效率,但影响完备性。而 $f(x)$ 恰好是二者的一个折中,这正是估价函数的优点。但在确定 $f(x)$ 时,还要权衡利弊,使 $g(x)$ (或 $d(x)$)与 $h(x)$ 的比重适当,才能取得理想的效果。如果只关心到达目标节点的路径,并希望有较高的搜索效率,则 $g(x)$ 可以忽略。当然,这样会影响搜索的完备性。

2.A算法

A算法是基于估价函数 $f(x)$ 的一种加权状态图启发式搜索算法。其具体步骤如下。

(1) 把附有 $f(S_0)$ 的初始节点 S_0 放入 OPEN 表。

(2) 若 OPEN 表为空,则搜索失败,退出。

(3) 移出 OPEN 表中第一个节点 N ,并将其放入 CLOSED 表中,再冠以顺序编号 n 。

(4) 若目标节点 $S_g = N$,则搜索成功,结束。

(5) 若 N 不可扩展,则转步骤(2)。

(6) 扩展 N ,生成一组附有 $f(x)$ 的子节点,对这组子节点做如下处理:

　① 考察是否有已在 OPEN 表或 CLOSED 表中存在的节点;若有,则再考察其中有无 N 的先辈节点,若有则删除之;对于其余节点,也删除,但由于它们又被第二次生成,因而需考虑是否修改已经存在于 OPEN 表或 CLOSED 表中的这些节点及其后裔的返回指针和 $f(x)$ 值,修改原则是

"抄 $f(x)$ 值小的路走"。

② 对其余子节点配上指向 N 的返回指针后放入 OPEN 表中,并对 OPEN 表按 $f(x)$ 值以升序排序,转步骤(2)。

算法中节点 x 的估价函数 $f(x)$ 的计算方法是

$$f(x_j) = g(x_j) + h(x_j)$$
$$= g(x_i) + c(x_i, x_j) + h(x_j) \quad (x_j \text{ 是 } x_i \text{ 的子节点})$$

至于 $h(x)$ 的计算公式则需由具体问题而定。

可以看出,A 算法其实就是对于本节开始给出的图搜索一般算法中的树式搜索算法,再增加了估价函数 $f(x)$ 的一种启发式搜索算法。

3．A^* 算法

如果对上述 A 算法再限制其估价函数中的启发函数 $h(x)$ 满足:对所有的节点 x 均有

$$h(x) \leqslant h^*(x)$$

其中,$h^*(x)$ 是从节点 x 到目标节点的最小启发函数值(也可以是代价),即最佳路径上的实际启发函数值(若有多个目标节点则为其中最小的一个),则这样的 A 算法被称为 A^* 算法。

在 A^* 算法中,限制 $h(x) \leqslant h^*(x)$ 的原因是为了保证取得最优解。理论分析证明,如果问题存在最优解,则这样的限制就可以保证能找到最优解,虽然这个限制可能产生无用搜索。实际上,不难想象,当某一节点 x 的 $h(x) > h^*(x)$ 时,该节点就可能失去优先扩展的机会,因而导致得不到最优解。

A^* 算法也称为最佳图搜索算法。它是著名的人工智能学者 Nilsson 提出的。

3.1.7 状态图搜索策略小结

将上述的状态图搜索策略归纳如下(见图 3-10)。

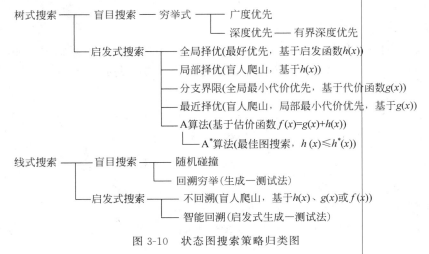

图 3-10 状态图搜索策略归类图

3.2 状态图搜索问题求解

本节我们就用状态图搜索技术解决有关的实际问题。事实上,许多实际问题(如:规划、设计、诊断、控制、预测、决策、证明等)都可以表示为或归结为状态图搜索问题。

3.2.1 问题的状态图表示

1. 状态

状态就是状态图中的节点。状态是问题在任一确定时刻的状况,它表征了问题特征和结构等,一般用一组数据表示。在程序中,状态用字符、数字、记录、数组、结构、对象等表示。

2. 状态转换规则

状态转换规则就是能使问题状态改变的某种操作、法则、行为、变换、关系、函数、算子、过程等。状态转换规则也称为操作,问题的状态也只能被定义在其上的这种操作而改变。状态转换规则在状态图中表示为边,在程序中则可用数据对、条件语句、规则、函数、过程等实现。

3. 状态图表示

一个问题的状态图是一个三元组

$$(S, F, G)$$

其中,S 是问题的初始状态集合,F 是问题的状态转换规则集合,G 是问题的目标状态集合。

一个问题的全体状态及其关系就构成一个空间,称为状态空间。所以,状态图也被称为状态空间图。

例 3-4 迷宫问题的状态图表示。

对于迷宫问题,可以每个格子作为一个状态,并用标识符作为其表示。那么,两个标识符组成的序对就是一个状态转换规则。该迷宫的状态图表示如下。

$S: S_0$

$F: \{(S_0, S_4), (S_4, S_0), (S_4, S_1), (S_1, S_4), (S_1, S_2), (S_2, S_1),$
$(S_2, S_3), (S_3, S_2), (S_4, S_7), (S_7, S_4), (S_4, S_5), (S_5, S_4), (S_5, S_6),$
$(S_6, S_5), (S_5, S_8), (S_8, S_5), (S_8, S_9), (S_9, S_8), (S_9, S_g)\}$

$G: S_g$

例 3-5 用状态图表示八数码问题。

首先,将棋盘中的 8 个格子分别用变量表示如下:

X_1	X_2	X_3
X_8	X_0	X_4
X_7	X_6	X_5

并用向量

$$A = (X_0, X_1, X_2, X_3, X_4, X_5, X_6, X_7, X_8)$$

表示棋盘。那么,一个棋局就可以表示为变量 $X_i (i=0,1,\cdots,8)$ 的一组取值;反之,变量 X_i 的一组合法取值也就代表了一个棋局。这样,向量 A 就是该问题的状态表达式。

设初始状态和目标状态分别为

$$S_o = (0,2,8,3,4,5,6,7,1)$$
$$S_g = (0,1,2,3,4,5,6,7,8)$$

易见,数码的移动规则就是该问题的状态变换规则,即操作。经分析,该问题共有24条移码规则,可分为9组。

0组规则

r_1:　$(X_0 == 0) \wedge (X_2 == n) \rightarrow (X_0 = n) \wedge (X_2 = 0)$

r_2:　$(X_0 == 0) \wedge (X_4 == n) \rightarrow (X_0 = n) \wedge (X_4 = 0)$

r_3:　$(X_0 == 0) \wedge (X_6 == n) \rightarrow (X_0 = n) \wedge (X_6 = 0)$

r_4:　$(X_0 == 0) \wedge (X_8 == n) \rightarrow (X_0 = n) \wedge (X_8 = 0)$

1组规则

r_5:　$(X_1 == 0) \wedge (X_2 == n) \rightarrow (X_1 = n) \wedge (X_2 = 0)$

r_6:　$(X_1 == 0) \wedge (X_8 == n) \rightarrow (X_1 = n) \wedge (X_8 = 0)$

2组规则

r_7:　$(X_2 == 0) \wedge (X_1 == n) \rightarrow (X_2 = n) \wedge (X_1 = 0)$

r_8:　$(X_2 == 0) \wedge (X_3 == n) \rightarrow (X_2 = n) \wedge (X_3 = 0)$

r_9:　$(X_2 == 0) \wedge (X_0 == n) \rightarrow (X_2 = n) \wedge (X_0 = 0)$

……

8组规则

r_{22}:　$(X_8 == 0) \wedge (X_1 == n) \rightarrow (X_8 = n) \wedge (X_1 = 0)$

r_{23}:　$(X_8 == 0) \wedge (X_0 == n) \rightarrow (X_8 = n) \wedge (X_0 = 0)$

r_{24}:　$(X_8 == 0) \wedge (X_7 == n) \rightarrow (X_8 = n) \wedge (X_7 = 0)$

则八数码问题可用状态图表示为

$$(\{S_o\}, \{r_1, r_2, \cdots, r_{24}\}, \{S_g\})$$

由于把一个与空格相邻的数码移入空格等价于把空格向数码方向移动一位,所以,上述24条规则也可以简化成4条,即空格上移、下移、左移、右移。不过,这时状态(即棋局)就需要用矩阵来表示了。

可以看出,这个状态图中仅给出了初始节点和目标节点,并未给出其余节点。而其余节点需用状态转换规则来产生。类似于这样表示的状态图被称为隐式状态图,或者说状态图的隐式表示。

例 3-6　梵塔问题的状态图表示。传说在印度的贝那勒斯的圣庙中,主神梵天做了一个由 64 个大小不同的金盘组成的"梵塔",并把它穿在一个宝石杆上。另外,旁边再插上两个宝石杆。然后,他要求僧侣们把穿在第一个宝石杆上的 64 个金盘全部搬到第三个宝石杆上。搬动金盘的规则是:一次只能搬一个;不允许将较大的盘子放在较小的盘子上。于是梵天预言:一旦 64 个盘子都搬到了 3 号杆上,世界将在一声霹雳中毁灭。这就是梵塔问题。现在考虑梵塔问题是否能用状态图表示。

经计算,把 64 个盘子全部搬到 3 号杆上,需要穿插搬动盘子 $2^{64}-1=18\,446\,744\,073\,709\,511\,615$ 次。如果直接考虑原问题,则过于复杂。为了便于分析,这里仅考虑二阶梵塔(即只有两个金盘)问题。

设有 3 根宝石杆,在 1 号杆上穿有 A、B 两个金盘,A 小于 B,A 位于 B 的上面。要求把这两个金盘全部移到另一根杆上,而且规定每次只能移动一个盘子,任何时刻都不能使 B 位于 A 的上面。

我们用二元组 (S_A, S_B) 表示问题的状态,S_A 表示金盘 A 所在的杆号,S_B 表示金盘 B 所在的杆号,这样,全部可能的状态有 9 种,可表示如下:

$$(1,1),(1,2),(1,3),(2,1),(2,2),(2,3),(3,1),(3,2),(3,3)$$

其实际状态如图 3-11 所示。

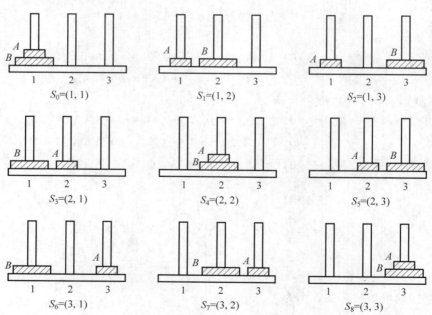

图 3-11　二阶梵塔的全部状态

这里的状态转换规则就是金盘的搬动规则,分别用 $A(i,j)$ 及 $B(i,j)$ 表示:$A(i,j)$ 表示把 A 盘从第 i 号杆移到第 j 号杆上;$B(i,j)$ 表示把 B 盘从第 i 号杆移到第 j 号杆上。经分析,共有 12 个操作,它们分别是

$$A(1,2), \quad A(1,3), \quad A(2,1), \quad A(2,3), \quad A(3,1), \quad A(3,2)$$
$$B(1,2), \quad B(1,3), \quad B(2,1), \quad B(2,3), \quad B(3,1), \quad B(3,2)$$

当然,规则的具体形式应是

$$\text{IF } \langle 条件 \rangle \text{THEN } A(i,j)$$
$$\text{IF } \langle 条件 \rangle \text{THEN } B(i,j)$$

由题意可知,问题的初始状态为$(1,1)$,目标状态为$(3,3)$,则二阶梵塔问题可用状态图表示为:

$$(\{(1,1)\}, \{A(1,2),\cdots,B(3,2)\}, \{(3,3)\})$$

由这 9 种可能的状态和 12 种操作,二阶梵塔问题的状态空间图可如图 3-12 所示。

例 3-7 旅行商问题(Traveling-Salesman Problem,TSP)的状态图表示。设有 n 个互相可直达的城市,某推销商准备从其中的 A 城出发,周游各城市一遍,最后又回到 A 城。要求为该推销商规划一条最短的旅行路线。这就是旅行商问题。下面我们考虑旅行商问题能否用状态图表示。

仔细分析旅行商问题不难发现,虽然问题中的旅行商是在交通图上移动,但该问题的状态并非交通图上的节点,而应为以 A 打头的已访问过的城市序列:$A\cdots$。这样,

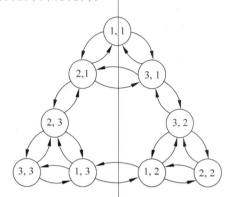

图 3-12 二阶梵塔状态空间图

$$S_o: A。$$
$$S_g: A,\cdots,A。$$

其中"$\cdots$"为其余 $n-1$ 个城市的一个序列。

从而,状态转换规则为:

r_1:如果当前城市的下一个城市还未去过,则去该城市,并把该城市名排在已去过的城市名序列后端;

r_2:如果所有城市都去过一次,则从当前城市返回 A 城把 A 也添加在去过的城市名序列后端。

3.2.2 状态图问题求解程序举例

例 3-8 下面是一个通用的状态图搜索程序。对于求解的具体问题,只需将其状态图的程序表示并入该程序即可。

```
/*状态图搜索通用程序*/
DOMAINS
        state = <领域说明>              % 例如:state = symbol
    DATABASE - mydatabase
    open(state, integer)              %用动态数据库实现 OPEN 表
    closed(integer, state, integer)   % 和 CLOSED 表
    res(state)
```

```
            open1(state,integer)
            min(state,integer)
            mark(state)
            fail_
        PREDICATES
            solve
            search(state,state)
            result
            searching
            step4(integer,state)
            step56(integer,state)
            equal(state,state)
            repeat
            resulting(integer)
            rule(state,state)
        GOAL
            solve.
        CLAUSES
            solve: - search(<初始状态>,<目标状态>),result.
        /* 例如
            solve: -
        search(st(0,1,2,3,4,5,6,7,8),st(0,2,8,3,4,5,6,7,1)),result.
            */
        search(Begin,End): -                    % 搜索
            retractall(_,mydatabase),
            assert(closed(0,Begin,0)),
            assert(open(Begin,0)),              % 步骤1 将初始节点放入 OPEN 表
            assert(mark(End)),
            repeat,
            searching,!.
        result: -                               % 输出解
            not(fail_),
            retract(closed(0,_,0)),
            closed(M,_,_),
            resulting(M),!.
        result: - beep,write("sorry don't find a road!").
        searching: -
            open(State,Pointer),                % 步骤2 若 OPEN 表空，则失败，退出
            retract(open(State,Pointer)),       % 步骤3 取出 OPEN 表中第一个节点，给其
            closed(No,_,_),No2 = No + 1,         % 编号
            asserta(closed(No2,State,Pointer)),  % 放入 CLOSED 表
            !,step4(No2,State).
        searching: - assert(fail_).
                                                % 步骤4 若当前节点为目标节点，则成功
        step4(_,State): - mark(End),equal(State,End). % 转步骤2
        step4(No,State): - step56(No,State),!,fail.
        step56(No,StateX): -                    % 步骤5 若当前节点不可扩展,转步骤2
                rule(StateX,StateY),            % 步骤6 扩展当前节点 X 得 Y
                not(open(StateY,_)),            % 考察 Y 是否已在 OPEN 表中
```

```
              not(closed(_,StateY,_)),         % 考察 Y 是否已在 CLOSED 表中
              assertz(open(StateY,No)),         % 可改变搜索策略
              fail.
step56(_,_): -!.
equal(X,X).
repeat.
repeat: - repeat.
resulting(N): -closed(N,X,M),asserta(res(X)),resulting(M).
resulting(_): -res(X),write(X),nl,fail.
resulting(_): -!.
rule(X,Y): -<问题中的状态转换规则>.       % 例如: rule(X,Y): - road(X,Y).
```

例 3-9 迷宫问题的求解程序。

下面仅给出初始状态、目标状态和状态转换规则集,搜索程序用例 3-8 的通用程序。

```
DOMAINS
    state = symbol
CLAUSES
    solve: - search(a,e),result.
/* 把该问题的状态转换规则挂接在通用程序的规则上 */
    rule(X,Y): - road(X,Y).
/* 下面是该问题的状态转换规则(其实也就是迷宫图)集,需并入通用程序后 */
road(a,b). road(a,c). road(b,f). road(f,g). road(f,ff). road(g,h).
road(g,i). road(b,d). road(c,d). road(d,e). road(e,b).
```

例 3-10 八数码问题的求解程序。

把前面给出的该问题的状态图表示用 PROLOG 语言翻译如下,搜索程序用例 3-8 的通用程序,即得八数码问题的求解程序。

```
DOMAINS
state = st(integer,integer,integer,integer,integer,integer,integer,integer,integer)
CLAUSES
solve: - search(st(0,1,2,3,4,5,6,7,8),st(0,2,8,3,4,5,6,7,1)),result.
rule(X,Y): - rule1(X,Y).               /* 把该问题的状态转换规则挂接在通用程序的规则上 */
/* 下面是该问题的状态转换规则(即走步规则)集,需并入通用程序后 */
rule1(st(X0,X1,X2,X3,X4,X5,X6,X7,X8),st(X2,X1,X0,X3,X4,X5,X6,X7,X8)): - X0 = 0.
rule1(st(X0,X1,X2,X3,X4,X5,X6,X7,X8),st(X4,X1,X2,X3,X0,X5,X6,X7,X8)): - X0 = 0.
rule1(st(X0,X1,X2,X3,X4,X5,X6,X7,X8),st(X6,X1,X2,X3,X4,X5,X0,X7,X8)): - X0 = 0.
rule1(st(X0,X1,X2,X3,X4,X5,X6,X7,X8),st(X8,X1,X2,X3,X4,X5,X6,X7,X0)): - X0 = 0.
rule1(st(X0,X1,X2,X3,X4,X5,X6,X7,X8),st(X0,X2,X1,X3,X4,X5,X6,X7,X8)): - X1 = 0.
rule1(st(X0,X1,X2,X3,X4,X5,X6,X7,X8),st(X0,X2,X8,X3,X4,X5,X6,X7,X1)): - X1 = 0.
rule1(st(X0,X1,X2,X3,X4,X5,X6,X7,X8),st(X0,X2,X1,X3,X4,X5,X6,X7,X8)): - X2 = 0.
rule1(st(X0,X1,X2,X3,X4,X5,X6,X7,X8),st(X0,X1,X3,X2,X4,X5,X6,X7,X8)): - X2 = 0.
rule1(st(X0,X1,X2,X3,X4,X5,X6,X7,X8),st(X2,X1,X0,X3,X4,X5,X6,X7,X8)): - X2 = 0.
rule1(st(X0,X1,X2,X3,X4,X5,X6,X7,X8),st(X0,X1,X3,X2,X4,X5,X6,X7,X8)): - X3 = 0.
rule1(st(X0,X1,X2,X3,X4,X5,X6,X7,X8),st(X0,X1,X2,X4,X3,X5,X6,X7,X8)): - X3 = 0.
rule1(st(X0,X1,X2,X3,X4,X5,X6,X7,X8),st(X0,X1,X2,X4,X3,X5,X6,X7,X8)): - X4 = 0.
rule1(st(X0,X1,X2,X3,X4,X5,X6,X7,X8),st(X4,X1,X2,X3,X0,X5,X6,X7,X8)): - X4 = 0.
rule1(st(X0,X1,X2,X3,X4,X5,X6,X7,X8),st(X0,X1,X2,X3,X5,X4,X6,X7,X8)): - X4 = 0.
```

```
rule1(st(X0,X1,X2,X3,X4,X5,X6,X7,X8),st(X0,X1,X2,X3,X5,X4,X6,X7,X8)):- X5 = 0.
rule1(st(X0,X1,X2,X3,X4,X5,X6,X7,X8),st(X0,X1,X2,X3,X4,X6,X5,X7,X8)):- X5 = 0.
rule1(st(X0,X1,X2,X3,X4,X5,X6,X7,X8),st(X6,X1,X2,X3,X4,X5,X0,X7,X8)):- X6 = 0.
rule1(st(X0,X1,X2,X3,X4,X5,X6,X7,X8),st(X0,X1,X2,X3,X4,X6,X5,X7,X8)):- X6 = 0.
rule1(st(X0,X1,X2,X3,X4,X5,X6,X7,X8),st(X0,X1,X2,X3,X4,X5,X7,X6,X8)):- X6 = 0.
rule1(st(X0,X1,X2,X3,X4,X5,X6,X7,X8),st(X0,X1,X2,X3,X4,X5,X7,X6,X8)):- X7 = 0.
rule1(st(X0,X1,X2,X3,X4,X5,X6,X7,X8),st(X0,X1,X2,X3,X4,X5,X6,X8,X7)):- X7 = 0.
rule1(st(X0,X1,X2,X3,X4,X5,X6,X7,X8),st(X0,X8,X2,X3,X4,X5,X6,X7,X1)):- X8 = 0.
rule1(st(X0,X1,X2,X3,X4,X5,X6,X7,X8),st(X8,X1,X2,X3,X4,X5,X6,X7,X0)):- X8 = 0.
rule1(st(X0,X1,X2,X3,X4,X5,X6,X7,X8),st(X0,X1,X2,X3,X4,X5,X6,X8,X7)):- X8 = 0.
```

例 3-11 旅行商问题的求解程序。

```
                    /* 旅行商问题 */
DOMAINS
   State = st(lists, integer)
   lists = symbol *
   Gx, Grule, Fx = integer
   city1, city2 = symbol
   distance = integer
   StartingCity = symbol
   CitySum = integer
DATABASE - mydatabase
   open(State, integer, Gx, Fx)
   closed(integer, State, integer, Gx)
   open1(State, integer, integer, integer)
   min(State, integer, integer, integer)
   mark(string, integer)
   minD(integer)
   fail_
PREDICATES
   road(city1, city2, distance)
   search(StartingCity, CitySum)
   searching
   step4(integer, State, Gx)
   step56(integer, State, Gx)
   calculator(integer, integer, integer, integer, integer)
   repeat
   sort
   p1
   p12(State, integer, integer, integer)
   p2
   rule(State, State, Grule)
   member(symbol, lists)
   append(lists, lists, lists)
   mindist(integer)
   mindist1
   pa(integer)
   result
GOAL
```

```
        clearwindow,
        write("Please inout starting city name:"),
        readln(Start),
        write("Please input the sum of citys in the map:"),
        readint(Sum),
        search(Start,Sum),
        result.
CLAUSES
search(StartingCity,CitySum):-
        retractall(_,mydatabase),assert(closed(0,st([],0),0,0)),
        assert(open(st([StartingCity],0),0,0,0)),
        assert(mark(StartingCity,CitySum)),
        repeat,
        searching,!.
searching:-
        open(State,BackPointer,Gx,_),
        retract(open(State,_,_,_)),
        closed(No,_,_,_),No2 = No + 1,
        asserta(closed(No2,State,BackPointer,Gx)),
        !,step4(No2,State,Gx).
searching:- assert(fail_).
 result:- not(fail_),closed(_,st(L,_),_,G),write(L,G).
 result:- beep,write("sorry don't find a road!").
 step4(_,st(L,N),_):- mark(_,StateSum),N = StateSum.
 step4(No,State,Gx):- step56(No,State,Gx),!,fail.
 step56(No,st(L,N),Gx):-                  % Gx 为当前节点的代价
        rule(st(L,N),StateY,Grule),        % Grule 为规则的代价(即边代价)
        not(open(StateY,_,_,_)),           % StateY 为扩展得到的子节点
        not(closed(_,StateY,_,_)),
        calculator(N,Gx,Grule,Gy,Fy),
        asserta(open(StateY,No,Gy,Fy)),
        fail.
step56(_,_,_):- sort,!.                    % 按估价函数值对 OPEN 表以升序排序
calculator(N,Gx,Grule,Gy,Fy):-
                Gy = Gx + Grule,           % 计算子节点的代价值 g(y)
                mark(_,CitySum),
                mindist(MinD),
                Hy = (CitySum - N - 1) * MinD,  % 计算子节点的启发函数值 h(y)
                Fy = Gy + Hy,!.            % 计算子节点的估价函数值 f(y) = g(y) + h(y)
mindist(MinD):-
            road(_,_,D1),assert(minD(D1)),mindist1,minD(MinD),!.
mindist1:- road(_,_,D),pa(D),fail.
mindist1:- !.
pa(D):- minD(Do),Do > D,retract(minD(_)),assert(minD(D)),!.
pa(_):- !.
sort:- not(open(_,_,_,_)),!.
sort:- repeat,open(X,N,G,F),assert(min(X,N,G,F)),p1,not(open(_,_,_,_)),p2.
p1:- open(X,N,G,F),p12(X,N,G,F),fail.
p1:- min(X,N,G,F),
```

```
        assertz(open1(X,N,G,F)),retract(open(X,N,G,F)),retract(min(_,_,_,_)),!.
p12(_,_,G,Fn):-min(_,_,_,Fo),Fo<=Fn,!.
p12(X,N,G,Fn):-retract(min(_,_,_,_)),assert(min(X,N,G,Fn)),!.
p2:-open1(X,N,G,F),assertz(open(X,N,G,F)),fail.
p2:-retractall(open1(_,_,_,_)),!.
repeat.
repeat:-repeat.
member(X,[X|_]).
member(X,[_|Y]):-member(X,Y).
append([],L,L).
append([H|T],L,[H|Tn]):-append(T,L,Tn).
rule(st([H|T],IN),st(OL,ON),Grule):-         % 状态变换规则 1
                        mark(StartingCity,StateSum),
                        IN=StateSum-1,
                        road(H,StartingCity,D),
                        append([StartingCity],[H|T],OL),
                        ON=IN+1,
                        Grule=D.
rule(st([H|T],IN),st(OL,ON),Grule):-         % 状态变换规则 2
                        road(H,Y,D),
                        not(member(Y,[H|T])),
                        append([Y],[H|T],OL),
                        ON=IN+1,
                        Grule=D.
/* 交通图（如
road(xian,beijing,1165).
road(xian,shanghai,1511).
    …
*/
```

可以看出,该程序与例 3-8 的通用程序基本相同,但这是一个基于 A* 算法的启发式图搜索程序。估价函数 $f(x)$ 为代价函数 $g(x)$ 和启发函数 $h(x)$ 之和。其中代价的计算公式为

节点$(A\cdots XY)$的代价 = 起始城市到 X 城的距离 + X 城到 Y 城的距离

启发函数值的计算公式为

节点$(A\cdots XY)$的启发值 = (城市总数 - 已访问过的城市数 - 1)×

× min{所有两城间的距离}

这里把一个节点的启发函数值定义为该节点到目标节点的距离下限(相当于至少还要花费的代价)。那么,随着访问城市数的增加,启发函数值则在逐渐减少。式中减 1 的原因是每次计算时,总是对刚才扩展到的子节点计算的,而该节点还未计入已扩展数中。

由于这个启发函数值的实际值($h^*(x)$)总不会小于所有城市间最小距离的整倍数($h(x)$),所以,符合 A* 算法的要求。代价值和启发值在搜索过程中的处理差别是,前者要不断进行传递和累加,而后者只是在需要时临时计算,且不进行传递和累计。

该程序实际是一个旅行商问题的通用程序。对于一个具体的旅行路径规划,只需把

具体的"交通图"用谓词 road(City1,City2,Cost)描述出来,并作为事实并入该程序。

该程序还有一个特点——它实际是进行双重搜索:一方面在显式图(交通图)上进行搜索,同时又在由此产生的隐式图(以访问过的城市序列为状态节点的状态图)上进行搜索。而该问题的解,并不是隐式图中的路径,而是路径中的最后一个节点。这个节点恰好是交通图上的一条路径。

3.3　与或图与与或图搜索

3.3.1　与或图

先用一个几何证明问题引入与或图的概念。

问题　如图 3-13 所示,设有四边形 $ABCD$ 和 $A'B'C'D'$,要求证明它们全等。

分析　分别连接 B、D 和 B'、D',则原问题可分解为两个子问题:

Q_1：证明 $\triangle ABD \cong \triangle A'B'D'$

Q_2：证明 $\triangle BCD \cong \triangle B'C'D'$

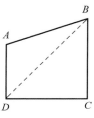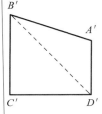

图 3-13　四边形 $ABCD$ 和 $A'B'C'D'$

于是,原问题的解决可归结为这两个子问题的解决。换句话说,原问题被解决,当且仅当这两个子问题都被解决。

而问题 Q_1 还可再被分解为

$Q_{1\text{-}1}$：证明 $AB = A'B'$

$Q_{1\text{-}2}$：证明 $AD = A'D'$

$Q_{1\text{-}3}$：证明 $\angle A = \angle A'$

或

$Q'_{1\text{-}1}$：证明 $AB = A'B'$

$Q'_{1\text{-}2}$：证明 $AD = A'D'$

$Q'_{1\text{-}3}$：证明 $BD = B'D'$

问题 Q_2 还可再被分解为

$Q_{2\text{-}1}$：证明 $BC = B'C'$

$Q_{2\text{-}2}$：证明 $CD = C'D'$

$Q_{2\text{-}3}$：证明 $\angle C = \angle C'$

或

$Q'_{2\text{-}1}$：证明 $BC = B'C'$

$Q'_{2\text{-}2}$：证明 $CD = C'D'$

$Q'_{2\text{-}3}$：证明 $BD = B'D'$

现在考虑原问题与这两组子问题的关系,如图 3-14 所示。图中的弧线表示所连边为"与"关系,不带弧线的边为"或"关系。这个图中既有与关系又有或关系,因此被称为**与或**

图。但这个与或图是一种特殊的与或图,称为**与或树**。如图 3-15 所示的则是一个更典型的与或图。

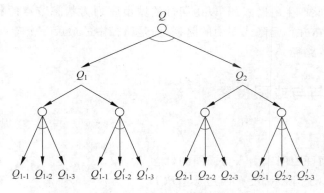

图 3-14　问题的分解与变换

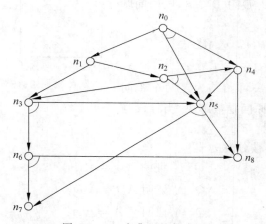

图 3-15　一个典型的与或图

可以看出,从与、或关系来看,前面的状态图实际就是或图。这就是说,与或图是状态图的推广,而状态图是与或图的特例。

由上面的问题可以看出,与或图可以用来描述一类问题的求解过程。事实上,若把待解的原问题作为初始节点,把由原问题经一系列分解或变换而得到的直接可解的简单问题作为目标节点,那么,问题求解过程也就是在一个与或图中寻找一个从初始节点到目标节点的路径问题。例如,如果把上面的原问题 Q 作为初始节点,把子问题 Q_{1-1}、Q_{1-2}、Q_{1-3}……作为目标节点,则对问题 Q 的求解就是在如图 3-14 所示的与或图中寻找路径的问题。但可以看出,与或图中的路径一般不是状态图中那样的线形路径,而是树形"路径"。因此,一般称这种路径为**解树**或**解图**。所以,求解与或图问题就是在与或图中搜索解树或解图的问题。

同状态图一样,与或图也是问题求解的一种抽象表示。事实上,许多问题的求解过程都可以用与或图搜索来描述。如梵塔问题、猴子摘香蕉问题、博弈问题、求不定积分问题、定理证明问题等。所以,研究与或图搜索也具有普遍意义。

用与或图搜索来描述问题的求解过程,首先,将原问题通过有关变换规则不断分解

（为子问题）或变换（为等价问题），直到问题分解或变换为（即归约为）一些直接可解的子问题，或者不可解也不能再分解或变换的子问题为止。然后，根据所得到的搜索树确定原问题的可解性。如果可解，则由搜索树找出解图或解树。

下面再引入与或图搜索中的几个基本概念。直接可解的简单问题称为**本原问题**。本原问题对应的节点称为**终止节点**，在与或图（树）中无子节点的节点称为**端节点**，一个节点的子节点间如果是"与"关系，则该节点便称为**与节点**，一个节点的子节点间如果是"或"关系，则该节点便称为**或节点**。（注意，终止节点一定是端节点，但端节点不一定是终止节点。）

3.3.2　与或图搜索

1. 搜索方式，解树（图）

同状态图（即或图）的搜索一样，与或图搜索也分为树式和线式两种类型。对于树式搜索来讲，其搜索过程也是不断地扩展节点，并配以返回指针，而形成一棵不断生长的搜索树。但在与或图中搜索解树（图），不像在或图中那样只是简单地寻找目标节点，而是边扩展节点边进行逻辑判断，以确定初始节点是否可解。一旦能够确定初始节点的可解性，则搜索停止。这时，如果初始节点可解，则根据返回指针便可从搜索树中得到一个解树（图）。所以，准确地说，解树（图）实际上是由可解节点形成的一个子树（图），这个子图（树）的根为初始节点，叶为终止节点，且这个子树（图）还一定是与树（图）。

2. 可解性判别

怎样判断一个节点的可解性呢？下面给出判别准则。

（1）一个节点是可解节点，须满足下列条件之一：

① 终止节点是可解节点。

② 一个与节点可解，当且仅当其子节点全都可解。

③ 一个或节点可解，只要其子节点至少有一个可解。

（2）一个节点是不可解节点，须满足下列条件之一：

① 非终止节点的端节点是不可解节点。

② 一个与节点不可解，只要其子节点至少有一个不可解。

③ 一个或节点不可解，当且仅当其子节点全都不可解。

3. 搜索策略

与或图搜索也分为盲目搜索和启发式搜索两大类。盲目搜索可分为穷举搜索和盲目碰撞搜索。穷举搜索又分为深度优先和广度优先两种基本策略。

4. 搜索算法

同一般状态图搜索一样，一般的与或图搜索也涉及一些复杂的处理。因篇幅所限，这里仅介绍特殊的与或图——与或树的搜索算法。与或树的树式搜索过程可概括为以下步骤。

---

(1) 把初始节点 Q_0 放入 OPEN 表。

(2) 移出 OPEN 表的第一个节点 N,将其放入 CLOSED 表,并冠以序号 n。

(3) 若节点 N 可扩展,则做下列工作:

 ① 扩展 N,将其子节点配上指向父节点的指针后放入 OPEN 表。

 ② 考察这些子节点中是否有终止节点。若有,则标记它们为可解节点,并将它们放入 CLOSED 表,然后由它们的可解反向推断其先辈节点的可解性,并对其中的可解节点进行标记。如果初始节点也被标记为可解节点,则搜索成功,结束。

 ③ 删去 OPEN 表中那些具有可解先辈的节点(因为其先辈节点已经可解,故已无再考察该节点的必要),转步骤(2)。

(4) 若 N 不可扩展,则做下列工作:

 ① 标记 N 为不可解节点,然后由它的不可解反向推断其先辈节点的可解性,并对其中的不可解节点进行标记。如果初始节点 S_0 也被标记为不可解节点,则搜索失败,退出。

 ② 删去 OPEN 表中那些具有不可解先辈的节点(因为其先辈节点已不可解,故已无再考察这些节点的必要),转步骤(2)。

同状态图搜索一样,搜索成功后,解树已经记录在 CLOSED 表中。这时需按指向父节点的指针找出整个解树。下面举一个广度优先搜索的例子。

例 3-12 设有与或树如图 3-16 所示,其中 1 号节点为初始节点,t_1、t_2、t_3、t_4 均为终止节点,A 和 B 是不可解的端节点。采用广度(优先)搜索策略,搜索过程如下。

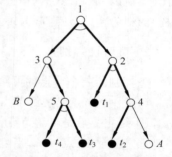

图 3-16　与或树及其解

(1) 扩展 1 号节点得到 2 号和 3 号节点,依次放入 OPEN 表尾部。由于这两个节点都非终止节点,所以接着扩展 2 号节点。此时 OPEN 表中只有 3 号节点。

(2) 扩展 2 号节点后得到 4 号节点和 t_1 节点。此时 OPEN 表中依次有 3 号、4 号和 t_1 节点。由于 t_1 是终止节点,故标记它为可解节点,并将它放入 CLOSED 表,再判断其先辈节点的可解性,但 t_1 的父节点 2 是一个与节点,故仅由 t_1 的可解还不能确定 2 号节点可解。所以,就继续搜索。

(3) 扩展 3 号节点得到 5 号节点和 B 节点。两者均非终止节点,所以继续扩展 4 号节点。

(4) 扩展 4 号节点后得到节点 A 和 t_2。t_2 是终止节点,标记为可解节点,放入 CLOSED 表。这时其先辈节点 4 和 2 也为可解节点,但 1 号节点还不能确定。这时从 OPEN 表中删去节点 A,因为其父节点 4 已经可解。

(5) 扩展 5 号节点得到 t_3 和 t_4。由于 t_3 和 t_4 都为终止节点(放入 CLOSED 表),故可推得节点 5、3、1 均为可解节点。搜索成功,结束。

这时,由 CLOSED 表便得到由节点 1、2、3、4、5 和 t_1、t_2、t_3、t_4 构成的解树,如图 3-16 中的粗线所示。

3.3.3 启发式与或树搜索

广度优先搜索及深度优先搜索都是盲目搜索,其共同点是:

(1) 搜索从初始节点开始,先自上而下地进行搜索,寻找终止节点及端节点,然后再自下而上地进行可解性标记,一旦初始节点被标记为可解节点或不可解节点,搜索就不再继续进行;

(2) 搜索都是按确定路线进行的,当要选择一个节点进行扩展时,只是根据节点在与或树中所处的位置,而没有考虑要付出的代价,因而求得的解树不一定是代价最小的解树,即不一定是最优解树。

为了求得最优解树,就要在每次确定欲扩展的节点时,先往前多看几步,计算扩展这个节点可能要付出的代价,并选择代价最小的节点进行扩展。像这样根据代价决定搜索路线的方法称为与或树的**有序搜索**,它是一种重要的启发式搜索策略。

1. 解树的代价

解树的代价就是树根的代价。树根的代价是从树叶开始自下而上逐层计算而求得的。而解树的根对应的是初始节点 Q_0。也就是说,在与或树的搜索过程中,代价的计算方向与搜索树的生长方向相反。这一点是与状态图不同的。具体来讲,有下面几种代价计算方法。

设 $g(x)$ 表示节点 x 的代价,$c(x,y)$ 表示节点 x 到其子节点 y 的代价(即边 xy 的代价),则,

(1) 若 x 是终止节点,则 $g(x)=0$。

(2) 若 x 是或节点,则 $g(x)=\min_{1\leqslant i\leqslant n}\{c(x,y_i)+g(y_i)\}$,其中 $y_1,y_2,\cdots,y_n$ 是 x 的子节点。

(3) 若 x 是与节点,则有两种计算公式:

① 和代价法:$g(x)=\sum_{i=1}^{n}\{c(x,y_i)+g(y_i)\}$

② 最大代价法:$g(x)=\max_{1\leqslant i\leqslant n}\{c(x,y_i)+g(y_i)\}$

其中,$y_1,y_2,\cdots,y_n$ 是 x 的子节点。

(4) 对非终止的端节点 x,$g(x)=\infty$。

例 3-13 设有如图 3-17 所示的与或树,可以发现其中有两棵解树,一棵解树由 Q_0、A、t_1 和 t_2 组成;另一棵解树由 Q_0、B、D、G、t_4 和 t_5 组成。在此与或树中,t_1、t_2、t_3、t_4、t_5 为终止节点;E 和 F 是非终止的端节点;各边上的数字是相应的代价。

由右边的解树,

按和代价:$g(A)=11$, $g(Q_0)=13$

按最大代价:$g(A)=6$, $g(Q_0)=8$

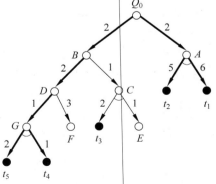

图 3-17 含代价的与或树

由左边的解树，

按和代价：$g(G)=3$，　$g(D)=4$，　$g(B)=6$，　$g(Q_0)=8$

按最大代价：$g(G)=2$，　$g(D)=3$，　$g(B)=5$，　$g(Q_0)=7$

显然，若按和代价计算，左边的解树是最优解树，其代价为 8；若按最大代价计算，左边的解树仍然是最优解树，其代价是 7。但有时用不同的计算代价方法得到的最优解树不相同。

2. 希望树

无论是用和代价法还是最大代价法，当要计算任一节点 x 的代价 $g(x)$ 时，都要已知其子节点 y_i 的代价 $g(y_i)$。但是，搜索是自上而下进行的，即先有父节点，后有子节点，除非节点 x 的全部子节点都是不可扩展节点，否则子节点的代价是不知道的。此时节点 x 的代价 $g(x)$ 如何计算呢？解决的办法是，根据问题本身提供的启发性信息定义一个启发函数，由启发函数估算出子节点 y_i 的代价 $g(y_i)$，然后再按和代价或最大代价算出节点 x 的代价值 $g(x)$。有了 $g(x)$，节点 x 的父节点、祖父节点以及直到初始节点 S_0 的各先辈节点的代价 g 都可自下而上地逐层推算出来。

当节点 y_i 被扩展后，也是先用启发函数估算出其子节点的代价，然后再算出 $g(y_i)$。此时算出的 $g(y_i)$ 可能与原先估算出的 $g(y_i)$ 不相同，这时应该用后算出的 $g(y_i)$ 取代原先估算出的 $g(y_i)$，并且按此 $g(y_i)$ 自下而上地重新计算各先辈节点的 g 值。当节点 y_i 的子节点又被扩展时，上述过程又要重复进行一遍。总之，每当有新一代的节点生成时，都要自下而上地重新计算其先辈节点的代价 g，这是一个自上而下地生成新的节点，又自下而上地计算代价 g 的反复进行的过程。

有序搜索的目的是求出最优解树，即代价最小的解树。这就要求搜索过程中任一时刻求出的部分解树其代价都应是最小的。为此，每次选择欲扩展的节点时都应挑选有希望成为最优解树一部分的节点进行扩展。由于这些节点及其先辈节点（包括初始节点 S_0）所构成的与或树有可能成为最优解树的一部分，因此称它为"希望树"。

在搜索过程中随着新节点的不断生成，节点的代价值是在不断变化的，因此希望树也在不断变化。在某一时刻，这一部分节点构成希望树，但到另一时刻，可能是另一些节点构成希望树。但不管如何变化，任一时刻的希望树都必须包含初始节点 S_0，而且希望树总是对最优解树近根部分的某种估计。

下面是希望树的定义。

(1) 初始节点 Q_0 在希望树 T 中。

(2) 如果节点 x 在希望树 T 中，则一定有：

① 如果 x 是具有子节点 $y_1, y_2, \cdots, y_n$ 的或节点，则对应

$$g(x) = \min_{1 \leqslant i \leqslant n} \{c(x, y_i) + g(y_i)\}$$

的那个子节点 y_i 也应在 T 中。

② 如果 x 是与节点，则它的全部子节点都应在 T 中。

3. 与或树的有序搜索过程

与或树的有序搜索过程是一个不断选择、修正希望树的过程。如果问题有解，则经有

序搜索将找到最优解树。

其搜索过程如下。

(1) 把初始节点 Q_0 放入 OPEN 表中。

(2) 求出希望树 T，即根据当前搜索树中节点的代价 g 求出以 Q_0 为根的希望树 T。

(3) 依次把 OPEN 表中 T 的端节点 N 选出放入 CLOSED 表中。

(4) 如果节点 N 是终止节点，则做下列工作：

　① 标示 N 为可解节点。

　② 对 T 应用可解标记过程，把 N 的先辈节点中的可解节点都标记为可解节点。

　③ 若初始节点 Q_0 能被标记为可解节点，则 T 就是最优解树，成功退出。

　④ 否则，从 OPEN 表中删去具有可解先辈的所有节点。

(5) 如果节点 N 不是终止节点，且它不可扩展，则做下列工作：

　① 标示 N 为不可解节点。

　② 对 T 应用不可解标记过程，把 N 的先辈节点中的不可解节点都标记为不可解节点。

　③ 若初始节点 Q_0 也被标记为不可解节点，则失败退出。

　④ 否则，从 OPEN 表中删去具有不可解先辈的所有节点。

(6) 如果节点 N 不是终止节点，但它可扩展，则可做下列工作：

　① 扩展节点 N，产生 N 的所有子节点。

　② 把这些子节点都放入 OPEN 表中，并为每一个子节点配置指向父节点(节点 N)的指针。

　③ 计算这些子节点的 g 值及其先辈节点的 g 值。

(7) 转步骤(2)。

例 3-14 下面举例说明上述搜索过程。

设初始节点为 Q_0，每次扩展两层，并设 Q_0 经扩展后得到如图 3-18(a)所示的与或树，其中子节点 B、C、E、F 用启发函数估算出的 g 值分别是

$$g(B)=3, \quad g(C)=3, \quad g(E)=3, \quad g(F)=2$$

若按和代价计算，则得

$$g(A)=8, \quad g(D)=7, \quad g(Q_0)=8$$

(注：这里的边代价一律按 1 计算，下同。)

此时，Q_0 的右子树是希望树。下面将对此希望树的节点进行扩展。

设对节点 E 扩展两层后得到如图 3-18(b)所示的与或树，节点旁的数字为用启发函数估算出的 g 值，则按和代价法计算得

$$g(G)=7, \quad g(H)=6, \quad g(E)=7, \quad g(D)=11$$

此时，由 Q_0 的右子树算出的 $g(Q_0)=12$。但是，由左子树算出的 $g(Q_0)=9$。显然，左子树的代价小，所以现在改取左子树作为当前的希望树。

假设对节点 B 扩展两层后得到如图 3-18(c)所示的与或树，节点旁的数字是对相应节点的估算值，节点 L 的两个子节点是终止节点，则按和代价法计算得

$$g(L)=2, \quad g(M)=6, \quad g(B)=3, \quad g(A)=8$$

由此可推算出 $g(Q_0)=9$。这时，左子树仍然是希望树，继续对其扩展。该扩展节点 C。

　　假设节点 C 扩展两层后得到如图 3-18(d)所示的与或树,节点旁的数字是对相应节点的估算值,节点 N 的两个子节点是终止节点。按和代价计算得

$$g(N)=2,\quad g(P)=7,\quad g(C)=3,\quad g(A)=8$$

由此可推算出 $g(Q_0)=9$。另外,由于 N 的两个子节点都是终止节点,所以 N 和 C 都是可解节点。再由已推出的可解节点 B,可推出 A 和 Q_0 都是可解节点。这样就求出了代价最小的解树,即最优解树——图 3-18(d)中粗线部分所示。该最优解树是用和代价法求出来的,解树的代价为 9。

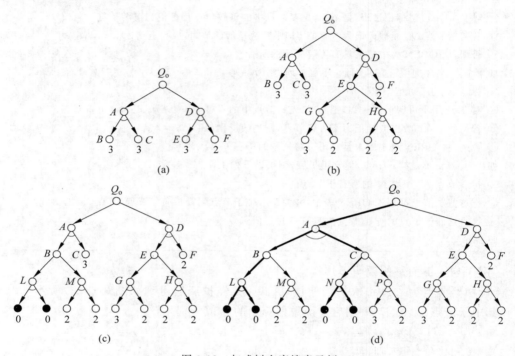

图 3-18　与或树有序搜索示例

3.4　与或图搜索问题求解

3.4.1　问题的与或图表示

　　与或图是描述问题求解的另一种有向图,一般表示问题的变换过程(而不是状态变换过程)。具体讲,它是从原问题出发,通过运用某些规则不断进行问题分解(得到与分支)和变换(得到或分支),而得到一个与或图。所以,与或图的节点一般代表问题,整个图也就表示问题空间。与或图中的父节点与其子节点之间服从逻辑上的与、或运算关系。所以,与或图表示的问题是否有解,要进行逻辑判断,与或图的搜索也受逻辑的制约。

　　与或图也可表示为一个三元组

$$(Q_0, F, Q_n)$$

在这里 Q_0 表示初始问题,F 表示问题变换规则集,Q_n 表示本原问题集。

例如,高等数学中的积分公式就是一些典型的问题分解和变换规则,所以,一般的求不定积分问题就可用与或图来描述。其实,一个 PROLOG 程序也就是一个与或图。程序中的询问(即目标)就是初始问题,规则就是问题变换规则,事实就是本原问题。下面再举几个例子。

例 3-15 三阶梵塔问题的与或图表示。

对于梵塔问题,也可以这样考虑:为把 1 号杆上的 n 个盘子搬到 3 号杆,可先把上面的 $n-1$ 个盘子搬到 2 号杆上;再把剩下的一个大盘子搬到 3 号杆;然后将 2 号杆上的 $n-1$ 个盘子搬到 3 号杆。这样,就把原来的一个问题分解为 3 个子问题。这 3 个子问题都比原问题简单,其中第二个子问题已是直接可解的问题。对于第一和第三这两个子问题,可用上面 n 个盘子的方法做同样的处理。根据这一思想,可把三阶梵塔问题分解为下面的 3 个子问题:

(1) 把 A、B 盘从 1 号杆移到 2 号杆。

(2) 把 C 盘从 1 号杆移到 3 号杆。

(3) 把 A、B 盘从 2 号杆移到 3 号杆。

其中子问题(1)和(3)又分别可分解为 3 个子问题。

于是,得到三阶梵塔问题的与或树表示,如图 3-19 所示。

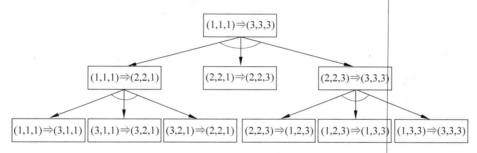

图 3-19 三阶梵塔问题的与或树

图中的三元组 (i, j, k) 中的 i 代表金盘 A 所在的杆号,j 代表金盘 B 所在的杆号,k 代表金盘 C 所在的杆号。这个与或树中,共有 7 个终止节点,对应于 7 个本原问题,它们是通过"分解"得到的。若把这些本原问题的解按从左至右的顺序排列,就得到了原始问题的解:

$$
\begin{aligned}
(1,1,1) &\Rightarrow (3,1,1)\\
(3,1,1) &\Rightarrow (3,2,1)\\
(3,2,1) &\Rightarrow (2,2,1)\\
(2,2,1) &\Rightarrow (2,2,3)\\
(2,2,3) &\Rightarrow (1,2,3)\\
(1,2,3) &\Rightarrow (1,3,3)\\
(1,3,3) &\Rightarrow (3,3,3)
\end{aligned}
$$

视频讲解

此例说明,有些问题既可用状态图表示,也可用与或图表示。事实上,任一个状态图都可以转化为一个与或图。读者从上面的两个梵塔问题中不难看出其转化方法。

3.4.2 与或图问题求解程序举例

例 3-16 基于与或图搜索的迷宫问题求解程序。

```
/ * puzzle room problem * /
DOMAINS
    room list = room *
    room = symbol
PREDICATES
    road(room,room)
    path(room,room,room list)
    go(room,room)
     member(room,room list)
GOAL
    go(a,e).
CLAUSES
    go(X,Y):- path(X,Y,[X]).    % 首先将入口放入表中,该表用来记录走过的路径
    path(X,X,L):- write(L).     % 当 path 中的两个点相同时,表明走到了出口。程序结束
    path(X,Y,L):-               % 这个语句实际是问题分解规则,它将原问题分解为两个子问题
                road(X,Z),      % 从当前点向前走到下一点 Z
                not(member(Z,L)),path(Z,Y,[Z|L]). % 再找 Z 到出口 Y 的路径
    path(X,Y[X,X1|L1]):- path(X1,Y,L1).           % 回溯
    member(X,[X|_]).
    member(X,[_|T]) if member(X,T).
    / * 迷宫图 * /
    road(a,b).road(a,c).road(b,f).road(f,g).road(f,ff).road(g,h).
    road(g,i).road(b,d).road(c,d).road(d,e).road(e,b).
```

可以看出,该程序只给出了问题分解规则,即与或树,而搜索程序则是利用了PROLOG 自身的解释程序。这正是用 PROLOG 解决此类问题的特点。该程序执行时也可回溯,且用 PROLOG 的表记录了搜索路径,所以它又是一种可回溯的线式搜索程序。

例 3-17 梵塔问题求解程序。

基于例 3-15 中对于梵塔问题的分析,可得递归程序如下:

```
/ * Hanoi tower * /
DOMAINS
 disk_amount,pole_No = integer
PREDICATES
 move(disk_amount,pole_No,pole_No,pole_No)
GOAL
 move(5,1,2,3).
CLAUSES
 move(0,_,_,_): -!.
 move(N,X,Y,Z): -                    / * move N disks from X to Z * /
                M = N - 1,
                move(M,X,Z,Y),write(X,"to",Z),move(M,Y,X,Z).
```

程序中的盘子数取为5。

3.5 博弈树搜索 *

诸如下棋、打牌、竞技、战争等竞争性智能活动被称为博弈,而其中最简单的称为"二人零和、全信息、非偶然"博弈。所谓"二人零和、全信息、非偶然"博弈是指:

(1) 对垒的 A、B 双方轮流采取行动,博弈的结果只有 3 种情况,即 A 方胜,B 方败;B 方胜,A 方败;双方战成平局。

(2) 在对垒过程中,任何一方都了解当前的格局及过去的历史。

(3) 任何一方在采取行动前都要根据当前的实际情况,进行得失分析,选取对自己最为有利而对对方最为不利的对策,不存在"碰运气"的偶然因素。即双方都是很理智地决定自己的行动。

3.5.1 博弈树的概念

在博弈过程中,任何一方都希望自己取得胜利。因此,当某一方当前有多个行动方案可供选择时,他总是挑选对自己最为有利而对对方最为不利的那个行动方案。此时,如果站在 A 方的立场上,则可供 A 方选择的若干行动方案之间是"或"关系,因为主动权掌握在 A 方手里,他或者选择这个行动方案,或者选择另一个行动方案,完全由 A 方自己决定。当 A 方选取任一方案走了一步后,B 方也有若干个可供选择的行动方案,此时这些行动方案对 A 方来说它们之间则是"与"关系,因为这时主动权掌握在 B 方手里,这些可供选择的行动方案中的任何一个都可能被 B 方选中,A 方必须应付每一种情况的发生。

这样,如果站在某一方(如 A 方,即在 A 方要取胜的意义下),把上述博弈过程用图表示出来,则得到的是一棵"与或树"。描述博弈过程的与或树称为**博弈树**,它有如下特点:

(1) 博弈的初始格局是初始节点;

(2) 在博弈树中,或节点和与节点是逐层交替出现的。自己一方扩展的节点之间是"或"关系,对方扩展的节点之间是"与"关系。双方轮流地扩展节点;

(3) 所有自己一方获胜的终局都是本原问题,相应的节点是可解节点;所有使对方获胜的终局都是不可解节点。

3.5.2 极小-极大分析法

在二人博弈问题中,为了从众多可供选择的行动方案中选出一个对自己最为有利的行动方案,就需要对当前的情况以及将要发生的情况进行分析,从中选出最优的走步。最常使用的分析方法是极小-极大分析法。其基本思想如下:

(1) 设博弈的双方中一方为 A,另一方为 B。为其中的一方(例如 A)寻找一个最优行动方案。

(2) 为了找到当前的最优行动方案,需要对各个可能的方案所产生的后果进行比较。具体地说,就是要考虑每一方案实施后对方可能采取的所有行动,并计算可能的得分。

（3）为计算得分，需要根据问题的特性信息定义一个估价函数，用来估算当前博弈树端节点的得分。此时估算出来的得分被称为静态估值。

（4）当端节点的估值计算出来后，再推算出父节点的得分，推算的方法是：对或节点，选其子节点中一个最大的得分作为父节点的得分，这是为了使自己在可供选择的方案中选一个对自己最有利的方案；对与节点，选其子节点中一个最小的得分作为父节点的得分，这是为了立足于最坏的情况。这样计算出的父节点的得分称为**倒推值**。

（5）如果一个行动方案能获得较大的倒推值，则它就是当前最好的行动方案。

图 3-20 给出了计算倒推值的示例。

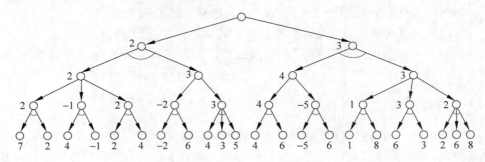

图 3-20　倒推值的计算示例

在博弈问题中，每一个格局可供选择的行动方案都有很多，因此会生成十分庞大的博弈树。据统计，西洋跳棋完整的博弈树约有 10^{40} 个节点。所以，试图利用完整的博弈树来进行极小-极大分析是有困难的。可行的办法是只生成一定深度的博弈树，然后进行极小-极大分析，找出当前最好的行动方案。在此之后，在已选定的分支上扩展一定深度，再选最好的行动方案。如此进行下去，直到取得胜败的结果为止。至于每次生成博弈树的深度，当然是越大越好，但由于受到计算机存储空间的限制，需根据实际情况而定。

例 3-18　一字棋游戏。设有如图 3-21 所示的 9 个空格，由 A、B 二人对弈，轮到谁走棋谁就往空格上放一枚自己的棋子，谁先使自己的棋子构成"三子成一线"，谁就取得了胜利。

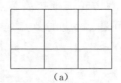
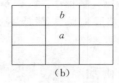

（a）　　　　　　　（b）

图 3-21　一字棋

设 A 的棋子用 a 表示，B 的棋子用 b 表示。为了不至于生成太大的博弈树，假设每次仅扩展两层。估价函数定义如下：

设棋局为 P，估价函数为 $e(P)$。

（1）若 P 是 A 必胜的棋局，则 $e(P) = +\infty$。

（2）若 P 是 B 必胜的棋局，则 $e(P) = -\infty$。

（3）若 P 是胜负未定的棋局,则

$$e(P) = e(+P) - e(-P)$$

其中,$e(+P)$ 表示棋局 P 上有可能使 a 成为三子一线的数目;$e(-P)$ 表示棋局 P 上有可能使 b 成为三子一线的数目。对于如图(b)所示的棋局,则

$$e(P) = 6 - 4 = 2$$

另外,假定具有对称性的两个棋局算作一个棋局且 A 先走棋。图 3-22 就是为了 A 的第一着走棋而生成的博弈树。图中节点旁的数字分别表示相应节点的静态估值或倒推值。由图可以看出,对于 A 来说,最好的一着棋是 S_3,因为 S_3 比 S_1 和 S_2 有更大的倒推值。

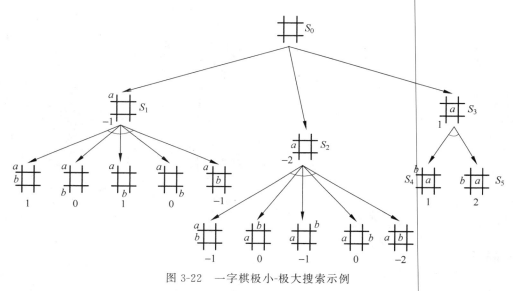

图 3-22　一字棋极小-极大搜索示例

在 A 走了 S_3 这一着棋后,B 的最优选择是 S_4,因为这一着棋的静态估值较小,对 A 不利。不管 B 选择 S_4 或 S_5,A 都要再次运用极小-极大分析法产生深度为 2 的博弈树,以决定下一步应该如何走棋,其过程与上面类似,不再赘述。

3.5.3　α-β 剪枝技术

上述的极小-极大分析法,实际是先生成一棵博弈树,然后再计算其倒推值。这样做的缺点是效率较低。于是,人们又在极小-极大分析法的基础上,提出了 α-β 剪枝技术。

这一技术的基本思想是,边生成博弈树边计算评估各节点的倒推值,并且根据评估出的倒推值范围,及时停止扩展那些已无必要再扩展的子节点,即相当于剪去了博弈树上的一些分枝,从而节约了机器开销,提高了搜索效率。具体的剪枝方法如下:

（1）对于一个与节点 MIN,若能估计出其倒推值的上确界 β,并且这个 β 值不大于 MIN 的父节点（一定是或节点）的估计倒推值的下确界 α,即 $\alpha \geqslant \beta$,则不必再扩展该 MIN 节点的其余子节点了（因为这些节点的估值对 MIN 父节点的倒推值已无任何影响了）。这一过程被称为 α 剪枝。

(2) 对于一个或节点 MAX,若能估计出其倒推值的下确界 α,并且这个 α 值不小于 MAX 的父节点(一定是与节点)的估计倒推值的上确界 β,即 $\alpha \geqslant \beta$,则不必再扩展该 MAX 节点的其余子节点了(因为这些节点的估值对 MAX 父节点的倒推值已无任何影响 了)。这一过程被称为 β 剪枝。

例 3-19 图 3-23 所示的博弈树搜索就采用了 α-β 剪枝技术。

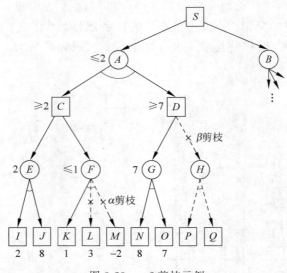

图 3-23 α-β 剪枝示例

习题 3

1. 什么是状态图、与或图?图搜索与问题求解有什么关系?

2. 什么是状态图问题的解?什么是最优解?

3. 综述状态图搜索的方式和策略。

4. 设有三只琴键开关一字排开,初始状态为"关、开、关",问连按三次后是否会出现 "开、开、开"或"关、关、关"的状态?要求每次必须按下一个开关,而且只能按一个开关。 另外,画出这个琴键开关的状态空间图。

注:琴键开关有这样的特点,若第一次按下时它为"开",则第二次按下时它就变成了 "关"。

5. 农夫过河问题:有一农夫带一只狼、一只羊和一筐菜欲从河的左岸乘船到右岸, 但受下列条件限制:

(1) 船太小,农夫每次只能带一样东西过河。

(2) 如果没有农夫看管,则狼要吃羊,羊要吃菜。

设计一个过河方案,使得农夫、狼、羊、菜都能不受损失地过河。画出相应的状态变 化图。

提示:

（1）用四元组（农夫、狼、羊、菜）表示状态，其中每个元素都可为 0 或 1，用 0 表示在左岸，用 1 表示在右岸。

（2）把每次过河的一种安排作为一个算符，每次过河都必须有农夫，因为只有他可以划船。

6. 阐述状态空间的一般搜索过程。OPEN 表与 CLOSED 表的作用是什么？

7. 广度优先搜索与深度优先搜索各有什么特点？

8. 图 3-24 是五大城市间的交通示意图，边上的数字是两城市间的距离。用图搜索技术编写程序，求解以下问题：

（1）任找一条西安到北京的旅行路线，并给出其距离。

（2）找一条从西安到北京且途经上海的路径。

（3）找一条从西安到北京且途经上海，但不能去昆明的路径。

9. 什么是估价函数？在估价函数中，$g(x)$ 和 $h(x)$ 各起什么作用？

10. 局部择优搜索与全局择优搜索的相同处与区别各是什么？

11. 对于与或图，什么是与节点？什么是或节点？什么是可解节点？什么是解树？

12. 试用与或树描述下面不定积分的求解过程：

$$\int (x^2 + 5x + \sin^2 x \cos^2 x)\,\mathrm{d}x$$

13. 什么是与或图问题的解？什么是最优解？

14. 设有如图 3-25 所示的一棵与或树，请指出解树；分别按和代价及最大代价求解树代价；指出最优解树。

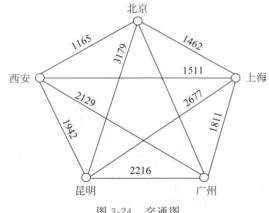

图 3-24　交通图

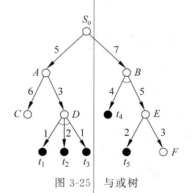

图 3-25　与或树

第 4 章

基于遗传算法的随机优化搜索

自然选择的法则是优胜劣汰、适者生存,而有性繁殖则可以使基因不断进行混合和重组。因此,自然选择和有性繁殖实际上是生物体的优化过程。正是这种优化过程的不断进行才有了生物的进化。遗传算法(GA)就是人们从生物界按自然选择和有性繁殖、遗传变异的自然进化现象中得到启发,而设计出来的一种优化搜索算法。

4.1 基本概念

1. 染色体及其编码

遗传算法以生物细胞中的染色体(chromosome)代表问题中的个体对象(即可能解)。而一个染色体可以看作是由若干基因组成的位串。所以需要将问题中的个体对象编码为某种位串的形式。这样,原个体对象也就相当于生命科学中所称的生物体的表现型(phenotype),而其编码即"染色体"也就相当于生物体的基因型(genotype)。在遗传算法中,染色体一般用字符串表示,而基因也就是字符串中的一个个字符。例如,假设数字 9是某问题中的个体对象,则可以用它的二进制数串 1001 作为它的染色体编码。

2. 适应度与适应度函数

适应度(fitness)就是借鉴生物个体对环境的适应程度,而对所求解问题中的对象(即染色体,也即可能解)设计的一种表征优劣的测度。适应度函数(fitness function)就是问题中的全体对象与其适应度之间的一个对应关系,即对象集合到适应度集合的一个映射。它一般是定义在论域空间上的一个实数值函数。

3. 种群

种群(population)就是模拟生物种群而由若干个染色体组成的群体,它一般是整个论域空间的一个很小的子集。遗传算法就是通过在种群上实施所称的遗传操作,使其不断更新换代而实现对整个论域空间的搜索。

4. 遗传操作

遗传算法中有 3 种关于染色体的运算:选择-复制[①]、交叉和变异,被称为遗传操作或遗传算子(genetic operator)。

1) 选择-复制

选择-复制(selection-reproduction)操作是模拟生物界优胜劣汰的自然选择法则的一种染色体运算,就是从种群中选择适应度较高的染色体进行复制,以生成下一代种群。选择-复制的通常做法是,对于一个规模为 N 的种群 S,按每个染色体 $x_i \in S$ 的选择概率 $P(x_i)$ 所决定的选中机会,分 N 次从 S 中随机选定 N 个染色体,并进行复制。这里的选择概率 $P(x_i)$ 的计算公式为

$$P(x_i) = \frac{f(x_i)}{\sum_{j=1}^{N} f(x_j)} \tag{4-1}$$

其中,f 为适应度函数,$f(x_i)$ 为 x_i 的适应度。可以看出,染色体 x_i 被选中的概率就是其适应度 $f(x_i)$ 所占种群中全体染色体适应度之和的比例。显然,按照这种选择概率定义,适应度越高的染色体被随机选定的概率就越大,被选中的次数也就越多,从而被复制的次数也就越多。相反,适应度越低的染色体被选中的次数也就越少,从而被复制的次数也就越少。如果把复制看作染色体的一次换代的话,则这就意味着适应度越高的染色体其后代也就越多,适应度越低的染色体其后代也就越少,甚至被淘汰。这正吻合了优胜劣汰的自然选择法则。

上述按概率选择的方法可用一种称为赌轮的原理来实现。即做一个单位圆,然后按各个染色体的选择概率将圆面划分为相应的扇形区域(见图 4-1)。这样,每次选择时先转动轮盘,当轮盘静止时,上方的指针所正对着的扇区即为选中的扇区,相应的染色体即为所选定的染色体。例如,假设种群 S 中有 4 个染色体:s_1, s_2, s_3, s_4;其选择概率依次为:0.11,0.15,0.29,0.45。它们在轮盘上所占的份额如图 4-1 中的各扇形区域所示。

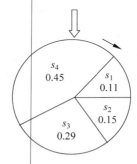

图 4-1　赌轮选择示意图

在算法中,赌轮选择法可用下面的子过程来模拟:

(1) 在 $[0,1]$ 区间内产生一个均匀分布的伪随机数 r。

(2) 若 $r \leqslant q_1$,则染色体 x_1 被选中。

(3) 若 $q_{k-1} < r \leqslant q_k (2 \leqslant k \leqslant N)$,则染色体 x_k 被选中。

[①] 这里的"选择-复制"在文献中一般都只称为"选择",也有的称为"复制"。但实际上,这二者都要实施,而且紧密相连,缺一不可。事实上,选择是复制的前提,而复制是选择的目的。故本书中将二者一起列出,并合称为"选择-复制"。

其中的 q_i 称为染色体 $x_i(i=1,2,\cdots,n)$ 的积累概率,其计算公式为

$$q_i = \sum_{j=1}^{i} P(x_j) \tag{4-2}$$

一个染色体 x_i 被选中的次数,也可以用下面的期望值 $e(x_i)$ 来确定:

$$e(x_i) = P(x_i) \times N$$

$$= \frac{f(x_i)}{\sum\limits_{j=1}^{N} f(x_j)} \times N = \frac{f(x_i)}{\sum\limits_{j=1}^{N} f(x_j)/N} = \frac{f(x_i)}{\bar{f}} \tag{4-3}$$

其中,$\bar{f}$ 为种群 S 中全体染色体的平均适应度。

2) 交叉

交叉(crossover)也称交换、交配或杂交,即互换两个染色体某些位上的基因。例如,设染色体 $s_1=01001011$,$s_2=10010101$,交换其后 4 位基因,即

$$0100\vdots1011, \quad 1001\vdots0101$$
$$0100\vdots0101, \quad 1001\vdots1011$$

则得新串 $s_1'=01000101$,$s_2'=10011011$。其中 s_1' 和 s_2' 可以看作是原染色体 s_1 和 s_2 的子代染色体。

3) 变异

变异(mutation)也称突变,就是改变染色体某个(些)位上的基因。例如,把染色体 $s=11001101$ 的第三位上的 0 变为 1,则得到新染色体 $s'=11101101$。

4.2 基本遗传算法

简单来讲,遗传算法就是对种群中的染色体反复做 3 种遗传操作,使其朝着适应度增高的方向不断更新换代,直至出现了适应度满足目标条件的染色体为止。遗传算法的基本框架如图 4-2 所示。

在算法的具体步骤中,还需给出若干控制参数,如种群规模、最大换代数、交叉率和变异率等。

- 种群规模就是种群的大小,用染色体的个数表示。
- 最大换代数就是算法中种群更新换代的上限,它也是算法终止的一个条件。
- 交叉率(crossover rate)就是参加交叉运算的染色体个数占全体染色体总数的比例,记为 P_c,取值范围一般为 0.4~0.99。由于生物繁殖时染色体的交叉是按一定的概率发生的,因此,参加交叉操作的染色体也有一定的比例,而交叉率也就是交叉概率。
- 变异率(mutation rate)是指发生变异的基因位数所占全体染色体的基因总位数的比例,记为 P_m,取值范围一般为 0.0001~0.1。由于在生物的繁衍进化过程中,变异也是按一定的概率发生的,而且发生概率一般很小,因此变异率也就是变异概率。

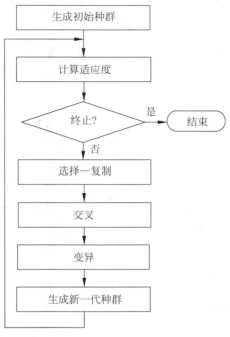

图 4-2 遗传算法基本流程框图

有了以上准备,下面给出遗传算法的具体描述。

基本遗传算法

(1) 在论域空间 U 上定义一个适应度函数 $f(x)$,给定种群规模 N,交叉率 P_c 和变异率 P_m,代数 T。

(2) 随机产生 U 中的 N 个染色体 $s_1,s_2,\cdots,s_N$,组成初始种群 $S=\{s_1,s_2,\cdots,s_N\}$,置代数计数器 $t=1$。

(3) 计算 S 中每个染色体的适应度 $f(x)$。

(4) 若终止条件满足,则取 S 中适应度最大的染色体作为所求结果,算法结束。

(5) 按选择概率 $P(x_i)$ 所决定的选中机会,每次从 S 中随机选定 1 个染色体并将其复制,共做 N 次,然后将复制所得的 N 个染色体组成群体 S_1。

(6) 按交叉率 P_c 所决定的参加交叉的染色体数 c,从 S_1 中随机确定 c 个染色体,配对进行交叉操作,并用产生的新染色体代替原染色体,得群体 S_2。

(7) 按变异率 P_m 所决定的变异次数 m,从 S_2 中随机确定 m 个染色体,分别进行变异操作,并用产生的新染色体代替原染色体,得群体 S_3。

(8) 将群体 S_3 作为新一代种群,即用 S_3 代替 S,$t=t+1$,转步骤(3)。

需要说明的是,遗传算法的具体表述在各个文献中并不太一致。本书给出的这一表述,只是遗传算法的基本步骤,所以称其为基本遗传算法。该算法描述与所称的简单遗传算法(Simple Genetic Algorithm,SGA)基本一致。简单遗传算法是 D. J. Goldberg 总结出的一种统一的最基本的遗传算法。在简单遗传算法的基础上,现在已派生出遗传算法的许多变形,可以说已形成了一个遗传算法家族。

在应用遗传算法解决实际问题时,还需给出结构模式的表示方案、适应度的计算方法、终止条件等。表示方案通常是把问题的搜索空间的每一个可能的点,编码为一个看作染色体的字符串,字符采用二进制数 0、1。适应度的计算方法根据实际问题而定。

4.3 遗传算法应用举例

下面给出遗传算法的两个简单的应用实例。

例 4-1 利用遗传算法求区间[0,31]上的二次函数 $y=x^2$ 的最大值。

分析 可以看出,只要能在区间[0,31]中找到函数值最大的点 a,则函数 $y=x^2$ 的最大值也就可以求得。于是,原问题转化为在区间[0,31]中寻找能使 y 取最大值的点 a 的问题。显然,对于这个问题,任一点 $x\in[0,31]$ 都是可能解,而函数值 $f(x)=x^2$ 也就是衡量 x 能否为最佳解的一种测度。那么,用遗传算法的眼光来看,区间[0,31]就是一个(解)空间,x 就是其中的个体对象,函数值 $f(x)$ 恰好可以作为 x 的适应度。这样,只要能给出个体 x 的适当染色体编码,该问题就可以用遗传算法来解决。

解

(1) 定义适应度函数,编码染色体。

由上面的分析,函数 $f(x)=x^2$ 就可作为空间 $U=[0,31]$ 上的适应度函数。显然 $y=x^2$ 是 U 上的一个单调增函数,其取最大值的点 $x=31$ 是个整数。另一方面,5 位二进制数也刚好能表示区间[0,31]中的全部整数。所以,就仅取[0,31]中的整数来作为参加进化的个体,并且用 5 位二进制数作为个体 x 的基因型编码,即染色体。

(2) 设定种群规模,产生初始种群。

将种群规模设定为 4,取染色体 $s_1=01101(13)$,$s_2=11000(24)$,$s_3=01000(8)$,$s_4=10011(19)$ 组成初始种群 S_1。

(3) 计算各代种群中的各染色体的适应度,并进行遗传操作,直到适应度最高的染色体(该问题中显然为"11111"=31)出现为止。

计算 S_1 中各染色体的适应度、选择概率、积累概率等,并填写于表 4-1 中。

表 4-1 第一代种群 S_1 中各染色体的情况

染 色 体	适 应 度	选择概率	积累概率	估计被选中次数
$s_1=01101$	169	0.14	0.14	1
$s_2=11000$	576	0.49	0.63	2
$s_3=01000$	64	0.06	0.69	0
$s_4=10011$	361	0.31	1.00	1

选择-复制 设从区间[0,1]中产生 4 个随机数如下:

$$r_1=0.450126,\quad r_2=0.110347,\quad r_3=0.572496,\quad r_4=0.98503$$

按赌轮选择法,染色体 s_1、s_2、s_3、s_4 的被选中次数依次为:1,2,0,1。经复制得群体:

$$s_1'=11000(24),\quad s_2'=01101(13),\quad s_3'=11000(24),\quad s_4'=10011(19)$$

可以看出,在第一轮选择中适应度最高的染色体 s_2 被选中两次,因而被复制两次;

而适应度最低的染色体 s_3 一次也没有选中而遭淘汰。

交叉 设交叉率 $p_c = 100\%$，即 S_1 中的全体染色体都参加交叉运算。将 s_1' 与 s_2' 配对，s_3' 与 s_4' 配对，分别交换后两位基因，得新染色体：
$$s_1'' = 11001(25), \quad s_2'' = 01100(12), \quad s_3'' = 11011(27), \quad s_4'' = 10000(16)$$

变异 设变异率 $p_m = 0.001$。这样，群体 S_1 中共有 $5 \times 4 \times 0.001 = 0.02$ 位基因可以变异。0.02 位显然不足 1 位，所以本轮遗传操作不做变异。

现在，得到了第二代种群 S_2：
$$s_1 = 11001(25), \quad s_2 = 01100(12), \quad s_3 = 11011(27), \quad s_4 = 10000(16)$$

计算 S_2 中各染色体的适应度、选择概率、积累概率等，得表 4-2。

表 4-2 第二代种群 S_2 中各染色体的情况

染 色 体	适 应 度	选择概率	积累概率	估计被选中次数
$s_1 = 11001$	625	0.36	0.36	1
$s_2 = 01100$	144	0.08	0.44	0
$s_3 = 11011$	729	0.41	0.85	2
$s_4 = 10000$	256	0.15	1.00	1

假设这一轮选择-复制操作中，种群 S_2 中的 4 个染色体都被选中（因为选择概率毕竟只是一种概率，所以 4 个染色体恰好都被选中的情况是存在的），得到群体：
$$s_1' = 11001(25), \quad s_2' = 01100(12), \quad s_3' = 11011(27), \quad s_4' = 10000(16)$$

然后，做交叉运算，让 s_1' 与 s_2'，s_3' 与 s_4' 分别配对并交换后 3 位基因，得
$$s_1'' = 11100(28), \quad s_2'' = 01001(9), \quad s_3'' = 11000(24), \quad s_4'' = 10011(19)$$

这一轮仍然不会发生变异。于是，得第三代种群 S_3：
$$s_1 = 11100(28), \quad s_2 = 01001(9), \quad s_3 = 11000(24), \quad s_4 = 10011(19)$$

计算 S_3 中各染色体的适应度、选择概率、积累概率等，得表 4-3。

表 4-3 第三代种群 S_3 中各染色体的情况

染 色 体	适 应 度	选择概率	积累概率	估计被选中次数
$s_1 = 11100$	784	0.44	0.44	2
$s_2 = 01001$	81	0.04	0.48	0
$s_3 = 11000$	576	0.32	0.80	1
$s_4 = 10011$	361	0.20	1.00	1

设这一轮的选择-复制结果为：
$$s_1' = 11100(28), \quad s_2' = 11100(28), \quad s_3' = 11000(24), \quad s_4' = 10011(19)$$

然后，做交叉运算，让 s_1' 与 s_4'，s_2' 与 s_3' 分别交换后两位基因，得
$$s_1'' = 11111(31), \quad s_2'' = 11100(28), \quad s_3'' = 11000(24), \quad s_4'' = 10000(16)$$

这一轮仍然不会发生变异。于是，得第四代种群 S_4：
$$s_1 = 11111(31), \quad s_2 = 11100(28), \quad s_3 = 11000(24), \quad s_4 = 10000(16)$$

显然，在这一代种群中已经出现了适应度最高的染色体 $s_1 = 11111$。于是，遗传操作

终止,将染色体"11111"作为最终结果输出。

　　然后,将染色体"11111"解码为表现型,即得所求的最优解:31。将 31 代入函数 $y = x^2$ 中,即得原问题的解,即函数 $y = x^2$ 的最大值 961。

　　上述 4 代种群及其适应度的直观图依次如图 4-3(a)、(b)、(c)、(d)所示。

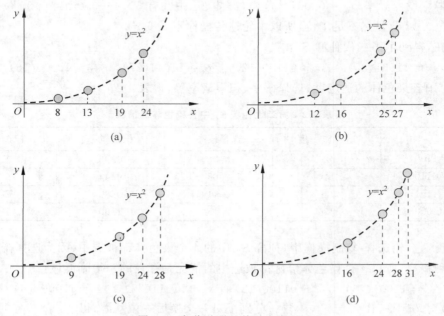

(a)　　　　　　　　　　(b)

(c)　　　　　　　　　　(d)

图 4-3　各代种群及其适应度图示

　　例 4-2　用遗传算法求解 TSP。

　　分析　在前面的图搜索技术中,曾用状态图搜索中最佳图搜索算法 A^* 算法求解过 TSP。在那里算法是在问题的状态空间中从初始节点(起点城市)出发一步一步试探性地朝目标节点前进,以找到一条最短路径。然而,对于这个问题,其任一可能解——一个合法的城市序列,即 n 个城市的一个排列都可以事先构造出来。因此,可以直接在解空间(所有合法的城市序列)中搜索最佳解。这正适合用遗传算法求解。

　　事实上,可以将一个合法的城市序列 $s = (c_1, c_2, \cdots, c_n, c_{n+1})$($c_{n+1}$ 就是 c_1)作为一个个体。这个序列中相邻两城之间的距离之和的倒数就可作为相应个体 s 的适应度,适应度函数就是

$$f(s) = 1 \Big/ \sum_{i=1}^{n} d(c_i, c_{i+1})$$

　　接下来的问题就是如何对个体 $s = (c_1, c_2, \cdots, c_n, c_{n+1})$ 进行编码。然而,这却不是一个直截了当的事情。因为这里的任一个体 $(x_1, x_2, \cdots, x_n, x_{n+1})$ 必须是一个合法的城市序列,所以如果编码不当,就会在实施交叉或变异操作时出现非法城市序列即无效解。例如,对于 5 个城市的 TSP,用符号 A、B、C、D、E 代表相应的城市,用这 5 个符号的序列表示可能解即染色体。那么,对下面的两个染色体(合法序列表示的可能解)

$$s_1 = (A, C, B, E, D, A), \quad s_2 = (A, E, D, C, B, A)$$

实施常规的交叉或变异操作,如交换后 3 位,得

$$s_1' = (A,C,B,C,B,A), \quad s_2' = (A,E,D,E,D,A)$$

或者将染色体 s_1 第二位的 C 变为 E,得

$$s_1'' = (A,E,B,E,D,A)$$

显然,新产生的这 3 个染色体 s_1'、s_2'、s_1'' 都是非法城市序列即无效解。这就是说,必须设计合适的染色体和相应的遗传运算,使得这些遗传运算对染色体集合封闭。

为此,人们针对 TSP 提出了许多编码方法和相应的特殊化了的交叉、变异操作,如顺序编码或整数编码、随机键编码、部分映射交叉、顺序交叉、循环交叉、位置交叉、反转变异、移位变异、互换变异等,从而巧妙地用遗传算法解决了 TSP。同时,也发展和完善了遗传算法,进一步扩展了它的应用。但由于篇幅所限,这里不再详细介绍。有兴趣的读者请参阅有关专著,进一步延伸学习。

4.4 遗传算法的特点与优势

由上所述,遗传算法模拟自然选择和有性繁殖、遗传变异的自然原理,实现了优化搜索和问题求解。与图搜索相比,遗传算法的主要特点是:

(1) 遗传算法一般是直接在解空间搜索,而不像图搜索那样一般是在问题空间搜索,最后才找到解(如果搜索成功的话)。

(2) 遗传算法的搜索随机地始于搜索空间的一个点集,而不像图搜索那样固定地始于搜索空间的初始节点或终止节点。所以,遗传算法是一种随机搜索算法。

(3) 遗传算法总是在寻找优解(最优解或次优解),而不像图搜索那样并非总是要求优解,而一般是设法尽快找到解(当然包括优解)。所以,遗传算法又是一种优化搜索算法。

(4) 遗传算法的搜索过程是从空间的一个点集(种群)到另一个点集(种群)的搜索,而不像图搜索那样一般是从空间的一个点到另一个点的搜索。因而它实际是一种并行搜索,适合大规模并行计算,而且这种种群到种群的搜索有能力跳出局部最优解。

(5) 遗传算法的适应性强,除需知适应度函数外,几乎不需要其他先验知识。

(6) 遗传算法长于全局搜索,它不受搜索空间的限制性假设的约束,不要求连续性,能以很大的概率从离散的、多极值的、含有噪声的高维问题中找到全局最优解。

正是由于有这些优点,遗传算法在人工智能的众多领域得到了广泛应用。例如,机器学习、模式识别、聚类、控制(如煤气管道控制)、规划(如生产任务规划)、设计(如通信网络设计、布局设计)、调度(如作业车间调度、机器调度、运输问题)、配置(机器配置、分配问题)、组合优化(如 TSP、背包问题)、函数的最大值以及图像处理和信号处理等。

另一方面,人们又将遗传算法与其他智能算法和技术相结合,使其问题求解能力得到进一步扩展和提高。例如,将遗传算法与模糊技术、神经网络相结合,已取得了不少成果。

上面介绍了遗传算法的基本原理,对遗传算法的进一步研究将涉及模式定理和隐性、并行性等内容。由于篇幅所限,这里不再介绍。有兴趣的读者可进一步延伸学习。

习题 4

1. 遗传算法是一种什么样的算法？它适合于解决哪一类问题？

2. 举例说明遗传算法中的 3 种遗传操作。

3. 试编写一个用遗传算法求解 TSP 的程序(城市数取为 4 或 5)，并上机运行。

4. 自选一个合适的实际问题，试设计相应的染色体编码、适应度函数、遗传操作等，然后进一步试编写程序，用遗传算法解决这个问题。

第3篇　知识与推理

知识表示与相应的机器推理是人工智能的重要研究内容之一。知识表示与知识本身的性质、类型有关,它涉及知识的逻辑结构研究与设计。

1. 知识及其表示

"知识"是人们熟悉的名词。但究竟什么是知识呢? 我们认为,知识就是人们对客观事物(包括自然的和人造的)及其规律的认识,知识还包括人们利用客观规律解决实际问题的方法和策略等。

对客观事物及其规律的认识,包括对事物的现象、本质、属性、状态、关系、联系和运动等的认识,即对客观事物的原理的认识。利用客观规律解决实际问题的方法和策略,包括解决问题的步骤、操作、规则、过程、技术、技巧等具体的微观性方法;也包括诸如战术、战略、计谋、策略等宏观性方法。所以,就内容而言,知识可分为(客观)原理性知识和(主观)方法性知识两大类。

就形式而言,知识可分为显式的和隐式的。显式知识是指可用语言、文字、符号、形象、声音及其他人能直接识别和处理的形式,明确地在其载体上表示出来的知识。例如,人们学习的书本知识就是显式表示的知识。隐式知识则是不能用上述形式表达的知识,即那些"只可意会,不可言传或难以言传"的知识。如游泳、驾车、表演的有些知识就属这种知识。隐式知识只可用神经网络存储和表示。

进一步,显式知识又可分为符号的和形象的。所谓符号的,就是可用语言(指口语)、文字以及其他专用符号(如数学符号、化学符号、音乐符号、图示符号等)表示的知识。所谓形象的就是用图形、图像以及实物等表示的知识。符号式知识具有逻辑性;而形象式知识具有直观性。前者在逻辑思维中使用;后者在形象思维中使用。这就是说,从逻辑和思维科学的角度看,知识又可分为逻辑的和直觉的。

就严密性和可靠性而言,知识又可分为理论知识和经验知识(即实践知识)。理论知识一般是严密而可靠的,经验知识一般是不严密或不可靠的。例如命题"平面上一个三角形的内角和为 180 度"就是一条理论知识,而命题"在雪地上行走容易跌跤"就是一条经验知识。

就确定性而言，知识又可分为确定性知识和不确定性知识。例如命题"若天阴，则下雨"就是一条不确定性知识。

就确切性而言，知识又可分为硬的、确切描述的知识和软的、非确切描述的知识。例如，"奥运会冠军"就是一个确切概念，而"优秀运动员"就是一个不确切的"软"概念。

就性质而言，原理性知识具有抽象、概括性，因为它是特殊事物的聚类和升华；而方法性知识具有一般、通用（含多用）性，因为只有通用（相对而言）才有指导意义，才配作知识。这两个条件是知识与数据、信息及资料的分水岭。

可以看出，上面的知识没有包括诸如人名、地名、原始数据记录、新闻报道、有关历史事件和人物的记载、故事情节、记忆中大量的音容笑貌与湖光山色等。虽然这类信息大量存在于人们的头脑和环境中，有时还要学习和记忆它们，但这些信息只是一些资料，而并非知识。当然，这些资料是知识的基础和来源，知识也正是从这些资料信息中提取出来的。因此，有时，人们也把这些资料称为知识。

知识表示是指面向计算机的知识描述或表达形式和方法。面向人的知识表示可以是语言、文字、数字、符号、公式、图表、图形、图像等多种形式。这些表示形式是人所能接受、理解和处理的形式。但面向人的这些知识表示形式，目前还不能完全直接用于计算机，因此需要研究适于计算机的知识表示模式。具体来讲，就是用某种约定的（外部）形式结构来描述知识，而且这种形式结构还要能够转换为机器的内部形式，使得计算机能方便地存储、处理和利用。

知识表示并不神秘。实际上，我们已经接触过或使用过。例如，通常所说的算法，就是一种知识表示形式。因为它刻画了解决问题的方法和步骤（即它描述的是知识），又可以在计算机上用程序实现。再如一阶谓词公式，它是一种表达力很强的形式语言，它也可以用程序语言实现，所以它也可作为一种知识表示形式。

知识表示是建立专家系统及各种知识系统的重要环节，也是知识工程的一个重要方面。经过多年的探索，现在人们已经提出了不少的知识表示方法，诸如：一阶谓词、产生式规则、框架、语义网络（知识图谱）、类和对象、因果网络（贝叶斯网络）以及脚本、过程等。这些表示法都是显式地表示知识，也被称为知识的局部表示。另一方面，利用神经网络也可表示知识，这种表示法是隐式地表示知识，也被称为知识的分布表示。

在有些文献中，还把知识表示分为陈述表示和过程表示。陈述表示是把事物的属性、状态和关系按内在逻辑描述出来；而过程表示则是把事物的行为和操作、解决问题的方法和步骤具体而显式地表达出来。一般称陈述表示为知识的静态表示，称过程表示为知识的动态表示。

有些知识既可陈述表示，也可过程表示。例如，对于求 $n!$ 这个问题，可以给出两个求解公式：

(1) $n! = n \times (n-1)!$

(2) $n! = n \times (n-1) \times (n-2) \times \cdots \times 3 \times 2 \times 1$

这里，$n > 0$，$0! = 1$。

用这两个公式编程，都可求出 $n!$。也就是说，这两个公式都是求解阶乘问题的知识。然而，这两个公式的表示风格却迥然不同。第一个公式仅描述了 $n!$ 与 $(n-1)!$ 之间的关系,第二个公式则给出了求解的具体步骤。所以,第一个公式就是知识的陈述表示,而第二个公式就是知识的过程表示。反映在程序设计上,基于这两个公式的程序风格也不一样。基于第一个公式的程序是递归结构,而基于第二个公式的程序则是迭代结构。

上面的例子也说明,知识的过程表示实际已有很多成果。通常程序设计中的许多常用算法,如数值计算中的各种计算方法、数据处理(如查找、排序)中的各种算法,都是一些成熟的过程表示的知识。

随着知识系统复杂性的不断增加,人们发现单一的知识表示方法已不能满足需要。于是又提出了混合知识表示。另外,还有不确定性和不确切性知识的表示问题。所以,知识表示仍是人工智能、知识工程中的一个重要研究课题。

上面谈的知识表示,仅是指知识的逻辑结构或形式。那么,要把这些外部的逻辑形式转化为机器的内部形式,还需要程序语言的支持。原则上讲,一般的通用程序设计语言都可实现上述的大部分表示方法,但使用专用的面向某一知识表示的语言更为方便和有效。因此,几乎每一种知识表示方法都有其相应的专用实现语言。例如,支持谓词逻辑的语言有 PROLOG 和 LISP,专门支持产生式的语言有 OPS5,专门支持框架的语言有 FRL,支持面向对象表示的语言有 Smalltalk、C++和 Java 等,支持神经网络表示的语言有 AXON。另外,还有一些专家系统工具或知识工程工具,也支持某一种或几种知识表示方法。

2. 机器推理

机器推理与知识表示密切相关。事实上,对于不同的知识表示有不同的推理方式。例如,基于谓词逻辑的推理主要是演绎方式的推理,而基于框架、语义网络和对象知识表示的推理是一种被称为继承方式的推理。

在形式逻辑中,推理可分为演绎推理、归纳推理和类比推理等基本类型。演绎推理是目前实现得较好的一种机器推理,特别是其中的三段论和假言推理。除了基于经典二值逻辑的推理外,机器推理还涉及基于各种非经典(或非标准)逻辑的推理。如:模态逻辑、时态逻辑、动态逻辑、模糊逻辑、真度逻辑、软语言真值逻辑、多值逻辑、多类逻辑和非单调逻辑等。这些逻辑为机器推理提供了理论基础,同时也开辟了新的推理技术和方法。如基于非单调逻辑的非单调推理。随着推理的需要,还会出现一些新的逻辑;同时,这些新逻辑也会提供一些新的推理方法。事实上,推理与逻辑是相辅相成的。一方面,推理为逻辑提出课题;另一方面,逻辑为推理奠定基础。

除了传统的符号推理外,人们还发展了许多别的推理技术,如约束推理、定性推理、范例推理等。

由于信息和知识中往往存在不确定性和不确切性,因此,人们又开发出了相应的不确定性推理和不确切性推理技术。不确定性推理是一种基于不确定性知识的或然推理(如概率推理和基于某种信度的推理);不确切性推理是一种基于不确切知识的近似推理。

由于受机器硬件的限制等原因,传统的机器推理基本上都是串行推理。为了提高推理速度,并行推理已是当前的一个重要研究方向。事实上,关于并行推理已有不少研究成果,已提出了一些并行推理算法和语言,如并行 PROLOG。

第 5 章

基于一阶谓词的机器推理

基于一阶谓词(first-order predicate)的机器推理也称自动推理,它是早期人工智能的主要研究内容之一。一阶谓词是一种表达力很强的形式语言,而且这种语言很适合数字计算机处理,因而成为知识表示的首选。基于这种语言,不仅可以实现类似于人类推理的自然演绎法机器推理,而且也可实现不同于人类的归结(或称消解)法机器推理。本章主要介绍作为一种知识表示形式的一阶谓词和基于它的机器推理。

5.1　一阶谓词逻辑

5.1.1　谓词,函数,量词

定义 5-1　表达式

$$P(t_1, t_2, \cdots, t_n)$$

称为一个 n 元谓词,或简称谓词。其中,P 是谓词名或谓词符号,也称谓词,表示对象的属性、状态、关系、联系或行为;$t_1, t_2, \cdots, t_n$ 称为谓词的项,一般代表对象。例如:

```
prime(2)
friend(张三,李四)
```

就是两个谓词。其中,prime(2)是一元谓词,表示"2 是个素数";friend(张三,李四)是二元谓词,表示"张三和李四是朋友"。

谓词中的项 $t_1, t_2, \cdots, t_n$ 可以是代表具体事物的符号或数值,这样的项称为**个体常元**;也可以是取不同的值的变元,这样的项称为**个体变元**。显然,当项 $t_1, t_2, \cdots, t_n$ 全为常元时,$P(t_1, t_2, \cdots, t_n)$ 就表示一个命题。但当项 $t_1, t_2, \cdots, t_n$ 中含有变元时,$P(t_1, t_2, \cdots, t_n)$ 则是一个**命题形式**,称为(n 元)命题函数或谓词命名式。个体变元的取值范围称为**个体域**(或论述域),包揽一切事物的集合则称为**全总个体域**。

由于谓词有严格的语法格式,所以,谓词实际上就是一种形式语言。它可以表示自然语言命题。换句话说,谓词就是自然语言命题的一种形式化表示。

同一个个体域的个体之间往往存在某种对应关系。例如在人类集合中,每一个人都有一个母亲。又如在实数域中任何两个数都有它们的和与之对应。为了表达个体之间的对应关系,谓词逻辑中通常借用数学中函数的概念和记法,用如下形式

$$f(x_1, x_2, \cdots, x_n)$$

表示个体 $x_1, x_2, \cdots, x_n$ 所对应的个体 y,并称之为(n 元)个体函数,简称**函数**(或函词、函词命名式),其中 f 是函数符号。有了函数的概念和记法,谓词的表达能力就更强了。例如,可用 doctor(father(Li)) 表示"小李的父亲是医生",用 equa(sq(x), y) 表示"x 的平方等于 y"。

下面约定用大写英文字母作为谓词符号,用小写字母 f、g、h 等表示函数符号,用小写字母 x、y、z 等作为个体变元符号,用小写字母 a、b、c 等作为个体常元符号。

在谓词逻辑中,将"所有""一切""任一""全体""凡是"等词统称为**全称量词**(universal quantifier),记为 $\forall$;"存在""一些""有些""至少有一个"等词统称为**存在量词**(existential quantifier),记为 $\exists$。

引入量词后,谓词的表达能力被进一步扩充。例如命题"凡是人都有名字",就可以表示为

$$\forall x(P(x) \rightarrow N(x))$$

其中,$P(x)$ 表示"x 是人",$N(x)$ 表示"x 有名字",该式可读作"对于任一 x,如果 x 是人,则 x 有名字"。这里的个体域取为全总个体域。如果把个体域取为人类集合,则该命题就可以表示为:

$$\forall x N(x)$$

同理,可以把命题"存在不是偶数的整数"表示为:

$$\exists x(I(x) \land \neg E(x))$$

其中 $I(x)$ 表示"x 是整数",$E(x)$ 表示"x 是偶数"。此式可读作"存在 x,x 是整数并且 x 不是偶数"。

紧接于量词之后被量词作用(即说明或限定)的命题函数式被称为该量词的**辖域**。例如:

(1) $\forall x P(x)$

(2) $\forall x(H(x) \rightarrow G(x,y))$

(3) $\exists x A(x) \land B(x)$

其中,(1)中的 $P(x)$ 为全称量词 $\forall$ 的辖域,(2)中的 $H(x) \rightarrow G(x,y)$ 为全称量词 $\forall$ 的辖域,(3)中的 $A(x)$ 为存在量词 $\exists$ 的辖域,但 $B(x)$ 并非 $\exists$ 的辖域。

量词后的变元称为量词的**指导变元**(或作用变元),而在一个量词的辖域中与该量词的指导变元相同的变元称为**约束变元**,其他变元(如果有的话)则称为**自由变元**。

例如 $\forall x$、$\exists y$ 中的 x、y 分别是量词 $\forall$、$\exists$ 的指导变元;上面(2)式中的 x 为约束变元,而 y 则为自由变元,(3)式中 $A(x)$ 中的 x 为约束变元,但 $B(x)$ 中的 x 为自由变元。

一个变元在一个公式中既可约束出现,又可自由出现,但为了避免混淆,往往通过改名,使得一个公式中的变元仅以一种形式出现。例如上面的(3)式通过改名就变为

(3′) $\exists x A(x) \wedge B(y)$

约束变元的改名规则如下:

(1) 对需改名的变元,应同时更改该变元在量词及其辖域中的所有出现。

(2) 新变元符号必须是量词辖域内原先没有的,最好是公式中也未出现过的。

例如公式 $\exists x P(x) \wedge Q(x)$ 可改为 $\exists y P(y) \wedge Q(x)$,但二者的意义相同。

在谓词前加上量词,称作谓词中相应的个体变元被**量化**,例如 $\forall x A(x)$ 中的 x 被量化,$\exists y B(y)$ 中的 y 被量化。如果一个谓词中的所有个体变元都被量化,则这个谓词就变为一个命题了。例如,设 $P(x)$ 表示"x 是素数",则 $\forall x P(x)$ 和 $\exists x P(x)$ 都是命题。这样就有两种从谓词(即命题函数)得到命题的方法:一种是给谓词中的个体变元代入个体常元,另一种就是把谓词中的个体变元全部量化。

需要说明的是,仅个体变元被量化的谓词称为**一阶谓词**。如果不仅个体变元被量化,而且函数符号和谓词符号也被量化,那样的谓词则称为**二阶谓词**。本书只涉及一阶谓词,所以,以后提及的谓词都是指一阶谓词。

如果一个命题形式中的所有个体变元都被量化,或者所有变元都是约束变元(或无自由变元),则这个命题形式就是一个命题。特别地,称 $\forall x A(x)$ 为全称命题,$\exists x A(x)$ 为特称命题。对于这两种命题,当个体域为有限集时(设有 n 个元素),有下面的等价式

$$\forall x A(x) \Leftrightarrow A(a_1) \wedge A(a_2) \wedge \cdots \wedge A(a_n)$$
$$\exists x A(x) \Leftrightarrow A(a_1) \vee A(a_2) \vee \cdots \vee A(a_n)$$

这两个式子也可以推广到个体域为可数无限集。

5.1.2 谓词公式

定义 5-2

(1) 个体常元和个体变元都是项。

(2) 设 f 是 n 元函数符号,若 $t_1, t_2, \cdots, t_n$ 是项,则 $f(t_1, t_2, \cdots, t_n)$ 也是项。

(3) 只有有限次使用(1)、(2)得到的符号串才是项。

定义 5-3 设 P 为 n 元谓词符号,$t_1, t_2, \cdots, t_n$ 是项,则 $P(t_1, t_2, \cdots, t_n)$ 称为原子谓词公式,简称原子公式或者原子。

从原子谓词公式出发,通过命题联结词和量词,可以组成复合谓词公式。下面给出谓词公式的严格定义,即谓词公式的生成规则。

定义 5-4

(1) 原子公式是谓词公式。

(2) 若 P, Q 是谓词公式,则 $\neg P, P \wedge Q, P \vee Q, P \rightarrow Q, P \leftrightarrow Q, \forall x P, \exists x P$ 也是谓词公式。

(3) 只有有限步应用(1)、(2)生成的公式才是谓词公式。

由项的定义,当 $t_1, t_2, \cdots, t_n$ 全为个体常元时,所得的原子谓词公式就是原子命题公

式。所以,全体命题公式也都是谓词公式。谓词公式也称为谓词逻辑中的合适(式)公式,记为 Wff。

定义 5-5 设 G 为如下形式的谓词公式:

$$P_1 \wedge P_2 \wedge \cdots \wedge P_n$$

其中,$P_i(i=1,2,\cdots,n)$ 形如 $L_1 \vee L_2 \vee \cdots \vee L_m$,$L_j(j=1,2,\cdots,m)$ 为原子公式或其否定,则 G 称为合取范式。

例如:

$$(P(x) \vee Q(y)) \wedge (P(x) \vee \neg Q(y) \vee R(x,y)) \wedge (\neg Q(y) \vee R(x,y))$$

就是一个合取范式。

应用逻辑等价式,任一谓词公式都可以化为与之等价的合取范式,这个合取范式就称为原公式的合取范式。一个谓词公式的合取范式一般不唯一。

定义 5-6 设 G 为如下形式的命题公式:

$$P_1 \vee P_2 \vee \cdots \vee P_n$$

其中,$P_i(i=1,2,\cdots,n)$ 形如 $L_1 \wedge L_2 \wedge \cdots \wedge L_m$,$L_j(j=1,2,\cdots,m)$ 为原子公式或其否定,则 G 称为析取范式。

例如:

$$(P(x) \wedge Q(y) \wedge R(x,y)) \vee (P(x) \wedge \neg Q(y)) \vee (\neg P(x) \wedge \neg R(x,y))$$

就是一个析取范式。

应用逻辑等价式,任一谓词公式都可以化为与之等价的析取范式,这个析取范式被称为原公式的析取范式。同样,一个谓词公式的析取范式一般也不唯一。

定义 5-7 谓词公式 G 在个体域 D 中的一个解释 I 是指:

(1) 对 G 中每一个常元符号指定 D 中的一个元素。

(2) 对 G 中每一个 n 元函数符号指定一个函数,即 D^n 到 D 的一个映射。

(3) 对每个 n 元谓词符号指定一个谓词,即 D^n 到 $\{T,F\}$ 的一个映射。

例 5-1 设谓词公式 $G=\exists x(P(f(x)) \wedge Q(x,f(a)))$,给出如下的一个解释 I:

$$D=\{1,2\}$$

$$\frac{a}{1}$$

$$\frac{f(1)}{2}, \quad \frac{f(2)}{1}$$

$$\frac{P(1)}{F}, \quad \frac{P(2)}{T}, \quad \frac{Q(1,1)}{T}, \quad \frac{Q(1,2)}{T}, \quad \frac{Q(2,1)}{F}, \quad \frac{Q(2,2)}{T}$$

因为 $x=1$ 时,

$$P(f(x)) \wedge Q(x,f(a)) = P(f(1)) \wedge Q(1,f(1)) = P(2) \wedge Q(1,2) = T \wedge T = T$$

所以,谓词公式 G 在 I 下为真。

定义 5-8 设 G、H 是两个谓词公式,D 是它们的公共个体域,若对于 D 中的任一解释,G、H 有相同的真值,则称公式 G、H 在个体域 D 上逻辑等价。若 G、H 在所有个体域上等价,则称 G、H 逻辑等价,记为 $G \Leftrightarrow H$。

定义 5-9 设 G、H 是两个谓词公式,D 是它们的公共个体域,若对于 D 中的任一解释,当 G 真时 H 也真,则称在个体域 D 上公式 G 逻辑蕴涵公式 H。若在所有个体域上 G 都逻辑蕴涵 H,则称 G 逻辑蕴涵 H,或称 H 是 G 的逻辑结果,记为 $G \Rightarrow H$。

由上面的两个定义,可以证明下面的定理。

定理 5-1 设 G、H 是两个谓词公式,$G \Leftrightarrow H$ 的充分必要条件是 $G \Rightarrow H$ 且 $H \Rightarrow G$。

表 5-1 和表 5-2 所列的就是形式逻辑中常用的一些逻辑等价式和逻辑蕴涵式。

表 5-1 常用逻辑等价式

E_1	$\neg \neg P \Leftrightarrow P$	双重否定律
E_2	$P \wedge P \Leftrightarrow P$	等幂律
E_3	$P \vee P \Leftrightarrow P$	
E_4	$P \wedge Q \Leftrightarrow Q \wedge P$	交换律
E_5	$P \vee Q \Leftrightarrow Q \vee P$	
E_6	$(P \wedge Q) \wedge R \Leftrightarrow P \wedge (Q \wedge R)$	结合律
E_7	$(P \vee Q) \vee R \Leftrightarrow P \vee (Q \vee R)$	
E_8	$P \wedge (Q \vee R) \Leftrightarrow (P \wedge Q) \vee (P \wedge R)$	分配律
E_9	$P \vee (Q \wedge R) \Leftrightarrow (P \vee Q) \wedge (P \vee R)$	
E_{10}	$P \wedge (P \vee Q) \Leftrightarrow P$	吸收律
E_{11}	$P \vee (P \wedge Q) \Leftrightarrow P$	
E_{12}	$\neg (P \wedge Q) \Leftrightarrow \neg P \vee \neg Q$	摩根律
E_{13}	$\neg (P \vee Q) \Leftrightarrow \neg P \wedge \neg Q$	
E_{14}	$P \rightarrow Q \Leftrightarrow \neg P \vee Q$	蕴含表达式
E_{15}	$P \leftrightarrow Q \Leftrightarrow (P \rightarrow Q) \wedge (Q \rightarrow P)$	
E_{16}	$P \wedge T \Leftrightarrow P$	
E_{17}	$P \wedge F \Leftrightarrow F$	等价表达式
E_{18}	$P \vee T \Leftrightarrow T$	
E_{19}	$P \vee F \Leftrightarrow P$	
E_{20}	$P \wedge \neg P \Leftrightarrow F$	矛盾律
E_{21}	$P \vee \neg P \Leftrightarrow T$	排中律
E_{22}	$P \rightarrow (Q \rightarrow R) \Leftrightarrow P \wedge Q \rightarrow R$	输出律
E_{23}	$(P \rightarrow Q) \wedge (P \rightarrow \neg Q) \Leftrightarrow \neg P$	归谬律
E_{24}	$P \rightarrow Q \Leftrightarrow \neg Q \rightarrow \neg P$	逆否律
E_{25}	$\forall x P \Leftrightarrow P$	P 中不含约束变元 x
E_{26}	$\exists x P \Leftrightarrow P$	P 中不含约束变元 x
E_{27}	$\forall x (A(x) \wedge B(x)) \Leftrightarrow \forall x A(x) \wedge \forall x B(x)$	量词分配律
E_{28}	$\exists x (A(x) \vee B(x)) \Leftrightarrow \exists x A(x) \vee \exists x B(x)$	
E_{29}	$\neg \forall x A(x) \Leftrightarrow \exists x \neg A(x)$	量词转换律
E_{30}	$\neg \exists x A(x) \Leftrightarrow \forall x \neg A(x)$	
E_{31}	$\forall x A(x) \wedge P \Leftrightarrow \forall x (A(x) \wedge P)$	量词辖域扩张及收缩律
E_{32}	$\forall x A(x) \vee P \Leftrightarrow \forall x (A(x) \vee P)$	
E_{33}	$\exists x A(x) \wedge P \Leftrightarrow \exists x (A(x) \wedge P)$	
E_{34}	$\exists x A(x) \vee P \Leftrightarrow \exists x (A(x) \vee P)$	(P 为不含约束变元 x 的谓词公式)
E_{35}	$\forall x \forall y P(x, y) \Leftrightarrow \forall y \forall x P(x, y)$	

续表

E_{36}	$\exists x \exists y P(x,y) \Leftrightarrow \exists y \exists x P(x,y)$	
E_{37}	$\forall x A(x) \to P \Leftrightarrow \exists x(A(x) \to P)$	
E_{38}	$\exists x A(x) \to P \Leftrightarrow \forall x(A(x) \to P)$	
E_{39}	$P \to \forall x A(x) \Leftrightarrow \forall x(P \to A(x))$	
E_{40}	$P \to \exists x A(x) \Leftrightarrow \exists x(P \to A(x))$	(P 为不含约束变元 x 的谓词公式)

表 5-2　常用逻辑蕴涵式

I_1	$P \Rightarrow P \vee Q$	附加律
I_2	$P \wedge Q \Rightarrow P, P \wedge Q \Rightarrow Q$	简化律
I_3	$(P \to Q) \wedge P \Rightarrow Q$	假言推理(分离规则)
I_4	$(P \to Q) \wedge \neg Q \Rightarrow \neg P$	拒取式
I_5	$(P \vee Q) \wedge \neg P \Rightarrow Q$	析取三段论
I_6	$(P \to Q) \wedge (Q \to R) \Rightarrow P \to R$	假言三段论
I_7	$P \to Q \Rightarrow (Q \to R) \to (P \to R)$	
I_8	$(P \to Q) \wedge (R \to S) \Rightarrow P \wedge R \to Q \wedge S$	
I_9	$(P \leftrightarrow Q) \wedge (Q \leftrightarrow R) \Rightarrow P \leftrightarrow R$	
I_{10}	$P, Q \Rightarrow P \wedge Q$	合取式
I_{11}	$\forall x A(x) \Rightarrow A(y)$	y 是个体域中任一确定元素,全称指定规则(Universal Specification, US)
I_{12}	$\exists x A(x) \Rightarrow A(y)$	y 是个体域中某一确定元素,存在指定规则(Existential Specification, ES)
I_{13}	$A(y) \Rightarrow \forall x A(x)$	y 是个体域中任一确定元素,全称推广规则(Universal Generalization, UG)
I_{14}	$A(y) \Rightarrow \exists x A(x)$	y 是个体域中某一确定元素,存在推广规则(Existential Generalization, EG)
I_{15}	$\forall x A(x) \Rightarrow \exists x A(x)$	
I_{16}	$\forall x A(x) \vee \forall x B(x) \Rightarrow \forall x(A(x) \vee B(x))$	
I_{17}	$\exists x(A(x) \wedge B(x)) \Rightarrow \exists x A(x) \wedge \exists x B(x)$	
I_{18}	$\forall x \forall y P(x,y) \Rightarrow \exists y \exists x P(x,y)$	
I_{19}	$\exists y \forall x P(x,y) \Rightarrow \forall x \exists y P(x,y)$	
I_{20}	$\forall x \exists y P(x,y) \Rightarrow \exists y \exists x P(x,y)$	

5.1.3　永真式与推理规则

定义 5-10　设 P 为谓词公式,D 为其个体域,对于 D 中的任一解释 I:

(1) 若 P 恒为真,则称 P 在 D 上永真(或有效)或是 D 上的永真式。

(2) 若 P 恒为假,则称 P 在 D 上永假(或不可满足)或是 D 上的永假式。

(3) 若至少有一个解释,可使 P 为真,则称 P 在 D 上可满足或是 D 上的可满足式。

定义 5-11　设 P 为谓词公式,对于任何个体域:

(1) 若 P 都永真,则称 P 为永真式。

(2) 若 P 都永假,则称 P 为永假式。

(3) 若 P 都可满足,则称 P 为可满足式。

由于谓词公式的真值与个体域及解释有关,考虑到个体域的数目和个体域中元素数目无限的情形,所以要通过一个机械地执行的方法(即算法),判断一个谓词公式的永真性一般是不可能的,所以称一阶谓词逻辑是不可判定的(但它是半可判定的)。

定理 5-2　设 G、H 是两个谓词公式,则:

$$G \longleftrightarrow H \text{ 永真的充分必要条件是} G \Leftrightarrow H$$
$$G \rightarrow H \text{ 永真的充分必要条件是} G \Rightarrow H$$

由篇幅所限,该定理的证明从略。

我们知道,推理是由一个或几个命题(称为前提)得到一个新命题(称为结论)的(思维)过程。可以看出,若把一个推理过程符号化,其形式就是一个蕴涵式。一个正确有效的推理首先要求其推理形式必须正确。那么,怎样判断一个推理的形式是否正确呢?下面的定理 5-3 给出了回答。

定理 5-3　一个推理形式正确,当且仅当其对应的蕴涵式永真。

由篇幅所限,该定理的证明从略。

正确的推理形式是推理中应该遵循的形式,所以,在逻辑学中,正确的推理形式被称为**推理规则**。这样,由定理 5-2 和定理 5-3 可得,上面表 5-2 中的逻辑蕴涵式都是推理规则,而表 5-1 中的一个逻辑等价式则可以分解为两个推理规则。

5.1.4　自然语言命题的谓词形式表示

由上所述,利用谓词公式这种形式语言可以将自然语言中的陈述语句严格地表示为一种符号表达式。将自然语言命题用谓词形式表示的一般方法是:

(1) 简单命题可以直接用原子公式来表示。

(2) 复合命题则需要先找出支命题,并将其符号化为原子公式,然后根据支命题之间的逻辑关系选用合适的连接词($\neg$,$\wedge$,$\vee$,$\rightarrow$,$\longleftrightarrow$)和量词($\forall$,$\exists$)将这些原子公式连接起来。

一般来说,一个复合命题的形式化表示法并不唯一,即同一个复合命题可能符号化为不同形式的谓词公式。

由于不同的个体变元可能有不同的个体域,为了方便和统一起见,用谓词公式表示命题时,一般总取全总个体域,然后再采取使用限定谓词的办法来指出每个个体变元的个体域。具体来讲,就是:

(1) 对全称量词,把限定谓词作为蕴涵式之前件加入,即 $\forall x(P(x) \rightarrow \cdots)$。

(2) 对存在量词,把限定谓词作为一个合取项加入,即 $\exists x(P(x) \wedge \cdots)$。

这里的 $P(x)$ 就是限定谓词。

例 5-2　用谓词公式表示命题:不存在最大的整数。

解　用 $I(x)$ 表示:x 是整数,用 $D(x,y)$ 表示:x 大于 y。则原命题就可形式化为:

$$\neg \exists x(I(x) \wedge \forall y(I(y) \rightarrow D(x,y)))$$

或

$$\forall x(I(x) \rightarrow \exists y(I(y) \wedge D(y,x)))$$

例 5-3 设有命题：对于所有的自然数 x、y，均有 $x+y>x$。用谓词公式表示之。

解 用 $N(x)$ 表示：x 是自然数，$S(x,y)$ 表示函数：$s=x+y$，$D(x,y)$ 表示：x 大于 y，则原命题可形式化为谓词公式

$$\forall x \forall y(N(x) \wedge N(y) \to D(S(x,y),x))$$

例 5-4 将命题"某些人对某些食物过敏"用谓词公式表示。

解 用 $P(x)$ 表示：x 是人，用 $F(x)$ 表示：x 是食物，用 $A(x,y)$ 表示：x 对 y 过敏。则原命题可用谓词公式表示为

$$\exists x \exists y(P(x) \wedge F(y) \wedge A(x,y))$$

需注意的是，全称量词 $\forall$ 与存在量词 $\exists$ 不满足交换律。从而，

$$\forall x \exists yP(x,y) \neq \exists y \forall xP(x,y)$$

事实上，如果将 $P(x,y)$ 解释为：y 是 x 的母亲，则 $\forall x \exists yP(x,y)$ 的意思就是：任何人都有母亲，而 $\exists y \forall xP(x,y)$ 的意思则是：有一个人她是所有人的母亲。

5.1.5 基于谓词公式的形式演绎推理

上述从形式逻辑中抽象出来的推理规则也就是一些谓词公式的变换规则。这样，如果我们将待推理的前提命题表示成谓词公式，就可以利用推理规则把基于自然语言的逻辑推理转化为基于谓词公式的符号变换，即实现所说的形式推理。下面通过几个例子介绍基于谓词公式的形式演绎推理方法。

例 5-5 设有前提：

(1) 凡是大学生都学过计算机；

(2) 小王是大学生。

试问：小王学过计算机吗？

解 令 $S(x)$ 表示：x 是大学生；$M(x)$ 表示：x 学过计算机；a 表示：小王。则上面的两个命题可用谓词公式表示为

(1) $\forall x(S(x) \to M(x))$

(2) $S(a)$

下面遵循有关推理规则进行符号变换和推理：

(1) $\forall x(S(x) \to M(x))$ [前提]

(2) $S(a) \to M(a)$ [(1),US]

(3) $S(a)$ [前提]

(4) $M(a)$ [(2),(3),I_3]

得结果：$M(a)$，即"小王学过计算机"。

例 5-6 证明：$\neg P(a,b)$ 是 $\forall x \forall y(P(x,y) \to W(x,y))$ 和 $\neg W(a,b)$ 的逻辑结果。

证

(1) $\forall x \forall y(P(x,y) \to W(x,y))$ [前提]

(2) $\forall y(P(a,y) \to W(a,y))$ [(1),US]

(3) $P(a,b) \to W(a,b)$ [(2),US]

(4) $\neg W(a,b)$ [前提]

(5) $\neg P(a,b)$ $\qquad$ [(3),(4),I_4]

例 5-7 证明：$\forall x(P(x) \rightarrow Q(x)) \wedge \forall x(R(x) \rightarrow \neg Q(x)) \Rightarrow \forall x(R(x) \rightarrow \neg P(x))$。

证

(1) $\forall x(P(x) \rightarrow Q(x))$ $\qquad$ [前提]

(2) $P(y) \rightarrow Q(y)$ $\qquad$ [(1),US]

(3) $\neg Q(y) \rightarrow \neg P(y)$ $\qquad$ [(2),E_{24}]

(4) $\forall x(R(x) \rightarrow \neg Q(x))$ $\qquad$ [前提]

(5) $R(y) \rightarrow \neg Q(y)$ $\qquad$ [(4),US]

(6) $R(y) \rightarrow \neg P(y)$ $\qquad$ [(3),(5),I_6]

(7) $\forall x(R(x) \rightarrow \neg P(x))$ $\qquad$ [(6),UG]

可以看出，上述的推理过程完全是一个符号变换过程。这种推理与人们用自然语言推理的思维过程十分相似，因而也被称为自然演绎推理。同时，这种推理实际上已几乎与谓词公式所表示的含义完全无关，而是一种纯形式的推理。这种形式推理是传统谓词逻辑中的基本推理方法。

由谓词公式的形式推理特点，人们自然想到将这种推理方法引入机器推理。但是，这种形式推理在机器中具体实施起来却存在许多困难。例如，推理规则太多、应用规则需要很强的模式识别能力、中间结论的指数递增等。所以，在机器推理中完全照搬谓词逻辑中的形式演绎推理方法，会有不少困难。于是，人们又开发了一些受限的自然演绎推理技术；或者另辟蹊径，发明了所谓的归结演绎推理技术。

5.2 归结演绎推理

5.2.1 子句与子句集

定义 5-12 原子谓词公式及其否定称为文字，若干个文字的一个析取式称为一个子句，由 r 个文字组成的子句叫 r-文字子句，1-文字子句叫单元子句，不含任何文字的子句称为空子句，记为 □ 或 NIL。

例如，下面的析取式都是子句：

$$P \vee Q \vee \neg R$$
$$P(x,y) \vee \neg Q(x)$$

定义 5-13 对一个谓词公式 G，通过以下步骤所得的子句集合 S 称为 G 的子句集。

(1) 消去蕴涵词 $\rightarrow$ 和等值词 $\leftrightarrow$。

可使用逻辑等价式：

① $P \rightarrow Q \Leftrightarrow \neg P \vee Q$

② $P \leftrightarrow Q \Leftrightarrow (\neg P \vee Q) \wedge (\neg Q \vee P)$

(2) 缩小否定词的作用范围，直到其仅作用于原子公式。

可使用逻辑等价式：

① $\neg(\neg P) \Leftrightarrow P$

② $\neg(P \wedge Q) \Leftrightarrow \neg P \vee \neg Q$

③ $\neg(P \vee Q) \Leftrightarrow \neg P \wedge \neg Q$

④ $\neg \forall x P(x) \Leftrightarrow \exists x \neg P(x)$

⑤ $\neg \exists x P(x) \Leftrightarrow \forall x \neg P(x)$

（3）适当改名，使量词间不含同名指导变元和约束变元。

（4）消去存在量词。

消去存在量词时，同时还要进行变元替换。变元替换分两种情况：

① 若该存在量词在某些全称量词的辖域内，则用这些全称量词指导变元的一个函数代替该存在量词辖域中的相应约束变元，这样的函数称为 Skolem 函数；

② 若该存在量词不在任何全称量词的辖域内，则用一个常量符号代替该存在量词辖域中的相应约束变元，这样的常量符号称为 Skolem 常量。

（5）消去所有全称量词。

（6）化公式为合取范式。

可使用逻辑等价式：

① $P \vee (Q \wedge R) \Leftrightarrow (P \vee Q) \wedge (P \vee R)$

② $(P \wedge Q) \vee R \Leftrightarrow (P \vee R) \wedge (Q \vee R)$

（7）适当改名，使子句间无同名变元。

（8）消去合取词 $\wedge$，以子句为元素组成一个集合 S。

例 5-8　求下面谓词公式的子句集。

$$\forall x \{\forall y P(x,y) \rightarrow \neg \forall y [Q(x,y) \rightarrow R(x,y)]\}$$

解

由步骤（1）得　$\forall x \{\neg \forall y P(x,y) \vee \neg \forall y [\neg Q(x,y) \vee R(x,y)]\}$

由步骤（2）得　$\forall x \{\exists y \neg P(x,y) \vee \exists y [Q(x,y) \wedge \neg R(x,y)]\}$

由步骤（3）得　$\forall x \{\exists y \neg P(x,y) \vee \exists z [Q(x,z) \wedge \neg R(x,z)]\}$

由步骤（4）得　$\forall x \{\neg P(x,f(x)) \vee [Q(x,g(x)) \wedge \neg R(x,g(x))]\}$

由步骤（5）得　$\neg P(x,f(x)) \vee [Q(x,g(x)) \wedge \neg R(x,g(x))]$

由步骤（6）得　$[\neg P(x,f(x)) \vee Q(x,g(x))] \wedge [\neg P(x,f(x)) \vee \neg R(x,g(x))]$

由步骤（7）得　$[\neg P(x,f(x)) \vee Q(x,g(x))] \wedge [\neg P(y,f(y)) \vee \neg R(y,g(y))]$

由步骤（8）得　$\{\neg P(x,f(x)) \vee Q(x,g(x)), \neg P(y,f(y)) \vee \neg R(y,g(y))\}$

或写为

$$\neg P(x,f(x)) \vee Q(x,g(x))$$
$$\neg P(y,f(y)) \vee \neg R(y,g(y))$$

这就是原谓词公式的子句集。

需说明的是，在上述求子句集的过程中，当消去存在量词后，把所有全称量词都依次移到整个式子的最左边（或者先把所有量词都依次移到整个式子的最左边，再消去存在量词），再将右部的式子化为合取范式，这时所得的式子称为原公式的 Skolem 标准型。例如，上例中谓词公式的 Skolem 标准型就是：

$$\forall x \{[\neg P(x,f(x)) \vee Q(x,g(x))] \wedge [\neg P(y,f(y)) \vee \neg R(y,g(y))]\}$$

可以看出，消去 Skolem 标准型左部的全称量词和合取范式中的合取词，即得公式的子句集。

例 5-9 设 $G = \exists x \forall y \forall z \exists u \forall v \exists w (P(x,y,z) \land Q(u,v,w))$，那么，用 a 代替 x，用 $f(y,z)$ 代替 u，用 $g(y,z,v)$ 代替 w，则得 G 的 Skolem 标准型

$$\forall y \forall z \forall v (P(a,y,z) \land \neg Q(f(y,z),v,g(y,z,v)))$$

进而得 G 的子句集为

$$\{P(a,x,y), \neg Q(f(u,v),w,g(u,v,w))\}$$

由此例还可看出，一个公式的子句集也可以通过先求前束范式，再求 Skolem 标准型而得到。

还需说明的是，引入 Skolem 函数，是由于存在量词在全称量词的辖域之内其约束变元的取值完全依赖于全称量词的取值。Skolem 函数就反映了这种依赖关系。但注意，Skolem 标准型与原公式一般并不等价，例如公式：

$$G = \exists x P(x)$$

它的 Skolem 标准型是

$$G' = P(a)$$

给出如下的一个解释 I

$$D = \{0,1\}, \quad \frac{a}{0}, \quad \frac{P(0)}{F}, \quad \frac{P(1)}{T}$$

则在 I 下，$G = T$，而 $G' = F$。

由子句集的求法可以看出，一个子句集中的各子句间为合取关系，且每个个体变元都受全称量词的约束（假定公式中无自由变元，或将自由变元看作常元）。所以，一个公式的子句集也就是该公式的 Skolem 标准型的另一种表达形式。

有了子句集，就可以通过一个谓词公式的子句集来判断公式的不可满足性。

定理 5-4 谓词公式 G 不可满足当且仅当其子句集 S 不可满足。

定理 5-4 就把证明一个公式 G 的不可满足性转化为证明其子句集 S 的不可满足性。

定义 5-14 子句集 S 是不可满足的，当且仅当其全部子句的合取式是不可满足的。

5.2.2 命题逻辑中的归结原理

归结演绎推理是基于一种称为归结原理（也称消解原理，principle of resolution）的推理规则的推理方法。归结原理是由鲁滨逊（J. A. Robinson）于 1965 年首先提出。它是谓词逻辑中一个相当有效的机械化推理方法。归结原理的出现，被认为是自动推理，特别是定理机器证明领域的重大突破。

定义 5-15 设 L 为一个文字，则称 L 与 $\neg L$ 为互补文字。

定义 5-16 设 C_1、C_2 是命题逻辑中的两个子句，C_1 中有文字 L_1，C_2 中有文字 L_2，且 L_1 与 L_2 互补，从 C_1、C_2 中分别删除 L_1、L_2，再将剩余部分析取起来，记构成的新子句为 C_{12}，则称 C_{12} 为 C_1、C_2 的归结式（或消解式），C_1、C_2 称为其归结式的亲本子句，L_1、L_2 称为消解基。

例 5-10 设 $C_1 = \neg P \lor Q \lor R$，$C_2 = \neg Q \lor S$，于是 C_1、C_2 的归结式为

$$\neg P \lor R \lor S$$

定理 5-5 归结式是其亲本子句的逻辑结果。

证明 设 $C_1 = L \lor C_1'$，$C_2 = \lnot L \lor C_2'$，C_1'、C_2' 都是文字的析取式，则 C_1、C_2 的归结式为 $C_1' \lor C_2'$，因为

$$C_1 = C_1' \lor L = \lnot C_1' \to L, \quad C_2 = \lnot L \lor C_2' = L \to C_2'$$

所以

$$C_1 \land C_2 = (\lnot C_1' \to L) \land (L \to C_2') \Rightarrow (\lnot C_1' \to C_2') = C_1' \lor C_2'$$

证毕。

由该定理即得下面的推理规则

$$C_1 \land C_2 \Rightarrow (C_1 - \{L_1\}) \bigcup (C_2 - \{L_2\})$$

其中 C_1、C_2 是两个子句，L_1、L_2 分别是 C_1、C_2 中的文字，且 L_1、L_2 互补。此规则就是**命题逻辑中的归结原理**。

例 5-11 用归结原理验证常用的推理规则假言推理（分离规则）：$P \land (P \to Q) \Rightarrow Q$ 和拒取式 $(P \to Q) \land \lnot Q \Rightarrow \lnot P$。

证

$$P \land (P \to Q) = P \land (\lnot P \lor Q) \Rightarrow Q$$
$$(P \to Q) \land \lnot Q = (\lnot P \lor Q) \land (\lnot Q) \Rightarrow \lnot P$$

类似地可以验证，其他推理规则也可以经消解原理推出。这就是说，用消解原理就可以代替其他所有的推理规则。再加上这个方法的推理步骤比较机械，这就为机器推理提供了方便。

由归结原理可知，如果两个互否的单元子句进行归结，则归结式为空子句，即 $L \land \lnot L = \square$，而另一方面，$L \land \lnot L = F$（假）。所以，空子句就是恒假子句，即

$$\square \Leftrightarrow F$$

归结原理显然是一个很好的推理规则，但一般不使用它直接从前提推导结论，而是通过推导空子句来作间接证明。具体来讲，就是先求出要证的命题公式（谓词公式也一样）的否定式的子句集 S，然后对子句集 S（一次或多次）使用消解原理，若在某一步推出了空子句，即推出了矛盾，则说明子句集 S 是不可满足的，从而原否定式也是不可满足的，进而说明原公式是永真的。

为什么说，一旦推出了空子句就说明子句集 S 是不可满足的呢？这是因为空子句就是 F，推出了空子句就是推出了 F。但消解原理是推理规则，即正确的推理形式，那么由正确的推理形式推出了 F，则说明前提不真，即消解出空子句 $\square$ 的两个亲本子句中至少有一个为假。那么这两个亲本子句如果都是原子句集 S 中的子句，即说明原子句集 S 不可满足（因为子句集中各子句间为合取关系）。如果这两个亲本子句不是或不全是 S 中的子句，那么，它们必定是某次归结的结果，于是，用同样的道理再向上追溯，这样一定会推出原子句集 S 中至少有一个子句为假，从而说明 S 不可满足。

实际上，上述分析也可作为定理 5-5 的推论。

推论 设 C_1、C_2 是子句集 S 的两个子句，C_{12} 是它们的归结式，则：

（1）若用 C_{12} 代替 C_1、C_2，得到新子句集 S_1，则由 S_1 的不可满足可推出原子句集 S 的不可满足。即

$$S_1 \text{不可满足} \Rightarrow S \text{不可满足}$$

(2) 若把 C_{12} 加入 S 中，得到新子句集 S_2，则 S_2 与原 S 同不可满足。即

$$S_2 \text{不可满足} \Leftrightarrow S \text{不可满足}$$

例 5-12　证明子句集 $\{P \vee \neg Q, \neg P, Q\}$ 是不可满足的。

证

(1) $P \vee \neg Q$

(2) $\neg P$

(3) Q

(4) $\neg Q$　　　由(1)(2)

(5) $\square$　　　由(3)(4)

例 5-13　用归结原理证明 R 是 P，$(P \wedge Q) \to R$，$(S \vee U) \to Q$，U 的逻辑结果。

证　首先把前提条件化为子句形式，再把结论的非也化为子句，由所有子句得到子句集 $S = \{P,$ $\neg P \vee \neg Q \vee R, \neg S \vee Q, \neg U \vee Q, U, \neg R\}$，然后对该子句集施行归结，归结过用下面的归结演绎树表示(见图 5-1)。由于最后推出了空子句，所以子句集 S 不可满足，即命题公式 $P \wedge (\neg P \vee \neg Q \vee R) \wedge$ $(\neg S \vee Q) \wedge (\neg U \vee Q) \wedge U \wedge \neg R$ 不可满足，从而得到 R 是题设前提的逻辑结果。

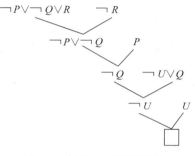

图 5-1　例 5-13 归结演绎树

5.2.3　替换与合一

在一阶谓词逻辑中应用消解原理，不像命题逻辑中那样简单，因为谓词逻辑中的子句含有个体变元，这就使寻找含互否文字的子句对的操作变得复杂。例如：

$$C_1 = P(x) \vee Q(x)$$
$$C_2 = \neg P(a) \vee R(y)$$

直接比较，似乎两者中不含互否文字，但如果用 a 替换 C_1 中的 x，则得到：

$$C_1' = P(a) \vee Q(a)$$
$$C_2' = \neg P(a) \vee R(y)$$

根据命题逻辑中的消解原理，得出 C_1' 和 C_2' 的消解式：

$$C_3' = Q(a) \vee R(y)$$

所以，要在谓词逻辑中应用消解原理，则一般需要对个体变元做适当的替换。

定义 5-17　一个替换(substitution)是形如 $\{t_1/x_1, t_2/x_2, \cdots, t_n/x_n\}$ 的有限集合，其中 $t_1, t_2, \cdots, t_n$ 是项，称为替换的分子；$x_1, x_2, \cdots, x_n$ 是互不相同的个体变元，称为替换的分母；t_i 不同于 x_i，x_i 也不循环地出现在 $t_j (i, j = 1, 2, \cdots, n)$ 中；t_i/x_i 表示用 t_i 替换 x_i。若 $t_1, t_2, \cdots, t_n$ 都是不含变元的项(称为基项)时，该替换称为基替换；没有元素的替换称为空替换，记作 ε，它表示不做替换。

例如：$\{a/x, g(y)/y, f(g(b))/z\}$ 就是一个替换，而 $\{g(y)/x, f(x)/y\}$ 则不是一个替换，因为 x 与 y 出现了循环替换。

下面将项、原子公式、文字、子句等统称为表达式，没有变元的表达式称为基表达式，出现在表达式 E 中的表达式称为 E 的子表达式。

定义 5-18　设 $\theta = \{t_1/x_1, \cdots, t_n/x_n\}$ 是一个替换，E 是一个表达式，把对 E 施行替换 θ，即把 E 中出现的个体变元 $x_j(1 \leqslant j \leqslant n)$ 都用 t_j 替换，记为 $E\theta$，所得的结果称为 E 在 θ 下的例（instance）。

定义 5-19　设 $\theta = \{t_1/x_1, \cdots, t_n/x_n\}$，$\lambda = \{u_1/y_1, \cdots, u_m/y_m\}$ 是两个替换，则将集合 $\{t_1\lambda/x_1, \cdots, t_n\lambda/x_n, u_1/y_1, \cdots, u_m/y_m\}$ 中凡符合下列条件的元素删除：

$$(1) \ t_i\lambda/x_i \quad t_i\lambda = x_i$$

$$(2) \ u_i/y_i \quad y_i \in \{x_1, \cdots, x_n\}$$

如此得到的集合仍然是一个替换，该替换称为 θ 与 λ 的复合或乘积，记为 $\theta \cdot \lambda$。

例 5-14　设 $\theta = \{f(y)/x, z/y\}$，$\lambda = \{a/x, b/y, y/z\}$，于是，

$$\{t_1\lambda/x_1, t_2\lambda/x_2, u_1/y_1, u_2/y_2, u_3/y_3\} = \{f(b)/x, y/y, a/x, b/y, y/z\}$$

从而

$$\theta \cdot \lambda = \{f(b)/x, y/z\}$$

可以证明，替换的乘积满足结合律，即

$$(\theta \cdot \lambda) \cdot u = \theta \cdot (\lambda \cdot u)$$

定义 5-20　设 $S = \{F_1, F_2, \cdots, F_n\}$ 是一个原子谓词公式集，若存在一个替换 θ，可使 $F_1\theta = F_2\theta = \cdots = F_n\theta$，则称 θ 为 S 的一个合一（unifier），称 S 为可合一的。

定义 5-21　设 σ 是原子公式集 S 的一个合一，如果对 S 的任何一个合一 θ，都存在一个替换 λ，使得

$$\theta = \sigma \cdot \lambda$$

则称 σ 为 S 的最一般合一（most general unifier, MGU）。

例 5-15　设 $S = [P(u, y, g(y)), P(x, f(u), z)]$，$S$ 有一个最一般合一

$$\sigma = \{u/x, f(u)/y, g(f(u))/z\}$$

对 S 的任一合一，例如

$$\theta = \{a/x, f(a)/y, g(f(a))/z, a/u\}$$

存在一个替换

$$\lambda = \{a/u\}$$

使得

$$\theta = \sigma \cdot \lambda$$

可以看出，如果能找到一个公式集的合一，特别是最一般合一，则可使互否文字的形式结构完全一致起来，进而达到消解的目的。如何求一个公式集的最一般合一？有一个算法，可以求任何可合一公式集的最一般合一。为了介绍这个算法，先引入差异集的概念。

定义 5-22　设 S 是一个非空的具有相同谓词名的原子公式集，从 S 中各公式的左边第一个项开始，同时向右比较，直到发现第一个不都相同的项为止，用这些项的差异部分

组成一个集合,这个集合就是原公式集 S 的一个差异集。

例 5-16 设 $S=\{P(x,y,z),P(x,f(a),h(b))\}$,则不难看出,$S$ 有两个差异集

$$D_1=\{y,f(a)\}$$
$$D_2=\{z,h(b)\}$$

设 S 为一非空有限具有相同谓词名的原子谓词公式集,下面给出求其最一般合一的算法。

合一算法(Unification algorithm)

(1) 置 $k=0$,$S_k=S$,$\sigma_k=\varepsilon$。

(2) 若 S_k 只含有一个谓词公式,则算法停止,σ_k 就是要求的最一般合一。

(3) 求 S_k 的差异集 D_k。

(4) 若 D_k 中存在元素 x_k 和 t_k,其中 x_k 是变元,t_k 是项且 x_k 不在 t_k 中出现,则置 $S_{k+1}=S_k\{t_k/x_k\}$,$\sigma_{k+1}=\sigma_k\cdot\{t_k/x_k\}$,$k=k+1$,然后转步骤(2)。

(5) 算法停止,S 的最一般合一不存在。

5.2.4 谓词逻辑中的归结原理

定义 5-23 设 C_1、C_2 是两个无相同变元的子句,L_1、L_2 分别是 C_1、C_2 中的两个文字,如果 L_1 和 $\neg L_2$ 有最一般合一 σ,则子句 $(C_1\sigma-\{L_1\sigma\})\bigcup(C_2\sigma-\{L_2\sigma\})$ 称作 C_1 和 C_2 的二元归结式(或二元消解式),C_1 和 C_2 称作归结式的亲本子句,L_1 和 L_2 称作消解文字。

例 5-17 设 $C_1=P(x)\vee Q(x)$,$C_2=\neg P(a)\vee R(y)$,求 C_1、C_2 的归结式。

解 取 $L_1=P(x)$,$L_2=\neg P(a)$,则 L_1 与 $\neg L_2$ 的最一般合一 $\sigma=\{a/x\}$,于是,

$$(C_1\sigma-\{L_1\sigma\})\bigcup(C_2\sigma-\{L_2\sigma\})$$
$$=(\{P(a),Q(a)\}-\{P(a)\})\bigcup(\{\neg P(a),R(y)\}-\{\neg P(a)\})$$
$$=\{Q(a),R(y)\}$$
$$=Q(a)\vee R(y)$$

所以,$Q(a)\vee R(y)$ 是 C_1 和 C_2 的二元归结式。

例 5-18 设 $C_1=P(x,y)\vee\neg Q(a)$,$C_2=Q(x)\vee R(y)$,求 C_1、C_2 的归结式。

解 由于 C_1、C_2 中都含有变元 x、y,所以需先对其中一个进行改名,方可归结(归结过程是显然的,故从略)。

还需说明的是,如果在参加归结的子句内部含有可合一的文字,则在进行归结之前,也应对这些文字进行合一,从而使子句达到最简。例如,设有两个子句:

$$C_1=P(x)\vee P(f(a))\vee Q(x)$$
$$C_2=\neg P(y)\vee R(b)$$

可见,在 C_1 中有可合一的文字 $P(x)$ 与 $P(f(a))$,那么,取替换 $\theta=\{f(a)/x\}$[这个替换也就是 $P(x)$ 和 $P(f(a))$ 的最一般合一],则得

$$C_1\theta=P(f(a))\vee Q(f(a))$$

现在再用 $C_1\theta$ 与 C_2 进行归结,从而得到 C_1 与 C_2 的归结式

$$Q(f(a)) \lor R(b)$$

定义 5-24 如果子句 C 中，两个或两个以上的文字有一个最一般合一 σ，则 $C\sigma$ 称为 C 的因子，如果 $C\sigma$ 是单元子句，则 $C\sigma$ 称为 C 的单因子。

例 5-19 设 $C = P(x) \lor P(f(y)) \lor \neg Q(x)$，令 $\sigma = \{f(y)/x\}$，于是 $C\sigma = P(f(y)) \lor \neg Q(f(y))$ 是 C 的因子。

定义 5-25 子句 C_1、C_2 的消解式，是下列二元消解式之一：

(1) C_1 和 C_2 的二元消解式；

(2) C_1 和 C_2 的因子的二元消解式；

(3) C_1 的因子和 C_2 的二元消解式；

(4) C_1 的因子和 C_2 的因子的二元消解式。

定理 5-6 谓词逻辑中的消解式是它的亲本子句的逻辑结果。

由此定理即得谓词逻辑中的推理规则

$$C_1 \land C_2 \Rightarrow (C_1\sigma - \{L_1\sigma\}) \cup (C_2\sigma - \{L_2\sigma\})$$

其中，C_1、C_2 是两个无相同变元的子句，L_1、L_2 分别是 C_1、C_2 中的文字，σ 为 L_1 与 $\neg L_2$ 的最一般合一。此规则称为**谓词逻辑中的消解原理**（或归结原理）。

例 5-20 求证 G 是 A_1 和 A_2 的逻辑结果。

A_1：$\forall x(P(x) \rightarrow (Q(x) \land R(x)))$

A_2：$\exists x(P(x) \land S(x))$

G：$\exists x(S(x) \land R(x))$

证 用反证法，即证明 $A_1 \land A_2 \land \neg G$ 不可满足。首先求得子句集 S：

(1) $\neg P(x) \lor Q(x)$ $\left.\begin{array}{}\\\\\end{array}\right\}(A_1)$

(2) $\neg P(y) \lor R(y)$

(3) $P(a)$ $\left.\begin{array}{}\\\\\end{array}\right\}$

(4) $S(a)$ $\qquad(A_2)$

(5) $\neg S(z) \lor \neg R(z)$ $(\neg G)$

$\left.\begin{array}{}\\\\\\\\\\\end{array}\right\} S$

然后应用消解原理，得

(6) $R(a)$ $\qquad\qquad$ [(2),(3),$\sigma_1 = \{a/y\}$]

(7) $\neg R(a)$ $\qquad\qquad$ [(4),(5),$\sigma_2 = \{a/z\}$]

(8) □ $\qquad\qquad\qquad$ [(6),(7)]

所以，S 是不可满足的，从而 G 是 A_1 和 A_2 的逻辑结果。

例 5-21 设已知：

(1) 能阅读者是识字的。

(2) 海豚不识字。

(3) 有些海豚是很聪明的。

试证明：有些聪明者并不能阅读。

证 首先，定义如下谓词。

$R(x)$：x 能阅读。

$L(x)$：x 识字。

$I(x)$：x 是聪明的。

$D(x)$：x 是海豚。

然后把上述各语句翻译为谓词公式：

$\left.\begin{array}{l}(1)\ \forall x(R(x) \to L(x)) \\ (2)\ \forall x(D(x) \to \neg L(x)) \\ (3)\ \exists x(D(x) \land I(x))\end{array}\right\}$ 已知条件

(4) $\exists x(I(x) \land \neg R(x))$　需证结论

求题设与结论否定的子句集，得

(1) $\neg R(x) \lor L(x)$

(2) $\neg D(y) \lor \neg L(y)$

(3) $D(a)$

(4) $I(a)$

(5) $\neg I(z) \lor R(z)$

归结得

(6) $R(a)$	由(5)(4)，$\{a/z\}$
(7) $L(a)$	由(6)(1)，$\{a/x\}$
(8) $\neg D(a)$	由(7)(2)，$\{a/y\}$
(9) $\square$	由(8)(3)

这个归结过程的演绎树如图 5-2 所示。

由以上例子可以看出，谓词逻辑中的消解原理也可以代替其他推理规则。

上面通过推导空子句证明了子句集的不可满足性，因此，存在问题：对于任一不可满足的子句集，是否都能通过归结原理推出空子句呢？回答是肯定的。

定理 5-7　（归结原理的完备性定理）如果子句集 S 是不可满足的，那么必存在一个由 S 推出空子句$\square$的消解序列（该定理的证明要用到 Herbrand 定理，故从略）。

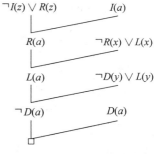

图 5-2　例 5-21 的归结演绎树

5.3　应用归结原理求取问题答案

归结原理除了能用于对已知结果的证明外，还能用于对未知结果的求解，即能求出问题的答案来。请看下例。

例 5-22　已知：

(1) 如果 x 和 y 是同班同学，则 x 的老师也是 y 的老师。

(2) 王先生是小李的老师。

(3) 小李和小张是同班同学。

问：小张的老师是谁？

解 设谓词 $T(x,y)$ 表示 x 是 y 的老师，$C(x,y)$ 表示 x 与 y 是同班同学，则已知可表示成如下的谓词公式

F_1：$\forall x\,\forall y\,\forall z(C(x,y)\wedge T(z,x)\rightarrow T(z,y))$

F_2：$T(\text{Wang},\text{Li})$

F_3：$C(\text{Li},\text{Zhang})$

为了得到问题的答案，先证明小张的老师是存在的，即证明公式

G：$\exists x T(x,\text{Zhang})$

于是，求 $F_1\wedge F_2\wedge F_3\wedge\rightarrow G$ 的子句集如下：

(1) $\neg C(x,y)\vee\neg T(z,x)\vee T(z,y)$

(2) $T(\text{Wang},\text{Li})$

(3) $C(\text{Li},\text{Zhang})$

(4) $\neg T(u,\text{Zhang})$

归结演绎，得

(5) $\neg C(\text{Li},y)\vee T(\text{Wang},y)$	由(1)(2)，$\{\text{Wang}/z,\text{Li}/x\}$
(6) $\neg C(\text{Li},\text{Zhang})$	由(4)(5)，$\{\text{Wang}/u,\text{Zhang}/y\}$
(7) $\square$	由(3)(6)

这说明，小张的老师确实是存在的。那么，为了找到这位老师，我们给原来的求证谓词的子句再增加一个谓词 $\text{ANS}(u)$。于是，得到

(4)′ $\neg T(u,\text{Zhang})\vee\text{ANS}(u)$

现在，用(4)′代替(4)，重新进行归结，则得

(5)′ $\neg C(\text{Li},y)\vee T(\text{Wang},y)$	由(1)(2)
(6)′ $\neg C(\text{Li},\text{Zhang})\vee\text{ANS}(\text{Wang})$	由(4)′(5)′
(7)′ $\text{ANS}(\text{Wang})$	由(3)(6)′

可以看出，归结到这一步，求证的目标谓词已被消去，即求证已成功，但还留下了谓词 $\text{ANS}(\text{Wang})$。由于该谓词中原先的变元与目标谓词 $T(u,\text{Zhang})$ 中的一致，所以，其中的 Wang 也就是变元 u 的值。这样，就求得了小张的老师，也就是王老师。

上例虽然是一个很简单的问题，但它给了我们一个利用归结原理求取问题答案的方法，那就是：先为待求解的问题找一个合适的求证目标谓词；再给增配(以析取形式)一个辅助谓词，且该辅助谓词中的变元必须与对应目标谓词中的变元完全一致；然后进行归结，当某一步的归结式刚好只剩下辅助谓词时，辅助谓词中原变元位置上的项(一般是常量)就是所求的问题答案。

需说明的是，辅助谓词(如此题中的 ANS)是一个形式谓词，其作用仅是提取问题的答案，因而也可取其他谓词名。有些文献中就用需求证的目标谓词。如对上例，就取 $T(u,\text{Zhang})$ 为辅助谓词。

例 5-23 设有如下关系：

(1) 如果 x 是 y 的父亲，y 又是 z 的父亲，则 x 是 z 的祖父。

(2) 老李是大李的父亲。

(3) 大李是小李的父亲。

问：上述人员中谁和谁是祖孙关系？

解　先把上述前提中的 3 个命题符号化为谓词公式：

F_1：$\forall x\ \forall y\ \forall z(F(x,y) \wedge F(y,z) \rightarrow G(x,z))$

F_2：$F(\text{Lao},\text{Da})$

F_3：$F(\text{Da},\text{Xiao})$

并求其子句集如下：

(1) $\neg F(x,y) \vee \neg F(y,z) \vee G(x,z)$

(2) $F(\text{Lao},\text{Da})$

(3) $F(\text{Da},\text{Xiao})$

设求证的公式为

G：$\exists x\ \exists y G(x,y)$　　（即存在 x 和 y，x 是 y 的祖父）

把其否定化为子句形式再析取一个辅助谓词 $GA(x,y)$，得

(4) $\neg G(u,v) \vee GA(u,v)$

对(1)~(4)进行归结，得

(5) $\neg F(\text{Da},z) \vee G(\text{Lao},z)$　　　　　由(1)(2)，$\{\text{Lao}/x,\text{Da}/y\}$

(6) $G(\text{Lao},\text{Xiao})$　　　　　　　　　　由(3)(5)，$\{\text{Xiao}/z\}$

(7) $GA(\text{Lao},\text{Xiao})$　　　　　　　　　由(4)(6)，$\{\text{Lao}/u,\text{Xiao}/v\}$

所以，上述人员中，老李是小李的祖父。

5.4　归结策略*

5.4.1　问题的提出

前面介绍了归结原理及其应用，但那些归结推理都是用人工实现的。而人们研究归结推理的目的主要是为了更好地实现机器推理，或者说自动推理。那么，现在就存在问题：归结原理如何在机器上实现？

把归结原理在机器上实现，就意味着用算法描述归结原理，然后编制程序，在计算机上运行。下面给出一个实现归结原理的一般性算法：

---

(1) 将子句集 S 置入 CLAUSES 表。

(2) 若空子句 NIL 在 CLAUSES 中，则归结成功，结束。

(3) 若 CLAUSES 表中存在可归结的子句对，则归结之，并将归结式并入 CLAUSES 表，转步骤(2)。

(4) 归结失败，退出。

可以看出，这个算法并不复杂，但问题是在其步骤(3)中应该以什么样的次序从已给的子句集 S 出发寻找可归结的子句对进行归结呢？

一种简单而直接的想法就是逐个考察 CLAUSES 表中的子句，穷举式地进行归结。可采用这样的具体做法：第一轮归结先让 CLAUSES 表（即原子句集 S）中的子句两两见面进行归结，将产生的归结式集合记为 S_1，再将 S_1 并入 CLAUSES 得 CLAUSES$=S\cup S_1$；下

一轮归结时，又让新的 CLAUSES 即 $S\cup S_1$ 与 S_1 中的子句互相见面进行归结，并把产生的归结式集合记为 S_2，再将 S_2 并入 CLAUSES；在再一轮归结时，又让 $S\cup S_1\cup S_2$ 与 S_2 中的子句进行归结……如此进行，直到某一个 S_k 中出现空子句□为止。下面举例说明。

例 5-24 设有如下的子句集 S，用上述的穷举算法归结如下。

S：

(1) $P \vee Q$

(2) $\neg P \vee Q$

(3) $P \vee \neg Q$

(4) $\neg P \vee \neg Q$

S_1：

(5) Q [(1),(2)]

(6) P [(1),(3)]

(7) $Q \vee \neg Q$ [(1),(4)]

(8) $P \vee \neg P$ [(1),(4)]

(9) $Q \vee \neg Q$ [(2),(3)]

(10) $P \vee \neg P$ [(2),(3)]

(11) $\neg P$ [(2),(4)]

(12) $\neg Q$ [(3),(4)]

S_2：

(13) $P \vee Q$ [(1),(7)]

(14) $P \vee Q$ [(1),(8)]

(15) $P \vee Q$ [(1),(9)]

(16) $P \vee Q$ [(1),(10)]

(17) Q [(1),(11)]

(18) P [(1),(12)]

(19) Q [(2),(6)]

(20) $\neg P \vee Q$ [(2),(7)]

(21) $\neg P \vee Q$ [(2),(8)]

(22) $\neg P \vee Q$ [(2),(9)]

(23) $\neg P \vee Q$ [(2),(10)]

(24) $\neg P$ [(2),(12)]

(25) P [(3),(5)]

(26) $P \vee \neg Q$ [(3),(7)]

(27) $P \vee \neg Q$ [(3),(8)]

(28) $P \vee \neg Q$ [(3),(9)]

(29) $P \vee \neg Q$ [(3),(10)]

(30) $\neg Q$ [(3),(11)]

(31)	$\neg P$	$[(4),(5)]$
(32)	$\neg Q$	$[(4),(6)]$
(33)	$\neg P \vee \neg Q$	$[(4),(7)]$
(34)	$\neg P \vee \neg Q$	$[(4),(8)]$
(35)	$\neg P \vee \neg Q$	$[(4),(9)]$
(36)	$\neg P \vee \neg Q$	$[(4),(10)]$
(37)	Q	$[(5),(7)]$
(38)	Q	$[(5),(9)]$
(39)	$\square$	$[(5),(12)]$

可以看出,这个归结方法无任何技巧可言,只是一味地穷举式归结。因而对于如此简单的问题,计算机推导了 35 步,即产生 35 个归结式,才导出了空子句。那么,对于一个规模较大的实际问题,其时空开销就可想而知了。事实上,这种方法一般会产生许多无用的子句。这样,随着归结的进行,CLAUSES 表将会越来越庞大,以至于机器不能容纳。同时,归结的时间消耗也是一个严重问题。

那么,怎样归结才能高效地推出空子句 NIL 呢?研究表明,要提高归结的效率,就必须运用一定的技巧,即所谓归结策略。例如,对于例 5-24 中的问题,若运用一定的策略,则仅用 3 步就可以解决问题。

事实上,归结反演的过程,就是一个在子句空间中搜索(空子句)的过程。因此,要用归结原理实现机器推理,一个重要的问题就是要赋予机器一定的搜索策略,即归结策略。这就是说,要让计算机进行归结演绎推理,仅有归结原理还不够,还必须研究归结策略。归结策略有哪些?下面将介绍几种。

需说明的是,上述的归结方法实际上是一种广度优先的按层次进行归结的方法。所以,一般也把它说成是一种归结策略,称之为广度优先策略,也称为水平浸透法。

5.4.2　常用的归结策略

1. 删除策略

定义 5-26　设 C_1、C_2 是两个子句,若存在替换 θ,使得 $C_1\theta \subseteq C_2$,则称子句 C_1 类含 C_2。

例如:

$P(x)$ 类含 $P(a) \vee Q(y)$　(只需取 $\theta = \{a/x\}$)

$Q(y)$ 类含 $P(x) \vee Q(y)$　($\theta = \varepsilon$)

$P(x)$ 类含 $P(x)$,　$P(x)$ 类含 $P(a)$,　P 类含 P,　P 类含 $P \vee R$

$P(a,x) \vee P(y,b)$ 类含 $P(a,b)$　(取 $\theta = \{b/x, a/y\}$)

删除策略:

在归结过程中可随时删除以下子句:

(1) 含有纯文字的子句。

(2) 含有永真式的子句。

(3) 被子句集中别的子句类含的子句。

所谓纯文字,是指那些在子句集中无补的文字。例如下面的子句集

$$\{P(x) \lor Q(x,y) \lor R(x), \quad \neg P(a) \lor Q(u,v), \quad \neg Q(b,z), \quad \neg P(w)\}$$

其中的文字 $R(x)$ 就是一个纯文字。

删除含有纯文字的子句,是因为在归结时纯文字永远不会被消去,因而用包含它的子句进行归结不可能得到空子句。删除永真式是因为永真式对子句集的不可满足性不起任何作用。删除被类包含的子句是因为它被类含它的子句所逻辑蕴涵,故它已是多余的。

例 5-25 对例 5-24 中的子句集使用删除策略。可以看出,这时原归结过程中产生的有些归结式是永真式(如(7)(8)(9)(10)),有些被前面已有的子句所类含(如(17)(18)等,重复出现可认为是一种类含),因此,它们可被立即删除。这样就导致它们的后裔将不可能出现。其归结步骤可简化为:

(1) $P \lor Q$

(2) $\neg P \lor Q$

(3) $P \lor \neg Q$

(4) $\neg P \lor \neg Q$

(5) Q [(1),(2)]

(6) P [(1),(3)]

(7) $\neg P$ [(2),(4)]

(8) $\neg Q$ [(3),(4)]

(9) □   [(5),(8)]

其实,上述归结还可以进一步简化为:

(5) Q [(1),(2)]

(6) $\neg Q$ [(3),(4)]

(7) □   [(5),(6)]

这是因为,(5)出现后,由于它就类含了(1)(2),所以可将(1)和(2)删除。同理,当(6)出现时,可将(3)(4)删除。这样,下面也只能是(5)(6)归结了。

例 5-26 对下面的子句集 S,用宽度优先策略与删除策略相结合的方法进行消解。

S:(1) $P(x) \lor Q(x) \lor \neg R(x)$

    (2) $\neg Q(a)$

    (3) $\neg R(a) \lor Q(a)$

    (4) $P(y)$

    (5) $\neg P(z) \lor R(z)$

可以看出,(4)类含了(1),所以先将(1)删除。由剩下的 4 个子句归结得:

S_1:(6) $\neg R(a)$ [(2),(3)]

    (7) $\neg P(a) \lor Q(a)$ [(3),(5),$\{a/z\}$]

    (8) $R(z)$ [(4),(5),$\{z/y\}$]

(6)出现后(3)可被删除,所以,第二轮归结在(2)、(4)、(5)、(6)、(7)、(8)间进行。其中(2)、(4)、(5)间的归结不必再重做,于是得

S_2:(9) $\neg P(a)$ [(2),(7)]

(10) $Q(a)$ $[(4),(7),\{a/y\}]$

(11) $\neg P(a)$ $[(5),(6),\{a/z\}]$

(12) □ $[(6),(8),\{a/z\}]$

删除策略有如下特点：

(1) 删除策略的思想是及早删除无用子句，以避免无效归结，缩小搜索规模；尽量使归结式朝"小"（即元数少）方向发展，从而尽快导出空子句。

(2) 删除策略是完备的。即对于不可满足的子句集，使用删除策略进行归结，最终必导出空子句□。

定义 5-27 一个归结策略是完备的，如果对于不可满足的子句集，使用该策略进行归结，最终必导出空子句□。

2. 支持集策略

支持集策略：每次归结时，两个亲本子句中至少要有一个是目标公式否定的子句或其后裔。这里的目标公式否定的子句集即为支持集。

例 5-27 设有子句集

$$S = \{\neg I(x) \lor R(x), I(a), \neg R(y) \lor \neg L(y), L(a)\}$$

其中，子句 $\neg I(x) \lor R(x)$ 是目标公式否定的子句。

我们用支持集策略归结如下：

S：(1) $\neg I(x) \lor R(x)$

    (2) $I(a)$

    (3) $\neg R(y) \lor \neg L(y)$

    (4) $L(a)$

S_1：(5) $R(a)$ 由(1)(2)，$\{a/x\}$

    (6) $\neg I(x) \lor \neg L(x)$ 由(1)(3)，$\{x/y\}$

S_2：(7) $\neg L(a)$ 由(5)(3)，$\{a/y\}$

    (8) $\neg L(a)$ 由(6)(2)，$\{a/x\}$

    (9) $\neg I(a)$ 由(6)(4)，$\{a/x\}$

    (10) □   由(7)(4)

支持集策略有如下特点：

(1) 这种策略的思想是尽量避免在可满足的子句集中做归结，因为从中导不出空子句。而求证公式的前提通常是一致的，所以，支持集策略要求在归结时从目标公式否定的子句出发进行归结。所以，支持集策略实际是一种目标制导的反向推理。

(2) 支持集策略是完备的。

3. 线性归结策略

线性归结策略：在归结过程中，除第一次归结可都用给定的子句集 S 中的子句外，其后的各次归结至少要有一个亲本子句是上次归结的结果。

例 5-28　对例 5-27 中的子句集,用线性归结策略归结。

(1) $\neg I(x) \vee R(x)$

(2) $I(a)$

(3) $\neg R(y) \vee \neg L(y)$

(4) $L(a)$

(5) $R(a)$　　　　　　　　由(1)(2),$\{a/x\}$

(6) $\neg L(a)$　　　　　　　由(5)(3),$\{a/y\}$

(7) □　　　　　　　　　　由(6)(4)

线性归结策略的特点是:不仅它本身是完备的,高效的,而且还与许多别的策略兼容。例如在线性归结中可同时采用支持集策略或输入策略。

4. 输入归结策略

输入归结策略:每次参加归结的两个亲本子句,必须至少有一个是初始子句集 S 中的子句。

输入归结策略的特点是:

- 输入归结策略实际是一种自底向上的推理,它有相当高的效率。
- 输入归结是不完备的。例如子句集

$$S = \{P \vee Q, \neg P \vee Q, P \vee \neg Q, \neg P \vee \neg Q\}$$

是不可满足的。用输入归结都不能导出空子句,因为最后导出□的子句必定都是单文字子句,它们不可能在 S 中。

输入归结往往同线性归结配合使用,组成所谓线性输入归结策略。其进一步还可以与支持集策略结合。

5. 单元归结策略

单元归结策略:在归结过程中,每次参加归结的两个亲本子句中必须至少有一个是单元子句。

单元归结策略的特点:

- 单元归结的思想是,用单元子句归结可使归结式含有较少的文字,因而有利于尽快逼近空子句。
- 单元归结也是一种效率高但不完备的策略。

单元归结和输入归结虽都不完备,但应用它们可以证明相当广泛的一类定理,因此,它们不失为好的归结策略。另外,理论研究还表明:对不可满足的子句集 S,可用单元归结导出空子句当且仅当可用输入归结导出空子句。

单纯使用单元归结有时可能无法归结(当无单元子句时)。因此,一般是将单元归结的条件放宽,变为优先对单元子句进行归结。这种策略称为单元优先策略。

6. 祖先过滤形策略

祖先过滤形策略:参加归结的两个子句,要么至少有一个是初始子句集中的子句;

要么一个是另一个的祖先(或者说一个是另一个的后裔)。

5.4.3 归结策略的类型

除了上面介绍的一些常用的归结策略,人们还提出了许多别的策略,如锁归结、语义归结、加权策略、模型策略等。

锁归结的思想是:用数字1、2、3……对各子句中的文字进行编号,使互不相同的文字或相同文字的不同出现具有不同的编号,这种编号称为文字的锁,如 $1P \lor 3Q$ 和 $5P \lor 9P$ 中的1、3、5、9都是锁。这样,归结就可以用锁来控制。具体做法是:每次归结,参加归结的文字必须分别是所在子句中编号最小者。例如,有子句 $1P \lor 2Q$ 和 $3\neg P \lor 4\neg Q$,则只能对 P、$\neg P$ 作归结。

语义归结的基本思想是将子句集 S 中的子句分成两组,只考虑组间子句的归结。加权策略是对子句或其中的项赋予相应的权值,以反映子句或项在实际问题中的某种程度,这样,归结就可以用权值来控制,如给出某种顺序或限制。

归结策略很多,归纳起来,大致可以分为3类:

(1)简化性策略。

这种策略的思想是尽量简化子句和子句集,以减少和避免无效归结。如删除策略就是简化策略。然而,简化策略在使用时,也要付出一定的开销,如要不断地做包含检验或真值计算。这又是它的缺点。

(2)限制性策略。

前面所介绍的策略多数都是限制性策略。如支持集策略、线性策略、输入策略、单元策略、祖先过滤策略、语义归结等。限制性策略的思想是尽量缩小搜索范围,以提高搜索效率。

(3)有序性策略。

有序性策略的思想是给子句安排一定的顺序,以便能尽快地推出空子句。单元优先策略、加权策略以及锁归结等都是有序性归结策略。

有了归结策略后,从本节开始所给的归结反演一般算法可改为:

---

(1)将子句集 S 置入 CLAUSES 表。
(2)若空子句 NIL 在 CLAUSES 中,则归结成功,结束。
(3)按某种策略在 CLAUSES 表中寻找可归结的子句对,若存在则归结之,并将归结式并入 CLAUSES 表,转步骤(2)。
(4)归结失败,退出。

5.5 归结反演程序举例 *

下面给出一个可用于命题逻辑归结反演的 PROLOG 示例程序。

```
prove(F,S):- union(F,S,SY),proof(SY).
union([],Y,Y).
union([X|XR],Y,Z):- member(X,Y),!,union(XR,Y,Z).
```

```
union([X|XR],Y,[X|ZR]): - union(XR,Y,ZR).
proof([SH|ST]): - resolution(SH,ST,[]),!.
proof([SH|ST]): - resolution(SH,ST,NF),proof([NF,SH|ST]).
resolution(SH,[STH|ST],NF): - resolve(SH,STH,NF1),NF1 = SH,!,resolution(SH,ST,NF).
resolution(SH,[STH|ST],NF): - resolve(SH,STH,NF),print(SH,STH,NF).
resolve([],_,[]): -!.
resolve([F|FR],SF,FR): - not(F = no),invert(F,IF),IF = SF,!.
resolve([F|FR],SF,NF): - not(F = no),invert(F,IF),member(IF,SF),!,
                   pack(F,FR,SF,NF).
resolve([F|FR],SF,NF): - not(F = no),!,resolve(FR,SF,NF1),pack(([],[F],[NF1],NF).
resolve(F,SF,[]): - invert(F,IF),IF = SF,!.
resolve(F,SF,NF): - invert(F,IF),member(IF,SF),!,pack(F,[],SF,NF).
resolve(F,_,F).
invert(X,[no,X]): - atom(X).
invert([no,X],X): - atom(X).
member(X,[X|_]): -!.
member(X,[_|Y]): - member(X,Y).
pack(A,X,Y,Z): - combine(A,X,Y,[Z|[]]),!.
pack(A,X,Y,Z): - combine(A,X,Y,Z).
combine(A,X,Y,Z): - union(X,Y,Z1),delete(A,Z1,Z2),invert(A,IA),delete(IA,Z2,Z).
delete(_,[],[]).
delete(E,[E|ER],R): - !,delete(E,ER,R).
delete(E,[X|XR],[X|R]): - delete(E,XR,R).
print(F,S,R): - write(F),write(´,´),write(S),write("?"),write(R),nl.
```

该程序把子句用表来表示。例如：子句 $\neg P \lor Q$,表示为[[not,p],q]。子句集用子句表表示。例如：子句集$\{\neg P \lor Q, R \lor S, U\}$,则表示为

$$[[[not,p],q],[r,s],u]$$

该程序的目标子句是 prove(F,S)。其中,S 为前提,F 为要证明的结论的否定。程序运行时,谓词 union(F,S,FS)首先把待证结论的否定子句 F 与前提子句 S 合并为 FS。接着,谓词 proof(FS)对子句集 FS 进行归结反演,试图推出空子句[]。proof 又调用谓词 resolution 进行归结。proof 的第一个子句是归结反演的终结条件;第二个子句是归结反演的递归操作。

resolution(SH,ST,NF)谓词实现具体的归结操作。其中 SH 是从子句集 FS 中分离出的一个子句,它作为一个双亲子句;ST 为去掉 SH 后的子句集;NF 是 SH 与 ST 中子句产生的归结式。

resolution 的第一个子句处理 ST 子句集中的第一个子句 STH 不能与 SH 归结的情况,将引起 resolution 的递归操作。在这里,resolve 子句把 SH 放入 NF,于是 resolution 子句根据 NF1＝SH 知道 STH 不能与 SH 组成互补对,便对剩下部分(去掉 STH 以后的表尾)进行递归处理。resolution 的第二个子句处理 ST 子句集中的第一个子句 STH 能与 SH 归结的情况,这时将 SH 与 STH 的归结式放入 NF。接着由 print(SH,STH,NF)输出这一步的归结推理。

resolve(SH,STH,NF)谓词的作用是检查 SH 和 STH 是否为可归结的双亲子句。

resolve 共有 7 个子句。第一个子句是终止条件。第二至第四个子句处理 SH 为非单项析取式的情况，它们对 SH 从左到右依次查看每一个单项析取式，看是否在 STH 中存在它的否定，若存在则进行归结，若不存在则进行递归处理。其中，第二个子句处理 STH 为单项析取式的情况，第三个子句处理 STH 为非单项析取式的情况，第四个子句处理 STH 中不存在 SH 中的单项析取式的否定的情况。第五、第六个子句处理 SH 为单项析取式的情况，其中第五个子句处理 STH 也为单项析取式的情况，第六个子句处理 STH 为非单项析取式的情况。这两个子句直接判断 SH 能否与 STH 归结，子句 5 归结结果为 []，即产生矛盾；子句 6 产生归结式 NF。第七个子句处理 SH 不能与 STH 归结的情况。

pack(F,FR,SF,NF) 谓词的功能是将子句 [F|FR] 和 SF 归结，产生归结式 NF，其中 F 是引起归结的项。pack 的第一个子句将删除归结式中可能多余的括号 []。如由 [p,q] 和 [not,p] 产生的归结式 [q] 便被改为 q。pack 的第二个子句调用 combine 来删除形如 L、$\neg L$ 的互补对，并确保在归结式中没有重复的元素。

invert(F,IF) 谓词的功能是将 F 取否定放在 IF 中。

现在用这个程序证明 $\neg P \vee \neg U$ 是 $Q \vee \neg P, R \vee \neg Q, S \vee \neg R$ 和 $\neg U \vee \neg S$ 的逻辑结论。则有目标

```
? - prove([p,u],[[q,[no,p]],[r,[no,q]],[s,[no,r]],[[no,u],[no,s]]]).
```

对此目标，程序的运行结果为：

```
p,[q,[not,p]]⇒q
q,[r,[not,q]]⇒r
r,[s,[not,r]]⇒s
s,[[not,u],[not,s]⇒[not,u]
[not,u],u⇒[]
yes
```

5.6 Horn 子句逻辑与逻辑程序设计语言*

5.6.1 子句的蕴涵表示形式

我们知道，原子公式及其否定称为文字，现在把前者称为正文字，后者称为负文字。例如子句 $P(x) \vee \neg Q(x,y)$ 中 $P(x)$ 为正文字，$\neg Q(x,y)$ 为负文字。子句是若干文字的析取，析取词又满足交换律，所以对于任一个子句，总可以将其表示成如下形式

$$\neg Q_1 \vee \cdots \vee \neg Q_n \vee P_1 \vee \cdots \vee P_m \tag{5-1}$$

其中，$P_i, \neg Q_j$ 皆为文字。可以看出，式(5-1)进一步可变形为

$$Q_1 \wedge Q_2 \wedge \cdots \wedge Q_n \rightarrow P_1 \vee P_2 \vee \cdots \vee P_m \tag{5-2}$$

式(5-2)为一个蕴涵式，如果约定蕴涵式前件的文字之间恒为合取关系，而蕴涵式后件的文字恒为析取关系，那么式(5-2)又可以改写为

$$Q_1, Q_2, \cdots, Q_n \rightarrow P_1, P_2, \cdots, P_m \tag{5-3}$$

由于技术上的原因，式(5-3)又被改写为

$$P_1, P_2, \cdots, P_m \leftarrow Q_1, Q_2, \cdots, Q_n \qquad (5\text{-}4)$$

作为特殊情形，当 $m=0$ 时式(5-4)变为

$$\leftarrow Q_1, Q_2, \cdots, Q_n \qquad (5\text{-}4')$$

它相当于 $\neg(Q_1 \wedge Q_2 \wedge \cdots \wedge Q_n)$；当 $n=0$ 时，式(5-4)变为

$$P_1, P_2, \cdots, P_m \leftarrow \qquad (5\text{-}4'')$$

它相当于 $P_1 \vee P_2 \vee \cdots \vee P_m$。

这样，对于任一子句，总可以把它表示成式(5-4)的形式。子句的这种表示形式称为子句的蕴涵表示形式。例如，子句 $\neg P(x) \vee Q(x,y) \vee \neg R(y)$ 的蕴涵表示形式为：

$$Q(x,y) \leftarrow P(x), R(y)$$

可以看出，对于子句的蕴涵表示形式，消解过程变为：从其中一个子句的 $\leftarrow$ 号左侧与另一个子句的 $\leftarrow$ 号右侧(或从其中一个子句的 $\leftarrow$ 号右侧与另一个子句的 $\leftarrow$ 号左侧)的文字中寻找可合一文字对，然后消去它们，并把其余的左部(即 $\leftarrow$ 号的左侧)文字合并，作为消解式的左部，其余的右部文字合并，作为消解式的右部。

例如，子句 $Q_1(x), Q_2(x) \leftarrow P_1(x), P_2(x)$ 和 $P_1(y) \leftarrow R_1(y), R_2(y)$ 的归结式为

$$Q_1(x), Q_2(x) \leftarrow R_1(x), R_2(x), P_2(x)$$

一般地，这种蕴涵型子句的归结过程可表示如下：

设子句

$$C: P_1, \cdots, P_m \leftarrow Q_1, \cdots, Q_n$$

和

$$C': P_1', \cdots, P_s' \leftarrow Q_1', \cdots, Q_t'$$

中有 P_i 与 Q_j'(或 Q_i 与 P_j')可合一，σ 为它们的 MGU，则 C 与 C' 的归结式为

$$P_1\sigma, \cdots, P_{i-1}\sigma, P_{i+1}\sigma, \cdots, P_m\sigma, P_1'\sigma, \cdots, P_s'\sigma \leftarrow$$
$$Q_1\sigma, \cdots, Q_n\sigma, Q_1'\sigma, \cdots, Q_{j-1}'\sigma, Q_{j+1}'\sigma, \cdots, Q_t'\sigma$$

或

$$P_1\sigma, \cdots, P_m\sigma, P_1'\sigma, \cdots, P_{j-1}'\sigma, P_{j+1}'\sigma, \cdots, P_s'\sigma \leftarrow$$
$$Q_1\sigma, \cdots, Q_{i-1}\sigma, Q_{i+1}\sigma, \cdots, Q_n\sigma, Q_1'\sigma, \cdots, Q_t'\sigma$$

5.6.2 Horn 子句逻辑与计算机程序语言

定义 5-28 至多含有一个正文字的子句称为 Horn(有些文献中译为"霍恩")子句(因逻辑学家 Alfred Horn 首先研究它而得名)。

由定义，蕴涵型 Horn 子句有以下 3 种：

(1) $P \leftarrow Q_1, Q_2, \cdots, Q_m$ 　　　称为条件子句，P 称为头部或结论

(2) $P \leftarrow$ 　　　　　　　　　　称为无条件。

(3) $\leftarrow Q_1, Q_2, \cdots, Q_m$ 　　　称为目标子句，Q_i 称为子目标。

可以看出，Horn 子句形式简明，逻辑意义清晰。更重要的是 Horn 子句的消解过程可与计算机程序的执行过程统一起来。

例 5-29 证明 $P(a,c)$ 是下面子句集 {(1),(2),(3),(4)} 的逻辑结论。

证

(1) $P(x,z) \leftarrow P_1(x,y), P_2(y,z)$

(2) $P_1(u,v) \leftarrow P_{11}(u,v)$ ⎫

(3) $P_{11}(a,b) \leftarrow$ ⎬ （前提）

(4) $P_2(b,c) \leftarrow$ ⎭

(5) $\leftarrow P(a,c)$ 　　（目标子句）

从目标子句出发,采用线性归结:

(6) $\leftarrow P_1(a,y), P_2(y,c)$ 　　$[(5),(1),\{a/x,c/z\}]$

(7) $\leftarrow P_{11}(a,y), P_2(y,c)$ 　　$[(6),(2),\{a/u,y/v\}]$

(8) $\leftarrow P_2(b,c)$ 　　$[(7),(3),\{b/y\}]$

(9) $\square$ 　　$[(8),(4)]$

仔细考察以上归结过程,可以看出,上述归结过程中除最后一次外,每次产生的归结式都是目标子句;归结过程实际是对第一个目标的求解而导致了一连串目标求解;而目标求解的过程类似于计算机程序执行中的过程调用。事实上,如果用程序的眼光去看,则子句(1)和(2)就都是"过程"。例如(1)中 P 就是过程名,(5)和(1)消解就是对过程 P 的调用,而 P 的过程体为$\{P_1(x,y), P_2(y,z)\}$,从而又引起了对子过程 P_1、P_2 的调用,这样层层调用下去,子句(3)、(4)提供了过程出口。所以,子句(5)其实就相当于主程序,它包含一个过程调用。也就是说,Horn 子句与程序中的过程,基于 Horn 子句集的线性归结与程序的执行,不谋而合。

可见,完全可以把 Horn 子句逻辑作为一种计算机程序语言。这样,每一个 Horn 子句就是该语言中的语句,一个 Horn 子句的有限集合就是一个程序。这种用 Horn 子句组成的程序被称为**逻辑程序**。那么,用 Horn 子句实现的语言就是**逻辑程序设计语言**。显然,PROLOG 语言就是以 Horn 子句逻辑为基础的逻辑程序设计语言。这也就是称其为逻辑程序设计语言的原因。

PROLOG 程序的运行是一种从问题语句(目标语句)开始的线性归结过程。每次归结时,子目标的选择顺序是从左到右,新子目标的插入顺序是插入子目标队列的左端,匹配子句的顺序是自上而下,搜索空子句的策略是深度优先,推理方式是反向推理,且有回溯机制。PROLOG 程序的这种归结方法称为基于 Horn 子句的 SLD(Linear resolution with Selection function for Definite clause)归结,也称为 SLD 反驳-消解法。

上面介绍了谓词逻辑中的归结演绎推理。归结演绎虽然是一种有效的机器推理方法,但它仍存在不少问题。例如,归结策略仍然不能彻底解决大量无用归结式产生的问题。再从其本身来看,谓词公式的子句表达,掩盖了蕴涵词所表示的因果关系,使前提与结论混在一起,不便于在推理中使用启发式信息,知识表示的可读性也差。所以,这就导致人们又对非归结演绎推理进行研究。非归结演绎推理也取有不少成果,比较著名的有 Bledsoe 自然演绎法、基于规则的演绎推理、王浩算法等。由篇幅所限,这里不再介绍。

延伸学习导引

本章的内容属于自动推理的范畴,在本章的基础上可参阅自动推理方面的著作继续学习。具体来讲,延伸学习的内容包括各种非经典(或非标准)逻辑及其推理。如模态逻辑、时态逻辑、动态逻辑、真度逻辑、软语言真值逻辑、多值逻辑、多类逻辑和非单调逻辑等。除了基于各种逻辑的推理外,还有约束推理、定性推理、范例推理、并行推理、默认推理等。

习题 5

1. 将下列句子用一阶谓词形式表示。

(1) 雪是白的。

(2) 数 a 和数 b 之和大于数 c。

(3) 201 班的学生每人都有一台笔记本电脑。

(4) 如果明天天气晴朗且我们有时间,则我们去郊游。

(5) 一个三角形是等腰三角形,当且仅当其有两个角相等。

2. 什么是推理规则？举例说明一个推理形式可作为推理规则的充分必要条件是什么？

3. 求下列谓词公式的子句集。

(1) $\exists x \exists y(P(x,y) \wedge Q(x,y))$

(2) $\forall x \forall y(P(x,y) \rightarrow Q(x,y))$

(3) $\forall x \exists y((P(x,y) \vee Q(x,y)) \rightarrow R(x,y))$

(4) $\forall x(P(x) \rightarrow \exists y(P(y) \wedge R(x,y)))$

(5) $\exists x(P(x) \wedge \forall y(P(y) \rightarrow R(x,y)))$

4. 试判断下列子句集中哪些是不可满足的。

(1) $S = \{P(y) \vee \neg Q(y), \neg P(f(x)) \vee Q(y)\}$

(2) $S = \{\neg P(x) \vee Q(x), \neg Q(y) \vee R(y), P(a), \neg R(a)\}$

(3) $S = \{\neg P(x) \vee \neg Q(y) \vee \neg L(x,y), P(a), \neg R(z) \vee L(a,z), R(b), Q(b)\}$

(4) $S = \{P(x) \vee Q(x) \vee R(x), \neg P(y) \vee R(y), \neg Q(a), \neg R(b)\}$

(5) $S = \{P(x) \vee Q(x), \neg Q(y) \vee R(y), \neg P(z) \vee Q(z), \neg R(u)\}$

5. 对下列各题分别证明, G 是否可肯定是 F、F_1、F_2……的逻辑结论。

(1) $F: (P \vee Q) \wedge (P \rightarrow R) \wedge (Q \rightarrow S)$

　　$G: R \vee S$

(2) $F_1: \forall x(P(x) \rightarrow \forall y(Q(y) \rightarrow L(x,y)))$

　　$F_2: \exists x(P(x) \wedge \forall y(R(y) \rightarrow L(x,y)))$

　　$G: \forall x(R(x) \rightarrow \neg Q(x))$

(3) $F_1: \forall x(P(x) \rightarrow Q(x) \wedge R(x))$

$\quad F_2$：$\exists x(P(x) \wedge S(x))$

$\quad G$：$\exists x(S(x) \wedge R(x))$

6. 设已知：

（1）凡是清洁的东西就有人喜欢；

（2）人们都不喜欢苍蝇。

试用谓词公式表示这两个命题，并用归结原理证明：苍蝇是不清洁的。

7. 某公司招聘工作人员，有 A、B、C 三人应聘，经面试后，公司表示如下想法：

（1）三人中至少录取一人；

（2）如果录取 A 而不录取 B，则一定录取 C；

（3）如果录取 B，则一定录取 C。

试用谓词公式表示这三个命题，并用归结原理求证：公司一定录取 C。

8. 张某被盗，公安局派出 5 个侦查员去调查。研究案情时，侦查员 A 说"赵与钱中至少有一人作案"；侦查员 B 说"钱与孙中至少有一人作案"；侦查员 C 说"孙与李中至少有一人作案"；侦查员 D 说"赵与孙中至少有一人与此案无关"；侦查员 E 说"钱与李中至少有一人与此案无关"。假设这 5 个侦查员的话都是可信的，用谓词公式表示这 5 句话，并用归结原理推出谁是盗窃犯。

9. 试画出例 5-28 的（线性）归结演绎树。

10. Horn 子句逻辑与计算机程序语言有何关系？为什么称 PROLOG 语言为逻辑程序设计语言？

第 **6** 章

基于产生式规则的机器推理

产生式规则是一种十分普遍的知识表示形式,产生式系统是一种应用广泛的问题求解系统模型。

6.1 产生式规则

6.1.1 产生式规则与推理网络

产生式(production)一词,首先是由美国数学家波斯特(E. Post)提出来的。波斯特根据替换规则提出了一种被称为波斯特机的计算模型,模型中的每一条规则当时被称为一个产生式。后来,这一术语几经修改扩充,被用到许多领域。例如,形式语言中的文法规则就称为产生式。产生式也被称为产生式规则,或简称规则。

产生式规则的一般形式为

$$IF \quad \langle 前件 \rangle \quad THEN \quad \langle 后件 \rangle$$

或者更形式化地表示为

$$\langle 前件 \rangle \rightarrow \langle 后件 \rangle$$

其中,前件就是前提或条件,后件是结论或动作;前件和后件可以是一个原子谓词公式或者其简化形式(如一个语言值或谓词名),也可以是原子谓词公式或其简化形式经逻辑运算符 AND、OR、NOT 组成的复合谓词公式或逻辑表达式。

产生式规则的语义是:如果前提成立或条件满足,则可得结论或者执行相应的动作,即后件由前件来触发。所以,前件是规则的执行条件,后件是规则体。

例如,下面就是几个产生式规则:

(1) IF 银行存款利率下调,THEN 股票价格会上涨。

(2) IF 如果炉温超过上限,THEN 立即关闭风门。

（3）IF 键盘突然失灵 AND 屏幕上出现怪字符，THEN 是病毒发作。

（4）IF 胶卷感光度为 200 AND 光线条件为晴天 AND 目标距离不超过 5 米，THEN 快门速度取 250 AND 光圈大小取 f16。

这是用自然语言表示的产生式规则，在应用中需要将其形式化表示而且尽可能简化表示。例如，在上下文约定的情况下，规则（1）可形式化表示为：

（1′）being-cut（利率）→be-rising（股价）　（这是将前、后件用一阶谓词形式表示）

或者进一步简化为：

（1″）（利率）下调→（股价）上涨

而规则（4）也可以用变量描述为：

（4′）IF $x_1=200$ AND $x_2=$"晴天"AND $x_3\leqslant 5$，THEN $y_1=250$ AND $y_2=$f16

或者

（4″）$x_1=200 \wedge x_2=$"晴天"$\wedge x_3\leqslant 5 \rightarrow y_1=250 \wedge y_2=$f16

可以看出，产生式规则与逻辑蕴涵式非常相似。是的，逻辑蕴涵式就是一种产生式规则。不过，除蕴涵命题外，产生式规则还包括逻辑蕴涵命令。蕴涵命题的前、后件有真假联系，前件是后件的充分条件。蕴涵命令的前件是后件的触发条件，后件是对前件的响应，前、后件并无直接的真假意义下的蕴涵关系。这种规则只是表示了其前、后件之间的一种关联，这种关联可能是客观的也可能是主观的。蕴涵命题一般表示客观规律，蕴涵命令一般表示人的主观意志，两者都可以表示人们的经验知识。蕴涵命题的后件是断言或结论。蕴涵命令的后件可以是各种操作、规则、变换、算子、函数等。比如上例中的（2）就是一个蕴涵命令式的产生式规则。其实，产生式规则描述了事物之间的一种对应关系（如因果关系、蕴涵关系、函数关系等），其外延十分广泛。例如，图搜索中的状态转换规则和问题变换规则就都是产生式规则。另外还有程序设计语言的文法规则、逻辑中的逻辑蕴涵式和等价式、数学中的微分和积分公式、化学中的化学方程式和分子结构式的分解变换规则等，也都是产生式规则；甚至体育比赛中的规则、国家的法律条文、单位的规章制度等，也可以表示成产生式规则。所以，产生式规则就是一种最常见、最常用的一种知识表示形式。

在实际问题中，相关的产生式规则按逻辑关系往往会形成一个与-或图，称为**推理网络**。例如，下面的 6 条规则便可形成如图 6-1 所示的推理网络。

$A_1 \wedge A_2 \wedge A_3 \rightarrow B_1$

$A_4 \vee A_5 \rightarrow B_2$

$B_1 \rightarrow C$

$B_2 \rightarrow C$

$B_1 \wedge B_2 \rightarrow D$

$B_3 \rightarrow D$

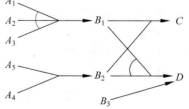

图 6-1　由产生式形成的推理网络示例

6.1.2　基于产生式规则的推理模式

由产生式规则的含义可知,当有事实可与某一规则的前件匹配(即规则的前提成立)时,就得到该规则后件中的结论(即结论也成立);或者当测试到某一规则的前提条件满足时,就执行其后件中的命令(这称为该规则被触发或点燃)。这一过程可表示为:

$$\frac{A \to B \quad A}{B}$$

这就是基于产生式规则的推理模式。

从形式上看,这种基于产生式规则的推理模式,与形式逻辑中的假言推理(对常量规则而言)和三段论(对变量规则而言)完全一样。不过,这种基于产生式规则的推理是更广义的推理。

6.2　产生式系统

机器中基于产生式规则集(即推理网络)的推理是用产生式系统来实现的。

6.2.1　系统结构

产生式系统由三部分组成:产生式规则库、推理机和动态数据库,其结构如图 6-2 所示。

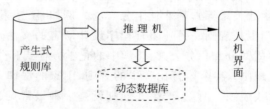

图 6-2　产生式系统的结构图

产生式规则库也称产生式规则集,由领域规则组成,在机器中以某种数据结构进行组织。一个产生式规则集中的规则,按其逻辑关系,一般可形成一个推理网络。

推理机也称控制执行机构,它是一个程序模块,负责产生式规则的前提条件测试或匹配,规则的调度与选取,规则体的解释和执行。即推理机实施推理,并对推理进行控制,它也就是规则的解释程序。

动态数据库也称全局数据库、综合数据库、工作存储器、上/下文、黑板等,它是一个动态数据结构,用来存放初始事实/数据、中间结果和最后结果等。

6.2.2　运行过程

产生式系统运行时,除了需要规则库以外,还需要有初始事实(或数据)和目标条件。目标条件是系统正常结束的条件,也是系统的求解目标。产生式系统启动后,推理机就开始推理,按所给的目标进行问题求解。推理机的一次推理过程可如图 6-3 所示。

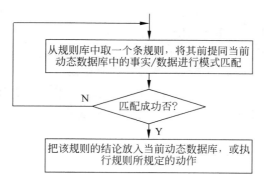

从规则库中取一个条规则,将其前提同当前
动态数据库中的事实/数据进行模式匹配

匹配成功否?

N

Y

把该规则的结论放入当前动态数据库,或执
行规则所规定的动作

图 6-3　推理机的一次推理过程

一个实际的产生式系统,其目标条件一般不会只经一步推理就可以满足,往往要经过多步推理才能满足或者证明问题无解。所以,产生式系统的运行过程就是推理机不断运用规则库中的规则作用于动态数据库,不断进行推理并不断检测目标条件是否满足的过程。当推理到某一步,目标条件被满足,则推理成功,于是系统运行结束;或者再无规则可用,但目标条件仍未满足,则推理失败,当然系统也运行结束。

由上所述,产生式系统的运行过程也就是从初始事实出发,寻求到达目标条件的路径的过程。所以,产生式系统的运行过程也是一个搜索的过程。但一般把产生式系统的整个运行过程也称为推理。

6.2.3　控制策略与常用算法

产生式系统的推理可分为正向推理和反向推理两种基本方式。简单来讲,正向推理就是从初始事实/数据出发,正向使用规则进行推理(即用规则前提与动态数据库中的事实进行匹配,或用动态数据库中的数据测试规则的前提条件,然后产生结论或执行动作),朝目标方向前进;反向推理就是从目标出发,反向使用规则进行推理(即用规则结论与目标匹配,又产生新的目标,然后对新目标再作同样的处理),朝初始事实或数据方向前进。下面给出产生式系统正向推理和反向推理的常用算法。

1. 正向推理

正向推理算法一

(1) 将初始事实/数据置入动态数据库。

(2) 用动态数据库中的事实/数据,匹配/测试目标条件,若目标条件满足,则推理成功,结束。

(3) 用规则库中各规则的前提匹配动态数据库中的事实/数据,将匹配成功的规则组成待用规则集。

(4) 若待用规则集为空,则运行失败,退出。

(5) 将待用规则集中各规则的结论加入动态数据库,或者执行其动作,转步骤(2)。

可以看出,随着推理的进行,动态数据库的内容或者状态在不断变化。如果我们把动态数据库的每一个状态作为一个节点的话,则上述推理过程也就是一个从初始状态(初始事实/数据)到目标状态(目标条件)的状态图搜索过程。如果把动态数据库中每一个事实/数据作为一个节点的话,则上述推理过程就是一个"反向"(即自底向上)与或树搜索过程。但该算法中并未记录动态数据库的状态变化历史,而是始终保持当前的一个动态数据库状态,同时也始终基于当前数据库进行推理。下面看一个具体的例子。

例 6-1　动物分类问题的产生式系统描述及其求解。

设由下列动物识别规则组成一个规则库,推理机采用上述正向推理算法,建立一个产生式系统。该产生式系统就是一个小型动物分类知识库系统。

规则集

r_1:若某动物有奶,则它是哺乳动物。

r_2:若某动物有毛发,则它是哺乳动物。

r_3:若某动物有羽毛且生蛋,则它是鸟。

r_4:若某动物是哺乳动物且有爪且有犬齿且目盯前方,则它是食肉动物。

r_5:若某动物是哺乳动物且吃肉,则它是食肉动物。

r_6:若某动物是哺乳动物且有蹄,则它是有蹄动物。

r_7:若某动物是有蹄动物且反刍食物,则它是偶蹄动物。

r_8:若某动物是食肉动物且黄褐色且有黑色条纹,则它是老虎。

r_9:若某动物是食肉动物且黄褐色且有黑色斑点,则它是金钱豹。

r_{10}:若某动物是有蹄动物且长腿且长脖子且黄褐色且有暗斑点,则它是长颈鹿。

r_{11}:若某动物是有蹄动物且白色且有黑色条纹,则它是斑马。

r_{12}:若某动物是鸟且不会飞且长腿且长脖子且黑白色,则它是鸵鸟。

r_{13}:若某动物是鸟且不会飞且会游泳且黑白色,则它是企鹅。

r_{14}:若某动物是鸟且善飞且不怕风浪,则它是海燕。

这个规则集形成的(部分)推理网络如图 6-4 所示。

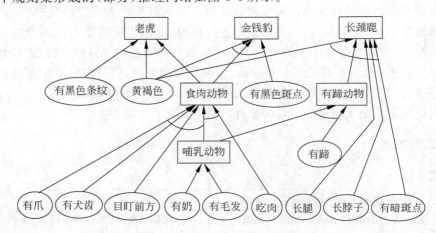

图 6-4　规则集形成的部分推理网络

再给出初始事实。

f_1:某动物有毛发。

f_2:吃肉。

f_3：黄褐色。

f_4：有黑色条纹。

目标条件为：该动物是什么？

该系统的运行结果为：该动物是老虎。其推理树如图 6-5 所示。

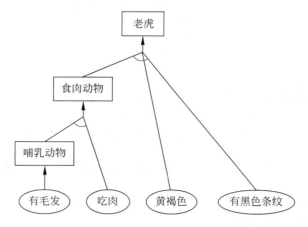

图 6-5　关于"老虎"的正向推理树

2. 反向推理

反向推理算法

(1) 将初始事实/数据置入动态数据库,将目标条件置入目标链。

(2) 若目标链为空,则推理成功,结束。

(3) 取出目标链中第一个目标,用动态数据库中的事实/数据同其匹配,若匹配成功,转步骤(2)。

(4) 用规则集中的各规则的结论同该目标匹配,将第一个匹配成功且未用过的规则的前提作为新的目标,并取代原来的父目标而加入目标链,转步骤(3)。

(5) 若该目标是初始目标,则推理失败,退出。

(6) 将该目标的父目标移回目标链,取代该目标及其兄弟目标,转步骤(3)。

例 6-2　将上例中的产生式系统的推理算法改为反向推理算法,则得到如图 6-6 所示的推理树。

可以看出,与正向推理不同,这次的推理树是从上而下扩展而成的,而且推理过程中还发生过回溯。

反向推理也称后向推理、反向链、目标驱动的推理等。

从上面的两个算法可以看出,正向推理是自底向上的综合过程,而反向推理则是自顶向下的分析过程。除了正向推理和反向推理外,产生式系统还可进行双向推理。双向推理就是同时从初始数据和目标条件出发进行推理,如果在中间某处相遇,则推理搜索成功。

3. 冲突消解策略

上述正向推理算法中,对所有匹配成功的规则都同时触发启用。所以,它实现的搜索

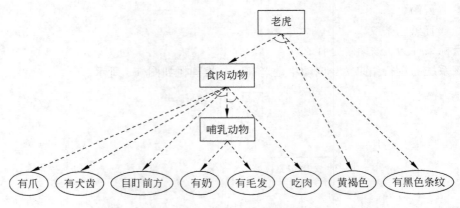

图 6-6 关于"老虎"的反向推理树

是穷举式的树式盲目搜索。下面给出一个正向推理的启发式线式搜索算法。

正向推理算法二

(1) 将初始事实/数据置入动态数据库。

(2) 用动态数据库中的事实/数据,匹配/测试目标条件,若目标条件满足,则推理成功,结束。

(3) 用规则库中各规则的前提匹配动态数据库中的事实/数据,将匹配成功的规则组成待用规则集。

(4) 若待用规则集为空,则运行失败,退出。

(5) 用某种策略,从待用规则集中选取一条规则,将其结论加入动态数据库,或者执行其动作,撤销待用规则集,转步骤(2)。

可以看出,该算法与前面的算法仅在步骤(5)有所差别。但它已是不可回溯的线式搜索了。该算法的启发性表现在"用某种策略,从待用规则集中选取一条规则"。这种选取策略,被称为冲突消解策略。因为这时可用规则集中的规则都可触发执行,但只取其中之一,因而就产生了冲突或竞争。所以,冲突消解策略对正向推理有重要意义。

常用的冲突消解策略有:优先级法(优先级高者优先)、可信度法(可信度高者优先)、代价法(代价低者优先)及自然顺序法等。当然,要使用优先级法、可信度法、代价法等策略时,须事先给规则设定相关的参数,即优先级、可信度、代价等。

可以看出,上述的两个推理算法的"启发"性就体现在冲突消解策略中。如果再采用优先级、可信度、代价等冲突消解策略,则就是启发式搜索,但如果采用自然顺序法,则是一种盲目碰撞搜索。

产生式系统的推理方式、搜索策略及冲突消解策略等,一般统称为推理控制策略,或简称控制策略。一个产生式系统的控制策略就体现在推理机的算法描述中。

6.2.4 程序实现

1. 产生式规则的程序语言实现

上面对产生式的讨论,只是用自然语言进行描述并仅在概念层次上进行阐述,而并未涉及它的具体结构和程序语言实现问题。现在讨论产生式规则的程序语言实现。

首先,讨论产生式规则的结构表达问题。一般来讲,产生式规则的前提和结论部分可以是一个复杂的逻辑表达式,但为了使表达简单规范,且便于推理,在实践中人们往往把规则的前提部分表示成形如

$$条件_1 \text{ AND } 条件_2 \text{ AND} \cdots \text{AND } 条件_n$$

或

$$条件_1 \text{ OR } 条件_2 \text{ OR} \cdots \text{OR } 条件_m$$

的形式(其中的条件可以带否定词);把规则结论部分表示成形如

$$断言_1/动作_1 \text{ AND } 断言_2/动作_2 \text{ AND} \cdots \text{AND } 断言_k/动作_k$$

或

$$断言_1/动作_1 \text{ OR } 断言_2/动作_2 \text{ OR} \cdots \text{OR } 断言_k/动作_k$$

的形式,或者进一步简化成:

$$断言/动作$$

即仅有一项的形式。

由于含 OR 关系的规则也可以分解为几个不含 OR 关系的规则,所以,产生式规则也可仅取下面的形式:

$$条件_1 \text{ AND } 条件_2 \text{ AND} \cdots \text{AND } 条件_n \rightarrow 断言/动作$$

即前件是若干与关系的条件,后件仅有一个断言或动作。

对规则做进一步细化。其条件、断言和动作都可以用 n 元谓词(或子句)形式表示,或者用 n 元组的形式表示,如"对象-属性-值"三元组、"属性-值"二元组,或仅有"值"(符号、字符串或数值)的一元组,而且谓词和元组中的项可以是常量、变量或复合项。当然,对于条件还可以用通常的关系式表示。如果规则解释程序(即推理机)不能直接支持上述的谓词或元组表示形式,那么,可用通常的记录、数组、结构、函数等数据结构来实现规则中的条件和断言,用通常的赋值式、运算式、函数、过程等形式实现规则中的动作。

至于规则的语言表示是否一定要有 IF-THEN 或者 AND、OR 等连接符,这倒不一定。但原则是,在程序执行时必须能体现出规则前提和结论的对应关系,必须能体现出前提和结论中的逻辑关系。例如,完全可以用一个二元组

$$\langle 前件 \rangle, \langle 后件 \rangle$$

表示一个产生式规则。

上面给出了产生式规则在程序中的具体表示方法。但必须指出的是,产生式规则的程序语言形式与规则的解释程序(即推理机)密切相关。也就是说,规则的解释程序与规则的语言形式必须是相符的。所以,一般不能单方面孤立地谈论规则的语言表示形式,而要与解释程序统一考虑。

这样,就有两种情况:一种是先确定规则的语言表示形式,再根据规则形式设计规则解释程序(推理机);另一种是对已有的解释程序(推理机),设计规则表示形式(当然只能采用推理机所约定的规则形式)。

例如,在 PROLOG 程序中要表示产生式规则,至少有两种形式:

(1) 用 PROLOG 的规则表示产生式规则;

(2) 用 PROLOG 的事实表示产生式规则。

对这两种表示,对应的推理机是不一样的。若用方法(1),一般不必编写显式的推理机程序,因为对于这种形式的规则,PROLOG 语言的翻译程序就是它的推理机。但若用方法(2),则必须用 PROLOG 语言编写显式的推理机程序。

例 6-3 把例 6-1 中给出的产生式规则用 PROLOG 的规则可表示如下:

```
animal_is("老虎"):-
                    it_is("食肉动物"),
                    fact("黄褐色"),
                    fact("有黑色条纹").
it_is("食肉动物"):- it_is1("哺乳动物"),
                    fact("有爪"),
                    fact("有犬齿"),
                    fact("目盯前方").
it_is("食肉动物"):- it_is1("哺乳动物"),fact("吃肉").
it_is1("哺乳动物"):- fact("有奶").
it_is1("哺乳动物"):- fact("有毛发").
```

对于这种规则表示形式,可以不用再编写推理机程序,而可直接利用 PROLOG 自身的推理机进行推理。例如,当再给出如下的事实:

```
fact("黄褐色").
fact("有黑色条纹").
fact("吃肉").
fact("有奶").
```

和目标:

```
animal_is(Y).
```

则程序运行后的结果就是:

```
Y = 老虎
```

但如果把上面的规则表示成如下的形式:

```
rule(["食肉动物","黄褐色","有黑色条纹"],"老虎").
rule(["哺乳动物","有爪","有犬齿","目盯前方"],"食肉动物").
rule(["哺乳动物","吃肉"],"食肉动物").
rule(["有奶"],"哺乳动物").
rule(["有毛发"],"哺乳动物").
```

则就需要用 PROLOG 语言编写一个推理机程序。否则,无法实施基于上述规则的推理。

还需说明的是,并非凡是用 PROLOG 规则表示的产生式规则都可直接使用 PROLOG 的推理机。例如,

$$rule(X,Y): -Y=X+1$$

是一个含变量的 PROLOG 规则,它实现的是产生式规则 rule(X,Y),其中 X 为前提,Y 是结论。在相应产生式系统的推理中是把 rule(X,Y) 作为规则使用的。显然,对于这种形式的规则,在 PROLOG 中仍然需要重新编写推理机程序。

2．规则库的程序实现

规则库的程序实现分为内存和外存两个方面。在内存中规则库可用链表实现,在外存则就是以规则为基本单位的数据文件。但若用 PROLOG 的规则表示的产生式规则,其规则库就是程序的一部分;若用 PROLOG 事实表示规则,则规则库在内存就是动态数据库,在外存就是数据库文件。

还需说明的是,对于规则库实际上还需配一个管理程序,即知识库管理系统,专门负责规则及规则库的各项管理工作。知识库管理系统的设计也与规则的表示形式密切相关。

3．动态数据库的程序实现

动态数据库由推理时所需的初始事实数据、推理的中间结果、最后结果以及其他控制或辅助信息组成。这些事实数据的具体表示方法与上面所述的规则条件与结论的语言表示方法基本一样,区别就是动态数据库中的事实数据中不能含有变量。动态数据库在内存可由(若干)链表实现并组成。在 PROLOG 程序中实现动态数据库,则可不必编写链表程序,而利用 PROLOG 提供的动态数据库直接实现。

4．推理机的程序实现

推理机的程序实现,除了依据某一控制策略和算法编程外,一般来说,程序中还应具有模式匹配与变量的替换合一机制。因为模式匹配是推理的第一步,同时规则中一般都含有变量,而变量的匹配必须有替换合一机制的支持。当然,要实现合一,就要用合一算法。那么,前面归结推理中的合一算法,对产生式系统也是适用的(如果不是谓词公式合一,则需稍做修改)。

上面全面介绍了产生式系统的程序实现方法。最后值得一提的是,由上所述可以看到:PROLOG 的规则恰好能直接表示产生式规则,PROLOG 的事实也恰好能表示产生式系统中的事实,PROLOG 的动态数据库也刚好可用来实现产生式系统的动态数据库,程序中的目标也就是产生式系统的运行目标,而 PROLOG 的翻译程序本身就是一个推理机。这就是说,PROLOG 语言本身恰好就是一个产生式系统框架或实现工具。于是,若用 PROLOG 实现产生式系统,则程序员仅需把问题域中的产生式规则用 PROLOG 的规则表示,把推理所需证据事实用 PROLOG 的数据库谓词表示,再给出推理目标即可。

最后指出,除了 PROLOG 语言外,LISP 语言也是描述产生式规则,实现产生式系统的常用语言。另外,还有几种产生式系统的专用语言,如 OPS5、CLIPS 等,都是专门的产生式系统语言。用这些语言建立产生式系统,不必编写推理机程序,只需按语言的规则语法建立规则库,再给出初始事实和推理目标即可。

6.3 产生式系统与图搜索问题求解

分析前面给出的两个正向推理算法可以看出,它们只能用于解决逻辑推理性问题。那么,如何用正向推理来求解规划性问题呢？如果要用正向推理求解规划性问题,则上述

算法中至少还需增加以下功能:

(1) 记录动态数据库状态变化的历史,这就需要增设一个 CLOSED 表。

(2) 若要回溯,则还需保存与每个动态数据库状态对应的可用规则集。因为动态数据库状态与可用规则集实际上是一一对应的。当回溯到上一个动态数据库状态(节点)后,需从其可用规则集中重新选取一条规则。

(3) 要进行树式搜索,还需设置一个 OPEN 表,以进行动态数据库新生状态的保存和当前状态的切换。

(4) 还需考虑一条规则是否只允许执行一次。若是,则要对已执行了的规则进行标记。但这样一来,产生式系统的推理算法就与第 3 章的图搜索算法相差无几了。下面将产生式系统与图搜索(含状态图搜索和与或图搜索)的有关概念作一对比(见表 6-1)。

表 6-1 产生式系统与图搜索对比

产生式系统	图 搜 索
初始事实/数据	初始节点
目标条件	目标节点
产生式规则	状态转换规则,问题变换规则
规则库	操作集
动态数据库	节点(状态/问题)
控制策略	搜索策略

可以看出,二者几乎是一回事。要说差别的话,图搜索主要着眼于搜索算法,描述了问题求解的方法;而产生式系统则主要着眼于知识,并给出了相应求解方法的一种计算机程序系统的结构模式。这样,问题求解、图搜索和产生式系统三者的关系是:问题求解是目的,图搜索是方法,产生式系统是形式。

既然基于产生式系统的推理就是图搜索,那么,关于图搜索的各种策略,对于产生式系统也仍然适用。

还需指出的是,在图搜索技术中,与或图的搜索,一般都是从初始节点出发,进行"自顶向下"的搜索。这种搜索用产生式系统实现,一般用反向推理实现。但同样的问题,产生式系统也可用正向推理实现,即进行"自下而上"的搜索。这就是说,产生式系统能实施功能更强的搜索。这大概就是产生式系统与图搜索的一个差别。

有些文献中,把"自下而上"进行推理搜索,且目标的到达与规则的触发次序无关的产生式系统称为**可交换的产生式系统**;而把"自上而下"进行推理搜索,且搜索的是与或树的产生式系统称为**可分解的产生式系统**。

其实,第 5 章中的归结原理也是一种产生式规则,而基于归结原理的证明或求解系统也是一种产生式系统。这样,产生式系统实际上就是人工智能问题求解系统的一种通用模型。

习题 6

1. 试举几个产生式规则的实例,并用一阶谓词表示,再用 PROLOG 语言实现。

2. 若要用产生式系统求解诸如走迷宫、八数码等路径问题,那么,本章中给出的正向推理和反向推理算法能否适用? 若不适用,则应对其作何修改?

3. 试将本章给出的正向推理和反向推理算法用 PROLOG 语言或其他语言编程,实现一个推理机。

4. 利用第 3 题的结果(即推理机),选择一个实际问题,如走迷宫问题、交通路线问题、八数码问题、梵塔问题、农夫过河问题、旅行商问题、八皇后问题、机器人行动规划问题等规划性问题,或者动物分类、植物分类、疾病诊断、故障诊断等推理性问题,找出其中的产生式规则,组成规则库,并给出初始事实数据和目标条件,建立一个小型产生式系统,并上机运行。

第 **7** 章

几种结构化知识表示及其推理

本节介绍元组、框架、语义网(知识图谱)、类与对象等结构化知识表示及其推理方法。

7.1 元组

元组(tuple)的数学定义是:笛卡儿积中的一个元素,$(d_1, d_2, \cdots, d_n)$,叫作一个 n 元组(n-tuple),简称元组。在关系数据库中,一条记录也就是一个元组。元组通常也泛指由若干数据项组成的一个整体。例如,"对象-属性-值"就是最常见的三元组,而"属性-值"就是一种二元组。

三元组的一般表达形式为

$$\langle 对象 \rangle, \langle 属性 \rangle, \langle 值 \rangle$$

下面我们将"属性"扩充为更一般的"特征"(包括属性、状态和关系等)。于是,三元组的更一般表达形式就是

$$\langle 对象 \rangle, \langle 特征 \rangle, \langle 值 \rangle$$

或用变量表示为

$$(x, F, v)$$

这种三元组可用来形式化地表示有些信息或知识。例如,三元组

$$(玫瑰, 颜色, 红)$$

表示了语句"玫瑰花是红色的"。而三元组

$$(史记, 作者, 司马迁)$$

表示了语句"史记是司马迁写的",或"史记的作者是司马迁"。

可以看出,这种三元组可方便地表示简单命题或者原子谓词公式。于是,产生式规则的前、后件也可以用三元组的形式表示。例如,有规则:

如果天阴且外出,则带上雨伞。

可用元组表示为

(今天,天气,阴) $\wedge$ (某人,状态,外出) $\rightarrow$ (该人,行为,带伞)

这就是说,元组可以作为规则的一种组件。

其实,除规则外,元组也可以作为框架和语义网的组件。这就是说,元组可以作为知识表示的一种基本形式。

在程序中元组可以用相应程序语言所提供的数据结构来实现。例如,可以用 C 和 C++中的"结构"来实现。在 PROLOG 中,则直接用"事实"来实现。Python 语言中则专门提供了元组数据结构,其定义语句为:

$$tuplename = (tupleitem1, tupleitem2, \cdots, tupleitemn)$$

或

$$tuplename = tupleitem1, tupleitem2, \cdots, tupleitemn$$

7.2 框架

7.2.1 框架的概念

顾名思义,框架(frame)就是一种结构,一种模式,其一般表达形式是:

〈框架名〉
〈槽名$_1$〉〈槽值$_1$〉|〈侧面名$_{11}$〉〈侧面值$_{111}$, 侧面值$_{112}$,…〉
　　　　　　〈侧面名$_{12}$〉〈侧面值$_{121}$, 侧面值$_{122}$,…〉
　　　　　　…
〈槽名$_2$〉〈槽值$_2$〉|〈侧面名$_{21}$〉〈侧面值$_{211}$, 侧面值$_{212}$,…〉
　　　　　　〈侧面名$_{22}$〉〈侧面值$_{221}$, 侧面值$_{222}$,…〉
　　…　　　…
〈槽名$_k$〉〈槽值$_k$〉|〈侧面名$_{k1}$〉〈侧面值 k_{11}, 侧面值 k_{12},…〉
　　　　　　〈侧面名$_{k2}$〉〈侧面值 k_{21}, 侧面值 k_{22},…〉
　　　　　　…

即:一个框架一般有若干个槽,一个槽有一个槽值或者有若干个侧面,而一个侧面又有若干个侧面值。其中槽值和侧面值可以是数值、字符串、布尔值,也可以是一个动作或过程,甚至还可以是另一个框架的名字。

例 7-1 下面是一个描述"教师"的框架。

框架名:〈教师〉
类属:〈知识分子〉
工作:范围:(教学,科研)
　　　默认:教学
性别:(男,女)
学历:(中师,高师)
类型:(〈小学教师〉,〈中学教师〉,〈大学教师〉)

可以看出,这个框架的名字为"教师",它含有 5 个槽,槽名分别是"类属""工作""性别""学历""类型"。这些槽名的右面就是其值,如"〈知识分子〉""男""女""高师""中师"等。其中"〈知识分子〉"又是一个框架名,"范围""默认"就是侧面名,其后是侧面值,如"教学""科研"等。另外,用符号〈 〉括的槽值也是框架名。

例 7-2　下面是一个描述"大学教师"的框架。

框架名:〈大学教师〉
类属:〈教师〉
学历:(学士,硕士,博士)
专业:〈学科专业〉
职称:(助教,讲师,副教授,教授)
外语:语种:范围:(英,法,日,俄,德,…)
　　　　　默认:英
　　　水平:(优,良,中,差)
　　　　　默认:良

例 7-3　下面是描述一个具体教师的框架。

框架名:〈教师－1〉
类属:〈大学教师〉
姓名:李明
性别:男
年龄:25
职业:教师
职称:助教
专业:计算机应用
部门:计算机系软件教研室
工作:
参加工作时间:2019 年 8 月
工龄:当前年份－参加工作年份
工资:〈工资单〉

　　比较例 7-2 和例 7-3 中的框架,可以看出,前者描述的是一个概念,后者描述的则是一个具体的事物。二者的关系是,前者是后者的抽象,后者是前者的实例。因此,后者一般称为前者的实例框架。也就是说,这两个框架之间存在一种层次关系。一般称前者为上位框架(或父框架),后者为下位框架(或子框架)。当然,上位和下位是相对而言的。例如"〈大学教师〉"虽然是"〈教师-1〉"的上位框架,但它却是"〈教师〉"框架的下位框架,而"〈教师〉"又是"〈知识分子〉"的下位框架。

　　框架之间的这种层次关系对减少信息冗余有重要意义。因为上位框架与下位框架所表示的事物,在逻辑上为种属关系,即一般与特殊的关系。这样,凡上位框架所具有的属性,下位框架也一定具有。于是,下位框架就可以从上位框架那里"继承"某些槽值或侧面值。所以,"特性继承"也就是框架这种知识表示方法的一个重要特征。

　　进一步考察上例可以看出,由于一个框架的槽值还可以是另一个框架的名,这样就把有关框架横向联系了起来。而框架间的"父子"关系是框架间的一种纵向联系。于是,某一论域的全体框架便构成一个框架网络或框架系统。另外,还可看到框架的槽值一般是属性值或状态值,但也可以是规则或逻辑式、运算式甚至过程调用等,例如上面的工龄就是一个运算式子。

7.2.2 框架的表达能力

由上面框架的一般形式及举例可以看出,框架适合表达结构性的知识。所以,抽象概念、实体对象等最适于用框架表示。

例 7-4 下面是关于房间的框架。

框架名:〈房间〉
墙数 x_1:
  默认:$x_1 = 4$
  条件:$x_1 > 0$
窗数 x_2:
  默认:$x_2 = 2$
  条件:$x_2 \geqslant 0$
门数 x_3:
  默认:$x_3 = 1$
  条件:$x_3 > 0$
前墙:(墙框架(w_1,d_1))
后墙:(墙框架(w_2,d_2))
左墙:(墙框架(w_3,d_3))
右墙:(墙框架(w_4,d_4))
天花板:〈天花板框架〉
地板:〈地板框架〉
门:〈门框架〉
窗:〈窗框架〉
条件:$w_1 + w_2 + w_3 + w_4 = x_2$
   $d_1 + d_2 + d_3 + d_4 = x_3$
类型:(〈办公室〉,〈教室〉,〈会客室〉,〈卧室〉,〈厨房〉,〈仓库〉,…)

除概念、对象以外,框架还可以表示行为(动作)、过程甚至事件、情节等。若干相关事件或情节按某种逻辑关联就可以构成一个框架网络,而这个网络就表示了一个故事或剧情。所以,有些过程性事件或情节也可用框架及其关联即框架网络来表示。

例 7-5 机器人纠纷问题的框架描述如图 7-1 所示。

还需指出的是,框架还可以表示产生式规则。例如,产生式:

如果头痛且发烧,则患感冒。

用框架表示可为:

框架名:〈诊断 1〉
前提:条件 1:头痛
    条件 2:发烧
结论:患感冒

7.2.3 基于框架的推理

基于框架的推理方法是**继承**。所谓继承,就是子框架可以拥有其父框架的槽及其槽值。实现继承的操作有匹配、搜索和填槽。

匹配就是问题框架同知识库中的框架的模式匹配。所谓问题框架,就是要求解某个

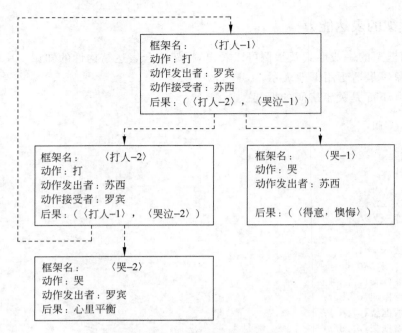

图 7-1　机器人纠纷问题的框架表示

问题时,先把问题用一个框架表示出来,然后与知识库中的已有框架进行匹配。如果匹配成功,就可以获得有关信息。搜索就是沿着框架间的纵向和横向联系,在框架网络中进行查找。搜索的目的是为了获得有关信息。当问题框架同某一框架匹配时,如果该框架的某一个槽空缺,那么就可以再找它的父框架,通过特性继承获得所需信息。例如,在需通过知识库获得"教师-1"的外语水平情况时,假如他的有关档案资料已以框架形式存入知识库,那么,可以构造如下问题框架同知识库中的教师框架匹配。

框架名:〈教师-1〉
姓名:李明
性别:男
年龄:25
职称:助教
专业:计算机应用
部门:计算机系软件教研室
外语水平:

显然,原框架"〈教师-1〉"中无"外语水平"槽,但它的父框架是"〈大学教师〉",该框架内有"外语水平"槽,并且侧面"语种"("范围")默认值是"英",侧面"水平"的默认值是"良"。于是通过继承,便知道了"〈教师-1〉"不仅懂英语,而且还属于良好水平。那么,这两个值也就可以填到"〈教师-1〉"的槽中。

还需指出的是,上述关于框架的推理方法,实际仅适于装载着概念和实体对象的框架,而对于装载着规则的框架,其推理就要用基于规则的演绎推理方法。

7.2.4　框架的程序语言实现

有一种名为 FRL(Frame Representation Language)的程序设计语言,就是专门基于框架的程序设计语言。用它就可以方便地实现框架知识表示。不过,用 PROLOG 也可方便地实现框架表示。用 PROLOG 实现框架表示,一般采用含结构或表的谓词来实现。因为框架实际上就是树,而 PROLOG 的结构也是树,表又是特殊的结构,它的元素个数和层数都不限定,可动态变化,因此,更适于表示一般的框架。

例如,前面的"教师"框架用 PROLOG 可表示如下:

```
frame(name("教师"),
kind_of("<知识分子>"),
work(scope("教学","科研"),default("教学")),
sex("男","女"),
reco_of_f_s("中师","高师"),
type("〈小学教师〉","〈中学教师〉","〈大学教师〉").
```

如果要给出框架的一个通用表示形式,则下面的表示方式可供参考。

```
frame(name("教师"),
    body([st("类属",[st("<知识分子>",[])]),
        st("工作",[st("范围",[st("教学",[]),st("科研",[])]),
        st("默认",[st("教学",[])])]),
        st("性别",[st("男",[]),st("女",[])]),
        st("学历",[st("中师",[]),st("高师",[])]),
        st("类型",[st("<小学教师>",[]),st("<中学教师>",[]),
        st("<大学教师>", [])])]))).
```

这是一个 PROLOG 的"事实",其谓词及领域说明如下:

```
domains
    name = name(string)
    body = body(subtree list)
    subtreelist = subtree *
    subtree = st(string, subtreelist)
database
    frame(name, body)
```

其中的 subtreelist 是递归定义的。按此定义,所有框架都取统一的表示形式。

7.3　语义网络

7.3.1　语义网络的概念

语义网络(semantic network)是由节点和边(也称有向弧)组成的一种有向图。其中节点表示事物、对象、概念、行为、性质、状态等;有向边表示节点之间的某种联系或关系。例如图 7-2 所示就是一个语义网络。其中,边上的标记就是边的语义。

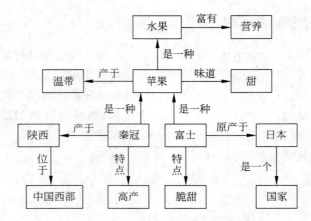

图 7-2　苹果的语义网络示例

语义网络的概念最先是由 Quillian 提出来的,1968 年,他在博士论文中把语义网络作为人类联想记忆的一个显式心理模型。所以,语义网络也称联想网络。如今,语义网络的理论已经有了长足的发展。有学者将其划分为 5 个级别:执行级、逻辑级、认识论级、概念级和语言学级。又将其分为 7 种类型:

(1) 命题语义网(包括分块联想网络)。

(2) 数据语义网　以数据为中心的语义网络。

(3) 语言语义网　用于自然语言的分析和理解。

(4) 结构语义网　描述客观事物的结构,常见于模式识别和机器学习等领域。

(5) 分类语义网　描述抽象概念及其层次。

(6) 推理语义网　这是一种命题网,但它已在某种程度上规范化,更适于推理。

(7) 框架语义网　与框架相结合的语义网。

7.3.2　语义网络的表达能力

由语义网络的结构特点可以看出,语义网络不仅可以表示事物的属性、状态、行为等,而且更适合于表示事物之间的关系和关联。而表示一个事物的层次、状态、行为的语义网络,也可以看作是该事物与其属性、状态或行为的一种关系。如图 7-3 所示的语义网络,就表示了专家系统这个事物(的内涵),同时也可以看作是表示了专家系统与“智能系统”“专家知识”“专家思维”“困难问题”这几个事物之间的关系或关联。所以,抽象地说,语义网络可表示事物之间的关系。因此,关系(或关联)型的知识和能化为关系型的知识都可以用语义网络来表示。下面就给出常见的几种关系。

(1) **实例关系**

实例关系表示类与其实例(个体)之间的关系。这是最常见的一种语义关系。例如,“小华是一个大学生”就可以表示为图 7-4。其中,关系“是一个”一般标识为 is-a 或 ISA。

(2) **分类(或从属、泛化)关系**

分类关系是指事物间的类属关系,图 7-5 就是一个描述分类关系的语义网络。在图 7-5 中,下层概念节点除了可继承、细化、补充上层概念节点的属性外,还出现了变异的

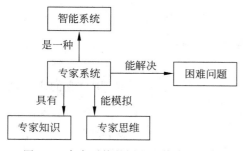

图 7-3 专家系统的语义网络表示示例

图 7-4 表示实例关系的语义网络示例

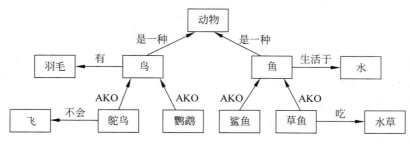

图 7-5 表示分类关系的语义网络示例

情况：鸟是鸵鸟的上层概念节点，其属性是"有羽毛""会飞"，但鸵鸟的属性只是继承了"有羽毛"这一属性，而把鸟的"会飞"变异为"不会飞"。其中，关系"是一种"一般标识为 a-kind-of 或 AKO。

（3）组装关系

如果下层概念是上层概念的一个方面或者一部分，则称它们的关系是组装关系。例如图 7-6 所示的语义网络就是一种组装关系。其中，关系"一部分"一般标识为 a-part-of。

（4）属性关系

属性关系表示对象的属性及其属性值。图 7-7 表示 Simon 是一个人，男性，40 岁，职业是教师。

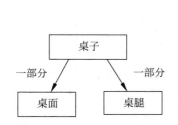

图 7-6 表示组装关系的语义网络示例

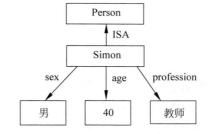

图 7-7 表示属性关系的语义网络示例

（5）**集合-成员关系**

意思是"是……的成员"，它表示成员（或元素）与集合之间的关系。例如，"张三是计算机学会会员"可表示为图 7-8。其中，关系"是成员"一般标识为 a-member-of。

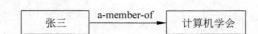

图 7-8　表示集合-成员关系的语义网络示例

（6）**逻辑关系**

如果一个概念可由另一个概念推出，且两个概念间存在因果关系，则称它们之间是逻辑关系。如图 7-9 所示的语义网络就是一个逻辑关系。

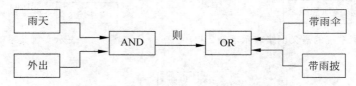

图 7-9　表示逻辑关系的语义网络示例

（7）**方位关系**

在描述一个事物时，经常需要指出它发生的时间、位置，或者指出它的组成、形状等，此时可用相应的方位关系语义网络表示。例如事实：

张宏是石油大学的一名助教；

石油大学位于西安市电子二路；

张宏今年 25 岁。

可用如图 7-10 所示的语义网络表示。

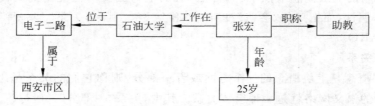

图 7-10　表示方位关系的语义网络示例

（8）**所属关系**

所属关系表示"具有"的意思。例如"狗有尾巴"可表示为图 7-11。

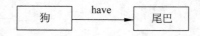

图 7-11　表示所属关系的语义网络示例

语义网络中的语义关系是多种多样的，一般根据实际关系定义。如常见的还有 before、after、at 等表示时间次序关系和 located-on、located-under 等表示位置关系。进一步，还可对带有全称量词和存在量词的谓词公式的语义加以表示。

由上所述可以看出，语义网络实际上是一种复合的**二元关系图**。网络中的一条边就是一个二元关系，而整个网络可以看作是由这些二元关系拼接而成。

上面是从关系角度考察语义网络的表达力的。下面从语句角度来考察语义网络。例如，对于如下的语句（或事件）：

小王送给小李一本书。

用语义网络可表示为图 7-12,其中 S 代表整个语句。这种表示被称为是自然语言语句的深层结构表示。

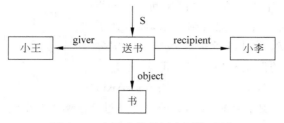

图 7-12　表示事件的语义网络示例

语义网络也能表示用谓词公式表示的形式语言语句。例如:

$$\exists x(\text{student}(x) \land \text{read}(x, \text{三国演义}))$$

即"某个学生读过《三国演义》",其语义网络表示为如图 7-13 所示。

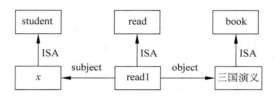

图 7-13　表示谓词公式的语义网络示例

又如:

$$\forall x(\text{student}(x) \rightarrow \text{read}(x, \text{三国演义}))$$

即"每个学生读过《三国演义》",其语义网络表示为图 7-14。这是一个分块语义网。

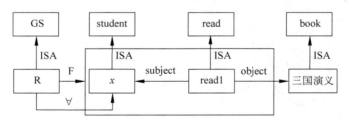

图 7-14　分块语义网络示例

由上所述可见,语义网络有很强的表达能力。所以,它已成为一种重要的知识表示形式,被广泛地应用于人工智能、专家系统、知识库系统以及自然语言理解领域中。

7.3.3　基于语义网络的推理

基于语义网络的推理也是继承。继承也是通过匹配、搜索实现的。在问题求解时,首先根据待求问题构造一个网络片断,然后在知识库中查找可与之匹配的语义网络,当网络片断中的询问部分与知识库中的某网络结构匹配时,与询问处匹配的事实,就是问题的解。例如,要通过如图 7-2 所示的语义网络(假设它已存入知识库),查询富士苹果有什么特点。那么,可先构造如图 7-15 所示的一个网络片段。然后,使其与知识库中的语义网络进行匹配。匹配后,x 的值应为"脆甜"。当然,这是一个简单问题。如果问题复杂,也许不能通过直接匹配得到结果,那么还需要沿着有关边进行搜索,通过继承来获得结果。例如要问:吃富士苹果对人的健康有何意义? 那么,通过上述网络片断不能直接获得答案;这时,就需沿着边 AKO 一直搜索到节点"水果";由水果的"富有营养"性,通过特性继承便得到富士苹果也富有营养。

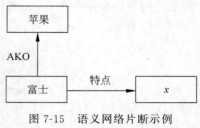

图 7-15　语义网络片断示例

7.3.4　语义网络的程序语言实现

由于语义网络是一个二元关系图,所以用 PROLOG 可方便地实现语义网络知识表示。如图 7-2 所示的语义网络用 PROLOG 可表示如下:

```
a_kind_of("苹果", "水果").
taste("苹果", "甜").
a_kind_of("富士", "苹果").
intro_from("富士", "日本").
is_a("日本", "亚洲国家").
a_kind_of("秦冠", "苹果").
produ_in("秦冠", "陕西").
is_located_at("陕西", "中国西部").
a_part_of("中国西部", "中国").
        …
```

也可以表示为:

```
arc(a_kind_of, "苹果", "水果").
arc(taste, "苹果", "甜").
arc(a_kind_of, "富士", "苹果").
arc(intro_from, "富士", "日本").
arc(is_a, "日本", "亚洲国家").
arc(a_kind_of, "秦冠", "苹果").
arc(produ_in, "秦冠", "陕西").
arc(is_located_at, "陕西", "中国西部").
arc(a_part_of, "中国西部", "中国").
        …
```

当然,也可以将一个网络或网络片段组织在一个事实中。例如:

```
net1(a_kind_of("苹果", "水果"),
taste("苹果", "甜"),
a_kind_of("秦冠", "苹果"),
produ_in("秦冠", "陕西")).
```

7.4　知识图谱

所谓知识图谱(knowledge graph),从知识表示角度讲,也就是上节所述的语义网络。但这一术语还有另一层意思,那就是已经被工程实现了的可付诸实际应用的语义网络。

更具体地讲,就是 Google 用知识图谱(语义网络)这种知识表示形式在互联网上实现的一个大型知识库,而且这个知识库的名称叫 Knowledge Graph(KG)。

2012 年 Google 将语义网络这一知识表示技术以"知识图谱"冠名而引入其搜索引擎,从而引领了知识图谱的研究和应用热潮。现在,知识图谱已经成为人工智能研究和应用的一个热门领域。除了搜索引擎外,还有诸如推荐系统、问答系统、自然语言处理、个人助理、专家系统、数字图书馆等也都引入了知识图谱技术。特别是,知识图谱已在语义 Web 中扮演重要角色。

也可以说,知识图谱是对原语义网络的概念扩充和技术提升。知识图谱已是当前最通用的语义知识表示形式化框架。它的节点就是语义学里面的"符号根基(symbol grounding)",它的边则是语义学里面的"角色指派(role assignment)"。知识图谱可以完美地描述实体、关系、属性(状态)及其值等语义要素。但诸如事件、时间、空间、因果条件、逻辑模态等语义要素的表示,还需要做进一步研究和探讨。也就是说,知识图谱技术本身还需要不断发展和改进。另外,围绕知识图谱,相应地在互联网环境下的知识获取、知识组织与存储,以及搜索和推理等一系列理论和方法也都需要进一步研究和发展。其实,这方面的研究工作已经展开,也正是在知识图谱的推动下,一度相对沉寂的知识工程和符号智能现在又活跃了起来。

7.5 类与对象

面向对象技术,现已是软件开发和程序设计中的主流技术。面向对象技术中的核心概念是对象(object)和类(class)。对象可以泛指一切事物,类则是一类对象的抽象模型。反之,一个对象是其所属类的实例。所以,类与对象也可以作为一种知识表示方法。

通常,在面向对象的程序设计语言中,只给出类的定义,其对象由类生成。类的定义中就说明了所辖对象的共同特征(属性、状态等)和行为。特征用变量表示,行为则是作用于这些特征和作用于对象的一组操作,如函数、过程等。这些操作一般称为方法。这样,一个类将其对象所具有的共同特征和操作组织在一起,统一进行定义,以供全体对象共享,即当给类中的特征变量赋予一组值时,这组值连同类中的方法,就构成了一个具体的对象。

例 7-6 下面是面向对象程序设计语言 C++中一个雇员类和经理类的定义。

```
class Employee
{
private:
char * Name;
int Age;
int Salary; =
public:
Employee(char * name, int age, int salary);
~Employee();
};
Employee::Employee(char * name, int age, int salary)
{
```

```
Name = newchar[strlen(name)];
strcpy(Name, name);
Age = age;
Salary = salary; =
} =
Employee::~Employee()
{
Delete Name; =
}
Void Employee::Change(int age, int salary)
{
Age = age;
Salary = salary;
}
Void Employee::Retire()
{if(Age > 60)
Delete this;
}
```

以上是雇员类的定义,用此定义可生成一个雇员类的实例,即雇员对象。例如下面的语句:

```
Employeee1("张华",30)
```

就生成一个名为张华,年龄为 30 岁的雇员。

下面是经理类的定义。

```
Class Manager:public Employee
{
Int Level;
public:
Manager(char * name, int age, int salary, int level);
~Manager();
Void Change Level(int n);
};
```

由于经理类是雇员类的一个子类,所以,经理类继承了雇员类的全部属性和行为。这两个类之间也就构成了一种层次关系。

一般认为,面向对象知识表示是最结构化的知识表示方法。对象和类类似于框架,知识可以使用类按一定层次形式来组织。由于对象还具有封装特性,从而使知识更加模块化。所以,用面向对象方法表示的知识相当于结构化和模块化了,而且容易理解和管理。因此,这种方法特别适合大型知识库的开发和维护。

习题 7

1. 用三元组表示下列命题。

(1) 雪是白的。

（2）小张身高 1.80 米。

2. 试写出"学生框架"的描述，并用 PROLOG 语言实现。

3. 请把下列命题表示的事实用一个语义网络表示出来，并用 PROLOG 语言实现。

（1）树和草都是植物。

（2）树和草都是有根有叶的。

（3）水草是草，且长在水中。

（4）果树是树，且会结果。

（5）樱桃树是一种果树，它结樱桃。

4. 试述语义网络表示法和框架表示法求解问题的过程，并对它们进行比较。

5. 面向对象知识表示有什么特点？它与框架有什么异同？

6. 用面向对象程序设计语言（如 C++）描述如下概念及其它们之间的关系。

（1）水果、苹果、红富士苹果、香蕉。

（2）人、职员、研究生、在职研究生。

7. 自选一个对象或概念，以其为中心或起点，画一个小型知识图谱。

8. 仔细观察元组、框架、语义网（知识图谱）和类及对象，分析、体会它们之间的异同和关系。

第 **8** 章

不确定和不确切性知识的表示与推理

8.1 概述

首先声明：这里的"信息"一词是广义的，它也包含知识。

1. 什么是不确定性信息

这里的不确定性信息（uncertain information）是指那些不能确定真实性的信息。例如，命题：

明天下雨。

如果头痛且发烧，则患了感冒。

所描述的信息和知识就是不确定性的。

对于不确定性信息，只能对其为真的可能性给出某种估计。在通常的语言和文字交流中，用"可能""大概"等副词来表述不确定性信息为真的可能性程度。例如，

明天可能下雨。

如果头痛且发烧，则大概是患了感冒。

需要注意的是，这里所说的不确定性（uncertainty）仅指因事物的随机性或者人们对事物的认识不足而导致的（信息）不确定性，而并非有些文献中所说的那种包括模糊性（即不确切性）以及非专一性、不一致性、不协调性、无知性和时变性等的不确定性，它也不包括不可靠、不稳定、不准确、不完全及含糊性等（在文献[82]中曾将这些性质统称广义不确定性，而将不肯定称为狭义不确定性）。

2. 什么是不确切性信息

这里的不确切性信息（imprecise information）是指那些意思不够明确、不够严格（有

一定弹性)的信息。例如：

小王是个高个子。

这句话所表达的信息就是不确切性信息。因为多高的个子算是"高个子"，并没有一个明确的、严格的、刚性的标准。

其实，造成信息不确切的原因是其中有的词语的含义不确切。例如上面的"高个子"一词的含义就不确切。又如：

小明是个好学生。

张三和李四是好朋友。

如果向左转，则身体就向左稍倾。

这几个命题中的"好学生""好朋友""稍倾"等词语的含义都是不确切的。所以，这几个命题所描述的信息就是不确切的，也即不确切性信息。

需要说明的是，这里的不确切(imprecise，在有些文献中译为不精确)也就是模糊集理论中的模糊(fuzzy)。但模糊技术中并未明确地将含义模糊的信息称为不确切性信息。笔者发现，所谓"模糊"(fuzzy)，本质上更应该是"柔软""灵活""有一定弹性"(flexible)。所以，这种"模糊性"(fuzziness)实际上是一种不确切性(imprecision)。

3. 不确定性与不确切性的区别与联系

从表达方式看，不确切性信息由相关语句直接表达(其不确切性就表现在相关语句中的词语上)，不确定性信息一般不能直接表达，而要借助于一个含有"可能""大概"等词的主-从式复合语句(我们将其称为可能型模态命题)来间接表达。例如，上面的不确定性信息"明天下雨"就是通过"明天可能下雨"亦即"'明天下雨'是可能的"这种模态命题来表达的。

由上所述可以看到：不确定性信息是指那些不能确定真伪的信息，即其所表达的事件或者事物性状、关系或行为是不确定、不肯定的；而不确切性信息则是对事物的性状、关系或行为描述得不够具体、不够严格、不够精确的信息。可见，不确定性和不确切性(或者说确定性和确切性)是两个相互独立的信息属性。于是，基于这两个属性，信息就可以分为确定-确切性信息、不确定-确切性信息、确定-不确切性信息和不确定-不确切性信息四大类。前3类信息的存在是显而易见的。那么，存在第4类即不确定-不确切性信息吗？答案是肯定的。例如，下面的命题：

明天下大雨。

如果头很痛并且发高烧，则患了重感冒。

所表达的就是不确定-不确切性信息。

4. 不确定性信息处理与不确切性信息处理

既然不确定性信息与不确切性信息是两种性质不同的信息，那么，针对不确定性的信息处理即不确定性信息处理(uncertain-information processing)与针对不确切性的信息处理即不确切性信息处理(imprecise-information processing)也就是性质不同的两种信息处理。事实上，不确定性信息处理解决的是信息真(或伪)的可能性问题，不确切性信息处理解决的是信息真（或伪）的强弱性问题。从问题求解的角度看，不确定性信息处理解决可能解的问题，不确定切性信息处理解决近似解的问题。

除了对信息进行常规的各种处理外，在人工智能中，这两种信息处理还有而且主要是推理、计算、归纳、抽象、挖掘、学习、转换等智能性处理，以解决有关预测、诊断、分类、识别、决策、控制、规划等实际问题。可见，这两种信息处理实际上贯穿于人工智能的各个领域。它们对于人工智能的重要性以及在人工智能中的地位是不言而喻的。

最后，需要说明的是，对于不确定性信息处理，人们已经有了相当深入的研究并取得了丰硕的成果。由于有概率和数理统计的支持，不确定性信息处理已形成较为成熟和完善的理论和技术体系。相比之下，不确定切性信息处理还缺乏坚实的理论基础，其技术还不够成熟。尽管自 1965 年 Zadeh 教授提出模糊集合的概念以来，以模糊集理论为基础的模糊技术发展迅速，并在不确定切性信息处理中取得了不少成绩。然而，时至今日，模糊技术中一些重要理论和技术问题仍未得到很好的解决。虽然有不少学者致力于模糊集理论的改进和发展，提出了许多新见解、新理论和新方法。但总体来讲，大家的认识还未统一，所存在问题还未真正得到解决。因此，不确定切性信息处理仍然是一个需要认真研究的重大课题。

对于不确定切信息处理，本书作者自己也做了一些工作。经过多年的潜心钻研，笔者发现，信息的不确定切性源于事物特征量值的连续分布或变化（或者说事物的均匀连锁相似）现象和人脑对此的软聚类处理方式。于是，便以此为依据，并结合日常语言中人脑对不确定切性信息的处理方式，全面探讨不确定切性信息处理的原理和方法，结果得到了一系列有别于模糊技术的新理论和新方法，形成了一个新的不确定切性信息处理理论和技术体系。于是，便明确地提出了不确定切性信息与不确定切性信息处理的概念，并于 2009 年出版了专著《不确切性信息处理原理》（科学出版社），2016 年又推出了该书的第二版 *Principles of Imprecise-Information Processing：A New Theoretical and Technological System* (Springer Nature)。

视频讲解

下面的 8.5 节将简要介绍笔者在不确切性知识的表示及推理方面的一些研究成果和传统的模糊推理技术，以供读者参考、评判和讨论。

8.2　不确定性知识的表示及推理

8.2.1　不确定性知识的表示

对于不确定性知识（uncertain knowledge），其表示的关键是如何描述不确定性。一般的做法是用**信度**（believability）来量化不确定性。一个命题的信度是指该命题为真的可信程度。例如：

（这场球赛甲队取胜，0.9）

这里的 0.9 就是命题"这场球赛甲队取胜"的信度。它表示"这场球赛甲队取胜"这个命题为真（即该命题所描述的事件发生）的可能性程度是 0.9。

一般地，设 $c(S)$ 为命题 S 的信度。这样，二元组 $(S, c(S))$ 就可以作为不确定性命题的一种表示形式。进而将不确定性产生式规则 $A \rightarrow B$ 表示为：

$$(A \rightarrow B, c(A \rightarrow B)) \tag{8-1}$$

或

$$A \rightarrow (B, c(B \mid A)) \qquad (8\text{-}2)$$

其中,$c(B \mid A)$表示规则的结论B在前提A为真的情况下为真的信度。例如,对上节中给出的不确定性条件命题,若采用式(8-2),则可表示为:

如果头痛且发烧,则患了感冒(0.8)。

这里的0.8就是对应规则结论的信度。它们代替了原命题中的"可能"。

信度一般是基于概率的一种度量,或者直接以概率作为信度。例如,著名的专家系统 MYCIN 中的信度就是基于概率而定义的(详见 8.3.1 节确定性理论),而在贝叶斯网络中就是直接以概率作为信度的。对于上面的式(8-2),要直接以概率作为信度则取 $c(B \mid A) = P(B \mid A)$即可。

8.2.2　不确定性推理

基于不确定性知识的推理一般称为不确定性推理(uncertain reasoning)。如果用信度来量化前提的不确定性,则推理的结果仍然应含有信度。这就是说,在不确定性推理时,除了要进行符号推演操作外,还要进行信度计算。不确定性推理的一般模式可简单地表示为

不确定性推理 = 符号推演 + 信度计算

可以看出,不确定性推理与通常的确定性推理相比,区别在于多了一个信度计算过程。然而,正是因为含有信度及其计算,所以不确定性推理与通常的确定性推理就存在以下显著差别:

(1) 不确定性推理中规则的前件能否与证据事实匹配成功,不但要求两者的符号模式能够匹配(合一),而且要求证据事实所含的信度必须达到一定的阈值。

(2) 不确定性推理中一个规则的触发,不仅要求其前提能匹配成功,而且前提条件的总信度至少得达到阈值。

(3) 不确定性推理中所得的结论是否有效,也取决于其信度是否达到阈值。

(4) 不确定性推理还要求有一套关于信度的计算方法,包括"与"关系的信度计算、"或"关系的信度计算、"非"关系的信度计算和推理结果信度的计算等。这些计算也就是在推理过程中要反复进行的数值计算。

总之,不确定性推理要涉及信度、阈值以及信度的各种计算和传播方法的定义和选取。有了这些,就构成了所谓的**不确定性推理模型**。

20 世纪 70 年代,专家系统的建造引发和刺激了关于不确定性推理的研究,人们相继提出了许多不确定性推理模型。其中有传统的概率推理、有别于纯概率推理的信度推理和基于贝叶斯网络的不确定性推理等。

概率推理就是直接以概率作为不确定性度量,并基于概率论中的贝叶斯公式而进行规则结论的后验概率计算的推理方法。最初,人们对这一方法充满希望,但是很快发现这种方法无法大规模发展,因为在全联合概率分布中所需的概率数目呈指数级增长。大约从 1975 年到 1988 年,人们对概率方法失去了兴趣。于是,各种各样的不确定性推理模型作为替代方法应运而生。

其中比较著名和典型的有确定性理论(或确定因素方法)、主观贝叶斯方法和证据理论等。这些不确定性推理模型都有一定的特色和很好的应用实例。特别是证据理论,曾认为是最有前途、能与传统概率推理竞争的一种不确定性推理模型。但实践证明,这些经典的不确定性推理模型也都有其局限和缺点,比如缺乏坚实的数学基础。

20世纪80年代中期以后,出现了称为贝叶斯网络(Bayesian network)的不确定性知识表示及其推理的新方法。贝叶斯网络为人们提供了一种方便的框架结构来表示因果关系,这使得不确定性知识在逻辑上变得更为清晰,可理解性更强。贝叶斯网络是一种表示因果关系的概率网络,基于贝叶斯网络的推理是一种基于概率的不确定性推理。贝叶斯网络的出现,使概率推理再度兴起。事实上,自从1988年被Pearl提出后,贝叶斯网络便成为不确定性推理领域的研究热点和主流技术,已在专家系统、故障诊断、医疗诊断、工业控制、统计决策等许多领域得到了广泛应用。例如,在Microsoft Windows中的诊断修理模块和Microsoft Office中的办公助手都使用了贝叶斯网络。

8.3　几种经典的不确定性推理模型 *

8.3.1　确定性理论

确定性理论(theory of confirmation),亦称确定性因子模型(certainty factors model)是肖特里菲(E. H. Shortliffe)在1975年提出的,曾在专家系统MYCIN中得到了应用,是一种用于随机不确定性的推理模型。

1. 不确定性度量

采用CF(Certainty Factor),即确定性因子(一般称为可信度)作为不确定性度量,其定义为

$$CF(H,E)=\begin{cases}\dfrac{P(H\mid E)-P(H)}{1-P(H)}, & P(H\mid E)>P(H)\\ 0, & P(H\mid E)=P(H)\\ \dfrac{P(H\mid E)-P(H)}{P(H)}, & P(H\mid E)<P(H)\end{cases} \tag{8-3}$$

其中,E表示规则的前提,H为规则的结论,$P(H)$是H的先验概率,$P(H|E)$是E为真时H为真的条件概率。

由定义可以求得CF的取值范围为$[-1,1]$。当CF=1时,表示H肯定真;当CF=-1时,表示H肯定假;当CF=0时,则E与H无关。

2. 前提证据事实总CF值计算

$$CF(E_1\wedge E_2\wedge\cdots\wedge E_n)=\min\{CF(E_1),CF(E_2),\cdots,CF(E_n)\} \tag{8-4}$$

$$CF(E_1\vee E_2\vee\cdots\vee E_n)=\max\{CF(E_1),CF(E_2),\cdots,CF(E_n)\} \tag{8-5}$$

其中,$E_1,E_2,\cdots,E_n$是与规则前提各条件匹配的事实。

3. 推理结论 CF 值计算

$$CF(H) = CF(H,E) \cdot \max\{0, CF(E)\} \tag{8-6}$$

其中,E 是与规则前提对应的事实,$CF(H,E)$是规则中结论的可信度,即规则强度。

4. 重复结论的 CF 值计算

若同一结论 H 分别被不同的两条规则推出,得到可信度 $CF(H)_1$ 和 $CF(H)_2$,则最终的 $CF(H)$ 为

$CF(H) =$

$$CF(H)_1+CF(H)_2-CF(H)_1 \cdot CF(H)_2, \quad CF(H)_1 \geqslant 0 \text{ 且 } CF(H)_2 \geqslant 0 \tag{8-7}$$
$$CF(H)_1+CF(H)_2+CF(H)_1 \cdot CF(H)_2, \quad CF(H)_1 < 0 \text{ 且 } CF(H)_2 < 0 \tag{8-8}$$
$$CF(H)_1+CF(H)_2, \quad \text{否则} \tag{8-9}$$

例 8-1　设有如下一组产生式规则和证据事实,试用确定性理论求出由每一个规则推出的结论及其可信度。

规则:

① If A Then B (0.9)

② If B and C Then D (0.8)

③ If A and C Then D (0.7)

④ If B or D Then E (0.6)

事实:

$$A, CF(A) = 0.8; C, CF(C) = 0.9$$

解

由规则①得:$CF(B) = 0.9 \times 0.8 = 0.72$

由规则②得:$CF(D)_1 = 0.8 \times \min\{0.72, 0.9\} = 0.8 \times 0.72 = 0.576$

由规则③得:$CF(D)_2 = 0.7 \times \min\{0.8, 0.9\} = 0.7 \times 0.8 = 0.56$

从而

$$CF(D) = CF(D)_1 + CF(D)_2 - CF(D)_1 \times CF(D)_2$$
$$= 0.576 + 0.56 - 0.576 \times 0.56$$
$$= 0.813\,44$$

由规则④得:$CF(E) = 0.6 \times \max\{0.72, 0.813\,44\} = 0.6 \times 0.813\,44 = 0.488\,064$

8.3.2　主观贝叶斯方法

主观贝叶斯方法(subjective bayesian approach)是 R. O. Duda 等人于 1976 年提出的一种不确定性推理模型,并成功地应用于地质勘探专家系统 PROSPECTOR。主观贝叶斯方法是以概率统计理论为基础,将贝叶斯(Bayesian)公式与专家及用户的主观经验相结合而建立的一种不确定性推理模型。

1. 不确定性度量

主观贝叶斯方法的不确定性度量为概率 $P(x)$，另外还有 3 个辅助度量： LS、LN 和 $O(x)$，分别称充分似然性因子、必要似然性因子和几率函数。

在 PROSPECTOR 中，规则一般表示为

$$\text{If } E \text{ Then(LS,LN)} \quad H(P(H)) \tag{8-10}$$

或者

$$E \xrightarrow{\text{(LS,LN)}} H(P(H))$$

其中，E 为前提（称为证据），H 为结论（称为假设），$P(H)$ 是 H 为真的先验概率，LS 和 LN 分别为充分似然性因子和必要似然性因子，其定义为

$$\text{LS} = \frac{P(E \mid H)}{P(E \mid \neg H)} \tag{8-11}$$

$$\text{LN} = \frac{P(\neg E \mid H)}{P(\neg E \mid \neg H)} \tag{8-12}$$

前者刻画 E 为真时对 H 的影响程度，后者刻画 E 为假时对 H 的影响程度。另外，几率函数 $O(x)$ 的定义为

$$O(x) = \frac{P(x)}{P(\neg x)} = \frac{P(x)}{1 - P(x)} \tag{8-13}$$

它反映了一个命题为真的概率，其值是命题为真的概率[或假设的似然性（likelihood）]与其否定命题为真的概率之比，取值范围为 $[0, +\infty]$。

下面介绍 LS、LN 的来历并讨论其取值范围和意义。

由概率论中的贝叶斯公式

$$P(H \mid E) = \frac{P(H)P(E \mid H)}{P(E)}$$

有

$$P(\neg H \mid E) = \frac{P(\neg H)P(E \mid \neg H)}{P(E)}$$

两式相除得

$$\frac{P(H \mid E)}{P(\neg H \mid E)} = \frac{P(H)P(E \mid H)}{P(\neg H)P(E \mid \neg H)}$$

即

$$\frac{P(H \mid E)}{P(\neg H \mid E)} = \frac{P(H)}{P(\neg H)} \cdot \text{LS}$$

也即

$$O(H \mid E) = O(H) \cdot \text{LS}$$

从而得

$$\text{LS} = \frac{O(H \mid E)}{O(H)}$$

由此式不难看出，

LS > 1 当且仅当 $O(H \mid E) > O(H)$，说明 E 以某种程度支持 H；

LS<1 当且仅当 $O(H \mid E) < O(H)$,说明 E 在某种程度上不支持 H;

LS=1 当且仅当 $O(H \mid E) = O(H)$,说明 E 对 H 无影响。

将上面的贝叶斯公式中的 E 换为 $\neg E$,用类似的过程即可得到

$$O(H \mid \neg E) = O(H) \cdot LN$$

进而得

$$LN = \frac{O(H \mid \neg E)}{O(H)}$$

由此式不难看出,

LN>1 当且仅当 $O(H \mid \neg E) > O(H)$,说明 $\neg E$ 以某种程度支持 H;

LN<1 当且仅当 $O(H \mid \neg E) < O(H)$,说明 $\neg E$ 在某种程度上不支持 H;

LN=1 当且仅当 $O(H \mid \neg E) = O(H)$,说明 $\neg E$ 对 H 无影响。

因为一个证据 E 及其否定 $\neg E$ 不可能同时既支持又反对一个假设 H,因此任一条规则 $E \rightarrow H$ 的 LS、LN 只能是下列情况中的一种:

(1) LS>1 且   LN<1。

(2) LS<1 且   LN>1。

(3) LS=LN=1。

需说明的是,在概率论中,一个事件的概率是在统计数据的基础上计算出来的,这通常需要大量的统计工作。为了节省统计工作量,在主观贝叶斯方法中,一个命题的概率可由领域专家根据经验直接给出,这种概率称为主观概率。推理网络中每个陈述 H 的先验概率 $P(H)$ 都是由专家直接给出的主观概率。同时,推理网络中每条规则的 LS、LN 也需由专家指定。这就是说,虽然前面已有 LS、LN 的计算公式,但实际上领域专家并不一定真按公式计算规则的 LS、LN,而是凭经验给出。所以,领域专家根据经验所提供的 LS、LN 通常不满足这一理论上的限制,它们常常在承认 E 支持 H(即 LS>1)的同时却否认 E 反对 H(即 LN<1)。例如 PROSPECTOR 中有规则:

$$CVR \xrightarrow{(800,1)} FLE$$

说明专家认为:当 CVR 为真时,它支持 FLE 为真;当 CVR 为假时,FLE 的成立与否与 CVR 无关。而按理论限制应有 LS=800>1 时,LN<1。这种主观概率与理论值不一致的情况被称为主观概率不一致。当出现这种情况时,并不是要求专家修改他提供的 LS、LN,使之与理论模型一致(这样做通常比较困难),而是使似然推理模型符合专家的意愿。

2. 推理中后验概率的计算

推理中后验概率的计算有以下几个公式

$$P(H \mid E) = \frac{LS \cdot P(H)}{1 + P(H)(LS-1)} \tag{8-14}$$

这是当证据 E 肯定存在即为真时,求假设 H 的后验概率的计算公式;其中的 LS 和 $P(H)$ 由专家主观给出。

$$P(H \mid \neg E) = \frac{LN \cdot P(H)}{1 + P(H)(LN-1)} \tag{8-15}$$

这是当证据 E 肯定不存在即为假时，求假设 H 的后验概率的计算公式；其中的 LN 和 $P(H)$ 由专家主观给出。

由上面介绍的 LS、LN 的来历，有

$$\frac{P(H \mid E)}{P(\neg H \mid E)} = \frac{P(H)}{P(\neg H)} \cdot LS$$

由此式可推得式(8-14)。类似地也可得到公式(8-15)。

$$P(H \mid S) = \begin{cases} P(H \mid \neg E) + \dfrac{P(H) - P(H \mid \neg E)}{P(E)} P(E \mid S), & 0 \leqslant P(E \mid S) \leqslant P(E) \\ P(H) + \dfrac{P(H \mid E) - P(H)}{1 - P(E)} [P(E \mid S) - P(E)], & P(E) < P(E \mid S) \leqslant 1 \end{cases}$$

$$(8\text{-}16)$$

这是当证据 E 自身也不确定时，求假设 H 的后验概率的计算公式；其中的 S 为与 E 有关的观察，即能够影响 E 的事件。

式(8-16)是一个线性插值函数，其中 $P(H \mid \neg E)$、$P(H \mid E)$、$P(E)$、$P(H)$ 为公式中的已知值（前两个由式(8-14)、式(8-15)计算而得，后两个由专家直接给出）；$P(E \mid S)$ 为公式中的变量（其值由用户给出或由前一个规则 $S \to E$ 求得）。这个插值函数的几何解释如图 8-1 所示。

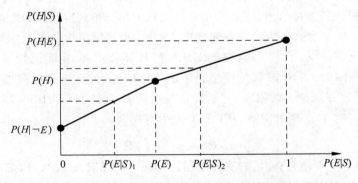

图 8-1 线性插值函数的几何解释

由式(8-16)和图 8-1 可以看出，当证据 E 自身也不确定时，假设 H 的后验概率是通过已知的 $P(H \mid \neg E)$、$P(H \mid E)$、$P(E)$、$P(H)$ 和用户给出的概率 $P(E \mid S)$ 或前一个规则 $S \to E$ 的中间结果而计算的。这也就是把原来的后验概率 $P(H \mid E)$ 用后验概率 $P(H \mid S)$ 来代替了。这相当于把 S 对 E 的影响沿规则的弧传给了 H。

公式(8-16)是这样得来的：

原来，Duda 等人证明了在某种合理的假定下，$P(H \mid S)$ 是 $P(E \mid S)$ 的线性函数，并且满足：

$$P(H \mid S) = \begin{cases} P(H \mid E), & P(H \mid S) = 1 \\ P(H \mid \neg E), & P(H \mid S) = 0 \\ P(H), & P(H \mid S) = P(E) \end{cases}$$

但由于 $P(E)$、$P(H)$ 都是专家给出的主观概率,它们常常是不一致的,所以当 $P(E|S)=P(E)$ 时,按线性函数计算出的理论值 $P(H|S)=P_C(H)$ 通常并不是专家给出的先验概率 $P(H)$。当 $P(E)<P(E|S)<P_C(E)$ 时,按专家的意图应有 $P(H|S)>P(H)$,但按线性函数计算却是 $P(H|S)<P(H)$,这与专家本意相矛盾。为了解决这一问题,就采用了上述分段线性插值函数计算 $P(H|S)$。

3. 多证据的总概率合成

对于多条件前提的规则,应用式(8-14)、式(8-15)、式(8-16)求结论的后验概率时,先要计算与其前提中对应证据事实的总概率。假设已知 $P(E_1|S)$,$P(E_2|S)$,$\cdots$,$P(E_n|S)$,并且诸 E_i 是相互独立的,则由概率的加法公式和乘法公式应有

$$P(E_1 \vee E_2 \vee \cdots \vee E_n \mid S) = \sum_{i=1}^{n} P(E_i \mid S) \tag{8-17}$$

$$P(E_1 \wedge E_2 \wedge \cdots \wedge E_n \mid S) = \prod_{i=1}^{n} P(E_i \mid S) \tag{8-18}$$

但前提中各条件 E_i 之间通常不满足独立要求,因此用这两个公式计算出的后验概率往往偏高或偏低。所以,主观贝叶斯方法中采用了如下公式

$$P(E_1 \vee E_2 \vee \cdots \vee E_n \mid S) = \max_i P(E_i \mid S) \tag{8-19}$$

$$P(E_1 \wedge E_2 \wedge \cdots \wedge E_n \mid S) = \min_i P(E_i \mid S) \tag{8-20}$$

另外,根据全概率公式有

$$P(\neg E \mid S) = 1 - P(E \mid S) \tag{8-21}$$

这样,通过式(8-19)、式(8-20)、式(8-21),就可以计算由 $\neg$、$\wedge$、$\vee$ 任意连接起来的组合证据的后验概率。

4. 相同结论的后验概率合成

设推理网络中有多条以 H 为结论的规则:

$$E_1 \xrightarrow{(\mathrm{LS}_1, \mathrm{LN}_1)} H, E_2 \xrightarrow{(\mathrm{LS}_2, \mathrm{LN}_2)} H, \cdots, E_n \xrightarrow{(\mathrm{LS}_n, \mathrm{LN}_n)} H$$

如果有证据 E_1,E_2,$\cdots$,E_n 相互独立,它们的观察依次为 S_1,S_2,$\cdots$,S_n,则这种情况下 H 的后验概率可视为在 E_1,E_2,$\cdots$,E_n 的综合作用下的后验概率。其求法是先用式(8-14)、式(8-15)、式(8-16)分别求出在单个证据 E_i 的作用下 H 的后验概率 $P(H|S_i)$($1 \leqslant i \leqslant n$),再利用式(8-13)把概率 $P(H)$ 和 $P(H|S_i)$ 转换为几率 $O(H)$ 和 $O(H|S_i)$,或者直接运用公式

$$O(H \mid E) = O(H) \cdot \mathrm{LS} \tag{8-22}$$

$$O(H \mid \neg E) = O(H) \cdot \mathrm{LN} \tag{8-23}$$

得到几率 $O(H|S_i)$,然后用下面的公式来计算 H 的综合后验几率 $O(H|S_1 \wedge S_2 \wedge \cdots \wedge S_n)$,

$$O(H \mid S_1 \wedge S_2 \wedge \cdots \wedge S_n) = \frac{O(H \mid S_1)}{O(H)} \cdot \frac{O(H \mid S_2)}{O(H)} \cdot \cdots \cdot \frac{O(H \mid S_n)}{O(H)} \cdot O(H)$$

$$\tag{8-24}$$

最后再用公式

$$P(x) = \frac{O(x)}{1+O(x)} \tag{8-25}$$

将 $O(H|S_1 \wedge S_2 \wedge \cdots \wedge S_n)$ 转换为后验概率 $P(H|S_1 \wedge S_2 \wedge \cdots \wedge S_n)$。

5. 推理举例

例 8-2　设有规则 If E_1 Then$(100,0.01)$ $H_1(P(H_1)=0.6)$，并已知证据 E_1 肯定存在，求 H_1 的后验概率 $P(H_1|E_1)$。

解　由于证据 E_1 肯定存在，因此可用式(8-14)计算 $P(H_1|E_1)$。于是有

$$P(H_1|E_1) = \frac{\text{LS} \cdot P(H_1)}{1+P(H_1)(\text{LS}-1)} = \frac{100 \times 0.6}{1+0.6 \times (100-1)} \approx 0.99$$

例 8-3　设有规则 If E_1 Then $(100,0.01)$ $H_1(P(H_1)=0.6)$，并已知证据 E_1 肯定不存在，求 H_1 的后验概率 $P(H_1|\neg E_1)$。

解　由于证据 E_1 肯定不存在，因此可用式(8-15)计算 $P(H_1|\neg E_1)$。于是有

$$P(H_1|\neg E_1) = \frac{\text{LN} \cdot P(H_1)}{1+P(H_1)(\text{LN}-1)} = \frac{0.01 \times 0.6}{1+0.6 \times (0.01-1)} \approx 0.0148$$

例 8-4　设有规则 If E_1 Then $(100,0.01)$ $H_1(P(H_1)=0.6)$，并已知证据 E_1 不确定，但 $P(E_1|S_1)=0.7$，S_1 为影响 E_1 的观察或条件，而 E_1 的先验概率 $P(E_1)=0.5$，求 H_1 的后验概率 $P(H_1|E_1)$。

解　由于证据 E_1 不确定，因此要用插值公式式(8-16)计算 $P(H_1|E_1)$。又由于

$$P(E_1|S_1) = 0.7 > P(E_1) = 0.5$$

所以应采用公式

$$P(H|S) = P(H) + \frac{P(H|E)-P(H)}{1-P(E)}[P(E|S)-P(E)]$$

即

$$P(H_1|S_1) = P(H_1) + \frac{P(H_1|E_1)-P(H_1)}{1-P(E_1)}[P(E_1|S_1)-P(E_1)]$$

其中 $P(H_1)$、$P(E_1)$ 已知，还需要计算 E_1 肯定存在的情况下的 $P(H_1|E_1)$，可直接采用例 8-2 的结果，于是有

$$P(H_1|E_1) = P(H_1|S_1) = 0.6 + \frac{0.99-0.6}{1-0.5} \times [0.99-0.5] = 0.9822$$

例 8-5　设有规则

$$R_1: \text{If } E_1 \text{ Then } (200,0.02) \ H$$
$$R_2: \text{If } E_2 \text{ Then } (300,1) \ H$$

已知证据 E_1 和 E_2 必然发生，并且 $P(H)=0.04$，求 H 的后验概率 $P(H|E_1E_2)$。

解　由 $P(H)=0.04$，有

$$O(H) = 0.04/(1-0.04) \approx 0.04$$

由 R_1 有

$$O(H \mid E_1) = \mathrm{LS}_1 \times O(H) = 200 \times 0.04 = 8$$

由 R_2 有

$$O(H \mid E_2) = \mathrm{LS}_2 \times O(H) = 300 \times 0.04 = 12$$

于是

$$O(H \mid E_1 E_2) = \frac{O(H \mid E_1)}{O(H)} \cdot \frac{O(H \mid E_2)}{O(H)} \cdot O(H)$$

$$= \frac{8}{0.04} \times \frac{12}{0.04} \times 0.04 = 2400$$

从而

$$P(H \mid E_1 E_2) = \frac{2400}{1 + 2400} = 0.999\,583\,5$$

8.3.3　证据理论

证据理论(evidence theory)又称 Dempster-Shafer 理论或信任函数理论。证据理论是经典概率论的一种扩充形式。它产生于 20 世纪 60 年代。在其原始的表达式中，Dempster 把证据的信任函数与概率的上下值相联系，从而提供了一个构造不确定推理模型的一般框架。20 世纪 70 年代中期，Shafer 对 Dempster 的理论进行了扩充，在此基础上形成了处理不确定信息的证据理论。

1. 基本概念

1) 识别框架

识别框架就是所考察判断的事物或对象的集合，记为 Ω。例如下面的集合都是识别框架：

$$\Omega_1 = \{\text{晴天},\text{多云},\text{刮风},\text{下雨}\}$$

$$\Omega_2 = \{\text{感冒},\text{支气管炎},\text{鼻炎}\}$$

$$\Omega_3 = \{\text{红},\text{黄},\text{蓝}\}$$

$$\Omega_4 = \{80, 90, 100\}$$

识别框架的子集就构成求解问题的各种解答。这些子集也都可以表示为命题。证据理论就是通过定义在这些子集上的几种信度函数，来计算识别框架中诸子集为真的可信度。例如，在医疗诊断中，病人的所有可能的疾病集合构成识别框架，证据理论就从该病人的种种症状出发，计算病人患某类疾病(含多种病症并发)的可信程度。

2) 基本概率分配函数

定义 8-1　给定识别框架 Ω，$A \in 2^{\Omega}$，称 $m(A): 2^{\Omega} \to [0,1]$ 是 2^{Ω} 上的一个基本概率分配函数(function of basic probability assignment)，若它满足：

(1) $m(\varnothing) = 0$；

(2) $\sum\limits_{A \subseteq \Omega} m(A) = 1$。

例 8-6 设 $\Omega = \{a, b, c\}$，其基本概率分配函数为

$$m(\{a\}) = 0.4$$
$$m(\{a, b\}) = 0$$
$$m(\{a, c\}) = 0.4$$
$$m(\{a, b, c\}) = 0.2$$
$$m(\{b\}) = 0$$
$$m(\{b, c\}) = 0$$
$$m(\{c\}) = 0$$

可以看出，基本概率分配函数之值并非概率。如

$$m(\{a\}) + m(\{b\}) + m(\{c\}) = 0.4 \neq 1$$

基本概率分配函数值一般由专家主观给出，一般是某种可信度。所以，概率分配函数也被称为可信度分配函数。

3）信任函数

定义 8-2 给定识别框架 $\Omega, \forall A \in 2^{\Omega}$，

$$\text{Bel}(A) = \sum_{B \subseteq A} m(B) \tag{8-26}$$

称为 2^{Ω} 上的信任函数(function of belief)。

信任函数表示对 A 为真的信任程度。所以，它就是证据理论的信度函数。信任函数也称为下限函数。

可以证明，信任函数有如下性质：

(1) $\text{Bel}(\varnothing) = 0, \text{Bel}(\Omega) = 1$，且对于 2^{Ω} 中的任意元素 A，有 $0 \leqslant \text{Bel}(A) \leqslant 1$。

(2) 信任函数为递增函数。即若 $A_1 \subseteq A_2 \subseteq \Omega$，则 $\text{Bel}(A_1) \leqslant \text{Bel}(A_2)$。

(3) $\text{Bel}(A) + \text{Bel}(A') \leqslant 1$ （A' 为 A 的补集）

例 8-7 由例 8-6 可知

$$\text{Bel}(\{a, b\}) = m(\{a\}) + m(\{b\}) + m(\{a, b\}) = 0.4 + 0 + 0 = 0.4$$

4）似真函数

定义 8-3 $\text{Pl}(A) = 1 - \text{Bel}(A')$（$A \in 2^{\Omega}, A'$ 为 A 的补集）称为 A 的似真函数 (plausible function)，函数值称为似真度。

似真函数又称为上限函数，它表示对 A 非假的信任程度。

例 8-8 由例 8-6 和例 8-7 可知

$$\text{Pl}(\{a, b\}) = 1 - \text{Bel}(\{a, b\}') = 1 - (\{c\}) = 1 - 0 = 1$$

5）信任区间

定义 8-4 设 $\text{Bel}(A)$ 和 $\text{Pl}(A)$ 分别表示 A 的信任度和似真度，称二元组

$$[\text{Bel}(A), \text{Pl}(A)]$$

为 A 的一个信任区间。

信任区间刻画了对 A 所持信任程度的上下限。如：

(1) $[1,1]$ 表示 A 为真（$\text{Bel}(A)=\text{Pl}(A)=1$）。

(2) $[0,0]$ 表示 A 为假（$\text{Bel}(A)=\text{Pl}(A)=0$）。

(3) $[0,1]$ 表示对 A 完全无知。因为 $\text{Bel}(A)=0$，说明对 A 不信任；而 $\text{Bel}(A')=1-\text{Pl}(A)=0$，说明对 A' 也不信任。

(4) $[1/2,1/2]$ 表示 A 是否为真是完全不确定的。

(5) $[0.25,0.85]$ 表示对 A 为真信任的程度为 0.25；由 $\text{Bel}(A)=1-0.85=0.15$ 表示对 A' 也有一定程度的信任。

由上面的讨论可知，$\text{Pl}(A)-\text{Bel}(A)$ 表示对 A 不知道的程度，即既非对 A 信任又非不信任的那部分。

似真函数 Pl 具有下述性质：

(1) $\text{Pl}(A)=\sum\limits_{A\cap B\neq\varnothing}m(B)$；

(2) $\text{Pl}(A)+\text{Pl}(A')\geqslant1$；

(3) $\text{Pl}(A)\geqslant\text{Bel}(A)$。

这里，性质(1)指出似真函数也可以由基本概率分配函数构造，性质(2)指出 A 的似真度与 A' 的似真度之和不小于 1，性质(3)指出 A 的似真度一定不小于 A 的信任度。

6）Dempster 组合规则

(1) 基本的组合规则。

设 $m_1(A)$ 和 $m_2(A)(A\in2^\Omega)$ 是识别框架 Ω 基于不同证据的两个基本概率分配函数，则将二者可按下面的 Dempster 组合规则合并：

$$m(A)=\sum\limits_{B\cap C=A}m_1(B)m_2(C) \tag{8-27}$$

该表达式一般称为 m_1 与 m_2 的正交和，并记为 $m=m_1\oplus m_2$。不难证明，组合后的 $m(A)$ 满足

$$\sum\limits_{A\subseteq\Omega}m(A)=1 \tag{8-28}$$

例 8-9　设识别框架 $\Omega=\{a,b,c\}$，若基于两组不同证据而导出的基本概率分配函数分别为：

$$m_1(\{a\})=0.4$$
$$m_1(\{a,c\})=0.4$$
$$m_1(\{a,b,c\})=0.2$$
$$m_2(\{a\})=0.6$$
$$m_2(\{a,b,c\})=0.4$$

将 m_1 和 m_2 合并

$$m(\{a\}) = \sum_{B \cap C = \{a\}} m_1(B)m_2(C)$$

$$= m_1(\{a\})m_2(\{a\}) + m_1(\{a\})m_2(\{a,b,c\}) + m_1(\{a,c\})m_2(\{a\}) +$$

$$m_1(\{a,b,c\})m_2(\{a\}) = 0.76$$

$$m(\{a,c\}) = m_1(\{a,c\})m_2(\{a,b,c\}) = 0.16$$

$$m(\{a,b,c\}) = m_1(\{a,b,c\})m_2(\{a,b,c\}) = 0.08$$

(2) 含冲突修正的组合规则。

上述组合规则在某些情况下会有问题。考察两个不同的基本概率分配函数 m_1 和 m_2，若存在集合 B、C，$B \cap C = \varnothing$，且 $m_1(A) > 0$，$m_2(B) > 0$，这时使用 Dempster 组合规则将导出

$$m(\varnothing) = \sum_{B' \cap C' = \varnothing} m_1(B')m_2(C') \geqslant m_1(B)m_2(C) > 0$$

这与概率分配函数的定义冲突。这时，需将 Dempster 组合规则进行如下修正

$$m(A) = \begin{cases} 0, & A = \varnothing \\ K \sum_{B \cap C = A} m_1(B)m_2(C), & A \neq \varnothing \end{cases}$$

其中，K 为规范数，且 $K = \left(1 - \sum_{B \cap C = \varnothing} m_1(B)m_2(C)\right)^{-1}$。

规范数 K 的引入，实际上是把空集所丢弃的正交和按比例地补到非空集上，使 $m(A)$ 仍然满足

$$\sum_{A \subseteq \Omega} m(A) = 1$$

如果所有交集均为空集，则出现 $K = \infty$，显然，Dempster 组合规则在这种情况下将失去意义。

组合规则可推广到多个不同的基本概率分配函数的情形。

2. 基于证据理论的不确定性推理

基于证据理论的不确定性推理，大体可分为以下步骤：

(1) 建立问题的识别框架 Ω；

(2) 给幂集 2^{Ω} 定义基本概率分配函数；

(3) 计算所关心的子集 $A \in 2^{\Omega}$（即 Ω 的子集）的信任函数值 Bel(A) 和似真函数值 Pl(A)；

(4) 由 Bel(A) 和 Pl(A) 得出结论。

其中(2)的基本概率分配函数可由经验给出，或者由随机性规则和事实的信度度量计算求得。

下面通过实例再做详细说明。

例 8-10 设有规则（括号中的数字表示规则前提对结论的支持程度）：

(1) 如果流鼻涕则感冒但非过敏性鼻炎(0.9)或过敏性鼻炎但非感冒(0.1)。

(2) 如果眼发炎则感冒但非过敏性鼻炎(0.8)或过敏性鼻炎但非感冒(0.05)。

又有事实（括号中的数字表示事实的可信程度）：

（1）小王流鼻涕（0.9）。

（2）小王眼发炎（0.4）。

问：小王患什么病？

我们用证据理论求解这一医疗诊断问题。

首先，取识别框架：

$$\Omega = \{h_1, h_2, h_3\}$$

其中，h_1 表示"感冒但非过敏性鼻炎"，h_2 表示"过敏性鼻炎但非感冒"，h_3 表示"同时得了两种病"。

再取下面的基本概率分配函数：

$$m_1(\{h_1\}) = \text{规则前提事实可信度} \times \text{规则结论可信度}$$
$$= 0.9 \times 0.9$$
$$= 0.81$$
$$m_1(\{h_2\}) = 0.9 \times 0.1$$
$$= 0.09$$
$$m_1(\{h_1, h_2, h_3\}) = 1 - m_1(\{h_1\}) - m_1(\{h_2\}) = 1 - 0.81 - 0.09 = 0.1$$
$$m_1(A) = 0 (A \text{ 为 } \Omega \text{ 的其他子集})$$
$$m_2(\{h_1\}) = 0.4 \times 0.8$$
$$= 0.32$$
$$m_2(\{h_2\}) = 0.4 \times 0.05$$
$$= 0.02$$
$$m_2(\{h_1, h_2, h_3\}) = 1 - m_2(\{h_1\}) - m_2(\{h_2\}) = 1 - 0.32 - 0.02 = 0.66$$
$$m_2(A) = 0 (A \text{ 为 } \Omega \text{ 的其他子集})$$

将两个概率分配函数合并

$$K = 1/\{1 - [m_1(\{h_1\})m_2(\{h_2\}) + m_1(\{h_2\})m_2(\{h_1\})]\}$$
$$= 1/\{1 - [0.81 \times 0.02 + 0.09 \times 0.32]\}$$
$$= 1/\{1 - 0.045\}$$
$$= 1/0.955$$
$$= 1.05$$
$$m(\{h_1\}) = K[m_1(\{h_1\})m_2(\{h_1\}) + m_1(\{h_1\})m_2(\{h_1, h_2, h_3\}) + m_1(\{h_1, h_2, h_3\})m_2(\{h_1\})]$$
$$= 1.05 \times 0.8258$$
$$= 0.87$$
$$m(\{h_2\}) = K[m_1(\{h_2\})m_2(\{h_2\}) + m_1(\{h_2\})m_2(\{h_1, h_2, h_3\}) + m_1(\{h_1, h_2, h_3\})m_2(\{h_2\})]$$
$$= 1.05 \times 0.0632$$
$$= 0.066$$
$$m(\{h_1, h_2, h_3\}) = 1 - m(\{h_1\}) - m(\{h_2\})$$
$$= 1 - 0.87 - 0.066$$
$$= 0.064$$

由信任函数求信任度

$$Bel(\{h_1\}) = m(\{h_1\}) = 0.87$$

$$Bel(\{h_2\}) = m(\{h_2\}) = 0.066$$

由似真函数求似真度

$$Pl(\{h_1\}) = 1 - Bel(\{h_1\}') = 1 - Bel(\{h_2, h_3\})$$
$$= 1 - [m(\{h_2\}) + m(\{h_3\})]$$
$$= 1 - [0.066 + 0] = 0.934$$
$$Pl(\{h_2\}) = 1 - Bel(\{h_2\}') = 1 - Bel(\{h_1, h_3\})$$
$$= 1 - [m(\{h_1\}) + m(\{h_3\})]$$
$$= 1 - [0.87 + 0] = 0.13$$

于是,最后得到:

"感冒但非过敏性鼻炎"为真的信任度为 0.87,非假的信任度为 0.934;

"过敏性鼻炎但非感冒"为真的信任度为 0.066,非假的信任度为 0.13。

由此看来,该患者是感冒了。

证据理论是被推崇的处理随机性不确定性的好方法,受到人工智能特别是专家系统领域的广泛重视,并且已为许多专家系统所采用。如著名人工智能学者、美国普渡大学教授博京孙设计的结构损伤估计系统 SPERIL-I 便是用证据理论实现的。当然,证据理论并非十全十美。因此,人们仍然对它作进一步的理论探讨和应用推广。如 J. Gordan 和 Shortliffe 将证据理论引入到 MYCIN 系统的工作中,并在层次化假设空间的基础上对证据理论作了重要的简化。

8.4　基于贝叶斯网络的概率推理

8.4.1　什么是贝叶斯网络

贝叶斯网络是一种以随机变量为节点,以条件概率为节点间关系强度的有向无环图(directed acyclic graph)。具体来讲,贝叶斯网络的拓扑结构为一个不含回路的有向图,图中的节点表示随机变量,有向边描述了相关节点或变量之间的某种依赖关系,而且每个节点附一个条件概率表(condition probability table,CPT),以刻画相关节点对该节点的影响,条件概率可视为节点之间的关系强度。有向边的发出端节点称为**因节点**(或父节点),指向端节点称为**果节点**(或子节点)。

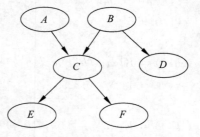

图 8-2　贝叶斯网络示意图

例如,图 8-2 就是一个贝叶斯网络。其中 A、B、C、D、E、F 为随机变量;5 条有向边描述了相关节点或变量之间的关系;每个节点的条件概率如表 8-1～8-6 所示。

表 8-1

$P(A)$
0.1

表 8-2

$P(B)$
0.2

表 8-3

A	B	$P(C \mid A,B)$
T	T	1
T	F	0.85
F	T	0.60
F	F	0

表 8-4

B	$P(D \mid B)$
T	0.95
F	0

表 8-5

C	$P(E \mid C)$
T	0.99
F	0.01

表 8-6

C	$P(F \mid C)$
T	1
F	0

贝叶斯网络中的节点一般可代表事件、对象、属性或状态；有向边一般表示节点间的因果关系。贝叶斯网络也称因果网络(causal network)、信念网络(belief network)、概率网络(probability network)、知识图(knowledge map)等。它是描述事物之间因果关系或依赖关系的一种直观图形。所以,贝叶斯网络可作为一种不确定性知识表示形式和方法。

8.4.2 用贝叶斯网络表示不确定性知识

下面举例说明如何用贝叶斯网络表示不确定性知识。

医学告诉人们：吸烟可能会患气管炎；感冒也会引起气管发炎,并还有发烧、头痛等症状；气管炎又会有咳嗽或气喘等症状。人们把这些知识表示为一个贝叶斯网络(见图 8-3)。

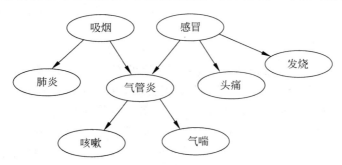

图 8-3 用贝叶斯网络表示医学知识

为了便于叙述,将吸烟、感冒、气管炎、咳嗽、气喘分别记为 S、C、T、O、A。并将这几个变量的条件概率表用下面的概率表达式表示。

$$P(S)=0.4, \quad P(\neg S)=0.6;$$
$$P(C)=0.8, \quad P(\neg C)=0.2;$$
$$P(T \mid S,C)=0.35, \quad P(T \mid \neg S,C)=0.25,$$
$$P(T \mid S,\neg C)=0.011, \quad P(T \mid \neg S,\neg C)=0.002;$$
$$P(O \mid T)=0.85, \quad P(O \mid \neg T)=0.15;$$
$$P(A \mid T)=0.50, \quad P(A \mid \neg T)=0.10.$$

8.4.3　基于贝叶斯网络的概率推理

根据贝叶斯网络的结构特征和语义特征,对于网络中的一些已知节点(称为证据变量),利用这种概率网络就可以推算出网络中另外一些节点(称为查询变量)的概率,即实现概率推理(probabilistic reasoning)。具体来讲,基于贝叶斯网络可以进行因果推理、诊断推理和混合推理等。

这几种概率推理过程将涉及联合概率(即乘法公式)和条件独立关系等概念。

设一个贝叶斯网络中全体变量的集合为 $X = \{x_1, x_2, \cdots, x_n\}$。则这些变量的联合概率为:

$$P(x_1, x_2, \cdots, x_n) = P(x_1)P(x_2 \mid x_1)P(x_3 \mid x_1, x_2)\cdots P(x_n \mid x_1, x_2, \cdots, x_{n-1})$$

$$= \prod_{i=1}^{n} P(x_i \mid x_1 x_2 \cdots x_{i-1}) \tag{8-29}$$

贝叶斯网络中任一节点与它的非祖先节点和非后代节点都是条件独立的。

下面就以如图 8-3 所示的贝叶斯网络为例,介绍因果推理和诊断推理的一般方法。

1. 因果推理

因果推理就是由原因到结果的推理,即已知网络中的祖先节点而计算后代节点的条件概率。这种推理是一种自上而下的推理。

以图 8-3 所示的贝叶斯网络为例:假设已知某人吸烟(S),计算他患气管炎(T)的概率 $P(T|S)$。

首先,由于 T 还有另一个因节点——感冒(C),因此我们可以对概率 $P(T|S)$ 进行扩展,得

$$P(T \mid S) = P(T, C \mid S) + P(T, \neg C \mid S) \tag{8-30}$$

这是两个联合概率的和。意思是因吸烟而得气管炎的概率 $P(T|S)$ 等于因吸烟而得气管炎且患感冒的概率 $P(T, C|S)$ 与因吸烟而得气管炎且未患感冒的概率 $P(T, \neg C|S)$ 之和。

接着,对式(8-30)中的第一项 $P(T, C|S)$ 作如下变形:

$$P(T, C \mid S) = P(T, C, S)/P(S) \quad [对 P(T, C \mid S) 逆向使用概率的乘法公式]$$
$$= P(T \mid C, S)P(C, S)/P(S) \quad [对 P(T, C, S) 使用乘法公式]$$
$$= P(T \mid C, S)P(C \mid S) \quad [对 P(C, S)/P(S) 使用乘法公式]$$
$$= P(T \mid C, S)P(C) \quad (因为 C 与 S 条件独立)$$

同理可得式(8-30)中的第二项

$$P(T, \neg C \mid S) = P(T \mid \neg C, S)P(\neg C)$$

于是得

$$P(T \mid S) = P(T \mid C, S)P(C) + P(T \mid \neg C, S)P(\neg C) \tag{8-31}$$

可以看出,这个等式右端的概率值在图 8-3 的 CPT 中已给出,都为已知。现在,将这些概率值代入式(8-31)右端便得

$$P(T \mid S) = 0.35 \times 0.8 + 0.011 \times 0.2 = 0.2822$$

即吸烟可引起气管炎的概率为 0.2822。

由这个例子可得出因果推理的一种思路和方法：

（1）对于所求的询问节点的条件概率，用所给证据节点和询问节点的所有因节点的联合概率进行重新表达。

（2）对所得表达式进行适当变形，直到其中的所有概率值都可以从问题贝叶斯网络的 CPT 中得到。

（3）将相关概率值代入概率表达式进行计算即得所求询问节点的条件概率。

2．诊断推理

诊断推理就是由结果到原因的推理，即已知网络中的后代节点而计算祖先节点的条件概率。这种推理是一种自下而上的推理。

诊断推理的一般思路和方法是，先利用贝叶斯公式将诊断推理问题转化为因果推理问题，再用因果推理的结果，导出诊断推理的结果。

下面仍以图 8-3 所示的贝叶斯网络为例，介绍诊断推理。假设已知某人患了气管炎（T），计算他吸烟（S）的后验概率 $P(S|T)$。

由贝叶斯公式，有

$$P(S \mid T) = \frac{P(T \mid S)P(S)}{P(T)}$$

由上面的因果推理知

$$\begin{aligned} P(T \mid S) &= P(T,C \mid S) + P(T,\neg C \mid S) \\ &= P(T \mid C,S)P(C) + P(T \mid \neg C,S)P(\neg C) \\ &= 0.35 \times 0.8 + 0.011 \times 0.2 \quad \text{（诸概率由图 8-3 的条件概率表得）} \\ &= 0.2822 \end{aligned}$$

又因为

$$P(S) = 0.4 \quad \text{（由图 8-3 的条件概率表）}$$

从而得到

$$P(S \mid T) = \frac{P(T \mid S)P(S)}{P(T)} = \frac{0.2822 \times 0.4}{P(T)} = \frac{0.112\,88}{P(T)}$$

同理，由因果推理方法有

$$\begin{aligned} P(T \mid \neg S) &= P(T,C \mid \neg S) + P(T,\neg C \mid \neg S) \\ &= P(T \mid C,\neg S)P(C) + P(T \mid \neg C,\neg S)P(\neg C) \\ &= 0.25 \times 0.8 + 0.002 \times 0.2 \quad \text{（诸概率由图 8-3 的条件概率表得）} \\ &= 0.2004 \end{aligned}$$

从而，

$$P(\neg S \mid T) = \frac{P(T \mid \neg S)P(\neg S)}{P(T)} = \frac{0.2004 \times 0.6}{P(T)} = \frac{0.12\,024}{P(T)}$$

由于

$$P(S \mid T) + P(\neg S \mid T) = 1$$

所以，

$$\frac{0.112\,88}{P(T)} + \frac{0.120\,24}{P(T)} = 1$$

解之得

$$P(T) = 0.233\,12$$

于是,

$$P(S \mid T) = \frac{P(T \mid S)P(S)}{P(T)} = \frac{0.2822 \times 0.4}{0.233\,12} = 0.4842$$

即该人的气管炎是由吸烟导致的概率为 0.4842。

由上所述可以看出,基于贝叶斯网络结构和条件概率,我们不仅可以由祖先节点推算出后代节点的后验概率,更重要的是利用贝叶斯公式还可以通过后代节点的概率反向推算出祖先节点的后验概率。这便是称这种因果网络为贝叶斯网络的原因,这也是贝叶斯网络的优越之处。因为通过后代节点的概率反向推算出祖先节点的后验概率要用贝叶斯公式,所以这种概率推理就称为基于贝叶斯网络的不确定性推理。

贝叶斯网络的建造涉及其拓扑结构和条件概率,因此是一个比较复杂和困难的问题。一般需要知识工程师和领域专家的共同参与,在实际中可能是反复交叉进行而不断完善的。现在,人们也采用机器学习的方法来解决贝叶斯网络的建造问题,并称其为**贝叶斯网络学习**。有兴趣的读者可以进一步延伸学习。

8.5　不确切性知识的表示及推理

8.5.1　软语言值及其数学模型

考察"大""小""多""少""高""低""快""慢""热""冷""很""非常"等形容词和副词,可以看出,这些词语都是相应的一批数量值的概括描述。所以,它们也就是相应数量值域上的一种值——**语言值**。又由于它们所概括的数量值一般并没有硬性的明确的边界,或者说其边界有一种柔性或弹性,所以,我们称这类语言值为**软语言值**(flexible linguistic value)。软语言值的语义也就是**软概念**(flexible concept)。

有了软语言值这个术语,就可以说信息的不确切是由软语言值造成的。或者说,正是软语言值才导致了信息的不确切。

定义 8-5　设 A 是论域 $U = [a,b]$ 上的一个软语言值,令

$$c_A(x) = \begin{cases} \dfrac{x - s_A^-}{c_A^- - s_A^-}, & a \leqslant x \leqslant \xi_A \\[3mm] \dfrac{s_A^+ - x}{s_A^+ - c_A^+}, & \xi_A \leqslant x \leqslant b \end{cases} \tag{8-32}$$

称为该软语言值 A 的相容函数。对于 $\forall x \in U$,$c_A(x)$ 称为 x 与 A 的相容度。其中,区间 $[s_A^-, s_A^+]$ 为 A 的支持集,记为 $\mathrm{supp}(A)$,s_A^- 和 s_A^+ 为 A 的临界点;$[c_A^-, c_A^+]$ 为 A 的核,记为 $\mathrm{core}(A)$,c_A^- 和 c_A^+ 为 A 的核界点;ξ_A 为 A 的峰值点;集合 $\{x \mid x \in U, 0.5 < c_A(x) \leqslant 1\}$ 称为 A 的扩展核,记为 $\mathrm{core}(A)^+$。

相容函数 $c_A(x)$ 的图像如图 8-4 所示。

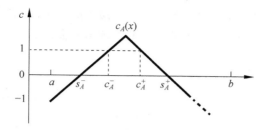

图 8-4　软语言值 A 的相容函数 $c_A(x)$ 的示意图

例 8-11　设"低""中等""高"为男性成人的身高域 $[1.2, 2.2]$（假设）上的 3 个相邻的软语言值。设"中等"的两个临界点分别为 1.5（m）和 1.8（m），两个核界点分别为 1.6（m）和 1.7（m）。由上面的定义式(8-32)可知，"中等"的相容函数就是

$$c_{中等}(x) = \begin{cases} 10x - 15, & 1.2 \leqslant x \leqslant 1.65 \\ 18 - 10x, & 1.65 \leqslant x \leqslant 2.2 \end{cases}$$

其图像如图 8-5 所示（略去了横轴下面的部分）。"低"和"高"的相容函数留给读者完成。

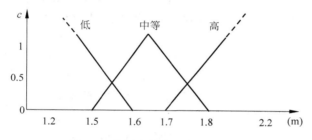

图 8-5　软语言值的相容函数示例

由上面的定义和例子可以看出：

（1）一个软语言值的相容函数完全由其核和支持集确定。

（2）相容函数的值域为区间 $[\alpha, \beta]$ $(\alpha \leqslant 0, 1 \leqslant \beta)$。

（3）论域 U 上一个相容函数就决定了或者说定义了 U 上的一个软语言值。所以，相容函数就是软语言值（软概念）的数学模型。

说明：软概念还有一种数学模型——**软集合**(flexible set，详见文献[96]的 Chapter 2)。软集合与软语言值是对应的，前者可以看作是后者的数值模型。

软语言值还有全峰和半峰之分。全峰软语言值的相容函数为三角形函数，而半峰软语言值的相容函数为线性函数，其图像只有一条斜线。一般来讲，位于论域边界处的软语言值为半峰软语言值（其峰值点刚好为论域的边界点）。例如，图 8-5 中的"中等"就是全峰软语言值，而"低"和"高"则是半峰软语言值。这样，上面式(8-32)所定义的相容函数只是全峰软语言值的相容函数，而半峰软语言值的相容函数则仅有一个表达式。

从图 8-5 可以看出，在"低""中等""高"这组软语言值中，前一个语言值的临界点同时也是后一个语言值的核界点，后一个语言值的临界点同时也是前一个语言值的核界点。这种关系的两个软语言值实际是一种互否关系，称为**互否软语言值**。这样，"低""中等""高"这 3 个软语言值之间就是依次两两互否。一组依次两两互否的软语言值，如果还刚

好覆盖了所属论域,则称这组软语言值为相应论域上的一个**基本软语言值组**。这样,"低""中等""高"构成了论域$[1.2,2.2]$上的一个基本软语言值组。

8.5.2 不确切性知识的表示

在传统的知识表示中,软语言值也被作为符号来处理。现在有了相容函数和相容度,就可以用其对软语言值进行量化表示。例如,用

$$(胖,1.2)$$

刻画一个人"胖"的程度。

我们将这种附有相容度的软语言值称为**程度化软语言值**(flexible linguistic value with degree)。其一般形式为

$$(W,d)$$

其中,W 为软语言值,d 为程度,即

$$(\langle 软语言值 \rangle, \langle 程度 \rangle)$$

下面,就利用这种程度即相容度和程度化软语言值实现不确切性知识(imprecise knowledge)的表示。我们将元组、谓词、规则、框架、语义网等通常的知识表示形式量化为程度化元组、程度化谓词、程度化规则、程度化框架、程度化语义网。

1. 程度化元组

其一般形式为:

$$(\langle 对象 \rangle, \langle 特征 \rangle, (\langle 语言值 \rangle, \langle 程度 \rangle)) \tag{8-33}$$

或用变量表示为:

$$(x,F,(W,c_W(x))) \tag{8-34}$$

例如,

$$(这个苹果,味道,(甜,0.95))$$

这就是一个程度化元组,可解释为:这个苹果比较甜。

2. 程度化谓词

谓词也就是语言值。按照程度化语言值的做法,给谓词也附以程度,即细化为程度化谓词,以精确刻画相应个体对象的特征。根据谓词的形式特点,我们将程度化谓词写为:

$$P_d(\langle 对象_1, 对象_2, \cdots, 对象_n \rangle) \tag{8-35}$$

或

$$dP(\langle 对象_1, 对象_2, \cdots, 对象_n \rangle) \tag{8-36}$$

其中,P 表示谓词,d 表示程度;P_d 为下标表示法,dP 为乘法表示法。

也可用变量表示为:

$$P_d(x_1,x_2,\cdots,x_n) \tag{8-37}$$

或

$$dP(x_1,x_2,\cdots,x_n) \tag{8-38}$$

其中,$d=c_P(x_1,x_2,\cdots,x_n)$。

例如,

$$\text{white}_{1.0}(雪) \text{ 或 } 1.0\text{white}(雪)$$

就是程度化谓词,可解释为:雪是白的。又如,

$$\text{friends}_{1.15}(张三,李四) \text{ 或 } 1.15\,\text{friends}(张三,李四)$$

也是程度化谓词,可解释为:张三和李四是好朋友。

3. 程度化规则

含有程度化语言值的产生式规则称为程度化产生式规则,简称程度化规则。单条件程度化规则的一般形式为:

$$(\langle对象\rangle,\langle特征\rangle,(\langle语言值\rangle,\langle程度\rangle)) \rightarrow (\langle对象\rangle,\langle特征\rangle,(\langle语言值\rangle,\langle程度\rangle)) \quad (8\text{-}39)$$

或

$$(A,d) \rightarrow (B,f(d)) \quad (8\text{-}40)$$

其中,$d = c_A(x)$是规则前件语言值 A 的程度,函数值 $f(d)$ 是规则后件语言值 B 的程度,$f(d)$ 为原规则 $A(x) \rightarrow B(y)$ 的伴随程度函数(即后件语言值的程度与前件语言值的程度之间的函数关系)(其及求取方法可参见文献[96]的 Chapter 14)。

例如,

$$(香蕉,颜色,(黄,0.7)) \rightarrow (香蕉,生熟,(熟,0.9))$$

就是一个程度化规则,可解释为:如果香蕉有些黄,则比较熟。

又如,设有规则:如果严重鼻塞、头很痛并且发高烧,则患了重感冒。用程度化规则可描述如下:

$$(严重(鼻塞),d_x) \wedge ((头)很痛,d_y) \wedge (高烧,d_z) \rightarrow (重感冒,1.2(0.3d_x+0.2d_y+0.5d_z))$$

4. 程度化框架

含有程度化语言值的框架称为程度化框架。例如下面是一个描述大枣的程度化框架。

框架名:〈大枣〉
　　类属:(〈干果〉,0.8)
　　形状:(圆,0.7)
　　颜色:(红,1.0)
　　味道:(甘,1.1)
　　用途:范围:(食用,药用)
　　　　　默认:食用

5. 程度化语义网(知识图谱)

含有程度化语言值的语义网称为程度化语义网。例如图 8-6 所示的就是一个描述狗的程度化语义网(或程度化知识图谱)。

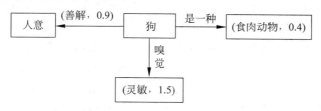

图 8-6　程度化语义网示例

可以看出,用程度刻画不确切性,其思想类似于用概率刻画不确定性。

*8.5.3　基于软语言规则的推理

前件或者后件中含有软语言值的产生式规则称为**软语言规则**(flexible linguistic rule),简称**软规则**(flexible rule)。基于软语言规则的推理是不确切性信息处理的一个核心技术。这种推理有多种形式和方法,如自然推理、真度推理、程度推理、多规则程度推理、带数据转换的程度推理、基于程度推理的近似推理、并行程度推理、AT 推理等,由于篇幅所限,本节仅简要介绍其中 3 种方法。

1. 自然推理

所谓自然推理(natural reasoning)就是通常的演绎推理。虽然软语言规则中的符号(语言值)是软的,但在证据事实与相应规则的前提完全匹配的情况下,基于软语言规则的推理与通常基于一般规则的推理并无区别。然而,由于软语言值与数量值可以互相转换(转换方法见第 14 章),所以基于软语言规则的自然推理有其独特之处。事实上,配上数据转换接口,基于软语言规则的自然推理就可以实现数量值到软语言值、软语言值到数量值和数量值到数量值的变换。

2. 程度推理

基于伴随程度函数和程度计算的软语言规则推理称为**程度推理**(reasoning with degrees),其形式如下

$$
\frac{(A,d) \rightarrow (B,f(d))}{(A,d_A)}
$$
$$
\text{所以 }(B,d_B) \tag{8-41}
$$

或者更简单地写为

$$
\frac{(A \rightarrow B,f(d))}{(A,d_A)}
$$
$$
\text{所以 }(B,d_B) \tag{8-42}
$$

其中,$f(d)$ 是原规则 $A(x) \rightarrow B(y)$ 的伴随程度函数,$d_A = c_A(x_0) > 0.5$ 是证据事实命题 $A(x_0)$ 中语言值 A 的程度,$d_B = f(d_A) > 0.5$ 是推理结果命题 $B(y_0)$ 中语言值 B 的程度,即 $c_B(y_0)$。

程度推理的语义是:如果 x 具有 A 的程度 $d_A > 0.5$,则 y 具有 B 的程度 $f(d_A) > 0.5$;现已知某 x_0 具有 A 的程度为 d_A,且 >0.5,所以,存在 y_0,其具有 B 的程度 $d_B = f(d_A)$,而且 $d_B > 0.5$。

程度推理的过程是:先进行证据事实语言值与规则前件语言值的符号模式匹配,再判断是否 $d_A > 0.5$;如果是,则将 d_A 代入 $f(d)$,得 $d_B = f(d_A)$;进而得出结果 (B,d_B),由伴随程度函数的值域(见文献[96]的 Section 14.2)知,一定有 $d_B > 0.5$。

可以看出,程度推理实际上是一种谓词层次上的推理。故程度推理的基本原理简单

来讲就是：**谓词符号推演＋程度计算**

例 8-12　设有软语言规则：如果市场对某商品的需求旺盛而供货却不足，则该商品的价格就会上涨。又已知事实：该商品的需求大增（假设具体数量对"旺盛"相容度为 1.25）并且供货有些不足（假设具体供货量对"不足"的相容度为 0.78）。试用程度推理给出该货物价格情况的预测。

解　设 A_1、A_2 和 B 分别表示软语言值"旺盛""不足""上涨"。则原规则就是 $A_1 \wedge A_2 \rightarrow B$，而已知事实为 $(A_1, 1.25)$ 和 $(A_2, 0.78)$。根据上述的程度推理一般模式，拟进行的程度推理就是

$$(A_1 \wedge A_2 \rightarrow B；f(d))$$
$$(A_1 \wedge A_2, d_{A_1 \wedge A_2})$$
$$\overline{\qquad\qquad\qquad\qquad\qquad\qquad}$$
$$(B, d_B)$$

可以看出，要进行这一程度推理，首先需要构造规则 $A_1 \wedge A_2 \rightarrow B$ 的伴随程度函数 $f(d)$ 并且将原来的证据事实 $(A_1, 1.25)$ 和 $(A_2, 0.78)$ 合成为 $(A_1 \wedge A_2, d_{A_1 \wedge A_2})$。

为简单起见，参照文献[96]的 Section 14.3 中所给出的参考模型，直接取规则 $A_1 \wedge A_2 \rightarrow B$ 的伴随程度函数 $f(d)$ 为：

$$f(d) = \frac{\beta_B - 0.5}{\beta_\wedge - 0.5}(d - 0.5) + 0.5$$

其中，$\beta_\wedge = \min\{\beta_{A_1}, \beta_{A_2}\}$，$\beta_{A_1}$、$\beta_{A_2}$ 分别为 A_1 和 A_2 的相容度最大值，β_B 为 B 的相容度最大值。现假设 $\beta_{A_1} = 2.5$，$\beta_{A_2} = 1.7$，则得 $\beta_\wedge = \min\{2.5, 1.7\} = 1.7$；又假设 $\beta_B = 2.0$。将这两个数代入上面所设的函数式，得规则 $A_1 \wedge A_2 \rightarrow B$ 的实际伴随程度函数 $f(d)$ 为：

$$f(d) = 1\frac{1}{4}d - \frac{1}{8}$$

又由程度化软语言值的运算法则（见文献[96]的 Chapter 7）得

$$(A_1, 1.25) \wedge (A_2, 0.78)$$
$$= (A_1 \wedge A_2, d_{A_1 \wedge A_2} = \min\{1.25, 0.78\})$$
$$= (A_1 \wedge A_2, 0.78)$$

现在，该程度推理的大、小前提分别为

$$\left(A_1 \wedge A_2 \rightarrow B；\quad 1\frac{1}{4}d_A - \frac{1}{8}\right)$$

和

$$(A_1 \wedge A_2, 0.78)$$

显然，小前提中的合成语言值 $A_1 \wedge A_2$ 与大前提中的前件语言值完全匹配，而且 $d_{A_1 \wedge A_2} = 0.78 > 0.5$。因此，相应的程度推理可以进行。

将 $d_{A_1 \wedge A_2} = 0.78$ 代入函数 $f(d) = \frac{15}{16}d + \frac{1}{32}$ 得 $f(d_{A_1 \wedge A_2}) = 0.85$，即 $d_B = 0.85$。于是，该程度推理的结果为 $(B, 0.85)$。可解释为：该商品的价格会有一定上涨，且强度为 0.85。

程度推理实际是真度推理(reasoning with truth-degrees)的一种变体,而真度推理则是在真度逻辑(truth-degrees logic)和软语言真值逻辑及其推理的基础上产生的,它实际是"偏真-全称假言推理"和"约真-全称假言推理"的进一步量化(详见文献[96]的Chapter 15)。所以,程度推理有坚实的逻辑基础。另一方面,程度推理也是软谓词推理的量化,是一种兼有定性与定量的谓词逻辑推理。程度推理也可看作是传统谓词推理的一种推广。事实上,伴随程度函数为 $f(d)=d_A$ 且程度 $d_A=1$ 的程度推理相当于传统的谓词推理。

最后需要说明的是:程度推理虽然有其特定的模式和方法,但如果灵活运用,则用其可实现多种情况和多种要求的推理,如带数据转换的推理、多步推理、多路推理、并行推理甚至近似推理和计算等。

3. AT 推理

基于软语言规则的近似推理还有一种重要方法——AT(Approximate-degree transmission and Translation transformation,近似度传递与平移变换)推理。其具体描述如下。

设有软语言规则 $A \rightarrow B$ 和近似于软语言值 A 的 A',则可用以下步骤导出相应的结论软语言值 B':

(1) 求出软语言值 A 和 A' 的峰值点 ξ_A 和 $\xi_{A'}$,再用 ξ_A 和 $\xi_{A'}$ 求出扩展核 $X_{A'}$ 与 X_A 的距离 $d_{A'A}$。

(2) 用公式 $d_{B'B}=d_{A'A} \dfrac{r_B}{r_A}$ 计算距离 $d_{B'B}$(r_A、r_B 分别为 A 和 B 的近似半径,即扩展核半径)。

(3) 根据规则 $A \rightarrow B$ 所决定的方位对应关系,确定扩展核 $Y_{B'}$ 相对于 Y_B 的方位,然后选用式(8-43)~式(8-48)中的合适公式求出软语言值 B' 的临界点 $s_{B'}^-$,$s_{B'}^+$ 和核界点 $c_{B'}^-$,$c_{B'}^+$,而得到 B' 的扩展核 $Y_{B'}$,进而(如果需要的话)写出 B' 的相容函数 $c_{B'}(y)$;或者用式(8-49)~式(8-51)直接对软语言值 B 的相容函数 $c_B(y)$ 做平移变换而求出 B' 的相容函数 $c_{B'}(y)$。

从式(8-43)~式(8-48)中选取公式的原则是:

当 B 为负半峰值即 $Y_{B'}$ 位于 Y_B 的负方时,取

$$s_{B'}^- = s_B^- - d_{B'B}, \quad s_{B'}^+ = s_B^+ - d_{B'B} \tag{8-43}$$

$$c_{B'}^- = c_B^- - d_{B'B}, \quad c_{B'}^+ = c_B^+ - d_{B'B} \tag{8-44}$$

当 B 为正半峰值即 $Y_{B'}$ 位于 Y_B 的正方时,取

$$s_{B'}^- = s_B^- + d_{B'B}, \quad s_{B'}^+ = s_B^+ + d_{B'B} \tag{8-45}$$

$$c_{B'}^- = c_B^- + d_{B'B}, \quad c_{B'}^+ = c_B^+ + d_{B'B} \tag{8-46}$$

当 B 为全峰值即 $Y_{B'}=Y_B$ 时,取

$$s_{B'}^- = s_B^-, \quad s_{B'}^+ = s_B^+ \tag{8-47}$$

$$c_{B'}^- = c_B^-, \quad c_{B'}^+ = c_B^+ \tag{8-48}$$

从式(8-49)～式(8-51)中选取公式的原则是：

当 B 为负半峰值即 $Y_{B'}$ 位于 Y_B 的负方时，取

$$c_{B'}(y) = c_B(y + d_{B'B}) \tag{8-49}$$

当 B 为正半峰值即 $Y_{B'}$ 位于 Y_B 的正方时，取

$$c_{B'}(y) = c_B(y - d_{B'B}) \tag{8-50}$$

当 B 为全峰值即 $Y_{B'} = Y_B$ 时，取

$$c_{B'}(y) = c_B(y) \tag{8-51}$$

例 8-13 设有软语言规则"如果炉温低，就将风门开大"和事实"炉温有些低"。试用 AT 推理进行近似推理，并做出控制风门大小的决策。

解 设炉温域为 $U = [100, 1000]$，风门的开启度域为 $V = [0, 100]$，"低"和"大"分别为 U 和 V 上的软语言值，且都是半峰值，"低"为正半峰，"大"为负半峰。因此，规则前后件软语言值的方位对应关系为：正-负。将 U 上的软语言值"低"和"有些低"记为 A 和 A'，将 V 上的软语言值"大"记为 B。定义 A 的正临界点 $s_A^+ = 500$，正核界点 $c_A^+ = 300$，峰值点 $\xi_A = 100$；定义 A' 的正临界点 $s_{A'}^+ = 600$，正核界点 $c_{A'}^+ = 400$，峰值点 $\xi_{A'} = 200$；定义 B 的负临界点 $s_B^- = 50$，负核界点 $c_B^- = 80$，峰值点 $\xi_B = 100$。相应的相容函数如下：

$$c_A(x) = \frac{500 - x}{200}, \quad x \in U$$

$$c_{A'}(x) = \frac{600 - x}{200}, \quad x \in U$$

$$c_B(y) = \frac{y - 50}{30}, \quad y \in V$$

其函数曲线如图 8-7 所示。

可以看出，软语言值 A' 位于 A 的正方。因此，所求的 B' 应该位于 B 的负方。又容易求得：中位点 $m_A^+ = 400$，$m_B^- = 65$，近似半径 $r_A^+ = m_A^+ - \xi_A = 300$，近似半径 $r_B^- = \xi_B - m_B^- = 35$，距离 $d_{A'A} = \xi_{A'} - \xi_A = 100$，所以，距离

$$d_{B'B} = d_{A'A} \frac{r_B^-}{r_A^+} = 100 \times 35/300 \approx 11.7$$

进而，由于 $Y_{B'}$ 位于 Y_B 的负方，由式(8-49)可得，B' 相容函数为

$$c_{B'}(y) = c_B(y + d_{B'B}) = \frac{y - 38.3}{30}, \quad y \in V$$

函数曲线如图 8-8 所示。

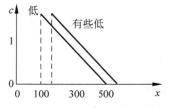

图 8-7 软语言值"低"和"有些低"

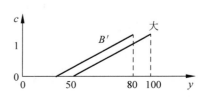

图 8-8 软语言值"大"和"B'"

从距离和函数曲线来看,软语言值 B' 可命名为"有些大"。这就是说,由近似推理得到的决策为:把风门开大一些。

这个 AT 推理是由近似推理的数学本质和软语言函数近似求值的 AT 方法而得(详见文献[96]的 Chapter 16 和 Chapter 17),它有坚实的数学基础。

其实,在 AT 推理的基础上还可进一步导出一组计算 B' 的峰值点 $\xi_{B'}$ 的公式。可以发现,从这组公式可进一步导出一组插值公式。于是,笔者就直接使用所导出的插值公式进行函数值的近似计算并取得了不错的效果。下面就用几个插图(图 8-9 和图 8-10)对这些插值公式的插值效果做一直观展示。

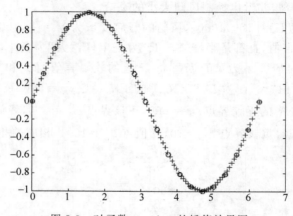

图 8-9　对函数 $y = \sin x$ 的插值效果图

图中圆圈"○"标示各样例点,十字"+"标示各插值点与对应的函数值的对应

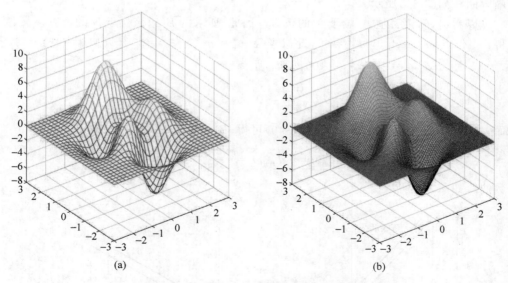

图 8-10　对 peaks 函数的密集覆盖性插值效果图

其中,(a)为插值前的函数图像,(b)为插值后的函数图像

从这两幅效果图可以直观地看出,这种插值方法完全可以与通常的线性插值媲美。这就反过来验证了 AT 推理方法的合理性和有效性。

8.5.4 基于模糊集合与模糊关系的模糊推理[*]

本节介绍模糊集合、模糊关系和模糊推理的基本原理和方法。

1. 模糊集合与模糊关系

(1) 模糊集合。

定义 8-6 设 U 是一个论域,U 到区间 $[0,1]$ 的一个映射

$$\mu: U \rightarrow [0,1]$$

就确定了 U 的一个模糊子集 A。映射 μ 称为 A 的隶属函数,记为 $\mu(u)$。对于任意的 $u \in U$,$\mu_A(u) \in [0,1]$ 称为 u 属于模糊子集 A 的程度,简称隶属度。

模糊集合 A 一般可表示为

$$A = \{\mu_A(u_1)/u_1, \mu_A(u_2)/u_2, \mu_A(u_3)/u_3, \cdots\} \tag{8-52}$$

或

$$A = \mu_A(u_1)/u_1 + \mu_A(u_2)/u_2 + \mu_A(u_3)/u_3 + \cdots \tag{8-53}$$

或

$$A = \int_{u \in U} \mu_A(u)/u \tag{8-54}$$

例 8-14 设 $U = \{0,1,2,3,4,5,6,7,8,9,10\}$,则

$S_1 = 0/0 + 0/1 + 0/2 + 0.1/3 + 0.2/4 + 0.3/5 + 0.5/6 + 0.7/7 + 0.9/8 + 1/9 + 1/10$

$S_2 = 1/0 + 1/1 + 1/2 + 0.8/3 + 0.7/4 + 0.5/5 + 0.4/6 + 0.2/7 + 0/8 + 0/9 + 0/10$

就是论域 U 的两个模糊子集,它们可分别表示 U 中"大数的集合"和"小数的集合"。

可以看出,上面的两个模糊子集实际上是用外延法描述了"大"和"小"两个软概念(模糊集理论中将软概念称为模糊概念)。

例 8-15 通常所说的"高个""矮个""中等个"就是 3 个关于身高的软概念。我们用模糊集合表示这 3 个软概念,即为它们建模。

取人类的身高范围 $[1.0, 3.0]$ 为论域 U,在 U 上定义隶属函数 $\mu_{矮}(x)$、$\mu_{中等}(x)$、$\mu_{高}(x)$ 如下(函数图像如图 8-11 所示)。这 3 个隶属函数就确定了 U 上的 3 个模糊集合,它们也就是相应 3 个软概念的数学模型。

$$\mu_{矮}(x) = \begin{cases} 1 & 1.0 \leqslant x \leqslant 1.50 \\ \dfrac{1.65 - x}{0.15} & 1.50 \leqslant x \leqslant 1.65 \\ 0 & 1.65 < x \leqslant 3.0 \end{cases}$$

$$\mu_{\text{中等}}(x) = \begin{cases} 0 & 1 \leqslant x < 1.50 \\ \dfrac{x-1.5}{0.15} & 1.50 \leqslant x \leqslant 1.65 \\ 1 & 1.65 \leqslant x \leqslant 1.75 \\ \dfrac{1.8-x}{0.05} & 1.75 \leqslant x \leqslant 1.80 \\ 0 & 1.80 < x \leqslant 3.0 \end{cases}$$

$$\mu_{\text{高}}(x) = \begin{cases} 0 & 1.0 \leqslant x < 1.75 \\ \dfrac{x-1.75}{0.05} & 1.75 \leqslant x \leqslant 1.80 \\ 1 & 1.80 \leqslant x \leqslant 3.0 \end{cases}$$

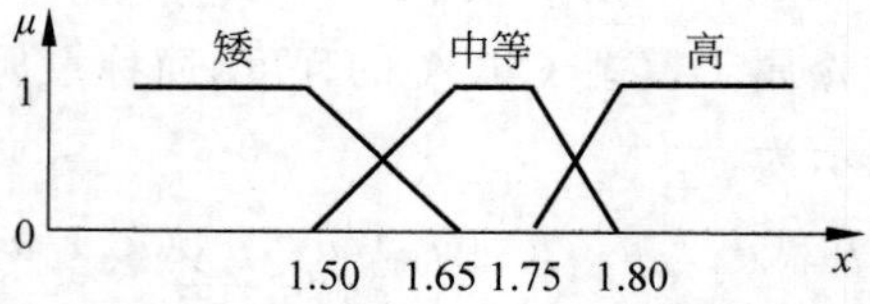

图 8-11 身高论域上的模糊集"矮""中等""高"的隶属函数

值得指出的是,模糊集合的隶属函数定义至今还没有一个统一的方法和一般的形式,基本上是由人们主观给出。虽然有些文献中也提出了隶属函数的一些具体形式,如三角形、梯形、钟形、S形等,但这些形式并无多少理论依据,主要是靠人的主观想象而得,有些甚至纯粹是从数学美的角度给出的,因而带有很大的随意性。

(2) 模糊关系。

定义 8-7 集合 $U_1, U_2, \cdots, U_n$ 的笛卡儿积集 $U_1 \times U_2 \times \cdots \times U_n$ 的一个模糊子集 R,称为 $U_1, U_2, \cdots, U_n$ 间的一个 n 元模糊关系。特别地,U^n 的一个模糊子集称为 U 上的一个 n 元模糊关系。

例 8-16 设 $U = \{1, 2, 3, 4.5\}$,U 上的"远大于"这个模糊关系可用模糊子集表示如下:

$$\begin{aligned} R_{\text{远大于}} = & 0.1/(1,2) + 0.4/(1,3) + 0.7/(1,4) + 1/(1,5) + \\ & 0.2/(2,3) + 0.4/(2,4) + 0.7/(2,5) + \\ & 0.1/(3,4) + 0.4/(3,5) + 0.1/(4,5) \end{aligned}$$

就像通常的关系可用矩阵表示一样,模糊关系也可以用矩阵来表示。例如上面的"远大于"用矩阵可表示如下:

$$\begin{array}{c} \begin{array}{ccccc} 1 & 2 & 3 & 4 & 5 \end{array} \\ \begin{array}{c} 1 \\ 2 \\ 3 \\ 4 \\ 5 \end{array} \begin{bmatrix} 0 & 0.1 & 0.4 & 0.7 & 1 \\ 0 & 0 & 0.2 & 0.4 & 0.7 \\ 0 & 0 & 0 & 0.1 & 0.4 \\ 0 & 0 & 0 & 0 & 0.1 \\ 0 & 0 & 0 & 0 & 0 \end{bmatrix} \end{array}$$

表示模糊关系的矩阵一般称为模糊矩阵。

（3）模糊集合的运算。

与普通集合一样，也可定义模糊集合的交、并、补运算。

定义 8-8　设 A、B 是论域 U 的模糊子集，A、B 的交集 $A\bigcap B$，并集 $A\bigcup B$ 和补集 A'，分别由下面的隶属函数确定：

$$\mu_{A\bigcap B}(x)=\min(\mu_A(x),\mu_B(x)) \tag{8-55}$$

$$\mu_{A\bigcup B}(x)=\max(\mu_A(x),\mu_B(x)) \tag{8-56}$$

$$\mu'_A(x)=1-\mu_A(x) \tag{8-57}$$

（4）模糊关系的合成。

什么是模糊关系合成呢？模糊关系合成也就是两个模糊关系复合为一个模糊关系。用集合的话来讲，就是两个集合合成为一个集合。如果是两个有限模糊集，则其合成可以用矩阵运算来表示。下面就以有限模糊集为例，给出 Zadeh 的模糊关系合成法则。

设 $\boldsymbol{R}_1=(s_{il})_{n\times k}$，$\boldsymbol{R}_2=(t_{lj})_{k\times m}$，则

$$\boldsymbol{R}=\boldsymbol{R}_1\circ\boldsymbol{R}_2=(r_{ij})_{n\times m} \tag{8-58}$$

其中，

$$r_{ij}=\bigvee_{l=1}^{k}(s_{il}\wedge t_{lj})\quad(i=1,2,\cdots,n,j=1,2,\cdots,m)$$

即，对 $\boldsymbol{R}_1$ 第 i 行和 $\boldsymbol{R}_2$ 第 j 列对应元素取最小，再对 k 个结果取最大，所得结果就是 $\boldsymbol{R}$ 中第 i 行第 j 列处的元素。

例如，设

$$\boldsymbol{R}_1=\begin{bmatrix}0.1 & 0.6 & 0.3\\0.4 & 0.7 & 0.9\\0.5 & 0.8 & 1\end{bmatrix}\quad \boldsymbol{R}_2=\begin{bmatrix}0.1 & 0.4\\1 & 0.9\\0.7 & 0.8\end{bmatrix}$$

则

$$\boldsymbol{R}=\boldsymbol{R}_1\circ\boldsymbol{R}_2=\begin{bmatrix}0.6 & 0.6\\0.7 & 0.8\\0.8 & 0.8\end{bmatrix}$$

用隶属函数来表示，Zadeh 的模糊关系合成法则就是下面的公式

$$\mu_{R_1\circ R_2}(x,z)=\bigvee_y\{\mu_{R_1}(x,y)\wedge\mu_{R_2}(y,z)\} \tag{8-59}$$

2. 模糊推理

模糊推理是基于模糊规则（即软语言规则）的一种近似推理。例如，

如果 x 小，那么 y 大

x 比较小

—————————————

y？

就是模糊推理所要解决的问题。

模糊推理的基本方法就是 Zadeh 提出的 CRI（Compositional Rule of Inference），即所称的模糊关系合成方法。具体来讲，就是首先将模糊规则 $A\rightarrow B$ 表示为模糊关系 R，再

将近似于 A 的模糊集 A' 也看作一个模糊关系并将 A' 与 R 进行关系合成,然后将所得结果 B'(也是模糊集)作为由规则 $A \to B$ 和事实 A' 所推得的结果。这一推理原理用式子表示就是

$$B' = A' \circ R \tag{8-60}$$

该式的隶属函数表示形式为

$$\mu_{B'}(y) = f(\mu_R(x,y), \mu_{A'}(x)) \tag{8-61}$$

其中 $\mu_R(x,y)$ 也就是所谓的"蕴涵算子"。

我们知道,一条规则实际是表达了其前提与结论的对应关系。再具体一点讲,是表达了前提中的语言值与结论中的语言值之间的对应关系(如上例中的规则就表示了语言值"小"与"大"的对应关系)。现在,语言值又可用集合表示,所以,一条模糊规则实际就刻画了其前提中的模糊集与结论中的模糊集之间的一种对应关系。Zadeh 认为,这种对应关系是两个集合间的一种模糊关系,因而它也可以表示为模糊集合。于是,一条模糊规则就转换成了一个模糊集合。特别地,对于有限集,则就是一个模糊矩阵。

例如,设有规则

如果 x 是 A,那么 y 是 B

其中,A、B 是两个软语言值,表示两个模糊概念。那么,按 Zadeh 的观点,A、B 可表示为两个模糊集(仍以 A、B 标记);这个规则表示了 A、B 之间的一种模糊关系 R,R 也可以表示为一个模糊集。于是,有

$$R = \mu_R(u_1,v_1)/(u_1,v_1) + \mu_R(u_1,v_2)/(u_1,v_2) + \cdots + \mu_R(u_i,v_j)/(u_i,v_j) + \cdots$$
$$= \int_{U \times V} \mu_R(u,v)/(u,v) \tag{8-62}$$

其中,U、V 分别为模糊集合 A、B 所属的论域,$\mu_R(u_i,v_j)(i,j=1,2,\cdots)$ 是元素 (u_i,v_j) 对于 R 的隶属度。

那么,怎样求得隶属度 $\mu_R(u_i,v_j)(i,j=1,2,\cdots)$ 呢? 对此,Zadeh 给出了好多种方法,其中具代表性的一种方法为

$$\mu_R(u_i,v_j) = (\mu_A(u_i) \wedge \mu_B(v_j)) \vee (1 - \mu_A(u_i)) \quad (i,j=1,2,\cdots) \tag{8-63}$$

其中,$\wedge$、$\vee$ 分别代表取最小值和取最大值,即 min、max。

例如,对规则

如果 x 小　那么 y 大

令 A、B 分别表示"小"和"大",将它们表示成论域 U、V 上的模糊集,设论域

$$U = V = \{0,1,2,3,4,5\}$$

定义:

$$A = 1/1 + 0.8/2 + 0.5/3 + 0/4 + 0/5$$
$$B = 0/1 + 0/2 + 0.5/3 + 0.8/4 + 1$$

则不难求得

$$R = 0/(1,1) + 0/(1,2) + 0.5/(1,3) + \cdots + 0.5/(2,3) + \cdots + 1/(5,5)$$

如果只取隶属度,且写成矩阵形式,则

$$\boldsymbol{R} = \begin{bmatrix} 0 & 0 & 0.5 & 0.8 & 1 \\ 0.2 & 0.2 & 0.5 & 0.8 & 0.8 \\ 0.5 & 0.5 & 0.5 & 0.5 & 0.5 \\ 1 & 1 & 1 & 1 & 1 \\ 1 & 1 & 1 & 1 & 1 \end{bmatrix} \tag{8-64}$$

这样,原自然语言规则就变成了一个数值集合(矩阵),即

$$A \rightarrow B = \boldsymbol{R}$$

同规则一样,证据事实也可表示成模糊矩阵(实际是向量)。如,把事实"比较小"表示为

$$A' = 1/1 + 1/2 + 0.5/3 + 0.2/4 + 0/5 = (1, 1, 0.5, 0.2, 0) \tag{8-65}$$

现在,就通过模糊关系合成运算进行模糊推理,来解决本节开始提出的问题。即已知

(1) 如果 x 小,那么 y 大。

(2) x 比较小。

问: y 如何?

如上所述,由前提(1)可表示为式(8-64)所示的模糊关系 R,前提(2)可表示为式(8-65)所示的模糊关系 A'。于是,由模糊关系合成法则式(8-58),有

$$B' = A' \circ \boldsymbol{R} = (0.5, 0.5, 0.5, 0.8, 1)$$

这可以解释为: y 比较大。

8.5.5　对模糊推理的简单评述*

尽管模糊推理在实践中已取得了一定成就,但模糊推理的理论基础却并不牢靠。下面对模糊推理作一简单评述。

如上所述的 Zadeh 给出的模糊推理的 CRI 法的关键有两步:第一步是由模糊规则导出模糊关系矩阵 R,第二步是模糊关系的合成运算。在第一步中,求 R 的公式的依据是把模糊规则 $A \rightarrow B$ 作为明晰规则 $A \rightarrow B$ 的推广,并且利用逻辑等价式

$$A \rightarrow B = \neg A \vee B = (\neg A \vee B) \wedge (\neg A \vee A) = A \wedge B \vee \neg A$$

再运用给出的模糊集合的交、并、补运算而得出来的。但仔细分析可以发现,这样做是存在问题的。

事实上,研究表明:

(1) 逻辑上的规则 $A \rightarrow B$ 在数学上表示相应集合 A、B(仍以 A、B 标记)之间的对应关系。显然,这种对应关系是一种硬关系,而非软关系(或者说模糊关系);

(2) 逻辑上的关系 $\neg A \vee B$ 在数学上对应的软子集(亦即模糊子集)$A^c \cup B$ 有双重角色:既代表一个软关系(或者说模糊关系,因为 $A^c \cup B = A^c \times V \cup U \times B$ 是 $U \times V$ 的模糊子集),又代表集合 A、B 的元素(亦即数值)之间的"对应"这种硬关系(因为 $A^c \cup B$ 就是由数值之间的对应形成的),而数值之间的"对应"其实与它们对于相应软子集 A 或 B 的隶属度无关。在逻辑推理时,使用的只是 A 与 B 之间的"对应"这种硬关系。

现在可以看到,模糊推理中将规则 $A \rightarrow B$ 表示为模糊关系 R 的方法,就是用逻辑等价关系 $A \rightarrow B \Leftrightarrow \neg A \vee B$ 间接而得的概念上的二元软关系(模糊关系)$R = A^c \times V \cup U \times B$ 代替了推理中实际使用的二元硬关系 $A \rightarrow B$。这显然是欠妥的。

至于第二步的模糊关系合成法则,完全是人为地给出来的。

诚然,要得到近似结论 B' 固然要用到规则 $A \rightarrow B$ 和事实 A',但 A' 与 $A \rightarrow B$ 的前提 A 并不匹配,那么,在此情况下直接将 A' 与 $A \rightarrow B(R)$ 进行合成来求得 B',不论从逻辑上还是数学上都是讲不通的。从数学角度看,A' 是一元关系,而 R 是二元关系,两者怎么能合成呢?难怪 CRI 与传统的假言推理不兼容。另外,这个模糊推理与模糊逻辑似乎并无瓜葛。难怪有人说模糊逻辑是"似是而非的成功"。

此外,模糊推理未考虑语言值 A' 相对于规则 $A \rightarrow B$ 的前件语言值 A 的方位,但这个方位与结论语言值 B' 的准确性和相应的数值 y' 的精确性却是密切相关的。因为从软语言函数的视角看,这种模糊推理就是基于单个对应值对的软语言函数近似求值。

正由于 CRI 方法缺乏坚实的理论依据,所以常导致推理的失效。为此,包括 Zadeh 本人在内的许多学者,都致力于模糊推理的理论和方法研究,并提出了许多(数十种)的新方法。例如,Mandani 推理法、TVR 法、直接法、强度转移法、模糊计算逻辑推理法等,其中也有我国学者的重要贡献。但总的说来,这些方法几乎还都是在逻辑框架下提出的一些隶属度变换或计算模型,因而总存在这样那样的问题或缺陷。

注:关于软语言规则的数学本质、数学背景和数值模型的详细论述,可参见文献[96]的 Chapter 9 和 Chapter 13。文献[96]的 Section 17.6 和文献[103]中有关于模糊推理与本书中所给的推理方法在理论依据、效率效果、研究方法、范围和能力等方面更为详细的对比和评述。

延伸学习导引

关于不确定性知识的表示及推理可参阅有关不确定性推理的著作继续延伸学习。

关于不确切性知识的表示及推理,文献[96]中有系统、完整的论述,有兴趣的读者,可在本章的基础上参阅此书,继续延伸学习。

习题 8

1. 何为不确定性信息?何为不确切性信息?二者有何区别?

2. 举一个不确切性产生式规则实例,并用附有信度的规则形式表示,进而用 PROLOG 语言表示。

3. 举一个不确切性产生式规则实例,并用程度化规则形式表示,进而用 PROLOG 语言表示。

4. 试写一个程度化框架和一个程度化语义网络,并用 PROLOG 语言表示。

5. 试写出天气"热""温和""冷"这 3 个软语言值的相容函数。

6. 何为不确定性推理?它与确定性推理的区别何在?

7. 何为不确定性推理模型?试给出几个不确定性推理模型的名称。

8. 设有如下一组规则。

$$r_1: \text{If } E_1 \text{ Then } E_2(0.6)$$

r_2：If E_2 and E_3 Then $E_4(0.8)$

r_3：If E_4 Then $H(0.7)$

r_4：If E_5 Then $H(0.9)$

且已知

$$\text{CF}(E_1)=0.5, \quad \text{CF}(E_3)=0.6, \quad \text{CF}(E_5)=0.4$$

用确定性理论求 $\text{CF}(H)$。

9. 试用贝叶斯网络表示某设备(如电视机、汽车、计算机)的故障诊断方面的知识,并进行相应的因果推理和诊断推理。

10. 写出例 8-11 中软语言值"低"和"高"的相容函数。

11. 参照例 8-12 或者例 8-13 自拟一道题目,然后用相应的推理方法进行求解。

第4篇　学习与发现

　　学习是系统积累经验或运用规律指导自己的行为或改进自身性能的过程,而发现则是系统从所接收的信息中发现规律的过程。学习与发现相辅相成、关系密切,以致在不少文献中二者几乎是同义语。

　　当今人工智能中的机器学习主要指机器对自身行为的修正或性能的改善(这类似于人类的技能训练和对环境的适应)和机器对客观规律的发现(这类似于人类的科学发现)。

　　机器学习从 20 世纪 50 年代就开始被研究,现在已取得了不少成就,并分化出了许多研究方向,主要有符号学习、连接学习(即神经网络学习)、统计学习和交互学习等。

　　机器对于客观规律的发现,也称为知识发现(KD)。早在 20 世纪 70—80 年代,知识发现就取得了不少重要成果。例如,计算机发现了一些数学概念和定理,还重新发现了不少物理、化学定律。

　　20 世纪 80 年代以后,知识发现又有一个重要研究和应用领域,被称为数据库中的知识发现(KDD)或数据挖掘(DM)。数据库中的知识发现主要指从海量数据(如数据仓库、Internet 和 Web 上的数据信息)中提取有用信息和知识。数据挖掘自然也要用到机器学习,反过来,它又促进和发展了机器学习。也就是说,二者相辅相成、相得益彰。

　　在当前的大数据时代,KD 和 DM 就显得更为重要和必要了,也更有用武之地了,事实上,它们已成为人工智能研究和应用的一个热门领域。

　　需要指出的是,虽然机器学习的研究现在已经取得了长足的进步和发展,但其内容和成果主要还是机器的直接发现式学习,而类似人类通过听讲、阅读等形式获取前人或他人所发现的知识(书本知识)的这种间接继承性机器学习,涉及甚少。显然,这种间接继承性机器学习的意义是巨大的。但由于后者的特点是需要"理解"(包括自然语言理解和图形图像理解等),而且多数情况下面对的是非结构化信息,因此,这种机器学习将是机器学习领域的又一个新的重要课题,也是对机器学习乃至人工智能的一个挑战。

第 9 章

机器学习：符号学习与交互学习

9.1 机器学习概述

9.1.1 机器学习的概念

顾名思义，机器学习（ML）就是让计算机模拟人的学习行为，或者说让计算机也具有学习的能力。但什么是学习呢？

心理学中对学习的解释是：学习是指（人或动物）依靠经验的获得而使行为持久变化的过程。人工智能和机器学习领域的几位著名学者也对学习提出了各自的说法。如，Simon 认为：如果一个系统能够通过执行某种过程而改进它的性能，这就是学习。Minsky 认为：学习是在人们头脑中（心理内部）进行有用的变化。Tom M. Mitchell 在《机器学习》一书中对学习的定义是：对于某类任务 T 和性能度 P，如果一个计算机程序在 T 上以 P 衡量的性能随着经验 E 而自我完善，那么，我们称这个计算机程序从经验 E 中学习。

基于以上对于学习的解释，在当前关于机器学习的许多文献中也大都认为：学习是系统积累经验以改善其自身性能的过程。也可以说，机器学习是计算机从学习对象中发现知识的过程。

9.1.2 机器学习的原理

从以上对于学习的解释可以看出：
(1) 学习与经验有关。
(2) 学习可以改善系统性能。
(3) 学习是一个有反馈的信息处理与控制过程。因为经验是在系统与环境的交互过程中产生的,而经验中应该包含系统输入、响应和效果等信息,因此经验的积累、性能的完善正是通过重复这一过程而实现的。

于是,可将机器学习原理图解如下(见图9-1)。

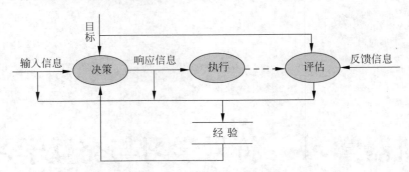

图 9-1　机器学习原理图解 1

这里的输入信息是指系统在完成某任务时,接收到的环境信息;响应信息是指对输入信息做出的回应;执行是指根据响应信息实施相应的动作或行为。按图9-1,机器学习的流程就是:①对于输入信息,系统根据目标和经验做出决策予以响应,即执行相应动作;②对目标的实现或任务的完成情况进行评估;③将本次的输入、响应和评价作为经验予以存储记录。可以看出,第一次决策时系统中还无任何经验,但从第二次决策开始,经验便开始积累。这样,随着经验的丰富,系统的性能自然就会不断改善和提高。

图 9-1 所示的学习方式类似于人类在环境中的学习,它是通过交互、记忆、修正等方式学习。例如,Samuel 的跳棋程序就采用这种学习方法。这种学习实际上也是人类和动物的一种基本学习方式。然而,这种依靠经验来提高性能的记忆学习存在严重不足:其一,由于经验积累是一个缓慢过程,所以系统性能的改善也很缓慢;其二,由于经验毕竟不是规律,故仅凭经验对系统性能的改善是有限的,有时甚至是靠不住的。

所以,学习方式需要延伸和发展。可想而知,如果能在积累的经验中进一步发现规律,然后利用所发现的规律即知识来指导系统行为,那么,系统的性能将会得到更大的改善和提高。于是,就有了如图9-2所示的机器学习原理图解2。

可以看出,这才是一个完整的学习过程。它可分为 3 个子过程,即经验积累过程、知识生成过程和知识运用过程。事实上,这种学习方式就是人类和动物的技能训练或者更一般的适应性训练过程,如骑车、驾驶、体操、游泳等就是以这种方式学习的。所以,图 9-2 所示这种学习方式也适用于机器的技能训练,如机器人的驾车训练。

但现在的机器学习研究中,往往省去了上面的经验积累过程,一开始就把事先组织好的经验数据(包括实验数据和统计数据)直接输入学习系统,让学习系统对其进行归纳、分析、推导、计算而发现其中的规律或模式,即知识,然后再用所得知识去指导行为、改善性能。这一过程如图9-3所示。在这里组织好的经验数据被称为样例(examples),由样例到知识的转换过程称为学习或训练。因为这一过程仍然是一个反复"试探-评估-修正"的过程。

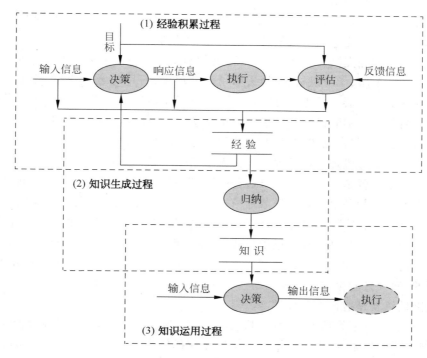

图 9-2 机器学习原理图解 2

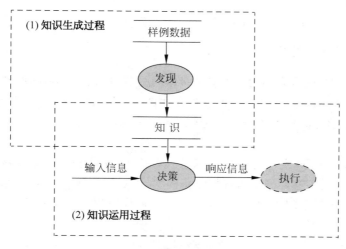

图 9-3 机器学习原理图解 3

9.1.3 机器学习的分类

从图 9-3 可以看出,机器学习有"数据""发现""知识"3 个要素,它们分别是机器学习的对象、方法和目标。那么,谈论一种机器学习,就要考察这 3 个要素;而分别基于这 3 个要素,就可以对机器学习进行分类。例如,由于数据有语言符号型与数值型之分,所以基于数据,机器学习可以分为符号学习和数值学习;而基于知识的形式,机器学习又可分为规则学习和函数学习等;若基于发现的逻辑方法,则机器学习可分为归纳学习、演绎学习和类比学习等。这样的分类也就是分别从"从哪儿学""怎样学""学什么"这3个着眼点对机器学习进行的分类。可想而知,这样得到的类型数目应该是不小的。另外,人们还从机器学习的总体策略、学习风格、模拟人脑学习的层次、所用的数学模型、算法特点、实现途径等不同侧面对机器学习进行分类,这就使得机器学习的类别更加繁多了,而且现在新的机器学习名称还在不断涌现。所以要对机器学习进行全面分类是困难的。下面我们从不同的视角,仅对一些常见的、典型的机器学习方法进行归类。

考察人脑的学习机理可以发现,其实,人脑的学习可分为心理级的学习和生理级的学习。心理级的学习就是基于显式思维过程(即可以用语言表达的心理活动过程)的一种学习。这种学习输入的是语言符号型数据信息;所用的方法是逻辑推理,包括归纳、演绎和类比;学得的知识也是语言型的,如概念或规则。例如人类的理论知识学习就是这样的学习。生理级的学习是基于隐式思维过程(即不可以用语言表达的神经信息处理过程)的一种学习。这种学习输入的是数量型数据信息;所用的方法是神经计算;所得的知识也是数量型的,而且只能存储于神经网络之中而无法准确地用语言显式地表达出来。例如人类的技能训练就是这样的一种学习。

另外,对于数量型的数据,绕过人脑的心理和生理学习机理,而采用纯数学的方法(如代数、几何、统计、概率等)也可以推导计算出相应的知识,如函数、集合等。这就是说,采用纯数学方法也可以实现机器学习。事实上,在模式识别、数据挖掘等领域往往采用的就是这种学习方法。

基于以上分析,我们给出如下的机器学习分类。

1. 基于学习途径的分类

(1) 符号学习:模拟人脑的宏观心理级学习过程,以认知心理学原理为基础,以符号数据为输入,以符号运算为方法,用推理过程在图或状态空间中搜索,学习的目标为概念或规则等。符号学习的典型方法有:记忆学习、示例学习、演绎学习、类比学习、规则学习、解释学习等。

(2) 神经网络学习(或连接学习):模拟人脑的微观生理级学习过程,以脑和神经科学原理为基础,以人工神经网络为拓扑结构模型,以数值数据为输入,以数值运算为方法,用迭代过程在权向量空间中搜索,学习的目标为函数或类别。典型的连接学习有权值修正学习、拓扑结构学习。

这里要特别提及的是,近年来,在神经网络学习中生长出的一种名为"深度学习"的学习方法,其发展迅猛,现已成为神经网络学习乃至机器学习的一个重要方法。

(3) 统计学习:运用统计、概率及其他数学理论和方法对样本数据进行处理,从中发现相关模式和规律的一种机器学习方法。

(4) 交互学习:智能体通过与环境的交互而获得相关知识和技能的一种机器学习方法。交互学习的典型方法就是强化学习。强化学习以环境反馈(奖/惩信号)作为输入,以统计和动态规划技术为指导,学习目标为最优行动策略。

2．基于学习方法的分类

（1）归纳学习：基于归纳推理（由特殊到一般）的学习，又可分为以下 3 类。
- 符号归纳学习，如目标为概念的示例学习，目标为规则的决策树学习。
- 函数归纳学习，如目标为函数的统计学习和神经网络学习。
- 类别归纳学习，如无监督学习。

（2）演绎学习：基于演绎推理（从一般到特殊）的学习。

（3）类比学习：基于类比推理的学习。如案例（范例）学习（case-based learning）、基于实例的学习、迁移学习。

（4）分析学习：利用先验知识和演绎推理来扩大样例提供的信息的一种学习方法。典型的分析学习有解释学习。

3．基于样本数据特点的分类

（1）有监督学习（supervised learning，也称有导师学习）。

有监督学习的样本数据为一些由向量$(x_1,x_2,\cdots,x_n)$和一个对应值 y 组成的序对（如$((1.5,2.6,3.8),4.5),((3.0,6.5,8.6),9.7),\cdots$）。这里的 $x_1,x_2,\cdots,x_n$ 和 y 可以是离散值也可以是连续的实数值，当 y 取离散值（如 $1,2,\cdots$）时一般表示类别标记（也称为指示函数值），当 y 取连续值时则表示函数值。这个对应值 y 就是所谓的"导师信号"，而"监督"之义也由此而生。监督学习就是用当前由$(x_1,x_2,\cdots,x_n)$所求得的函数值 y' 与原对应值 y 做比较，然后根据误差决定是否对所选用的函数模型的参数进行修正。监督学习以代数函数、概率函数或者人工神经网络为基本函数模型，采用迭代计算的方法，来拟合相应的数据集，学习结果为函数（即隐藏于样本数据中的规律）。监督学习被用于分类问题和回归问题，以对未知进行预测。

（2）无监督学习（unsupervised learning，也称无导师学习）。

无监督学习的样本数据仅为一些向量$(x_1,x_2,\cdots,x_n)$（无对应值 y），其学习方法就是聚类，即把相似的对象归为一类，学习结果为数据类别［即隐藏于样本数据中的模式（类）或结构］。无监督学习被用于聚类问题，也可用于数据降维（dimensionality reduction）和图像压缩（image compression）等。聚类学习和竞争学习都是典型的无监督学习。

4．基于数据形式的分类

（1）结构化学习：以结构化数据为输入，以数值计算或符号推演为方法。典型的结构化学习有神经网络学习、统计学习、决策树学习、规则学习。

（2）非结构化学习：以非结构化数据为输入，典型的非结构化学习有类比学习、案例学习、解释学习以及用于文本挖掘、图像挖掘、Web 挖掘等的学习。

5．基于学习目标的分类

（1）概念学习：即学习的目标和结果为概念，或者说是为了获得概念的一种学习。典型的概念学习有示例学习。

（2）规则学习：即学习的目标和结果为规则，或者说是为了获得规则的一种学习。

典型的规则学习有决策树学习、关联规则发现。

（3）函数学习：即学习的目标和结果为函数，或者说是为了获得函数关系的一种学习。典型的函数学习有神经网络学习和统计学习中的监督学习。

（4）类别学习：即学习的目标和结果为对象类，或者说是为了获得类别的一种学习。典型的类别学习有无监督学习。

（5）贝叶斯网络学习：即学习的目标和结果是贝叶斯网络，或者说是为了获得贝叶斯网络的一种学习。其又可分为结构学习和参数学习。

当然，以上仅是机器学习的一些分类而并非全面分类。事实上，除了以上分类外，还有许多其他分法和提法。例如，深度学习、迁移学习、半监督学习、集成学习、对偶学习、稀疏学习、懒惰学习、概率学习、PAC(Probably Approximately Correct)学习、在线学习、分布式学习等。有些机器学习还需要背景知识作指导，这就又有了基于知识的机器学习类型。如解释学习就是一种基于知识的机器学习。

9.2　几种典型的（符号）学习方法

符号学习的方法很多，内容也相当丰富，由于篇幅所限，本节简单介绍几种典型的符号学习方法及其他早期推出的一些学习方法。

9.2.1　记忆学习

记忆学习也称死记硬背学习或机械学习。这种学习方法不要求系统具有复杂问题求解能力，也就是学习系统没有推理技能，其学习方法就是直接记录问题有关的信息，然后检索并利用这些存储的信息来解决问题。例如，对于某个数据 x，经某种计算过程得到的结果是 y，那么系统就把 (x,y) 作为联想对存储起来，以后再要对 x 作同样的计算时，就可以通过查询（而不是计算）直接得到 y。又如，对于某个事实 A，经某种推理而得到结论 B，那么就可以把序对 (A,B) 作为一条规则而记录下来，以后就可以由 A 直接得到 B。

使用记忆学习方法的一个成功例子是 Samuel 的跳棋程序（1959 年开发），这个程序是靠记住每一个经过评估的棋局势态，来改进弈棋的水平。程序采用极小-极大分析的搜索策略来估计可能的未来棋盘局势，学习环节只存储这些棋盘势态估值及相应的索引，以备以后弈棋使用。例如某一个势态 A 轮到程序走步，这时程序考虑向前搜索 3 步，根据假设的端节点静态值，用极小-极大法可求得 A 的倒推值 A_v。这时系统记住了该棋局及其倒推值 $[A,A_v]$。现在假定以后弈棋中，棋局 E 的搜索树端节点中出现了 A，这时就可以检索已存的 A_v 来使用，而不必再去计算其静态估值。这不仅提高了搜索效率，更重要的是 A 的倒推值比 A 的静态值更准确。用了所记忆的 A 倒推值，对棋局 E 来说，相当于局部搜索深度加大到 6，因而 E 的结果得到了改善。根据文献报道，Samuel 程序由于有机械学习机制，最后竟能战胜跳棋冠军。

机械学习基于记忆和检索进行学习，学习方法简单，但学习系统需要以下几种能力。

（1）能实现有组织的存储信息。为了使利用一个已存的信息比重新计算该值来得快，必须有一种快速存取的方法。如在 Samuel 程序中，通过对棋子位置的布局上加几个重要特征(如棋盘上棋子的数目)作为索引以利于检索。

（2）能进行信息综合。通常存储对象的数目可能很大,为了使其数目限制在便于管理的范围内,需要有某种综合技术。在 Samuel 程序中,被存储的对象数目就是博弈中可能出现的各种棋局棋子位置数目,该程序用简单的综合形式来减少这个数目,例如只存储一方棋子位置,就可以使存储的棋子位置数目减少一半,也可以利用对称关系进行综合。

（3）能控制检索方向。当存储对象增多时,其中可能有多个对象与给定的状态有关,这样就要求程序能从有关的存储对象中进行选择,以便把注意力集中到有希望的方向上来。Samuel 程序采用优先考虑相同评分下具有较少走步就能到达那个对象的方向。

9.2.2 示例学习

示例学习也称实例学习,它是一种归纳学习。示例学习是从若干实例(包括正例和反例)中归纳出一般概念或规则的学习方法。例如学习程序要学习"狗"的概念,可以先提供给程序以各种动物,并告知程序哪些动物是狗,哪些不是狗,系统学习后便概括出狗的概念模型或类型定义,利用这个类型定义就可以作为动物世界中识别狗的分类的准则。这种构造类型定义的任务称为概念学习,当然这个任务所使用的技术必须依赖于描述类型(概念)的方法。下面使用 Winston(1975 年)提出的结构化概念学习程序的例子作为模型来说明示例学习的过程。

Winston 的程序是在简单的积木世界领域中运行的,其目的是要建立积木世界中物体概念定义的结构化表示,例如学习房子、帐篷和拱桥的概念,构造出这些概念定义的结构化描述。

系统的输入是积木世界某物体(或景象)的线条图,使用语义网络来表示该物体结构化的描述。例如系统要学习拱桥概念,就给学习程序输入第一个拱桥示例,得到的描述如图 9-4 所示,这个结构化的描述就是拱桥概念的定义。接着再向程序输入第二个拱桥示例,其描述如图 9-5 所示。这时学习程序可归纳出如图 9-6 所示的描述。

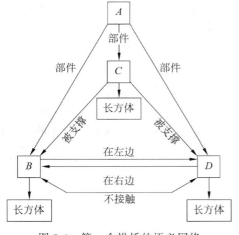

图 9-4　第一个拱桥的语义网络

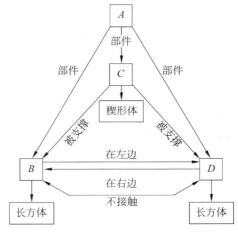

图 9-5　第二个拱桥的语义网络

假定下一步向程序输入一个拱桥概念的近似样品（不同之处是 B、D 相切），并告知程序这不是拱桥（即拱桥的反例），则比较程序会发现当前的定义描述（见图 9-6）与近似样品的描述只是在 B、D 节点之间，"不接触"的链接弧有区别。由于近似样品不是拱桥，不是推广当前定义描述去概括它，而是要限制该定义描述适用的范围，因而就要把"不接触"链修改为"必须不接触"，这时拱桥概念的描述如图 9-7 所示。这就是机器最后学到的拱桥概念。

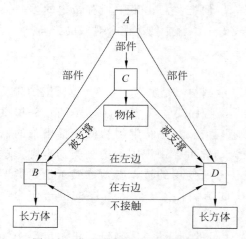

图 9-6　学习程序归纳出的语义网络

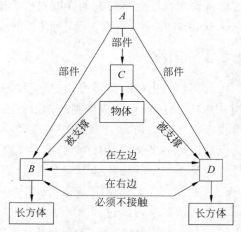

图 9-7　拱桥概念的语义网络

示例学习不仅可以学习概念，也可获得规则。这样的示例学习一般是用所谓的示例空间和规则空间实现学习的。示例空间存放着系统提供的示例和训练事件，规则空间存放着由示例归纳出的规则。反过来，这些规则又需要进一步用示例空间的示例来检验，同时也需要运用示例空间中的示例所提供的启发式信息来引导对规则空间的搜索。所以，示例学习可以看作是示例空间和规则空间相互作用的过程。下面给出双空间示例学习的例子。

例 9-1　假设示例空间中有桥牌中"同花"概念的两个示例。

示例 1：花色$(c_1,梅花) \wedge$ 花色$(c_2,梅花) \wedge$ 花色$(c_3,梅花) \wedge$ 花色$(c_4,梅花) \rightarrow$ 同花(c_1,c_2,c_3,c_4)

示例 2：花色$(c_1,红桃) \wedge$ 花色$(c_2,红桃) \wedge$ 花色$(c_3,红桃) \wedge$ 花色$(c_4,红桃) \rightarrow$ 同花(c_1,c_2,c_3,c_4)

对这两个示例，学习系统运用变量代换常量进行归纳推理，便得到一条关于同花的一般性规则：

花色$(c_1,x) \wedge$ 花色$(c_2,x) \wedge$ 花色$(c_3,x) \wedge$ 花色$(c_4,x) \rightarrow$ 同花(c_1,c_2,c_3,c_4)

当然，这条规则还需用更多的示例加以验证。

9.2.3　演绎学习

演绎学习是基于演绎推理的一种学习。演绎推理是一种保真变换，即若前提真则推出的结论也为真。在演绎学习中,学习系统由给定的知识进行演绎的保真推理,并存储有用的结论。例如,当系统能证明 $A \to B$ 且 $B \to C$,则可得到规则 $A \to C$,那么以后再要求证 C,就不必再通过规则 $A \to B$ 和 $B \to C$ 去证明,而直接应用规则 $A \to C$ 即可。演绎学习包括知识改造、知识编译、产生宏操作、保持等价的操作和其他保真变换。

9.2.4 类比学习

这是一种基于类比推理的学习方法。具体来讲,就是寻找和利用事物间可类比的关系,而从已有的知识推导出未知的知识。例如,学生在做练习时,往往在例题和习题之间进行对比,以发现相似之处,然后利用这种相似关系解决习题中的问题。

类比学习的过程包括以下主要步骤:

(1) 回忆与联想,即当遇到新情况或新问题时,先通过回忆与联想,找出与之相似的已经解决了的有关问题,以获得有关知识。

(2) 建立对应关系,即建立相似问题知识和求解问题之间的对应关系,以获得求解问题的知识。

(3) 验证与归纳,即检验所获知识的有效性,如发现有错,就重复上述步骤进行修正,直到获得正确的知识。对于正确的知识,经过推广、归纳等过程取得一般性知识。

例如,设对象的知识是用框架集来表示,则类比学习可描述为把原框架中若干个槽的值传递给另一个目标框架的一些槽中去,这种传递分两步进行:

(1) 利用原框架产生若干个候选的槽,这些槽值准备传递到目标框架中去。

(2) 利用目标框架中现有的信息来筛选第一步提出来的某些相似性。

案例(范例)学习就是一种典型的类比学习。案例学习利用问题之间的某种相似关系,将已有成功案例的参数、模型或者方法等用于解决类似的问题。这方面已有不少成功的案例。

近年来在神经网络学习中兴起的迁移学习(transfer learning)也是一种类比学习。迁移学习利用问题之间的某种相似关系,将已经训练好的网络模型参数用于新的网络模型,以加快新模型的训练。

总之,类比学习使机器具有一种"举一反三""触类旁通"的能力,以期收到事半功倍的效果。

9.2.5 解释(分析)学习

解释学习(Explanation-Based Learning,EBL)就是只用一个实例,通过运用领域知识,对实例的详细分析来构造解释结构,然后对解释进行推广而得到一个关于实例的更一般性描述的学习方法。解释学习的一般框架如下。

给定:领域知识、目标概念、训练实例和操作性准则。

找出:满足操作性准则的关于目标概念的充分条件。

其中,领域知识是描述相应领域的事实和规则,在学习系统中作为背景知识,系统用它来证明训练实例为什么可作为目标概念的实例;目标概念就是要学习的概念;训练实例是为解释学习提供的一个例子,解释学习正是从该例子出发,通过运用领域知识进行证明,最终推广出目标概念的描述;操作性准则用于指明哪些测试在运行时容易判定,指导系统对描述目标的概念进行取舍。

解释学习的学习过程是:首先运用领域知识找出训练实例为什么是目标概念的证明(即解释),然后按操作性准则对解释进行推广,从而得出关于目标概念的学习描述。

学习描述既是训练实例的一般化,又是目标概念的特例。学习的目的就是要产生这样的学习描述,作为目标概念的有效识别器。下面来看一个解释学习的简单例子。

假设要学习的目标概念是:

<blockquote>年轻人比年纪大的人更充满活力。</blockquote>

并且已知如下事实:

(1) 一个实例——张三比他的父亲更充满活力;

(2) 一组领域知识——假设这一组领域知识能证明给出的实例就是目标概念的例子。

解释学习时,系统首先利用领域知识,找出所提供的实例之所以是目标概念的一个实例的解释,即张三之所以比他父亲更充满活力,是由于他比他的父亲年纪轻。然后对此解释进行一般化推广,便得出结论:年轻人比年纪大的人更充满活力。这就是解释学习所要学习的最终描述。

解释学习是一种分析学习方法,在解释学习中,先验知识用于分析(或者解释)观察到的学习样例是怎样满足目标概念的,然后这个解释被用于区分训练样例中哪些是相关的特征,哪些是不相关的。这些解释能使学习系统比单独依靠数据进行泛化有更高的精度。这样,样例就可以基于逻辑推理进行泛化,而不是基于统计推理。解释学习已被成功地应用于在各种规划和调度任务中学习搜索控制规则。

9.2.6　发现学习

发现学习是系统直接从(数据)环境中归纳总结出规律性知识的一种学习。即发现学习是指机器获取知识无须外部拥有该知识的实体的帮助,甚至蕴含在客观现象中的这类知识至今尚未被人所知,因此发现学习也是一种归纳学习,而且是一种高级的学习过程(这与心理学中的发现学习概念是一致的)。它要求系统具有复杂的问题求解能力,包括概念聚类、结构分类、数据拟合、建立系统行为等。下面仅就这方面的研究做一点简要介绍。

早期的人工智能研究中已经出现几个发现学习程序和系统,例如 AM(1977 年开发)程序,从集合论的几个基本概念出发,经过学习可以发现标准数论的一些概念和定理,甚至有一些是数学家未提出过的概念。还有 BACON.3(1979 年开发)是一个发现物理学中经验性定律的学习系统,如果给程序提供一系列气体体积随温度、压力变化的实验数据,系统经过学习概括和归纳推理,可以得出理想气体的波义耳定律;如果提供的是电路的电阻、电流和电压的实验数据,则可发现欧姆定律。这个系统还能归纳出刻卜勒、伽利略和库仑等物理学基本定律,是一个成功的再发现学习系统。在 BACON.3 的基础上开发的 BACON.4 不仅可发现欧姆定律、阿基米德定律等物理学定律，还能发现一些早期化学家发现的定律，如普罗斯特定律、盖·吕萨克定律、康尼查罗测定法以及普罗斯特的假设等。

20 世纪 80 年代中期，R. S. Michalski 和 R. E. Stepp 研制了概念聚类系统 CLUSTER/2 和 CLUSTER/S。CLUSTER/2 中采用了一种名为合取概念聚类（即把对象分成合取层次）的方法来描述对象类别的层次结构。即每类都有一个以单纯合取方式为形式的描述，这些描述逻辑地与它在层次结构中有相同父节点的其他类别的描述相分离，并按一定的聚类质量标准使之最优化。CLUSTER/S 则根据背景知识使用目标制导推理建立结构化对象分类。其中使用了两种方法。第一种方法为重复辨识（RD）法，就是把概念的形成转换为一系列概念获取问题；第二种方法为分类属性（CA）法，就是用生成-测试方法形成类别，即使用推理链生成描述项，然后把它们当成候选分类标准进行检测。这种方法还为概念形成和数据分析过程添加了一种新手段。

9.3　决策树学习

决策树学习是一种重要的归纳学习。其原理是用构造树型数据结构的方法从一批事实/数据集中归纳总结出若干条分类、决策规则。

9.3.1　什么是决策树

决策树（decision tree）也称判定树，它是由对象的若干属性、属性值和有关决策组成的一棵树。其中的节点为属性（一般为语言变量），分枝为相应的属性值（一般为语言值）。从同一节点出发的各个分枝之间是逻辑"或"关系；根节点为对象的某一个属性；从根节点到每一个叶子节点的所有节点和边，按顺序串连成一条分枝路径，位于同一条分枝路径上的各个"属性-值"对之间是逻辑"与"关系，叶子节点为这个与关系的对应结果，即决策。例如图 9-8 所示就是一棵决策树。其中，A、B、C代表属性，a_i、b_j、c_k 代表属性值，d_l 代表对应的决策。处于同一层的属性（如图中的 B、C）可能相同，也可能不相同，所有叶子节点（如图中的 d_l，$l=1,2,\cdots,6$）所表示的决策中也可能有相同者。

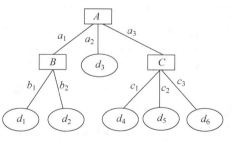

图 9-8　决策树示意图

由图 9-8 不难看出，一棵决策树上从根节点到每一个叶子节点的分枝路径上的诸"属性-值"对和对应叶子节点的决策，刚好就构成一个产生式规则：诸"属性-值"对的合取构成规则的前提，叶子节点的决策就是规则的结论。例如，图 9-8 中从根节点 A 到叶子节点 d_2 的这一条分枝路径就构成规则：

$$A=a_1 \wedge B=b_2 \Rightarrow d_2$$

而不同分枝路径所表示的规则之间为析取关系。

这样,一棵决策树实际上就表示了一组产生式规则,反过来,一组特定的产生式规则也可以表示成一棵决策树。这就是说,决策树也是一种知识表示形式。由产生式规则的表达能力可知,决策树也可以描述分类、决策、预测、诊断、评判、控制、概念判定等性质的知识。下面再举几个决策树的例子。

例 9-2 图 9-9 所示是机场指挥台关于飞机起飞的简单决策树。

例 9-3 图 9-10 所示是一个描述"兔子"概念的决策树。

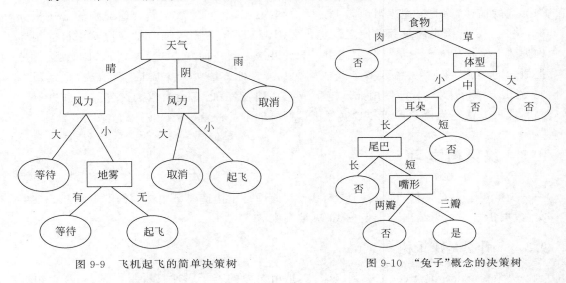

图 9-9　飞机起飞的简单决策树　　　　图 9-10　"兔子"概念的决策树

9.3.2　如何学习决策树

决策树是一种知识表示形式,构造决策树可以由人来完成,也可以由机器从一些实例中总结、归纳出来,即由机器学习而得。机器学习决策树也就是所说的决策树学习。

决策树学习是一种归纳学习。由于一棵决策树就表示了一组产生式规则,因此决策树学习也是一种规则学习。特别地,当规则是某概念的判定规则时,这种决策树学习也就是一种概念学习。

决策树学习首先要有一个实例集。实例集中的实例都含有若干"属性-值"对和一个相应的决策、结果或结论。一个实例集中的实例要求应该是相容的,即相同的前提不能有不同的结论(当然,不同的前提可以有相同的结论)。对实例集的另一个要求是,其中各实例的结论既不能完全相同也不能完全不相同,否则该实例集无学习意义。

决策树学习的基本方法和步骤如下:

首先,选取一个属性,按这个属性的不同取值对实例集进行分类,并以该属性作为根节点,以这个属性的诸取值作为根节点的分枝,进行画树。

然后,考察所得的每一个子类,看其中的实例的结论是否完全相同。如果完全相同,则以这个相同的结论作为相应分枝路径末端的叶子节点;否则,选取一个非父节点的属性,按这个属性的不同取值对该子集进行分类,并以该属性作为节点,以这个属性的诸取值作为节点的分枝,继续进行画树。如此继续,直到所分的子集全都满足:实例结论完全相同,而得到所有的叶子节点为止。这样,一棵决策树就被生成。下面进一步举例说明。

设表 9-1 所示的是某保险公司的汽车驾驶保险类别划分的部分实例。将这张表作为一个实例集,用决策树学习来归纳该保险公司的汽车驾驶保险类别划分规则。

表 9-1 汽车驾驶保险类别划分实例集

序 号	实 例			
	性 别	年 龄 段	婚 状	保 险 类 别
1	女	<21	未	C
2	女	<21	已	C
3	男	<21	未	C
4	男	<21	已	B
5	女	≥21 且 ≤25	未	A
6	女	≥21 且 ≤25	已	A
7	男	≥21 且 ≤25	未	C
8	男	≥21 且 ≤25	已	B
9	女	>25	未	A
10	女	>25	已	A
11	男	>25	未	B
12	男	>25	已	B

可以看出,该实例集中共有 12 个实例,实例中的性别、年龄段和婚状为 3 个属性,保险类别就是相应的决策项。为表述方便起见,将这个实例集简记为

$$S = \{(1,C),(2,C),(3,C),(4,B),(5,A),(6,A),(7,C),(8,B),(9,A),(10,A),$$
$$(11,B),(12,B)\}$$

其中,每个元组表示一个实例,前面的数字为实例序号,后面的字母为实例的决策项保险类别(下同)。另外,为了简洁,在下面的决策树中用"小""中""大"分别代表"<21" "≥21 且 ≤25""＞25"这 3 个年龄段。

显然,S 中各实例的保险类别取值不完全一样,所以需要将 S 分类。对于 S,我们按属性"性别"的不同取值将其分类。由表 9-1 可见,这时 S 应被分类为两个子集

$$S_1 = \{(3,C),(4,B),(7,C),(8,B),(11,B),(12,B)\}$$
$$S_2 = \{(1,C),(2,C),(5,A),(6,A),(9,A),(10,A)\}$$

于是,得到以性别作为根节点的部分决策树,如图 9-11 所示。

图 9-11 决策树生成过程-1

考察 S_1 和 S_2，可以看出，在这两个子集中，各实例的保险类别也不完全相同。这就是说，还需要对 S_1 和 S_2 进行分类。对于子集 S_1，我们按"年龄段"将其分类；同样，对于子集 S_2，也按"年龄段"对其进行分类（注意：对于子集 S_2，也可按属性"婚状"分类）。分别得到子集 S_{11}，S_{12}，S_{13} 和 S_{21}，S_{22}，S_{23}。于是，进一步得到含有两层节点的部分决策树，如图 9-12 所示。

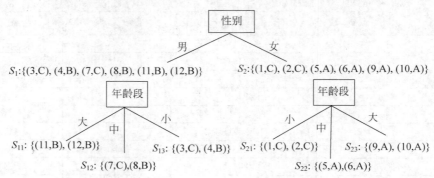

图 9-12　决策树生成过程-2

这时除了 S_{12} 和 S_{13} 外，其余子集中各实例的保险类别已完全相同。所以，不需再对其进行分类，而每一个子集中相同的保险类别值就可以作为相应分枝的叶子节点。添上这些叶子节点，又进一步得到发展了的部分决策树，如图 9-13 所示。

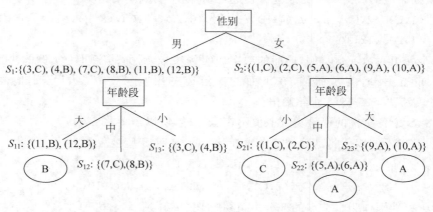

图 9-13　决策树生成过程-3

接着按属性"婚状"对 S_{12} 和 S_{13} 进行分类（也只能按"婚状"进行分类）。由于所得子集 S_{121}，S_{122} 和 S_{131}，S_{132} 中都只含有一个实例，因此无须对它们再进行分类。这时这 4 个子集中各自唯一的保险类别值也就是相应分枝的叶子节点。添上这 4 个叶子节点，就得到如图 9-14 所示的决策树。

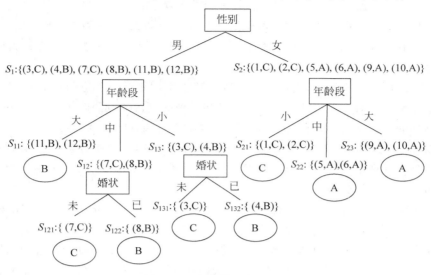

图 9-14　决策树生成过程-4

至此,全部分类工作宣告结束。现在,再去掉图 9-14 中的所有实例集,就得到关于这个保险类别划分问题的一棵完整的决策树,如图 9-15 所示。

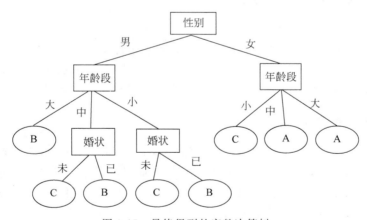

图 9-15　最终得到的完整决策树

由这个决策树可得下面的规则集:

(1) 女性且年龄在 25 岁以上,则给予 A 类保险;

(2) 女性且年龄在 21 岁到 25 岁之间,则给予 A 类保险;

(3) 女性且年龄在 21 岁以下,则给予 C 类保险;

(4) 男性且年龄在 25 岁以上,则给予 B 类保险;

(5) 男性且年龄在 21 岁到 25 岁之间且未婚,则给予 C 类保险;

(6) 男性且年龄在 21 岁到 25 岁之间且已婚,则给予 B 类保险;

(7) 男性且年龄在 21 岁以下且未婚,则给予 C 类保险;

(8) 男性且年龄在 21 岁以下且已婚,则给予 B 类保险。

这个规则集就是通过决策树学习得到的某保险公司的汽车驾驶保险类别划分规则。从 12 个实例中归纳出 8 条规则[当然,(1)、(2)两条规则还可以手工地合并为同一条规则],这 8 条规则之间是析取关系。

由上面的例子我们看到,决策树的构造是基于实例集的分类进行的,或者说,决策树的构造过程也就是对实例集的分类过程;最终得到的从根节点到叶子节点的一条路径就对应实例集的一个子类,同时也就描述了该子类的判别规则。

所以,由一个实例集得到的一棵决策树就覆盖了实例集中所有实例。如果实例集中的实例本身就是规则,则决策树学习相当于规则约简。更重要的是,决策树还能对实例集之外的相关对象进行分类决策。

由于决策树就是规则集的一种结构化表达形式,因此决策树学习也就是用构造决策树的方法从实例集归纳相应的规则集。

上面介绍了决策树学习的基本过程。但其中作为根节点和其他子节点的属性都是随意选取的。显而易见,不同的属性选择会得到不同的决策树。而不同的决策树意味着不同的学习效率和学习效果。自然,我们希望能得到最简的决策树。于是,就出现了一个问题:怎样选取属性才能使得决策树最简呢?对于这个问题,9.3.3 节将给出一个回答。

9.3.3　决策树学习的 ID3 算法

ID3 算法是一个经典的决策树学习算法,由 Quinlan 于 1979 年提出。ID3 算法的基本思想是,以信息熵为度量,用于决策树节点的属性选择,每次优先选取信息量最多的属性,亦即能使熵值变成最小的属性,以构造一棵熵值下降最快的决策树,到叶子节点处的熵值为 0。此时,每个叶子节点对应的实例集中的实例属于同一类。

1. 信息熵和条件熵

ID3 算法将实例集视为一个离散的信息系统,用信息熵(entropy of information)表示其信息量。实例集中实例的结论被视为随机事件,而将诸属性看作是加入的信息源。

设 S 是一个实例集(S 也可以是子实例集),A 为 S 中实例的一个属性,$H(S)$ 和 $H(S|A)$ 分别称为实例集 S 的信息熵和条件熵,其计算公式如下

$$H(S) = -\sum_{i=1}^{n} P(\mu_i) \log_2 P(\mu_i) \tag{9-1}$$

其中,$\mu_i (i=1,2,\cdots,n)$ 为 S 中各实例所有可能的结论。

$$H(S \mid A) = \sum_{k=1}^{m} \frac{|S_{a_k}|}{|S|} H(S_{a_k}) \tag{9-2}$$

其中,$a_k (k=1,2,\cdots,m)$ 为属性 A 的取值,S_{a_k} 为按属性 A 对实例集 S 进行分类时所得诸子类中与属性值 a_k 对应的那个子类。

2. 基于条件熵的属性选择

下面就是 ID3 算法中用条件熵指导属性选择的具体做法。

对于一个待分类的实例集 S，先分别计算各可取属性 $A_j(j=1,2,\cdots,l)$ 的条件熵 $H(S|A_j)$，然后取其中条件熵最小的属性 A_s 作为当前节点。

例如对于上例，当第一次对实例集 S 进行分类时，可选取的属性有：性别、年龄段和婚状。先分别计算 S 的条件熵。

按性别划分，实例集 S 被分为两个子类

$$S_男 = \{(3,C),(4,B),(7,C),(8,B),(11,B),(12,B)\}$$
$$S_女 = \{(1,C),(2,C),(5,A),(6,A),(9,A),(10,A)\}$$

对子集 $S_男$ 而言，$P(A)=\dfrac{0}{6}=0, P(B)=\dfrac{4}{6}, P(C)=\dfrac{2}{6}$，

对子集 $S_女$ 而言，$P(A)=\dfrac{4}{6}, P(B)=\dfrac{0}{6}=0, P(C)=\dfrac{2}{6}$，

于是，由式(9-1)有

$$
\begin{aligned}
H(S_男) &= -(P(A)\log_2 P(A) + P(B)\log_2 P(B) + P(C)\log_2 P(C))\\
&= -\left(\frac{0}{6}\times\log_2\left(\frac{0}{6}\right)+\frac{4}{6}\times\log_2\left(\frac{4}{6}\right)+\frac{2}{6}\times\log_2\left(\frac{2}{6}\right)\right)\\
&= -\left(0+\frac{4}{6}\times(-0.5850)+\frac{2}{6}\times(-1.5850)\right)\\
&= -(-0.39-0.5283)\\
&= 0.9183
\end{aligned}
$$

$$
\begin{aligned}
H(S_女) &= -(P(A)\log_2 P(A) + P(B)\log_2 P(B) + P(C)\log_2 P(C))\\
&= -\left(\frac{4}{6}\times\log_2\left(\frac{4}{6}\right)+\frac{0}{6}\times\log\left(\frac{0}{6}\right)+\frac{2}{6}\times\log_2\left(\frac{2}{6}\right)\right)\\
&= -\left(\frac{4}{6}\times(-0.5850)+0+\frac{2}{6}\times(-1.5850)\right)\\
&= -(-0.5283-0.39)\\
&= 0.9183
\end{aligned}
$$

又

$$\frac{|S_男|}{|S|}=\frac{|S_女|}{|S|}=\frac{6}{12}$$

将以上 3 式代入式(9-2)得

$$H(S\mid 性别)=\frac{6}{12}\times H(S_男)+\frac{6}{12}\times H(S_女)=\frac{6}{12}\times 0.9183+\frac{6}{12}\times 0.9183=0.9183$$

用同样的方法可求得

$$H(S\mid 年龄段)=\frac{4}{12}\times H(S_大)+\frac{4}{12}\times H(S_中)+\frac{4}{12}\times H(S_小)=1.1035$$

$$H(S \mid \text{婚状}) = \frac{6}{12} \times H(S_{未}) + \frac{6}{12} \times H(S_{已}) = 1.5062$$

可见,条件熵 $H(S|\text{性别})$ 为最小,所以,应取"性别"这一属性对实例集进行分类,即以"性别"作为决策树的根节点。

根节点的属性确定后,再用同样的方法选择确定其他节点的属性,直到构造出整个决策树。本例中其余节点的属性选择留给读者自己去完成。

9.3.4 决策树学习的发展

决策树学习是一种很早就出现的归纳学习方法(在统计学习中也有决策树学习),至今仍然在不断发展着。据文献记载,20 世纪 60 年代初的"基本的感知器"(elementary perceiver and memorizer,EPAM)中就使用了决策树学习。稍后的概念学习系统 CLS 则使用启发式的前瞻方法来构造决策树。继 1979 年的 ID3 算法之后,人们又于 1986 年、1988 年相继提出了 ID4 和 ID5 算法。1993 年 J. R. Quinlan 则进一步将 ID3 发展成 C4.5 算法。另一类著名的决策树学习算法称为 CART(Classification And Regression Trees)。

随着决策树算法的广泛应用,包括 C4.5 和 CART 的各种算法得到进一步改进。例如:多变量决策树算法,将遗传算法、神经网络和 C4.5 相结合的 GA-NN-C4.5 算法,SVM 决策树算法,等等。这些改进算法结合各种方案的优势,以获得更合理的分类效果和更通用的决策规则。

9.4 强化学习

9.4.1 简单原理

强化学习(RL)是针对智能机器人或更一般的智能体(Agent,第 17 章将专门介绍)在与环境交互的过程中获得最优动作决策和最优行动策略(policy,即最优动作序列)的一种机器学习方法。

强化学习所解决的一类问题可简单描述如下。

(1) 如图 9-16 所示,设机器人 R 在某个环境(environment)E 中工作,E 有若干个不同的状态(state)$s_1, s_2, \cdots, s_n$,相邻两个状态 s_i 与 s_j 之间可通过 R 的某一动作(action)a 相联系或转换,即在状态 s_i 下机器人 R 执行动作 a 后环境 E 的状态就变为状态 s_j (相当于机器人 R 从状态 s_i 到达了状态 s_j)(设想机器人 R 在房间内将一个箱子从某处搬到另一处的货架上,则其每一个动作都会使房间中的场景发生微小变化)。

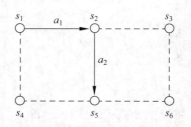

图 9-16 环境 E 的状态与机器人 R 的动作之间的关系图示示例

(2) 设机器人 R 要从某个起始状态 s_s 到达目标状态 s_g(假设从 E 的任一状态 s 出发都能到达目标状态 s_g),但它并不知道在当前状态下该做哪一个动作(即每一步该如何走)才能最快到达目标 s_g(对于上面那个例子,相当于机器人 R 开始时不知道该如何搬运箱子)。

(3) 所幸的是,R 执行一个动作之后,环境 E 一般会立即对其作出评判,给 R 反馈一个奖/惩(reward)值。反馈奖/惩值的原则和做法是:如果在当前状态下机器人 R 所做的一个动作是在到达目标状态 s_g 的正确"路径"或"方向"上,则给 R 反馈一个正分值作为"奖赏";如果这个动作不在正确"路径"和"方向"上甚至在错误的"路径"或"方向"上,就反馈一个 0 值或负分值,作为"惩罚"。机器人 R 与环境 E 的这种交互如图 9-17 所示。

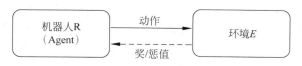

图 9-17　机器人 R 与环境 E 的交互关系示意

(4) 现在的问题是:在与环境的交互过程中,机器人 R 如何得到一系列最优动作决策而形成一个从起始状态 s_s 到达目标状态 s_g 的最优行动策略,即一个最优动作序列?

可以看出,如果仅考虑一个起始状态 s 到相应目标状态 s_g 的动作序列问题,那实际就是一个路径规划问题。于是,用(3.1 节中)状态图搜索方法,以奖/惩值作为启发式信息来引导搜索,就可以求得一个最优动作序列。然而,这类问题的情况是,任一非目标状态 s 都可能作为起始状态,因而对任一非目标状态都要确定一个到达目标状态 s_g 的最优动作序列。这实际上就是对任一非目标状态 s,要选择其下的一个有利于尽快到达目标状态的最优动作 a。用数学语言来表述,就是要构造环境 E 的状态集合 S 到机器人 R 的动作集合 A 的一个映射 π:

$$S \rightarrow A, a = \pi(s),$$

使得对于任一状态 $s \in S$,都有一个最优动作 $a \in A$ 与之对应。例如,图 9-18 所示的就是一个这样的映射 π:(s_1, a_{11}),(s_2,a_{22}),(s_3,a_{31}),(s_4,a_{42}),(s_5,a_{51})。这类似于在一个城市中的每一个岔路口都设立了一个指向某一地点(如市中心)的路标。

可以看出,这样的一个映射 π 就蕴含了从任一状态 s 到目标状态 s_g 的一个最优动作序列。于是,从映射 π 就可以进一步得到起始于任一特定状态的最优行动策略。所以,这个映射 π 也就是机器人 R 的一个行动总策略,而强化学习的任务就是要学习这个总策略 π。

如何学习这个总策略 π 呢?

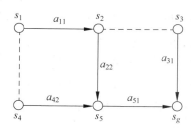

图 9-18　状态集合 S 到动作集合 A 的映射 π 图示示例

假设在所讨论的问题中,每个状态 $s \in S$ 下的每个动作 a 都有一个即时反馈奖/惩值 $f(s, a)$。设想机器人 R 可通过某种方式遍历所有状态和动作并记下相应的即时反馈奖/惩值 $f(s, a)$,从而,最终就可以得到一个包含所有 $f(s, a)$ 的数据表。机器人 R 再通过接连进行"查表-选择"就可以得到一个策略 π。这个策略 π 也就是机器人 R 通过与环境交互所学到的解决相应问题的知识。

9.4.2 价值函数、Q 函数和 Q 学习算法

上面介绍的强化学习方法仅适用于那些对机器人 R 的每一个动作,环境 E 都给出即时反馈奖/惩值(就像城市中的每个岔路口都有路标)的问题,而且默认所做的动作是确定的,动作决策为一种马尔可夫决策过程(Markov Decision Process,MDP,即由动作 a 所产生的新状态 s_n 只与当前状态 s 和动作 a 相关而与 s 之前的状态和动作无关)。然而,在许多实际问题中,并非每个动作都有即时反馈奖/惩值(就像乡间小道上的岔路口一般都没有什么路标),有些问题(例如下棋)甚至只有到达目标状态时相应动作的奖/惩值才会被揭晓。这个仅最后一个动作才有的即时奖/惩值也称为整个动作序列的即时奖/惩值,而对于动作序列中的其余动作,这个奖/惩值则是一种延迟奖/惩值(delayed reward)。

还有一种情况,就是仅由即时奖/惩值来确定最优动作而得到的策略和行动序列未必一定是最优的。因为延迟奖/惩值对一个动作的优劣也有一定影响。因此,将即时奖/惩值和延迟奖/惩值结合起来考量,方可更准确地选出最优动作,从而得到最优策略 π。

为了能在更广泛的实际问题中使用强化学习而且使学习所得的策略 π 尽可能最优,人们引入了价值函数(value function)、Q 函数和 Q 学习算法等概念和方法。下面就逐一介绍之(在下面的叙述中,用更一般的智能体即 Agent 替换智能机器人 R)。

令

$$V^\pi(s_t) = r_t + \gamma r_{t+1} + \gamma^2 r_{t+2} + \cdots$$
$$= \sum_{i=0}^{\infty} \gamma^i r_{t+i} \tag{9-3}$$

其中,π 为待学习的策略,s_t 是时间 t 时的当前状态,r_t 是状态 s_t 下动作 a 的即时奖/惩值,r_{t+i} 是在时间 $t+i$ 时环境对相应状态下动作 $a_i(a_0=a)$ 的即时奖/惩值,$0 \leq \gamma < 1$ 为一常数,称为折算因子,它确定了延迟奖/惩与即时奖/惩的比例(r_{t+1}、r_{t+2}、$\cdots$ 对动作 a 来讲都是延迟奖/惩)。$V^\pi(s_t)$ 称为策略 π 的价值函数,它定义了遵循策略 π,Agent 在状态 s_t 下所获得的关于相应动作 a 的(折算)积累奖/惩值。

有了价值函数,Agent 所要学习的策略 π,就是对于环境 E 的任一状态 s,所选取的动作 a 满足相应的价值函数 $V^\pi(s)$(的值)最大。此策略称为最优策略,记为 π^*,形式化表示就是

$$\pi^* = \arg\max_\pi V^\pi(s) \quad (\forall s) \tag{9-4}$$

进而,将最优策略 π^* 的价值函数记为 $V^*(s)$。

现在的问题是 Agent 如何学习最优策略 π^*?

其实,这个最优策略 π^* 也就是映射:$S \to A, a = \pi^*(s)$。其中,$a \in A$ 是相应状态 $s \in S$ 下(折算)积累奖/惩值最大(即价值函数 $V^\pi(s)$ 的值最大)的那个动作。这样,如果一个问题中所有状态下的所有动作的即时奖/惩值都被提供,那么,这种情况下要求最优策略 π^*,就是从状态 s 开始,依次获取各状态下各个动作的即时奖/惩值并按式(9-3)计算相应的 $V^*(s)$ 值,然后取 $V^*(s)$ 值最大的动作 a 作为状态 s 对应的最优动作。但如果一个问题中的状态转换关系或者动作的即时奖/惩值没有全部被提供,甚至仅产生目标状态

的动作才有即时奖/惩值,则相应的 $V^*(s)$ 似乎就无法计算,从而也就难以得到策略 π^*。

那么,在环境 E 未提供全部动作的即时奖/惩值的情况下,Agent 能否设法获得全部动作的积累奖/惩值呢?下面就来探讨这个问题。

我们用 $r(s,a)$ 标记状态 s 下动作 a 的即时奖/惩值,用 $\delta(s,a)$ 标记状态 s 下由动作 a 产生的新状态 s'。令

$$Q(s,a) = r(s,a) + \gamma V^*(\delta(s,a)) \tag{9-5}$$

称为 Q 函数。它定义了状态 s 下动作 a 的最大积累奖/惩值,即状态 s 下动作 a 的即时奖/惩值 $r(s,a)$ 与后继状态 $s'=\delta(s,a)$ 的 V^* 值的折算值之和。

由于

$$V^*(s) = \max_{a'} Q(s,a')$$

所以,式(9-5)可被重写为

$$Q(s,a) = r(s,a) + \gamma \max_{a'} Q(\delta(s,a),a') \tag{9-6}$$

此式是 Q 函数的递归定义,它提供了用迭代逼近 Q 值的算法基础。这样,就可以用机器学习的方法求得每一对 (s,a) 的最大积累奖/惩值。

由于每个状态下的每个动作的即时奖/惩值没有全部被提供,所以,我们用 Q' 来表示学习器对实际 Q 函数的估计,或者说假设,并用一个大表表示 Q',其中为每一个"状态-动作"对 (s,a) 设置了一个表项,用来存储 $Q'(s,a)$ 的值,即对未知的 $Q(s,a)$ 值的假设。此表的各非目标状态的表项一般被初始化为 0。下面就是 Agent 学习 Q 函数(实际是通过 Q 函数求每个 (s,a) 的最大积累奖/惩值)的算法。

Q 学习(Q-learning)算法

对每个 (s,a),初始化表项 $Q'(s,a)$ 为 0,
重复下面的过程(episode),直到所有 $Q'(s,a)$ 被更新并收敛(即 $\max_{s\in S}|Q'^{(t+1)}(s)-Q'^{(t)}(s)|<\theta$):
　　选取一个状态作为当前状态 s,
　　重复以下步骤,直到 s 为目标状态 s_g:
　　　　选择 s 下的一个动作 a 并执行,
　　　　接收即时奖/惩值 $r(s,a)$,
　　　　在新状态 s' 下,对 $Q'(s,a)$ 按下式更新:
$$Q'(s,a) = r(s,a) + \gamma \max_{a'} Q'(s',a')$$
　　　　将新状态 s' 作为当前状态 s。

从此算法可以看出,表 Q' 中的各表项被初始化以后,Agent 便选取一个状态作为当前状态 s,然后选取状态 s 下的一个动作 a 并执行而收到即时奖/惩值 $r(s,a)$,当 Agent 从当前状态 s 进入后继的新状态 s' 后,将新状态的 Q' 值反回来向后传播给旧状态 s,即用 $r(s,a)+\gamma \max_{a'} Q'(s',a')$ 更新 $Q'(s,a)$;然后,将新状态 s' 作为当前状态 s。这一过程反复进行,直到某一次所转换的新状态为目标状态 s_g。这个从初始状态到目标状态的转换过程被称为一个训练情节或片段(episode)。当有足够多的训练情节时,反馈信息会从有非 0 即时奖/惩值或非 0 Q' 值的动作向后传播到整个"状态-动作"空间,最终得到一个 Q'

表。其中的表项就是每一个状态下每一个动作的 Q' 值。

那么,这样得到的 Q' 值能代替相应的 Q 函数值而作为相应动作的最大积累奖/惩值吗? 已经通过数学证明,只要系统满足:① 被建模为一个确定性马尔可夫决策过程;② 奖/惩值 $r(s,a)$ 有界;③ 动作的选择能使每个"状态-动作"对被无限频繁访问,则使用此算法所得的 Q' 在极限时会收敛到实际的 Q 函数。上面的 Q 学习算法正是在前两个约定下设计的,至于第三个条件,人们则想了一些让 Agent 探索(exploration)前进的方法,如赋予每个动作一个非 0 概率来控制动作选择。

这样,有了这个 Q' 表就可以进一步由各动作的 Q' 值来确定每个状态下的一个最优动作,而得到一个最优策略 π^*,进而得到一个从起始状态到目标状态的最优行动策略。

下面来我们看一个简单的例子。如图 9-19 所示,环境 E 有 6 个状态:s_{11},s_{12},s_{13},s_{21},s_{22},s_{23},分别用 6 个小圆圈表示,其中 s_{13} 为目标状态。图中两个状态节点的连线表示两个节点的转换关系,无箭头虚线表示双向关系但未有动作实施,带箭头实线表示由箭头尾端的状态发出的动作,每个状态节点附近连线旁边的数字为该状态下各动作的 Q' 值。另外,设置所有即时奖/惩值 $r(s,a)=0$,设置折算因子 $\gamma=0.9$。图 9-19(a)中的数字是学习前的初始 Q' 表(注意:这里连接目标状态 s_{13} 的两个动作的初始 Q' 值为 100 而非 0),图 9-19(b)中的数字是第一轮学习(即第一个情节)结束后的 Q' 表中的数据。

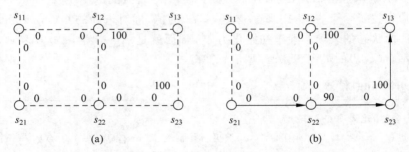

图 9-19　Q 学习过程图示

从带箭头实线及其方向可以看出,第一轮学习时 Agent 首先选取 s_{21} 作为当前状态,并选向右的动作执行,于是,Agent 进入状态 s_{22},用下式更新状态 s_{21} 的 Q' 值

$$Q'(s_{21},a_{\text{right}})=r(s,a_{\text{right}})+\gamma\max_{a'}Q'(s_{22},a')$$
$$=0+0.9\max\{0,0,0\}\quad(r(s,a_{\text{right}})=0,\gamma=0.9)$$
$$=0$$

然后,Agent 将 s_{22} 作为当前状态,并选向右的动作执行,于是,Agent 进入状态 s_{23},接着用下式更新状态 s_{22} 的 Q' 值

$$Q'(s_{22},a_{\text{right}})=r(s,a_{\text{right}})+\gamma\max_{a'}Q'(s_{23},a')$$
$$=0+0.9\max\{0,100\}$$
$$=90$$

然后,Agent 将 s_{23} 作为当前状态,并选向上的动作执行,于是,Agent 进入状态 s_{13}。由于 s_{13} 已是目标状态,所以 Agent 不再更新状态 s_{23} 向上动作的 Q' 值。到此,第一轮学习结束。

比较图 9-19(a)和图 9-19(b)中的 Q' 值,可以看出,通过第一轮学习,状态 s_{22} 向右动作的 Q' 值由原来的初始化预设值 0 变为 90,向上动作的 Q' 值则未改变,其余状态的所有 Q' 值均未改变。

由于状态 s_{21} 的 Q' 值并未改变,所以下一轮学习时 Agent 仍然可首先选择 s_{21} 为当前状态,并选取向右或向上的动作执行。不难看出,这时当 Agent 执行向右的动作时,相应的 Q' 值 $Q'(s_{21}, a_{\text{right}})$ 会被更新为 81;但再继续向右或向上移动直到目标状态 s_{13},所经状态 s_{22}、s_{23} 或 s_{12} 的相应 Q' 值并未改变。就这样,通过多轮学习之后,各状态下的各动作的 Q' 值便全部被更新(见图 9-20),而且保持不变(其余 Q' 值的更新过程留给读者完成)。这样,就得到一张记录各状态下各动作的 Q' 值亦即最大积累奖/惩值的数据表,即 Q' 表。

有了这个 Q' 表,Agent 可通过查表很容易地就得到所求的最优策略 $\pi^*: S \to A$。事实上,观察图 9-20 可以看出,下面的 5 个序对,就构成一个最优策略 π^*:
$$(s_{11}, a_{\text{right}}), (s_{12}, a_{\text{right}}), (s_{21}, a_{\text{right}}), (s_{22}, a_{\text{right}}), (s_{23}, a_{\text{up}})$$
其直观表示如图 9-21 所示。

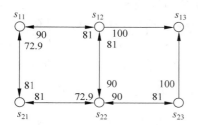

图 9-20 最终学得的 Q' 表图示

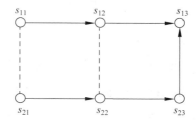

图 9-21 最优策略 π^* 图示

有了这个最优策略 π^*,就可以进一步得到以任一非目标状态的为起始状态的最优行动策略。例如,以 s_{21} 为起始状态的最优行动策略(即最优动作序列)就是:
$$a_{\text{right}} \cdot a_{\text{right}} \cdot a_{\text{up}}$$

现在我们看到,在这里强化学习的重心已经不是最优策略 π^*,而是 Q' 表了。另外我们还看到,当除了连接目标状态的动作外的所有动作的即时奖/惩值全为 0 时,最终所得到的全部 Q' 值实际都是由学习算法生成的。这就是说,在没有任何环境反馈信息的情况下,用 Q 学习算法仍能得到一张反映各状态下各动作最大积累奖/惩值的 Q' 表。这正是 Q 学习算法的厉害之处。

最后需说明的是,Q 学习所得的总策略 π^* 可能不唯一。事实上,只要至少有一个状态具有至少两个等 Q' 值的最优动作,则由学习所得的 Q' 表就可以构造出至少两个总策略 π^*。这就是说,一个 Q' 表中可能蕴含着多个总策略 π^*。例如图 9-20 所示的 Q' 表中就蕴含了 4 个总策略 π^*(上面给出的只是其中 1 个,其余 3 个由读者指出)。

9.4.3 强化学习的发展概况

强化学习并不是一个新课题和新方法。考虑到动态规划与强化学习的联系,可以说从 20 世纪 50 年代开始人们就研究强化学习了,而且取得了不少成果和进展。事实上,

1950 年 Bellman 等人就用动态规划方法研究了路径规划问题,并提出了著名的 Bellman-Ford 最短路径算法和作为解决马尔可夫决策过程的动态规划方法基础的 Bellman 等式

$$(\forall s \in S)V^*(s) = E[r, (s, \pi(s)) + \gamma V^*(\delta(s, \pi(s)))] \tag{9-7}$$

(上述的最优策略 π^* 就与这个等式密切相关);1992 年 Watkins 提出了 Q 学习算法,1995 年 Tesauro 描述的一个 TD-Gammon 程序也是采用强化学习而成为世界级西洋双陆棋选手。这个程序经过 150 万个自生成的对弈训练后,达到接近人类最佳选手的水平,在国际联赛中与顶尖棋手对弈取得了良好的成绩。随后在机器人控制、电梯调度等课题中也使用了强化学习。1998 年,Button 提出了 TD(λ)算法,1999 年 Thrun 提出了部分可观测马尔可夫决策过程中的蒙特卡洛方法,2006 年 Kocsis 提出了置信上限树算法,2014 年 Silver 等提出确定性策略梯度算法。2016—2017 年,围棋程序 AlphaGo 的辉煌战绩则更加引起了人们对强化学习的注目,并很快成为人工智能的一个研究热点。

强化学习是一种交互式学习,经过多年的发展,它已经有了丰富的内容。上面两节所讨论的强化学习只是状态转换和反馈信息为马尔可夫决策过程的确定性的强化学习。这就是说,还有状态转换和反馈信息为非马尔可夫决策过程或者非确定性的强化学习。而上一节所介绍的 Q 学习算法只是时间差分(Temporal Difference,TD)学习算法的一个特例,而且它是一个值迭代算法。进一步,Q 学习算法还被扩展到非确定性的马尔可夫决策过程,而且还给出了策略迭代算法。还有,上面的价值函数 $V(s)$ 被定义为折算积累奖/惩值,但也有人将 $V(s)$ 定义为有限水平奖/惩值($\sum_{i=0}^{h} r_{t+i}$)和平均奖/惩值$\left(\lim_{h \to \infty} \frac{1}{h} \sum_{i=0}^{h} r_{t+i}\right)$。

另外,人们还将神经网络引入强化学习,开发了不少应用程序。随后,人们又开发出了诸如 SARSA、Policy Gradients、Actor-Critic、Monte-carlo learning 等一系列算法,它们又被分类为 Model-free、Model-based、Policy based、Value based 等。特别是在深度学习出现后,人们又将强化学习与深度学习相结合(如建立了 Deep-Q-network,2013 年由 Google 的 DeepMind 提出),并进一步提出深度强化学习的研究课题和方向,而且已取得了不少突破性的进展。人们试图将深度学习的感知能力与强化学习的决策能力相结合,从而实现一种更接近人类思维方式的人工智能系统。

在应用方面,除了传统的机器博弈、游戏、机器人行动规划、Agent 等领域外,强化学习的应用现在越来越广泛。例如,在无人机导航、智能驾驶、机器人足球赛、调度任务、库存管理、动态定价、客户投递、医疗方案制订、顾客行为分析、投资决策、广告服务等诸多场景和领域都有使用强化学习的案例。

习题 9

1. 简述机器学习的原理和分类。
2. 机器学习有哪几种途径?
3. 符号学习和连接学习各有哪些方法?
4. 什么是决策树学习?简述其基本步骤和过程。
5. 参照图 9-9、图 9-10 和图 9-15,自选概念、规则或(分段)函数,用决策树表示之。

6. 通过计算条件熵，完成 9.3.3 节例子中根节点以下节点的选择，并验证原所得决策树是否最简。

7. 观察图 9-18，在目标状态不变的情况下，你认为是否还可能存在另外一个映射 π？如果可能有，请说明理由，并写出及图示你构造的映射 π；如果不可能有，也说明理由。

8. 完成图 9-19 中其余动作的 Q' 值的更新过程，并指出最终 Q' 表中所蕴含的全部最优策略 π^*。

第 **10** 章

统计学习

10.1 概述

统计方法是从事物的外在数量表现上推测事物内在规律的一种科学方法。电子计算机的出现则极大地推动了这一方法的发展,进而出现了让计算机(机器)执行以统计、概率和其他数学理论为基础的算法,处理相关样本数据以发现其中的模式或规律的"机器学习"方法——统计机器学习,即统计学习(Statistical Learning,SL)。

经过多年的发展,统计学习现在已是一门内容丰富的大学科了。统计学习指以样本数据为依据,以统计、概率和其他数学理论为基础,以数值计算为方法的一类机器学习。统计学习目前的典型方法就是支持向量机(SVM)或者更一般的核机器。

统计学习的主要工作过程是:首先准备样本数据,然后针对样本数据的特点,选择或设计某种数值模型或概率模型、准则函数(criterion function)(如误差、损失、代价、风险函数等)、学习策略和算法,最后编程实现以归纳或估算一个最优模型。

统计学习的主要任务是发现或估计隐藏于样本数据中的类别关系、函数关系或模式(类)以解决相关的分类(classification)、回归(regression)或聚类(clustering)等问题。这样,统计学习又可分为面向分类的学习、面向回归的学习和面向聚类的学习等。

其中,面向分类的学习又大体有两条技术路线:一条是数值路线,另一条是概率路线。所谓数值路线,就是依据样本数据的特点用代数、几何等数学方法选择或构造问题的假设数值模型(一般为代数表达式函数)作为学习目标,进而在某种误差函数的约束下选择或设计某种优化方法,通过反复计算-修正(即搜索)而归纳出一个最优模型作为学习结果。所谓概率路线,就是基于样本数据用统计、概率的理论和方法,选择或构造相应的假设概率模型(一般为概率表达式函数),进而在某种误差、损失或风险函数的约束下,通过有关统计、概率理论而估算出一个最优模型作为学习结果。一般来讲,数值路线的学习结果是问题的近似解,而概率路线的学习结果是可能解。数值路线的典型内容有距离分类、几何分类和支持向量机等方法,概率路线的典型内容有朴素贝叶斯分类、最大似然估计、贝叶斯估计、贝叶斯学习、Logistic 回归等。

面向回归的学习与面向分类的学习的数据形式是相似的,只是其数据对中的响应值(也称输出值)一般是实数,而不是分类学习中的类别标记。所以,回归学习的模型、约束、策略、算法等与数值路线的分类学习既相似又有区别。

聚类学习面向无响应值的数据,其目标是发现数据所表征的类别模式。聚类学习也有许多经典算法,如 k-均值算法、期望最大化算法、谱聚类算法和层次聚类算法等。

统计学习是一种基于样本数据的学习,而样本数据一般是 n 维向量(称为特征向量)或者 n 维向量与符号或数值组成的序对,所以统计学习的方法主要是监督学习和无监督学习。

决策树学习是一种独特的监督学习方法,它不仅可用于符号学习,也可用于统计学习。在统计学习中,它既可用于分类学习也可用于回归学习;它既可走数值路线,也可走概率路线。

根据学习方式的不同,统计学习又可分为参数学习方法和非参数学习方法。参数学习方法把估计概率密度函数、判别函数或回归函数的问题归结为估计少量参数值的问题,然后用某种算法学习这些参数值;得到参数后再用参数确定的函数表达式求出实际问题的解。非参数学习方法则不需通过参数学习相关的函数表达式,而是利用样本数据直接估算某一概率密度函数或概率,或者根据数据之间的某种相似关系采用某种插值方法直接求出实际问题的解。

统计学习大约已有 30 多年的发展历程了,其内容已非常丰富,远非一章内容所能容纳得下的。所以,下面就以举例的方式对统计学习做一概要介绍。

10.2　几种基本判别模型的学习

10.2.1　回归问题的线性函数模型学习,梯度下降法

设有如表 10-1 所示样本数据。

表 10-1　样本数据

x_i	1.5	2.3	3.2	3.2	4.1	5.7
y_i	3	4	5	5.6	7	10

它们所构成的数据点在 xy 空间中的分布如图 10-1 所示。这些数对表征了某种相关关系或函数关系,如某种商品的某一性能指标与其价格之间的相关关系。但究竟是怎样的关系?还不得而知。于是,就考虑能否用机器学习(这里是统计学习)解决这一问题。鉴于样本数据的"对应"特点(即由自变量值和对应值组成),我们选用监督学习的方法来

揭示这一对应关系并获取其近似函数表达式。

观察这些样本数据点可以发现，这些数据点大体呈直线状。于是，我们选用线性函数 $y=ax+b$ 作为机器学习的假设模型（类），也就是用线性函数 $y=ax+b$ 来拟合这些样本数据。具体做法就是利用这些样本数据来确定函数式中未知系数 a 和 b 的取值，即模型中参数 a、b 的值。这里，不考虑用通常的解方程方法求出 a、b 的值，而是通过"试验"的方法寻找合适的参数值，即能使相应函数值 $y=ax_i+b$ 与样本数据中的 $y_i(i=1,2,\cdots,5)$ 之间的误差最小的参数值。为此，设

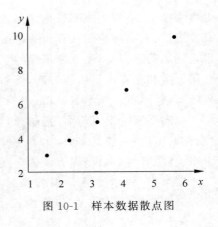

图 10-1　样本数据散点图

$$E(a,b)=\frac{1}{2}\sum_{i=1}^{n}\left[y_i-(ax_i+b)\right]^2 \tag{10-1}$$

作为评价学习效果的准则函数，称为误差函数。再设定一个 $\varepsilon>0$，作为误差函数值 $E(a,b)$ 的上限。那么，

$$E(a,b)<\varepsilon \tag{10-2}$$

就是评价准则。

为了找出能满足式(10-2)的 a、b 值，先分别给 a、b 随机地赋一初值，然后代入式(10-1)计算误差 $E(a,b)$。如果 $E(a,b)$ 不满足式(10-2)，就修正 a、b 的赋值，然后再计算误差 $E(a,b)$，如此反复进行，直到误差 $E(a,b)$ 满足式(10-2)。这时，所得的 a、b 值即为所求。把这一过程设计成算法，让机器来执行，即实现所称的机器学习。

设 $a\in U\subset\mathbf{R}$，$b\in V\subset\mathbf{R}$（$\mathbf{R}$ 为实数域）。可以看出，这个反复修正 a、b 取值的过程，也就是在相应的空间 $U\times V$ 中搜索可满足误差要求的最佳点 (a^*,b^*) 的过程。然而，空间 $U\times V$ 是一个二维向量空间，有无穷个点，那么，该如何寻找所需的点 (a^*,b^*) 呢？显然，要尽快找到点 (a^*,b^*)，就必须用某种信息或知识来导航。考虑到一个函数 f 在其定义域中任一点的梯度 $\text{grad } f$（或记为 ∇f）总是指向函数值上升最快的方向，而相应的负梯度则指向函数值下降最快的方向，我们用误差函数 $E(a,b)$ 在点 (a,b) 的负梯度

$$-\nabla E(a,b)=-\left(\frac{\partial E(a,b)}{\partial a},\frac{\partial E(a,b)}{\partial b}\right)=\left(-\frac{\partial E(a,b)}{\partial a},-\frac{\partial E(a,b)}{\partial b}\right) \tag{10-3}$$

来引导搜索，即确定当前点 (a,b) 的下一个点 (a',b') 的所在方向和位置。用梯度引导函数极小值点的搜索，就是著名的**梯度下降法**（gradient descent，也称最速下降法）。这就是说，问题现在已转化为或归结为关于误差函数 $E(a,b)$ 的最优化问题了，而我们要采用梯度下降法来求解这个最优化问题。

由矢量代数知识和梯度下降法原理，在搜索过程中点 (a,b) 的变换公式亦即系数 a、b 取值的修正公式为

$$(a,b)=(a,b)-\eta\nabla E(a,b) \tag{10-4}$$

其中 $0<\eta\leq1$，称为学习因子或学习率，用以控制搜索时的移动步长，亦即参数值修正量的大小，以免因步子太大而跨过了最佳点 (a^*,b^*) 或者因步子太小而进展缓慢。式(10-4)

是用向量表示的修正公式,写成分量形式则为

$$a = a - \eta \frac{\partial E}{\partial a} \qquad (10\text{-}5)$$

$$b = b - \eta \frac{\partial E}{\partial b} \qquad (10\text{-}6)$$

注意:式(10-5)是说,如果偏导$\frac{\partial E}{\partial a}>0$[说明在坐标$a$的方向上,函数$E(a,b)$递增],就给当前的分量$a$减一个量(即后退一步);如果偏导$\frac{\partial E}{\partial a}<0$[说明在坐标$a$的方向上,函数$E(a,b)$递减],就给当前的分量$a$加一个量(即前进一步)。式(10-6)的语义是类似的。

综上所述,我们给出一个搜索a、b最佳取值亦即学习相应线性函数的算法:

(1) 设定一个η值和一个误差上限ε。

(2) 给系数变量a,b各赋一个初值。

(3) 将样本中变量x_i的取值依次代入函数式$ax+b$求相应的y值,并计算总误差

$$E(a,b) = \frac{1}{2}\sum_{i=1}^{n}[y_i - (ax_i + b)]^2$$

(4) 如果$E(a,b)<\varepsilon$,则当前的a、b取值即为所求,算法结束;否则,计算梯度$\nabla E(a,b)$,修正a、b的取值,即令

$$(a,b) = (a,b) - \eta\,\nabla E(a,b)$$

然后转步骤(3)。

假设经机器学习,系数a、b分别取1.95和-0.96。于是,得线性函数:

$$y = 1.95x - 0.96$$

相应的函数图像如图10-2所示。

这个函数表达式就是上面数据点所表征的相关关系或函数关系的近似表达式。有了这个函数表达式,就可以对新的x值的对应值y做出预测。

从图中我们看到,样本数据点分布于直线两旁,形成向直线靠拢的"回归"态势。所以,上面的机器学习所解决的问题就是一个所称的回归问题。而采用的机器学习方法就是统计学习中的监督学习,其算法为梯度下降法。

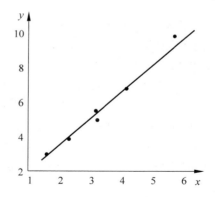

图 10-2 机器学习所确定的函数图像

还需说明的是:

(1) 上面学习中所用的样本一般称为训练样本;由训练样本所得的函数表达式还需用测试样本做进一步测试;测试通过后,方可用于新数据对应值的预测。

(2) 梯度下降法用于解决函数极小值点的搜索问题是一个常用方法,但它的缺点是容易陷入局部极小点(可以看出,梯度下降法与状态图搜索中的盲人爬山法是对偶的,后者容易登上局部极大点而不自知)。另外,对于大规模数据,这种步进式搜索的效率也是

个问题。为此,人们又开发出了**随机梯度下降法**(stochastic gradient descent)。

(3) 对于(线性)回归问题,也可以采用统计学中用最小二乘法或正规方程通过解线性回归方程的方法来求解,但在这里我们主要讨论使用机器学习的求解方法(当然,在有些文献中将最小二乘法这些统计学或数值计算中的已有方法也纳入机器学习)。

(4) 上面关于一元线性函数的学习算法也可推广到多元线性函数的学习中去。

(5) 上面是根据数据点的分布特点而决定采用线性函数作为学习的假设模型。那么,对于较复杂或者无法观察的高维数据分布就要选择较复杂的函数模型,如二次函数,或者更一般的多项式函数,甚至更复杂的超越函数;当然,也可以采用其他方法将非线性问题转化为线性问题。

10.2.2　分类问题的线性判别函数模型学习

设有表 10-2 所示样本数据。

表 10-2　样本数据

(x_1,x_2)	(1.5,2.4)	(2.3,2.8)	(3.2,4.1)	(4.1,3.3)	(5.7,4.2)	(3.5,3.6)	(5.5,5.2)	(4.5,3.8)
$y=f(x_1,x_2)$	1	1	0	1	0	0	1	1

其中,$y=f(x_1,x_2)$ 是一个指示函数,y 为 (x_1,x_2) 所属类别的标记,取值为 0 和 1。这些样本数据表征了某种聚类关系,如某种商品(以其两个质量指标代表)与其等级之间的对应关系。这里的任务是从这批样本数据中归纳出类别 y 与对象 (x_1,x_2) 之间的间接或直接的对应关系式,即所谓的判别函数或决策函数,以便建立一个分类规则,对有关新对象进行分类。由样本数据的结构特点,我们选用监督学习方法来归纳相应的判别函数。

这是一个二分类问题。可以考虑为每个类建立一个判别函数,但由物以类聚原理,数据点 (x_1,x_2) 在相应的几何空间中应该是按类别而相聚集的。也就是说,同类的点相距较近,不同的类之间应该存在明显的间隙。于是,我们设想,如果能构造一条分界线,将两个点类分隔开来,那么分类问题也就可以解决了。由于直线最简单,所以我们考虑在类 1 和类 0 (分别记为 C_0 和 C_1)之间构造一条直线(见图 10-3):

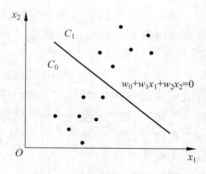

图 10-3　用直线分隔点类示意图

$$w_0 + w_1x_1 + w_2x_2 = 0 \qquad (10\text{-}7)$$

其中,x_1、x_2 为变量,w_1、w_2 为系数,w_0 为常数。

令 $g(x)=g(x_1,x_2)=w_0+w_1x_1+w_2x_2$,那么,对于点 $x\in U\times V\subseteq \mathbf{R}^2$

当 $g(x)<0$ 时,则 $x\in c_0$;

当 $g(x)>0$ 时,则 $x\in c_1$。

这样,参数 w_0、w_1、w_2 取值未定的函数 $g(x)=w_0+w_1x_1+w_2x_2$ 就是这个分类问题的假设判别函数模型。$g(x)$ 是一个线性函数,称为线性判别函数。

接下来考虑如何找到最合适的参数 w_0、w_1、w_2。显然,这需要从样本数据中来学习。

为了叙述方便,我们将函数式 $w_0 + w_1 x_1 + w_2 x_2$ 写成系数向量与变元向量的内积的形式,即

$$\sum_{i=1}^{2} w_i x_i + w_0 = \boldsymbol{w}^{\mathrm{T}} \boldsymbol{x} + w_0$$

其中,参数 w_1、w_2 称为权值,表示在函数中的重要程度,w_0 称为阈值权或偏置(bias,也称偏差或偏倚)。从几何意义看,向量 $\boldsymbol{w}$ 为直线 $\boldsymbol{w}^{\mathrm{T}} \boldsymbol{x} + w_0 = 0$ 的法向量(对于多元方程,则 $\boldsymbol{w}^{\mathrm{T}} \boldsymbol{x} + w_0 = 0$ 表示一个平面或超平面,称为决策面,向量 $\boldsymbol{w}$ 为该平面或超平面的法向量)它指向决策线/面的正侧,而另一侧为负侧。

如果引入 $x_0 = 1$,则上面的函数式可进一步写成

$$\sum_{i=0}^{2} w_i x_i = \boldsymbol{w}^{\mathrm{T}} \boldsymbol{x}$$

原直线方程也就变为

$$\boldsymbol{w}^{\mathrm{T}} \boldsymbol{x} = 0 \tag{10-8}$$

下面简单分析一下权向量 $\boldsymbol{w}$ 与函数值 $g(\boldsymbol{x}) = \boldsymbol{w}^{\mathrm{T}} \boldsymbol{x}$ 之间的关系。

设 $(\boldsymbol{x}_i, y_i)(\boldsymbol{x}_i \in U \times V)$ 为任一样例,对于某一权向量 $\boldsymbol{w}$,如果 $\boldsymbol{w}^{\mathrm{T}} \boldsymbol{x}_i$ 与 y_i 一致,则说明对于样例 $(\boldsymbol{x}_i, y_i)$ 来说,当前的 $\boldsymbol{w}$ 是合适的;但如果 $\boldsymbol{w}^{\mathrm{T}} \boldsymbol{x}_i$ 与 y_i 不一致,则说明这个 $\boldsymbol{w}$ 对样例 $(\boldsymbol{x}_i, y_i)$ 不合适,需要修正。怎么修正呢? 一个简单做法就是:如果 $\boldsymbol{w}^{\mathrm{T}} \boldsymbol{x}_i < 0$ 而 $y_i = 1$,则将 $\boldsymbol{w}$ 适当加大;如果 $\boldsymbol{w}^{\mathrm{T}} \boldsymbol{x}_i > 0$ 而 $y_i = 0$,则让 $\boldsymbol{w}$ 适当减小。

基于以上分析,我们给出一个简单的学习算法。

(1) 初始化权向量 $\boldsymbol{w}$,并设置一个合适的学习率 $\eta \in (0, 1]$。

(2) 对训练样例 $(\boldsymbol{x}_i, y_i)(i = 1, 2, \cdots, n)$:

　　计算 $\boldsymbol{w}^{\mathrm{T}} \boldsymbol{x}_i$;

　　如果 $\boldsymbol{w}^{\mathrm{T}} \boldsymbol{x}_i > 0$,令 $h_i = 1$,否则 $h_i = 0$;(h_i 为临时变量,记录当前参数 $\boldsymbol{w}$ 下 $\boldsymbol{x}_i$ 的假设类标号)

　　更新权值:$\boldsymbol{w} = \boldsymbol{w} - \eta(h_i - y_i)\boldsymbol{x}_i$。(这里巧妙地将类标号 0、1 作为数值 0、1 对待)

(3) 直到对所有训练样例都有 $h_i - y_i = 0$,则当前权向量 $\boldsymbol{w}$ 即为所求,学习结束;否则转步骤(2)。

经过机器学习,权向量 $\boldsymbol{w}$ 的值被确定后,判别函数 $g(\boldsymbol{x}) = \boldsymbol{w}^{\mathrm{T}} \boldsymbol{x}$ 也就确定了。进一步就有分类判决规则:

对于任一 $\boldsymbol{x} \in U \times V$,

如果 $g(\boldsymbol{x}) > 0$,则 $\boldsymbol{x} \in C_1$;

如果 $g(\boldsymbol{x}) < 0$,则 $\boldsymbol{x} \in C_0$;

如果 $g(\boldsymbol{x}) = 0$,则根据实际问题进行分类或不予分类。

上述判别函数和判决规则就构成了一个"分类器"(有时也简单地将判别函数称为分类器),或线性分类器。现在,就可以用这个分类器对相关的对象进行分类了。

还需说明和注意的是：

（1）这里的判别函数 $g(\boldsymbol{x})$ 是二元线性函数，显然，它完全可以推广为 n 元线性函数，则这个分类器也就被推广为 n 维线性分类器。

（2）上面的学习算法是针对线性可分的样本的，相应的分类器也是针对线性可分问题的。所谓线性可分，是指对一个 n 维点集 $\boldsymbol{X} \subset \boldsymbol{U} \subseteq \boldsymbol{R}^n$，当且仅当存在一个 $\boldsymbol{U}$ 上的 n 元线性函数 $f(x_1, x_2, \cdots, x_n) = \boldsymbol{w}^{\mathrm{T}} \boldsymbol{x} + w_0$，相应的直线、平面或超平面 $\boldsymbol{w}^{\mathrm{T}} \boldsymbol{x} + w_0 = 0$ 可将 $\boldsymbol{X}$ 分为两个互不相交的子集 $\boldsymbol{X}_1$ 和 $\boldsymbol{X}_2$。

（3）上面的算法中没有使用准则函数。但实际上，对于线性判别函数的学习，人们已开发了许多准则函数，诸如 Fisher 准则函数、感知准则函数、最少错分样本准则函数、最小平方误差（MSE）准则函数等。

（4）线性判别函数不仅可用于二分类问题，也可用于多分类问题。事实上，对于已被某直线（平面或超平面）分隔的两个类 c_1 和 c_2，如果至少其中一个还是线性可分的，就可以被另一直线（平面或超平面）分隔为两个类 c_{11} 和 c_{12}，或者 c_{21} 和 c_{22}。这样，原对象集就被分隔为 3 个或者 4 个类了。

（5）对于线性不可分的样本，也可以采用某种数学变换（变量替换）将其转化为线性可分问题。当然，对于非线性可分问题，也可采用非线性函数，诸如二次函数、更一般的多项式函数或其他函数作为判别函数进行划分。

10.2.3　分类问题的 Logistic 回归模型学习，梯度上升法

对于分类问题，除了线性判别函数外，Logistic 函数也是一种常用的假设模型。Logistic 函数也称 Sigmoid 函数，它是一种 S 型函数，其表达式为

$$g(y) = \frac{1}{1 + \mathrm{e}^{-y}} \tag{10-9}$$

函数图像如图 10-4 所示。

可以看出，这是一个一元函数，其定义域为 $(-\infty, +\infty)$，值域为 $[0,1]$。

考虑到这里需要分类的是二维向量 (x_1, x_2)。于是，取变换

$$y = w_0 + w_1 x_1 + w_2 x_2 = \boldsymbol{W}^{\mathrm{T}} \boldsymbol{x}$$

其中，参数（或权）w_0、w_1、w_2 的值待定，$\boldsymbol{x} = (1, x_1, x_2)^{\mathrm{T}}$。将这个变量替换代入式（10-9），得

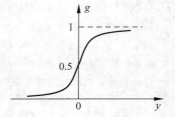

图 10-4　Sigmoid 函数图像

$$g(y) = g(\boldsymbol{W}^{\mathrm{T}} \boldsymbol{x}) = \frac{1}{1 + \mathrm{e}^{-\boldsymbol{W}^{\mathrm{T}} \boldsymbol{x}}} \tag{10-10}$$

这样，原来的一元函数 $g(y)$ 就变成了二元函数 $g(x_1, x_2)$。

基于 Logistic 函数解决分类问题的机器学习方法一般称为 Logistic 回归，或翻译为逻辑斯蒂回归，或逻辑回归。

可以看出，Logistic 函数的值域 $[0,1]$ 与概率域完全一样，而且按函数值 Logistic$(\boldsymbol{x})$ 划分点 $\boldsymbol{x}$ 的类属与按概率估计该点的类属的方法和结果也完全一致。所以，函数值

Logistic(x)∈[0,1]恰好就可以作为点 x 属于类"1"(记为 C_1)的概率,而 $1-$Logistic(x)则就是点 x 属于类"0"(记为 C_0)的概率。这样,当将 Logistic(x)>0.5 的 x 归入 C_1 就相当于将概率 $P(y=1)>0.5$ 的 x 归入类 C_1;当将 Logistic(x)<0.5 的 x 归入 C_0 就相当于将概率 $P(y=0)>0.5$ 的 x 归入 C_0。因此,函数 Logistic(x)也就可作为分类问题的一种假设概率模型而表示为

$$P(Y=1 \mid x) = \frac{1}{1+e^{-W^T x}} = \frac{e^{W^T x}}{1+e^{W^T x}} = \frac{\exp(W^T x)}{1+\exp(W^T x)} \tag{10-11}$$

$$P(Y=0 \mid x) = 1 - P(Y=1 \mid x) = \frac{1}{1+e^{W^T x}} = \frac{1}{1+\exp(W^T x)} \tag{10-12}$$

这两个等式称为二项 Logistic 回归模型的条件概率分布。

在这里,为类别 C_1 和 C_0 分别建立了一个概率模型。其中第一式为 C_1 的判别函数,第二式是 C_0 的判别函数。

从式(10-11)可以看出,当 $W^T x$ 的值越接近正无穷,概率值 $P(Y=1|x)$ 就越接近 1;当 $W^T x$ 的值越接近负无穷,概率值 $P(Y=1|x)$ 就越接近 0。

由式(10-10)和式(10-11),有

$$P(Y=1 \mid x) = \frac{1}{1+e^{-W^T x}} = g(W^T x) \tag{10-13}$$

现在,我们考虑如何确定式(10-11)中参数 $W^T=(w_0,w_1,w_2)$ 的值?

考虑到分类错误会带来一定损失或风险,所以我们基于损失来设计机器学习时的准则函数。由于是概率模型,所以引入统计学中的似然函数(likelihood function)。我们将对数据 x 的一次分类决策的损失定义为

$$l(W,x) = \begin{cases} -\ln(g(x;W)), & y=1 \\ -\ln(1-g(x;W)), & y=0 \end{cases} \tag{10-14}$$

这一函数称为负对数似然函数。如果将这里的 y 值 0、1 当作数值来用(它们本来是符号值),则上面的两个表达式也可合并为

$$l(W,x) = -y\ln(g(x;W)) - (1-y)\ln(1-g(x;W)) \tag{10-15}$$

由表达式可以看出,对于数据 x 类别判决的损失大小由分类类别与实际类别的吻合程度来决定。事实上,由对数函数的图像不难看出,当 $g(x;W)\in[0,1]$ 的值接近 1 时,$-\ln(g(x;W))$ 的值就接近 0;反之,当 $g(x;W)$ 的值接近 0 时,$-\ln(g(x;W))$ 的值就接近无穷大。而对于 $1-g(x;W)$ 来说,其值接近 0,则 $-\ln(1-g(x;W))$ 的值接近 0,其值接近 1 则 $-\ln(1-g(x;W))$ 的值接近无穷大。这样,对于当前的参数值 W,当一个类标记为 1 的样例 (x_k,y_k) 因其相应的 $g(x_k;W)>0.5$ 而判决相应的 $y=1$ 时(这是一个正确判决),则损失就几乎为 0;反之,如果 $g(x_k;W)<0.5$ 而判决 $y=0$ 时(这是一个错误判决),损失就非常大。可见,这一损失度量很好地刻画了因参数 W 取值不当而导致的分类错误与相应损失的关系(暂且不考虑模型本身的问题)。

将全部 n 个样例在参数 W 下的损失相加,得

$$L(W) = -\sum_{i=1}^{n} [y_i \ln(g(\boldsymbol{x}_i ; W)) + (1 - y_i)\ln(1 - g(\boldsymbol{x}_i ; W))] \qquad (10\text{-}16)$$

可称为损失函数(或误差函数、代价函数等),从另一个角度看,此式是一种**交叉熵**(cross-entropy)。

有了这个损失函数 $L(W)$,机器就可以在其指导和约束下,通过反复"计算-修正"操作而最终找到最佳参数值 W^*。于是,也就找到了最佳模型 $g(\boldsymbol{x} ; W^*)$。

显然,最佳参数值的搜索方向始终是 L 值最小的方向。所以,这里再次要用梯度下降法来学习。

至此,我们看到,这里分类问题的学习算法与回归问题的学习算法其实大同小异,故不再赘述。

参数 W 的值确定后,式(10-11)和式(10-12)就正式成为分类问题的两个判别函数了。由于是二分类问题而且 $P(Y=0|\boldsymbol{x}) = 1 - P(Y=1|\boldsymbol{x})$,$C_1$ 的判别函数就可以作为 C_1 和 C_0 两个类的判别函数。于是有分类判决规则:

对于任一 $\boldsymbol{x} \in U \times V$,

如果 $P(Y=0|\boldsymbol{x}) \geqslant 0.5$,则 $\boldsymbol{x} \in C_1$;

否则,则 $\boldsymbol{x} \in C_0$。

现在,就可以用这个 Logistic 回归分类器,对相关对象进行分类了。

其实,也可以一次定义关于全部样例 $(\boldsymbol{x}_1, y_1), (\boldsymbol{x}_2, y_2), \cdots, (\boldsymbol{x}_n, y_n)$ 的参数 W 的似然函数,如

$$l(W) = \prod_{i=1}^{n} (P(Y=1 | \boldsymbol{x}_i))^{y_i} (1 - P(Y=1 | \boldsymbol{x}_i))^{1-y_i} \qquad (10\text{-}17)$$

而相应的对数似然函数则为

$$L(W) = \ln(l(W))$$
$$= \sum_{i=1}^{n} [y_i \ln P(Y=1 | \boldsymbol{x}_i) + (1 - y_i)\ln(1 - P(Y=1 | \boldsymbol{x}_i))] \qquad (10\text{-}18)$$

负对数似然函数则为

$$-L(W) = -\sum_{i=1}^{n} [y_i \ln P(Y=1 | \boldsymbol{x}_i) + (1 - y_i)\ln(1 - P(Y=1 | \boldsymbol{x}_i))] \qquad (10\text{-}19)$$

可以看出,由于 $P(Y=1|\boldsymbol{x}) = g(W^{\mathrm{T}}\boldsymbol{x})$,所以,这个负对数似然函数 $-L(W)$ 也就是上面的损失函数 $L(W)$。

上面是对于负对数似然函数 $-L(W)$ 用梯度下降法求解最佳参数 W^* 的,但对于对数似然函数 $L(W)$,用梯度上升(gradient rise)法同样也可获得最佳参数 W^*。事实上,如果将对数似然函数 $L(W)$ 变形,则得

$$L(W) = \sum_{i=1}^{n} [y_i \ln P(Y=1 | \boldsymbol{x}_i) + (1 - y_i)\ln(1 - P(Y=1 | \boldsymbol{x}_i))]$$
$$= \sum_{i=1}^{n} [y_i W^{\mathrm{T}} \boldsymbol{x}_i - \ln(1 + \exp(W^{\mathrm{T}} \boldsymbol{x}_i)]$$

通过求导可以看出,函数 $L(W)$ 不能通过令导数为 0 然后再解方程的方法而直接求得相

应的 W 值。但可以通过求 $L(W)$ 的极大值,即最大化对数似然而得到参数值 W。这样,原分类问题仍然被转化为一个最优化问题。不过,这个最优化问题,即最大化对数似然,可以用梯度上升法求解。在这里,梯度

$$\nabla L(W) = \left(\frac{\partial L(W)}{\partial w_1}, \frac{\partial L(W)}{\partial w_2}, \cdots, \frac{\partial L(W)}{\partial w_n} \right) \tag{10-20}$$

其中,$\dfrac{\partial L(W)}{\partial w_i} = \sum\limits_{i=1}^{n} \left(y_i - \dfrac{1}{1 + \exp(-W^T \boldsymbol{x}_i)} \right) \boldsymbol{x}_i, i = 1, 2, \cdots, n$。求解算法可采用如下随机梯度上升算法。

Logistic 回归的随机梯度上升算法

(1) 初始化权向量 $\boldsymbol{w}$,并设置一个合适的学习率 $\eta \in (0, 1]$。

(2) 随机选择一个训练样例 $(\boldsymbol{x}_i, y_i)$。

(3) 将 $(\boldsymbol{x}_i, y_i)$ 代入 $L(W)$ 并计算梯度 $\nabla L(W)$,然后,用下式修正权值:

$$\boldsymbol{w} = \boldsymbol{w} + \eta \nabla L(W)$$

(4) 重复步骤(2)和(3),直到 $\boldsymbol{w}$ 达到收敛精度。

最后需指出,上面的 Logistic 回归模型是二项 Logistic 回归模型,用于二分类问题。也可将二项模型推广,建立多项 Logistic 回归模型(multi-nominal logistic regression model),而用于多分类问题。

设离散随机变量 Y 取值于 $\{1, 2, \cdots, m\}$,则多项 Logistic 回归模型为

$$P(Y = k \mid \boldsymbol{x}) = \frac{\exp(W_k^T \boldsymbol{x})}{1 + \sum\limits_{k=1}^{m-1} \exp(W_k^T \boldsymbol{x})}, \quad k = 1, 2, \cdots, m-1 \tag{10-21}$$

$$P(Y = m \mid \boldsymbol{x}) = \frac{1}{1 + \sum\limits_{k=1}^{m-1} \exp(W_k^T \boldsymbol{x})} \tag{10-22}$$

这里 $\boldsymbol{x} \in \mathbf{R}^{n+1}$,$W_k \in \mathbf{R}^{n+1}$。多项模型的参数求解方法与二项模型也是类似的。

10.3 监督学习中的几个进一步的问题

前面几节通过几个简单案例初步介绍了监督统计学习的任务和方法。本节介绍监督学习中几个进一步的问题。

10.3.1 监督学习的主要工作及步骤

监督学习一般有以下主要工作。

1. 数据准备

数据准备即采集样本数据,然后从中选取一部分作为训练样本,另一部分作为测试样本,或者再取一部分作为训练后的一个验证集。

2. 选择或设计假设模型

选择或设计假设模型就是根据样本数据和实际问题的特点,选择或设计拟学习的数学表达式,一般为某种数值函数($Y = f(X)$)或条件概率分布($P(Y|X)$)。假设模型实际是模型类,因为表达式的参数未取值。

3. 选择或设计准则函数

监督学习时往往需要实时地对学习效果进行评价,所以一般需要有一个评价准则。准则函数就是一种可量化相关评价指标的函数。常用的准则函数有误差函数、损失函数、代价函数、风险函数等。

4. 选择或设计学习策略和算法

学习过程实际上就是一个在参数空间(相当于在模型空间)搜索最佳参数值(最佳模型)的过程,所以需要一定的策略。学习策略包括准则函数选择、搜索方式(如步进搜索、随机搜索)、搜索方向(如梯度下降、梯度上升)、搜索起点(即参数初值)、搜索步长(即学习因子或学习率)等。策略确定后,就选择或设计相应的算法。

5. 编程实现

就是选择合适的语言、工具或平台,编制程序,实现算法,进行相应的学习训练和测试。

10.3.2 准则函数的演变

在准则函数中,常用的损失函数有 0-1 损失函数、平方损失函数、绝对损失函数和对数损失函数等。显然,损失函数值越小,相应的模型就越优。如果模型是概率模型,由于其输入、输出(X, Y)是随机变量,遵循联合分布 $P(X, Y)$,所以损失函数的期望是

$$R_{\exp}(f) = E_p[L(Y, f(X))] = \int_{x \times y} L(y, f(\pmb{x})) P(\pmb{x}, y) \mathrm{d}\pmb{x} \, \mathrm{d}y \qquad (10\text{-}23)$$

这是理论上模型 $f(X)$ 关于联合分布 $P(X, Y)$ 的平均意义下的损失,称为风险函数(risk function)或期望损失(expected loss)。学习的目标就是期望风险最小的模型。但由于联合概率分布 $P(X, Y)$ 未知,所以 $R_{\exp}(f)$ 不能直接计算。于是,人们又引入了经验风险(empirical risk)

$$R_{\mathrm{emp}}(f) = \frac{1}{N} \sum_{i=1}^{N} L(y_i, f(\pmb{x}_i)) \qquad (10\text{-}24)$$

其中,$(\pmb{x}_i, y_i)(i = 1, 2, \cdots, N)$ 为训练数据,而且是依联合分布 $P(X, Y)$ 独立同分布产生的。

经验风险 $R_{\mathrm{emp}}(f)$ 是模型关于训练样本的平均损失。根据大数定律,当样本容量 N 趋于无穷时,经验风险 $R_{\mathrm{emp}}(f)$ 趋于期望风险 $R_{\exp}(f)$。所以可以用经验风险来估计期望风险。但是,由于现实中训练样例数目有限,甚至很小,所以用经验风险估计期望风

险常常并不理想。于是,人们又引入了结构风险(structural risk)$R_{\text{srm}}(f)$,以便对经验风险进行一定的矫正。

$$R_{\text{srm}}(f) = \frac{1}{N}\sum_{i=1}^{N}L(y_i, f(\boldsymbol{x}_i)) + \lambda J(f) \tag{10-25}$$

其中,$J(f)$是定义在假设空间上的泛函,表示模型 f 的复杂度。

10.3.3　过拟合,欠拟合,正则化

评判准则只能对学习过程中的模型进行评价,而这种评价并不能反映所得模型在实际使用中的表现。一个模型在实际使用中的表现如何,要看它的泛化(generalization)能力。学习方法的泛化能力是指由该方法所学得的模型对新数据的预测或分类能力。

影响模型泛化能力因素有学习模型、准则函数、学习策略及样本容量等。

学习时假设模型选择不当往往会出现过拟合(over-fitting)现象。过拟合就是学习所得模型对训练数据分类或预测得很好,但对新数据却很差。这是因为学习时所选模型包含的参数过多或者模型的复杂度高于样本数据所表征的函数的复杂度。例如,用高次函数去拟合从低次函数抽取的样本数据时,往往就会出现过拟合现象。此外,当样本容量很小时,也会产生过拟合现象。

模型选择不当或训练数据过少时还会出现欠拟合(under-fitting)问题。欠拟合就是学习所得模型对数据的分类和预测能力很差。这是因为所选模型的复杂度低于样本数据所表征的函数的复杂度。例如,用线性函数去拟合从三次函数抽取的样本数据时,就会出现欠拟合现象。

为了控制和调整模型的复杂度,人们还引入了偏差(bias,也称偏倚)和方差两个测度,用它们可以对过拟合和欠拟合进行定量分析。

为了避免过拟合和欠拟合,人们采用正则化(regularization)方法,即给模型再设计一个测度函数来评估模型的复杂度。其实,前面所述的结构风险最小化正是为了防止过拟合而提出来的。式(10-25)中的 $\lambda J(f)$ 就是在经验风险上所加的一个正则项(regularizer)或惩罚项(penalty term)。

对模型泛化能力的评价,实践中常用测试误差的方法。但这种方法会因依赖于测试数据集而使得到的评价结果不可靠。统计学习理论试图从理论上对学习方法的泛化能力进行分析而引入了泛化误差(generalization error)$R_{\text{exp}}(\hat{f})$的概念和度量

$$R_{\text{exp}}(\hat{f}) = E_p[L(Y, \hat{f}(X))] = \int_{\boldsymbol{x}\times y} L(y, \hat{f}(\boldsymbol{x}))P(\boldsymbol{x}, y)\mathrm{d}\boldsymbol{x}\mathrm{d}y \tag{10-26}$$

其中,$\hat{f}$ 是所学到的模型。泛化误差反映了学习方法的泛化能力(其实,它就是所学模型的期望风险)。这样,如果一种方法学习的模型比另一种方法学习的模型具有更小的泛化误差,那么这种方法就更有效。

10.3.4　模型与学习方法的分类

监督学习所学得的模型可分为生成模型(generative model)和判别模型(discriminative model)。生成模型由生成方法(generative approach)所得,判别模型则由判别方法

(discriminative approach)所得。生成方法先由数据学习联合概率分布 $P(Y,X)$，然后求出概率分布

$$P(Y\mid X)=\frac{P(Y,X)}{P(X)} \tag{10-27}$$

作为预测模型，即生成模型。典型的生成模型有朴素贝叶斯法中的分类模型、由最大似然估计和贝叶斯估计所得的分类模型以及隐马尔可夫模型(Hidden Markov Model, HMM)等。判别方法由数据直接学习判别函数 $Y=f(X)$ 或者条件概率分布 $P(Y\mid X)$ 作为预测模型，即判别模型。典型的判别模型有：k-近邻法、线性判别函数、决策树、逻辑斯蒂回归模型、最大熵模型、支持向量机、提升方法和条件随机场等。生成方法的提法源于相关模型表示了对给定的输入 X 产生输出 Y 的生成关系；判别方法关心的是对于给定的输入 X 应该得到什么样的输出 Y。生成方法也称基于似然的方法(likelihood-based approach)，而判别方法也称基于判别式的方法(discriminant-based approach)，在学习过程中生成方法的收敛速度更快，而判别方法的学习准确率更高。

10.4　支持向量机简介

1995 年，Cortes 和 Vapnik 提出一种被称为支持向量机(SVM)的机器学习新算法。支持向量机具有泛化性能好、适合小样本、适用面宽(也可用于多分类问题和回归问题)和支持超高维等优点，是迄今最有影响力的机器学习算法之一。在深度学习出现以前，使用高斯核(RBF)的支持向量机在好多分类问题中取得了当时的最好结果。

10.4.1　最大间隔超平面

在 10.2.2 节中我们看到，以线性函数作为判别函数是解决空间点集分类问题的一个简单而有效的方法。但也存在问题，就是对于同一样本点集，可以学到的线性判别函数并不唯一而且泛化性能无保证。也就是说，对于 n 维数据来说，能够将同一样本点集分隔成两个子集的超平面不止一个，而是有多个甚至有无穷个(见图 10-5)；而且不同的分类超平面的分类效果即泛化能力也不一样。例如，有的超平面虽然将样本点正确地分开了，但对于有的新数据点的分类却有误。那么，究竟怎样的分类超平面能将分类误差降到最低，或者说其泛化性能最好呢？研究表明，能到达这种效

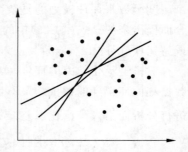

图 10-5　二维空间分类直线示意图

果的就是与两个数据子集的边缘走向相一致而且恰好位于两子集间隔正中间的那个超平面。这个超平面能使两侧数据子集的边界点到其的距离都达到最远，即它能以最大间隔分隔两个数据子集，因此称为**最大间隔超平面**。例如，在图 10-5 所示的 3 条直线中，位于中间的那条直线就是接近最大间隔直线。直观上可以看出，其分类误差会最低而抗噪声的能力会最高。所以，最大间隔超平面也是最优分类超平面。于是，提高线性分类器泛化能力的问题就归结为寻找最大间隔超平面的问题了。

10.4.2 线性可分支持向量机

设有线性可分的训练样本 $S=\{(\boldsymbol{x}_i,y_i)\}_{i=1}^m,\boldsymbol{x}_i\in\mathbf{R},y_i\in\{+1,-1\}$ 分别对应正类样例和负类样例。

设分隔数据点集 $D=\{\boldsymbol{x}_i\}_{i=1}^m$ 成为两个子集的超平面之方程为

$$\boldsymbol{w}^{\mathrm{T}}\boldsymbol{x}_i+b=0 \tag{10-28}$$

首先,这个超平面要能够正确分类数据点集 D,所以它必须满足下面两个不等式:

$$\boldsymbol{w}^{\mathrm{T}}\boldsymbol{x}_i+b\geqslant 0, \quad \text{对于正类样例};$$

$$\boldsymbol{w}^{\mathrm{T}}\boldsymbol{x}_i+b<0, \quad \text{对于负类样例}。$$

如果将 y_i 的取值作为数值与 $\boldsymbol{w}^{\mathrm{T}}\boldsymbol{x}_i+b$ 相乘,则这两个不等式可以统一为

$$y_i(\boldsymbol{w}^{\mathrm{T}}\boldsymbol{x}_i+b)\geqslant 0 \tag{10-29}$$

根据解析几何中点到直线的距离公式和相关矢量代数知识,数据点 $\boldsymbol{x}_i\in D$ 到分类超平面的距离为

$$d(\boldsymbol{w},b,\boldsymbol{x}_i)=\frac{|\boldsymbol{w}^{\mathrm{T}}\boldsymbol{x}_i+b|}{\|\boldsymbol{w}\|} \tag{10-30}$$

其中,$\|\boldsymbol{w}\|$ 为向量 $\boldsymbol{w}$ 的 L2 范数。令

$$I_+(\boldsymbol{w},b)=\min_{y_i=+1}d(\boldsymbol{w},b,\boldsymbol{x}_i),\quad I_-(\boldsymbol{w},b)=\min_{y_i=-1}d(\boldsymbol{w},b,\boldsymbol{x}_i)$$

分别作为正类数据点和负类数据点到分类超平面的间隔宽度。那么,这两个间隔宽度之和就是两个数据子集的边缘间隔宽度,记为 $I(\boldsymbol{w},b)$,即

$$I(\boldsymbol{w},b)=I_+(\boldsymbol{w},b)+I_-(\boldsymbol{w},b) \tag{10-31}$$

由于权向量亦即系数 $\boldsymbol{w}$ 和偏置 b 分别决定相应超平面的方向和截距(到原点的距离),所以适当调整 $\boldsymbol{w}$ 和 b 的取值使分类间隔最大化,便可找到最大间隔超平面。事实上,理论上已经证明,能将一个线性可分数据集正确分离的最大间隔超平面是存在且唯一的。

这样,在式(10-29)的约束下,求 $I(\boldsymbol{w},b)$ 的最大值,然后将所得的 $\boldsymbol{w}^*$ 和 b^* 代入式(10-28),就可以得到所求的最大间隔超平面。

但直接用式(10-30)则计算比较烦琐。考虑到给方程 $\boldsymbol{w}^{\mathrm{T}}\boldsymbol{x}_i+b=0$ 两端同乘一个非 0 实数,超平面并不会改变。所以,给方程两端同乘一个适当的数,使得左端的 $|\boldsymbol{w}^{\mathrm{T}}\boldsymbol{x}_i+b|=1$。这样,式(10-30)变为

$$d(\boldsymbol{w},b,\boldsymbol{x}_i)=\frac{1}{\|\boldsymbol{w}\|} \tag{10-30'}$$

式(10-31)变为

$$\begin{aligned}I(\boldsymbol{w},b)&=I_+(\boldsymbol{w},b)+I_-(\boldsymbol{w},b)\\&=\frac{1}{\|\boldsymbol{w}\|}+\frac{1}{\|\boldsymbol{w}\|}\\&=\frac{2}{\|\boldsymbol{w}\|}\end{aligned} \tag{10-31'}$$

而且,这时约束条件式(10-29)就应该是

$$y_i(\boldsymbol{w}^{\mathrm{T}}\boldsymbol{x}_i + b) \geqslant 1 \qquad (10\text{-}29')$$

现在,原来在式(10-29)的约束下求 $I(\boldsymbol{w},b)$ 最大值的问题就变为:在式(10-29′)的约束下,求 $I(\boldsymbol{w},b) = \dfrac{2}{\|\boldsymbol{w}\|}$ 的最大值。

为了计算方便,我们再一次将求 $\dfrac{2}{\|\boldsymbol{w}\|}$ 的最大值转换为其等价问题:求 $\dfrac{1}{2}\|\boldsymbol{w}\|^2$ 的最小值。不难证明,$\dfrac{1}{2}\|\boldsymbol{w}\|^2$ 是一个凸函数。这样一来,原来求最大间隔超平面的问题就变成了一个凸二次规划问题,可写成如下形式

$$\min \frac{1}{2}\|\boldsymbol{w}\|^2 \qquad (10\text{-}32)$$

$$\text{s. t. } y_i(\boldsymbol{w}^{\mathrm{T}}\boldsymbol{x}_i + b) \geqslant 1, \quad i=1,2,\cdots,n \qquad (10\text{-}33)$$

求解这个二次规划问题,就可以得到相应的 $\boldsymbol{w}^*$ 和 b^*,进而得到所求的最大间隔超平面。

但为了求解方便,通常的做法是不直接求解这个二次规划问题,而是利用拉格朗日乘子 $\alpha_i(i=1,2,\cdots,n)$ 构造拉格朗日函数,将其转化为一个对偶的优化问题

$$\min_{\alpha} \frac{1}{2}\sum_{i=1}^{n}\sum_{j=1}^{n}\alpha_i\alpha_j y_i y_j (\boldsymbol{x}_i \cdot \boldsymbol{x}_j) - \sum_{i=1}^{n}\alpha_i \qquad (10\text{-}34)$$

$$\text{s. t. } \sum_{i=1}^{n}\alpha_i y_i = 0, \alpha_i \geqslant 0, \quad i=1,2,\cdots,n \qquad (10\text{-}35)$$

该问题的解为 $\boldsymbol{\alpha}^* = (\alpha_1^*, \alpha_2^*, \cdots, \alpha_n^*)$,然后,用下面的公式求得原问题的解

$$\boldsymbol{w}^* = \sum_{i=1}^{n}\alpha_i^* y_i \boldsymbol{x}_i \qquad (10\text{-}36)$$

$$b^* = y_j - \sum_{i=1}^{n}\alpha_i^* y_i (\boldsymbol{x}_i \cdot \boldsymbol{x}_j) \qquad (10\text{-}37)$$

可以看出,权向量 $\boldsymbol{w}^*$ 和偏置 b^* 完全由不为 0 的 α_i^* 和对应的向量 $\boldsymbol{x}_i$ 决定。所以,这些向量 $\boldsymbol{x}_i$ 称为**支持向量**(support vectors)。

现在,将所得的 $\boldsymbol{w}^*$ 和 b^* 代入式(10-28),得到所求的最大间隔超平面

$$\boldsymbol{w}^{*\mathrm{T}}\boldsymbol{x}_i + b^* = 0 \qquad (10\text{-}38)$$

从而得到一个线性判别函数 $f(\boldsymbol{w}^{*\mathrm{T}}\boldsymbol{x}_i + b^*)$。那么,再配上相应的分类判决规则,就构成了一个线性分类器。当然,也可用符号函数 $\mathrm{sign}(\boldsymbol{w}^{*\mathrm{T}}\boldsymbol{x}_i + b^*)$ 作为分类决策函数而直接构成了一个线性分类器。

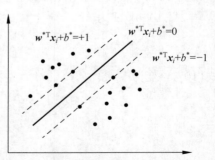

图 10-6 所示的就是用上述方法所得的二维空间中的最大间隔和相应的最大间隔分类直线(示意图)。图中直线 $\boldsymbol{w}^{*\mathrm{T}}\boldsymbol{x}_i + b^* = 0$ 就是所求的分类直线,虚直线 $\boldsymbol{w}^{*\mathrm{T}}\boldsymbol{x}_i + b^* = +1$ 和 $\boldsymbol{w}^{*\mathrm{T}}\boldsymbol{x}_i + b^* =$

图 10-6　二维空间最大间隔分类直线示意图

—1之间的区域就是两个数据子集边缘之间的最大间隔,被虚直线穿过的数据点就是支持向量,它们是两个子集边界上离分类直线最近的数据点。正是这些支持向量决定了中间的分类直线(分类超平面)。所以,由上述求最大间隔超平面的方法所得的分类器被称为**支持向量机**。其学习算法则称为最大间隔法。

上面采用拉格朗日对偶变换手法的好处是,不但简化了计算,而且还能求得相应的支持向量 $x_1^*, x_2^*, \cdots, x_s^*$,然后由支持向量导出相应的权向量 w^* 和截距 b^*。此外,这样做也为进一步构造解决线性不可分问题的线性支持向量机和非线性支持向量机做好了铺垫,开辟了通道。

10.4.3　线性支持向量机和非线性支持向量机

其实,上面所得的支持向量机还只是解决线性可分问题的最简单的支持向量机,称为线性可分支持向量机。进一步,还有线性支持向量机和非线性支持向量机。

1. 线性支持向量机

线性可分支持向量机是对于线性可分的数据集用硬边缘最大化(hard margin maximization)的方法而学得的。而线性支持向量机则是对于近似线性可分的数据集用软边缘最大化(soft margin maximization)的方法而学得的。其具体做法是:在式(10-32)和式(10-33)的基础上引入一个所称的松弛变量 $\xi_i \geqslant 0$(针对样例 (x_i, y_i))和一个惩罚参数 $C > 0$,使得求相应最佳分类超平面的问题变为求解如下的凸二次规划问题:

$$\min \frac{1}{2} \| w \|^2 + C \sum_{i=1}^{n} \xi_i \tag{10-39}$$

$$\text{s.t. } y_i(w^{\mathrm{T}} x_i + b) \geqslant 1 - \xi_i, \tag{10-40}$$

$$C > 0, \quad \xi_i \geqslant 0, \quad i = 1, 2, \cdots, n$$

同前面一样,再利用拉格朗日对偶变换将此问题变为如下对偶问题

$$\min_{\alpha} \frac{1}{2} \sum_{i=1}^{n} \sum_{j=1}^{n} \alpha_i \alpha_j y_i y_j (x_i \cdot x_j) - \sum_{i=1}^{n} \alpha_i \tag{10-41}$$

$$\text{s.t. } \sum_{i=1}^{n} \alpha_i y_i = 0, \quad 0 \leqslant \alpha_i \leqslant C, \quad i = 1, 2, \cdots, n \tag{10-42}$$

可以看出,该问题与式(10-34)和式(10-35)所表示的对偶问题稍有差别,其解仍然为 $\alpha^* = (\alpha_1^*, \alpha_2^*, \cdots, \alpha_n^*)$。由 α^* 和 x_i^* 求相应的 w^* 和 b^* 的公式仍然是式(10-36)和式(10-37)。但由这里的 w^* 和 b^* 所构造分类器称为线性支持向量机。

需注意的是,由线性支持向量机所得的最大间隔中仍然会存在数据点,相应的分类超平面对这些数据点的分类可能是正确的,也可能是错误的。

2. 非线性支持向量机

非线性支持向量机是针对非线性可分数据集的一类支持向量机。其基本原理是,将空间 $\mathbf{R}^n$ 中的非线性分类问题通过非线性变换,转化为某个高维空间中的线性分类问题,

在高维空间学习线性支持向量机；但在实际操作时则采用核函数（kernel function）技术而巧妙地求得在原空间 $\mathbf{R}^n$ 中的最优分类超曲面。

其具体做法是：先直接给出对偶优化问题的目标函数：

$$\min_{\alpha} \frac{1}{2} \sum_{i=1}^{n} \sum_{j=1}^{n} \alpha_i \alpha_j y_i y_j (\boldsymbol{x}_i \cdot \boldsymbol{x}_j) - \sum_{i=1}^{n} \alpha_i \tag{10-43}$$

然后选择某一映射 $\phi: \mathbf{R}^n \to H$，将内积 $\boldsymbol{x}_i \cdot \boldsymbol{x}_j$ 变换为内积 $\phi(\boldsymbol{x}_i) \cdot \phi(\boldsymbol{x}_j)$，代入式（10-43）得

$$\min_{\alpha} \frac{1}{2} \sum_{i=1}^{n} \sum_{j=1}^{n} \alpha_i \alpha_j y_i y_j \phi(\boldsymbol{x}_i) \cdot \phi(\boldsymbol{x}_j) - \sum_{i=1}^{n} \alpha_i \tag{10-44}$$

接着再选用某一核函数 $K(\boldsymbol{x}_i, \boldsymbol{x}_j)$，使得 $K(\boldsymbol{x}_i, \boldsymbol{x}_j) = \phi(\boldsymbol{x}_i) \cdot \phi(\boldsymbol{x}_j)$，然后又用该核函数 $K(\boldsymbol{x}_i, \boldsymbol{x}_j)$ 替换式（10-44）中内积 $\phi(\boldsymbol{x}_i) \cdot \phi(\boldsymbol{x}_j)$ 而得到

$$\min_{\alpha} \frac{1}{2} \sum_{i=1}^{n} \sum_{j=1}^{n} \alpha_i \alpha_j y_i y_j K(\boldsymbol{x}_i, \boldsymbol{x}_j) - \sum_{i=1}^{n} \alpha_i \tag{10-45}$$

添上约束条件

$$\text{s.t.} \sum_{i=1}^{n} \alpha_i y_i = 0, \quad 0 \leqslant \alpha_i \leqslant C, \quad i = 1, 2, \cdots, n \tag{10-46}$$

就得到一个新的优化问题。求解这个优化问题，得到解 $\boldsymbol{\alpha}^* = (\alpha_1^*, \alpha_2^*, \cdots, \alpha_n^*)$；再由 $\alpha_j^* \neq 0$ 求出相应的支持向量 $\boldsymbol{x}_j$，进而得到空间 $\mathbf{R}^n$ 中的分类超曲面

$$\sum_{j=1}^{s} \alpha_j^* y_j K(\boldsymbol{x}, \boldsymbol{x}_j) + b^* = 0 \tag{10-47}$$

其中，$\alpha_j \neq 0, \boldsymbol{x}_j$ 为支持向量（$j = 1, 2, \cdots, s < n$）。相应的分类判别函数和分类决策函数分别为

$$f\left(\sum_{j=1}^{s} \alpha_j^* y_j K(\boldsymbol{x}, \boldsymbol{x}_j) + b^* \right) \tag{10-48}$$

和

$$\text{sign}\left(\sum_{j=1}^{s} \alpha_j^* y_j K(\boldsymbol{x}, \boldsymbol{x}_j) + b^* \right) \tag{10-49}$$

这个分类器被称为非线性支持向量机。该支持向量机是用虚拟的线性分类来实现非线性可分数据集的分类。

说明：

（1）上面的映射 $\phi: \mathbf{R}^n \to H$，也称为核映射，其中的空间 H 是一个比 $\mathbf{R}^n$ 维数更高的特征空间，称为希尔伯特空间。

（2）核函数 $K(\boldsymbol{x}, \boldsymbol{y})$ 就是满足 $K(\boldsymbol{x}, \boldsymbol{y}) = \phi(\boldsymbol{x}) \cdot \phi(\boldsymbol{y})$ 的函数，它有多种选择。常用的核函数有线性核函数 $K(\boldsymbol{x}, \boldsymbol{y}) = \boldsymbol{x} \cdot \boldsymbol{y}$、多项式核函数 $K(\boldsymbol{x}, \boldsymbol{y}) = (\boldsymbol{x} \cdot \boldsymbol{y} + 1)^p$、高斯核/径向基函数（RBF）$K(\boldsymbol{x}, \boldsymbol{y}) = \exp\left(-\frac{\| \boldsymbol{x} - \boldsymbol{y} \|^2}{2\sigma^2} \right)$ 等。

最后指出，除了上述 3 种二分类支持向量机外，人们还把支持向量机推广到多分类问题和回归问题。由于篇幅所限，这里不再介绍。

延伸学习导引

至此,本章概要介绍了统计学习的一些基本知识点,现在对本章内容做一小结,并在此基础上指出进一步延伸学习的有关内容,以供参考。

(1) 本章主要介绍了分类问题的相关学习模型和算法,包括线性判别函数模型学习、Logistic 回归模型学习和支持向量机。此外,关于分类问题还有非线性判别函数模型、最近邻算法、决策树(9.3 节已介绍过)等有待延伸学习。另外,朴素贝叶斯分类算法被安排在第 13 章(见 13.3 节)。

(2) 本章仅介绍了一个关于回归问题的学习模型和算法——一元线性函数模型学习。显然,除了一元线性模型外,还有多元线性模型学习。进而,还有非线性模型,最常用的则是多项式函数模型。

(3) 本章介绍的学习模型和算法属于判别模型和判别方法,而生成模型和生成方法被安排在第 13 章介绍(参见 13.3 节和 13.4 节)。除该章介绍的外,典型的判别模型还有:k-近邻法、决策树和随机森林、最大熵模型、提升方法和条件随机场等。

(4) 本章介绍的都属于参数方法,而非参数方法中的最近邻算法和插值方法有待延伸学习。

(5) 本章介绍的学习方法均为监督学习,对于非监督学习(即聚类问题),将在第 12 章中介绍(见 12.4 节)。但也只介绍了 k-均值聚类算法。此外,非监督学习还有许多经典算法,如期望最大化算法、谱聚类算法和层次聚类算法等。

(6) 本章介绍的线性判别函数模型和支持向量机属于数值路线的方法。在这一方向上有待延伸学习的还有非线性判别函数模型、多分类判别函数模型、非线性支持向量机、多分类支持向量机、回归支持向量机以及 VC 维等有关技术和理论知识。

(7) 至于概率路线的方法,本章仅介绍了 Logistic 回归模型的学习,第 13 章将要介绍一般的概率分类法、朴素贝叶斯法和最大似然估计等。但还有贝叶斯估计、贝叶斯学习和基于贝叶斯网络(也称图模型,8.4 节已介绍过)的图方法以及一种时间序列概率模型(一种动态贝叶斯网络)——隐马尔可夫模型等内容有待延伸学习。

(8) 若要对统计学习进行更深入的学习和研究,则至少还要读 Vapnik 所著的《统计学习理论的本质》和《统计学习理论》两部专著。

习题 10

1. 简述统计学习的基本原理和分类。
2. 简述监督统计学习基本步骤。
3. 使用 Python 语言编程实现 10.2.1 节或 10.2.2 节中的学习算法及其实例。
4. 监督统计学习有哪些学习方法和模型?
5. 什么是过拟合和欠拟合?产生这两种现象的可能原因是什么?有哪些应对方法?
6. 简述支持向量机的数学原理。

第 **11** 章

神经网络学习

这里所说的神经网络是指人工神经网络。人工神经网络是对生物神经网络的某种简化和抽象。因此,关于神经网络学习,我们先从生物神经网络谈起。

11.1 从生物神经元到人工神经元

1. 生物神经元

这里的神经元指神经细胞,它是生物神经系统的最基本的单元,其基本结构如图 11-1 所示。可以看出,神经元由细胞体、树突和轴突组成。细胞体是神经元的主体,它由细胞核、细胞质和细胞膜三部分构成。从细胞体向外延伸出许多突起,其中大部分突起呈树枝状,称为树突。树突起感受作用,接受来自其他神经元传递的信号;另外,由细胞体伸出的一条最长的突起,用来传出细胞体产生的输出信号,称之为轴突;轴突末端形成许多细的分枝,叫作神经末梢;每一条神经末梢可以与其他神经元形成功能性接触,该接触部位称为突触。功能性接触是指并非永久性接触,它是神经元之间信息传递的奥秘之处。

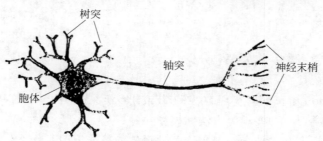

图 11-1 生物神经元结构模型

一个神经元把来自不同树突的兴奋性或抑制性输入信号(突触后膜电位)累加求和的过程称为整合。考虑到输入信号的影响要持续一段时间(毫秒级),因此,神经元的整合功能是一种时空整合。当神经元的时空整合产生的膜电位超过阈值电位时,神经元处于兴奋状态,产生兴奋性电脉冲,并经轴突输出;否则,无电脉冲产生,处于抑制状态。

可见,神经元很像一个阈值逻辑器件。

2. 人工神经元

如果对生物神经元作以适当的结构简化和功能抽象,就得到所谓的人工神经元。人工神经元的结构模型如图 11-2 所示。

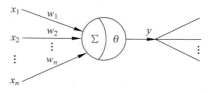

图 11-2　人工神经元结构模型

它是一个多输入单输出的非线性阈值器件。其中,$x_1, x_2, \cdots, x_n$ 是神经元的 n 个输入信号量;w_1, $w_2, \cdots, w_n$ 是诸输入的权值,它表示各信号源神经元与该神经元的连接强度;A 表示神经元的输入总和,它相应于生物神经细胞的膜电位;y 为神经元的输出;θ 表示神经元的阈值。人工神经元的输入/输出关系可描述为

$$\begin{cases} y = f(A) \\ A = \sum_{i=1}^{n} w_i x_i - \theta \end{cases} \tag{11-1}$$

这就是人工神经元的数学模型。它是由美国心理学家 McCulloch 和数学家 Pitts 于 1943 年提出的,称为 MP 模型。其中,函数 $y = f(A)$ 称为神经元的激活函数(也称特性函数、作用函数、传递函数或输出函数)。常见的激活函数有以下几种。

(1) 阶跃函数。

$$f(A) = \text{step}(A) = \begin{cases} 1, & A > 0 \\ 0, & A \leqslant 0 \end{cases} \tag{11-2}$$

(2) Sigmoid 函数。

$$f(A) = \text{sigmoid}(A) = \frac{1}{1 + e^{-A}} \tag{11-3}$$

这是一种 S 型函数,反映了神经元的非线性输出特性。

(3) 分段线性函数。

$$f(A) = \begin{cases} 0, & A \leqslant 0 \\ kA, & 0 < A \leqslant A_k \\ 1, & A > 0 \end{cases} \tag{11-4}$$

式中,k、A_k 均为常量。这类函数反映神经元的输入/输出满足一定的区间线性关系。

(4) 符号函数。

$$f(A) = \text{sign}(A) = \begin{cases} +1, & A > 0 \\ 0, & A = 0 \\ -1, & A < 0 \end{cases} \tag{11-5}$$

（5）双曲正切函数。

$$f(A) = \frac{e^A - e^{-A}}{e^A + e^{-A}} \tag{11-6}$$

（6）ReLU 函数。

$$f(A) = \max(0, A) = \begin{cases} A, & A > 0 \\ 0, & A \leqslant 0 \end{cases} \tag{11-7}$$

以上几种激活函数的图像依次如图 11-3 中的（a）、（b）、（c）、（d）、（e）、（f）所示。由于激活函数的不同，神经元也表现出不同的特性。

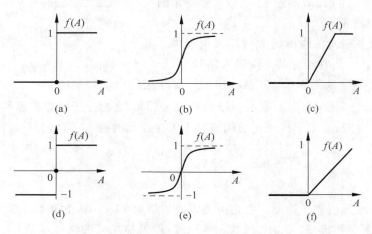

图 11-3　几种常用的神经元激活函数图像

除了这几类函数，还有一些其他类型的激活函数，其中有些则是这些函数的某种扩展或变体。另外，还有一类概率型神经元，它是一类二值型神经元。与上述神经元模型不同，其输出状态为 0 或 1，而且是根据激励函数值的大小，按照一定的概率确定的。

为了叙述方便，下面我们将人工神经元与人工神经网络简称为神经元和神经网络。

11.2　神经网络及其学习

11.2.1　神经网络的拓扑结构与功能

如果将多个神经元按某种拓扑结构连接起来，就构成了神经网络。根据连接的拓扑结构不同，神经网络分为四大类：分层前向（也称前馈）网络、反馈前向网络、互联前向网络、广泛互联网络。

1. 分层前向网络

分层前向网络如图 11-4（a）所示。这种网络的结构特征是，网络由若干层神经元组成，一般有输入层、中间层（又称隐藏层或隐层，可有一层或多层）和输出层，各层顺序连接；且信息严格地按照从输入层进，经过中间层，从输出层出的方向流动。前向便因此而得名。其中输入层是网络与外部环境的接口，它接受外部输入；隐层是网络的内部处理层,神经网络具有的模式变换能力,如模式分类、模式完善、特征抽取等,主要体现在隐层神经元的处理能力上;输出层是网络的输出接口,网络信息处理结果由输出层向外输出。例如后面将要介绍的 BP 网络就是一种典型的分层前向网络。

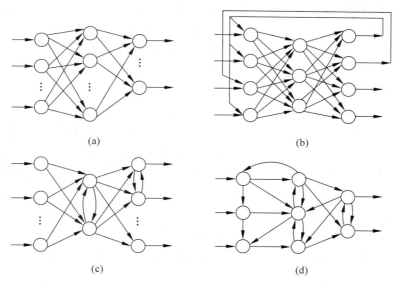

图 11-4　神经网络结构模型

2. 反馈前向网络

反馈前向网络如图 11-4(b)所示。它也是一种分层前向网络,但它的输出层到输入层具有反馈连接。反馈的结果形成封闭环路,具有反馈的单元被称为隐单元,其输出被称为内部输出。

3. 互联前向网络

互联前向网络如图 11-4(c)所示。它也是一种分层前向网络,但它的同层神经元之间有相互连接。同一层内单元的相互连接使它们之间有彼此牵制作用。

4. 广泛互联网络

所谓广泛互联是指网络中任意两个神经元之间都可以或可能是可达的,即存在连接路径,广泛互联网络如图 11-4(d)所示。著名的 Hopfield 网络、玻尔兹曼机模型结构就属此类。

显然,这 4 种网络结构其复杂程度是递增的。对于简单的前向网络,给定某一输入,网络能迅速产生一个相应的输出模式。但在互联型网络中,输出模式的产生就不这么简单。对于给定的某一输入模式,由某一初始网络参数出发,在一段时间内网络处于不断改变输出模式的动态变化中,网络最终可能会产生某一稳定输出模式,但也有可能进入周期性振荡或混沌状态。因此,互联型网络被认为是一种非线性动力学系统。

　　虽然单个神经元仅是一种阈值器件,其功能有限。然而,由大量的神经元连接起来的神经网络却能表现出非凡的智能。一个神经网络就是一个智能信息处理系统。神经网络信息处理的特点是分布存储和并行处理。即神经网络把信息分布存储在神经元之间的连接强度上,而且对信息的处理是由网络中神经元集体完成的。因而神经网络具有很强的鲁棒性和容错性,还有联想记忆、抽象概括和自适应能力。而这种抽象概括和自适应能力一般被称为自学习能力。自学习是神经网络最重要的特征。通过学习网络能够获得知识,适应环境。

　　具体来讲,神经网络至少可以实现以下功能。

　　(1) **数学上的映射逼近**　通过一组样例$(x_1, y_1), (x_2, y_2), \cdots, (x_n, y_n)$,网络以自组织方式寻找输入与输出之间的映射关系: $y = f(x)$。这种映射逼近能力可用于系统建模、模式识别与分类等。具有这种能力的典型网络有 BP 网络等。

　　(2) **数据聚类、压缩**　通过自组织方式对所选输入模式聚类。若输入模式不属于已有的聚类,则可以产生新的聚类。同一聚类可对应于多个输入模式;另外,聚类是可变的。这是一种编码形式,而不同于分类。典型的网络如 ART 模型,其应用如在语音识别中用来减小输入的维数,减小存储数据的位数等。

　　(3) **联想记忆**　实现模式完善、恢复,相关模式的相互回忆等。典型的如 Hopfield 网络、CPN 网络等。

　　(4) **优化计算和组合优化问题求解**　利用神经网络的渐进稳定态,特别是反馈网络的稳定平衡态,进行优化计算或求解组合优化问题的近似最优解。像 Hopfield 网络、玻尔兹曼机等均有此能力。

　　(5) **模式分类**　网络首先通过一定数量的样本数据进行学习,获得相应的模式分类能力,然后对新数据进行分类。如 BP 网络就具有这种能力。

　　(6) **概率密度函数的估计**　根据给定的概率密度函数,通过自组织网络来响应在空间 $\mathbf{R}^n$ 中服从这一概率分布的一个样本 $X_1, X_2, \cdots, X_k$。像玻尔兹曼机模型、CPN 网、SOM 网就有这种能力。

11.2.2　神经网络的学习机理与方法

　　学习是神经网络的重要特征之一。神经网络能够通过学习(也称训练),改变其内部状态,使输入/输出呈现出某种规律性。网络学习一般是利用一组称为训练样例的数据,作为网络的输入(和输出),网络按照一定的训练规则(又称学习规则或学习算法)自动调节神经元之间的连接强度或拓扑结构,当网络的实际输出满足期望的要求,或者趋于稳定时,则认为学习成功。

1. 学习规则

　　权值修正学派认为:神经网络的学习过程就是不断修正网络的连接权值,以获得期望的输出的过程。所以,学习规则就是权值修正规则。

　　典型的权值修正规则有两种,即相关规则和误差修正规则。相关规则的思想最早是由 Hebb 作为假设提出,所以人们称之为 Hebb 规则。

Hebb 规则可以描述为：如果神经网络中某一神经元与另一直接与其相连的神经元同时处于兴奋状态，那么这两个神经元之间的连接强度应该加强。Hebb 规则可表示为

$$w_{ij}(t+1) = w_{ij}(t) + \eta[x_i(t)x_j(t)] \tag{11-8}$$

式中，$w_{ij}(t+1)$ 表示修正一次后的某一权值；η 是一个正常量，决定每次权值修正量，又称为学习因子；$x_i(t)$、$x_j(t)$ 分别表示 t 时刻第 i、第 j 个神经元的状态。由于 Hebb 规则的基本思想很容易被接受，因此，得到了较广泛的应用。但后来神经科学的许多发现都表明，Hebb 规则并未准确反映神经元在学习过程中突触变化的基本规律。

误差修正规则是神经网络学习中另一类更重要的权值修正方法，感知机学习、BP 学习就用此法。最基本的误差修正规则，即常说的 δ 学习规则，可由以下 4 步来描述。

(1) 选择一组初始权值 $w_{ij}(0)$。

(2) 计算某一输入模式对应的实际输出与期望输出的误差$(d_j - y_j)$。

(3) 用下式更新权值（阈值可视为输入恒为-1的一个权值）

$$w_{ij}(t+1) = w_{ij}(t) + \eta[d_j - y_j(t)]x_i(t) \tag{11-9}$$

式中，η 为学习因子；d_j、y_j 分别表示第 j 个神经元的期望输出与实际输出；x_i 为第 j 个神经元的输入。

(4) 返回步骤(2)，直到对所有训练模式，网络输出均能满足要求。

生理学和解剖学研究表明，在动物学习过程中，神经网络的结构修正即拓扑变化起重要的作用。这意味着，神经网络学习不仅只体现在权值的变化上，而且在网络的结构上也有变化。于是，人们又研究神经网络关于结构变化的学习方法。这类方法与权值修正方法并不完全脱离，在一定意义上，二者具有互补作用。

2. 学习方法

从不同角度考虑，神经网络的学习方法有不同的分类。

根据样例数据的特点神经网络学习有监督学习和无监督学习之分。这里的监督学习就是根据网络的输出模式与期望模式的误差反复修正权值，直到满足精度要求为止。这里的无监督学习是一种自组织过程，即网络根据某种规则反复调节连接权值以适应输入模式的激励，直到形成某种有序状态。这相当于神经网络对输入模式的不断适应而抽取其特征。

从神经网络内部状态变化的角度来分，神经网络学习可分为权值修正、拓扑变化、权值与拓扑修正 3 种。如补充学习就是一种拓扑变化学习。在补充学习中，神经网络由两类处理单元组成：受约单元和自由单元。所谓受约单元指那些已经表示某类信息或功能的单元，它可以与其他受约单元相连，也可以与自由单元组成一种原始的神经网络。补充学习强调一组受约单元与自由单元之间的连接，自由单元可以转化为受约单元。由此可见，自由单元的网络中可能嵌有受约单元的子网络。

神经网络学习还可分为确定性学习与随机性学习。在确定性学习中，采用确定性权值修正方法，如梯度下降法；而随机性学习策略使用随机性权值修正方法，如随机性玻尔兹曼机学习过程中所用的模拟退火技术，使得通过调节权值，网络输出误差不仅可以向减

小的方向变化,而且还可以向增长的方向变化,从而获得全局最优解。相比之下,随机性学习的结果比确定性学习好,但学习速度慢。

此外,神经网络学习还有竞争学习、BP 学习、玻尔兹曼学习、迁移学习、深度学习等提法。

11.2.3　神经网络模型及其分类

神经网络模型是一个在神经网络研究和应用中经常提到的概念。所谓神经网络模型,它是关于一个神经网络的综合描述和整体概念,包括网络的拓扑结构、输入/输出信号类型、信息传递方式、神经元特性函数、学习方式、学习算法等。下面是神经网络模型的简单分类。

1. 按网络结构分类

神经网络的连接结构分为两大类,分层结构与互联结构,分层结构网络有明显的层次,信息的流向由输入层到输出层,因此,构成一大类网络,即前向网络。对于互联型结构网络,没有明显的层次,任意两个处理单元之间都是可达的,具有输出单元到隐单元(或输入单元)的反馈连接,这样就形成另一类网络,称为反馈网络。

2. 按学习方式分类

按学习方式进行分类,神经网络模型可以分为有监督(导师)学习网络和无监督(导师)学习网络。

3. 按网络的状态分类

在神经网络中,处理单元(即神经元)的状态有两种形式:连续时间变化状态、离散时间变化状态。如果神经网络的所有处理单元状态能在某一区间取值,这样的网络称为连续型网络;如果一个神经网络的所有处理单元状态只能取离散的二进制值 0 或 1(或 -1、+1),那么称这种网络为离散型网络。典型的 Hopfield 网络同时具有这两类网络,分别称为连续型 Hopfield 网络和离散型 Hopfield 网络。另外,还有输出为二进制值 0 或 1,输入为连续值的神经网络模型,如柯西机。

4. 按网络的活动方式分类

确定神经网络处理单元的状态取值有两种活动方式,一种是由确定性输入经确定性作用函数,产生确定性的输出状态;另一种是由随机输入或随机性作用函数,产生遵从一定概率分布的随机输出状态。具有前一种活动方式的神经网络,称为确定性网络。已有的大部分神经网络模型均属此类。而后一种活动方式的神经网络,称为随机性网络。随机性网络的典型例子有玻尔兹曼机、柯西机和高斯机等。

在早期的研究中,人们就已提出了上百种神经网络模型,表 11-1 列出了其中最著名的几种。

表 11-1　早期的一些著名神经网络模型

名　　　称	拓扑结构	学习方式	典 型 应 用
感知机（Perceptron）	前向	有监督	线性分类
误差反向传播网络（BP）	前向	有监督	模式分类、映射、特征抽取
自适应线性元件（Adaline）	前向	有监督	控制、预测、分类
自适应共振理论（ART）	反馈	无监督	模式识别、分类
双向联想记忆（BAM）	反馈	不学习	图像识别
玻尔兹曼机（BM）	反馈前向	有监督	模式识别、组合优化
柯西机（CM）	反馈	有监督	模式识别、组合优化
盒中脑（BSB）	反馈	有监督	数据库知识提取
反传网络（CPN）	前向	有监督	联想记忆、图像压缩、统计分析
Hopfield 网络	反馈		
（DHNN）		无监督	联想记忆
（CHNN）		不学习	组合优化
多层自适应线性元件（Madaline）	前向	有监督	自适应控制
新认知机（Neocognitron）	前向	有监督	字符识别
自组织映射（SOM/Kohonen）	前向	无监督	聚类、特征抽取
细胞神经网络（CNN）	反馈	不学习	图像处理、图像辨识

近年来，随着深度学习的出现和发展，人们又重新认识和发展了一些早期的神经网络模型，同时也提出了一大批新的神经网络模型。关于这些网络模型将在 11.5.3 节介绍。

11.3　感知器及其学习举例

感知器（Perceptron）最初是指仅有一个神经元的最简单的神经网络，由 Frank Rosenblatt 于 1957 年提出。这种感知器与 MP 模型并无本质区别，只是它已经有了学习算法。为了体现其"网络"结构，一般将感知器图示为如图 11-5 所示形式。不过，这种形式的感知器的输入层无任何计算，仅起信号传递作用。

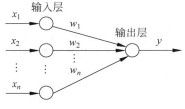

图 11-5　感知器结构图

感知器的激活函数通常取阶跃函数或符号函数（也可以取其他函数）。感知器的输出 y 与输入 $\boldsymbol{x}$ 之间的关系为

$$y = f\left(\sum_{i=1}^{n} w_i x_i - w_0\right) = f(\boldsymbol{w}^{\mathrm{T}} \boldsymbol{x} - w_0) \quad （w_0 \text{ 为阈值}） \tag{11-10}$$

或写成

$$y = f\left(\sum_{i=0}^{n} w_i x_i\right) = f(\boldsymbol{w}^{\mathrm{T}} \boldsymbol{x}) \quad （x_0 = -1） \tag{11-11}$$

当激活函数为阶跃函数时

$$y = \mathrm{step}(\boldsymbol{w}^{\mathrm{T}} \boldsymbol{x}) = \begin{cases} 1, & \boldsymbol{w}^{\mathrm{T}} \boldsymbol{x} > 0 \\ 0, & \text{其他} \end{cases} \tag{11-12}$$

下面给出一个简单的感知器学习算法。

感知器学习算法

(1) 给权向量 w 赋初值,并设置一个合适的学习率 $\eta \in (0,1]$。

(2) 对训练样例 $(\boldsymbol{x}_i, y_i)(i=1,2,\cdots,n)$:

计算 $y_i' = f(\boldsymbol{w}^{\mathrm{T}} \boldsymbol{x}_i)$;

计算误差 $e = y_i - y_i'$;

更新权值: $\boldsymbol{w} = \boldsymbol{w} + \eta e \boldsymbol{x}_i$

(11-13)

(3) 直到对所有训练样例都有 $e=0$,则当前权向量 w 即为所求,训练结束。

否则转步骤(2)。

可以看出,由于感知器的输出只有 0、1 两个值,所以,感知器就可以被直接作为一种二元分类器(而不是分类判别函数)来使用。

例 11-1　试用如表 11-2 所示的样例数据训练一个感知器。

表 11-2　样例数据

x_1	x_2	y	x_1	x_2	y
0	0	0	1	0	0
0	1	0	1	1	1

由样例数据知,所训练的感知器为一个二输入、单输出感知器。首先取阶跃函数为该网络的激活函数,并令 $x_0 = -1$,于是所求函数的模型为 $y = \text{step}(w_1 x_1 + w_2 x_2 - w_0)$;然后置初值: $w_0 = 0.6, w_1 = 0.4, w_2 = 0.8$;取学习率 $\eta = 0.4$;执行学习算法,该感知器的训练过程如表 11-3 所示。

表 11-3　感知器训练过程

训练轮次	输入 x_1	x_2	期望输出 y	当前权值 w_0	w_1	w_2	实际输出 y'	误差 e	改后权值 w_0	w_1	w_2
1	0	0	0	0.6	0.4	0.8	0	0	0.6	0.4	0.8
	0	1	0	0.6	0.4	0.8	1	−1	1	0.4	0.4
	1	0	0	1	0.4	0.4	0	0	1	0.4	0.4
	1	1	1	1	0.4	0.4	0	1	0.6	0.8	0.8
2	0	0	0	0.6	0.8	0.8	0	0	0.6	0.8	0.8
	0	1	0	0.6	0.8	0.8	1	−1	1	0.8	0.4
	1	0	0	1	0.8	0.4	0	0	1	0.8	0.4
	1	1	1	1	0.8	0.4	1	0	1	0.8	0.4
3	0	0	0	1	0.8	0.4	0	0	1	0.8	0.4
	0	1	0	1	0.8	0.4	0	0	1	0.8	0.4
	1	0	0	1	0.8	0.4	0	0	1	0.8	0.4
	1	1	1	1	0.8	0.4	1	0	1	0.8	0.4

可以看出,网络训练结束于第三轮,最终的权值为:$w_0 = 1, w_1 = 0.8, w_2 = 0.4$。相应的激活函数表达式为

$$y = \text{step}(0.8x_1 + 0.4x_2 - 1) \tag{11-14}$$

该函数的图像(切块)大致如图 11-6 所示。

由图可以看出,直线 $0.8x_1 + 0.4x_2 - 1 = 0$ 将 x_1x_2 平面分为两部分,所以,函数

$$g(x_1, x_2) = 0.8x_1 + 0.4x_2 - 1$$

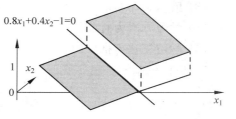

图 11-6 函数 $y = \text{step}(0.8x_1 + 0.4x_2 - 1)$ 的图像切块示意图

也就是 x_1x_2 平面上点集的一个分类判别函数。阶跃函数 $y = \text{step}(0.8x_1 + 0.4x_2 - 1)$ 直接就是一个分类器;而且从效果看,这个分类器还是线性分类器。那么,一般地,函数 $y = \text{step}(\boldsymbol{w}^\mathrm{T}\boldsymbol{x})$ 就直接构成一个 n 维线性分类器。

读者可能已经看到,如果将表 11-2 中的 0、1 看作逻辑真值,则表 11-2 也就是逻辑“与”(AND)运算的真值表。所以,上面所训练的感知器也可模拟 AND 运算。类似地,也可训练模拟 OR 运算的感知器。

上面讨论的感知器为单输出。还可构造多输出的感知器,或者并行感知器。如图 11-7 所示就是一个双输出的并行感知器。

图 11-5 所示的感知器仅有输入层和输出层,或者说仅有一个计算层。那么,也可构造含有中间层(称为隐层)的多层感知器(Multi-Layer Perceptron, MLP)。图 11-8 所示的就是一个含有一个隐层的多层感知器。

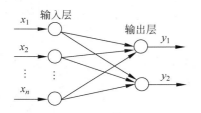

图 11-7 并行感知器结构图

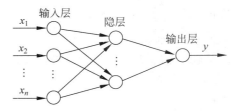

图 11-8 含隐层感知器结构图示

那么,如此扩展,也可以有多层、多输出的感知器。不过,这种感知器也就是一般的前向网络了。这就是说,感知器其实就是一种特殊的前向神经网络。

还要说明的是,在上面的感知器学习算法中,并无相应的准则函数。但如果样例数据集是线性可分的,而且拟用感知器实现一个线性分类器,则可以定义一个关于参数(向量) $\boldsymbol{w}$ 的准则函数,这个函数称为经验损失函数。然后,就可以在求该函数的极小值的目标下用梯度下降法学习参数,训练网络,最终得到合适的 $\boldsymbol{w}$。

11.4 BP 网络及其学习举例

BP(back-propagation)网络即误差反向传播网络是应用最广泛的一种神经网络模型。

(1) BP 网络的拓扑结构为分层前向网络。

（2）神经元的特性函数为 Sigmoid 函数，一般取为

$$f(\boldsymbol{x}) = \frac{1}{1 + e^{-\boldsymbol{x}}}$$

（3）输入为连续信号量（实数）。

（4）学习方式为有监督学习。

（5）学习算法为推广的 δ 学习规则，称为误差反向传播算法，简称 BP 学习算法。

BP 算法的基本步骤如下：

（1）初始化网络权值、阈值及有关参数（如学习因子 η 等）；输入训练样例 $(\boldsymbol{x}_i, \boldsymbol{y}_i)$，$i = 1, 2, \cdots, p$。

（2）定义总误差

$$E = \frac{1}{2p} \sum_k E_k \tag{11-15}$$

其中 p 为样例的个数

$$E_k = \frac{1}{2} \sum_j (y_{k_j} - y'_{k_j})^2 \tag{11-16}$$

其中，y_{k_j} 为输出层节点 j 对第 k 个样例的输入 $\boldsymbol{x}_k$ 对应的输出（称为期望输出），y'_{k_j} 为节点 j 的实际输出。

（3）对样例集中各个样例依次重复以下过程，直到总误差 E 满足要求。

a. 取一样例数据 $\boldsymbol{x}_s$ 输入网络，然后按如下公式向前计算各层节点（记为 j）的输出

$$O_j = f(a_j) = \frac{1}{1 + e^{-a_j}}$$

其中，$a_j = \sum_{i=0}^{n} w_{ij} O_i$，是节点 j 的输入加权和；i 为 j 的信号源方向的相邻层节点，O_i 为节点 i 的输出，节点 j 的输入；$O_0 = -1$，$w_{0j} = \theta$（阈值）。

b. 从输出层节点到输入层节点以反向顺序，对各连接权值 w_{ij} 按下面的公式进行修正

$$w_{ij}(t+1) = w_{ij}(t) - \eta \delta_j O_i \tag{11-17}$$

其中，

$$\delta_j = \begin{cases} -O_j(1-O_j)(y_j - y'_j), & \text{对于输出节点} \\ O_j(1-O_j)\sum_l \delta_l w_{jl}, & \text{对于非输出节点} \end{cases}$$

l 为与节点 j 在输出侧有连接的节点个数。

在权值修正公式（11-17）中，$0 < \eta \leqslant 1$，称为学习因子（即步长），用来调整权值的修正幅度；δ_j 称为节点 j 的误差，正是这个量参与了权值修正（作为修正量的一个因子）才实现和体现了误差反传的效果。δ_j 的来历如下：

求偏导

$$\frac{\partial E_k}{\partial w_{ij}} = \frac{\partial E_k}{\partial a_j} \frac{\partial a_j}{\partial w_{ij}} = \frac{\partial E_k}{\partial a_j} O_i$$

令 $\delta_j = \dfrac{\partial E_k}{\partial a_j}$，又当 j 为输出节点时

$$\frac{\partial E_k}{\partial a_j}=\frac{\partial E_k}{\partial y'_j}\frac{\partial y'_j}{\partial a_j}=-(y_j-y'_j)f'(a_j)=-(y_j-y'_j)O_j(1-O_j)$$

当 j 为非输出节点时,

$$\frac{\partial E_k}{\partial a_j}=\frac{\partial E_k}{\partial O_j}\frac{\partial O_j}{\partial a_j}=\left(\sum_l\frac{\partial E_k}{\partial a_l}\frac{\partial a_l}{\partial O_j}\right)\frac{\partial O_j}{\partial a_j}=\left(\sum_l\delta_l w_{jl}\right)f'(a_j)=O_j(1-O_j)\sum_l\delta_l w_{jl}$$

可以看出,式(11-16)中的 E_k 是网络输出 $y'_{k_j}(j=1,2,\cdots,m)$ 的函数,而 y'_{k_j} 又是权值 $w_{ij}(i=0,1,2,\cdots,n)$ 的函数,所以,E_k 实际是 w_{ij} 的函数。网络学习的目的就是要使这个误差函数达到最小值。注意到由偏导 $\frac{\partial E_k}{\partial w_{ij}}$ 所构成的向量 $\left(\frac{\partial E_k}{\partial w_{0j}},\frac{\partial E_k}{\partial w_{1j}},\cdots,\frac{\partial E_k}{\partial w_{nj}}\right)$ 也就是函数 $E_k(w_{ij})$ 在相应点处的梯度(grad),再由 δ_j 的定义,则式(11-17)就是用梯度下降法,在权值空间沿负梯度方向修正权值 w_{ij},以使式(11-16)所示的准则函数达到最小。所以,BP 网络的学习过程就是一个非线性优化过程。

由于 BP 网络的输入 $(x_1,x_2,\cdots,x_n)\in\mathbf{R}^n$,输出 $(y_1,y_2,\cdots,y_m)\in\mathbf{R}^m$,所以,一个 BP 网络其实就是一个从 n 维空间 $\mathbf{R}^n$ 到 m 维空间 $\mathbf{R}^m$ 的高度非线性映射。理论研究表明,通过学习,BP 网络可以在任意希望的精度上逼近任意的连续函数。所以,BP 网络就可以作为一种函数估计器。通过学习来实现或近似实现所需的但无法表示的未知函数。

需说明的是,BP 网络的相邻两层节点之间的连接权值 w_{ij} 恰好构成一个矩阵 (w_{ij}),而输入又是一个向量(即 $1\times n$ 矩阵)(阈值 θ 也可看作是取值为 -1 的一个输入),所以,在网络的学习过程中要多次用到矩阵运算。

下面再看一个 BP 网络学习的例子。

例 11-2 设计一个 BP 网络,对如表 11-4 所示的样本数据进行学习,使学成的网络能解决类似的模式分类问题。

表 11-4 网络训练样本数据

输入			输出		
x_1	x_2	x_3	y_1	y_2	y_3
0.3	0.8	0.1	1	0	0
0.7	0.1	0.3	0	1	0
0.6	0.6	0.6	0	0	1

设网络的输入层有 3 个节点,隐层 4 个节点,输出层 3 个节点,拓扑结构如图 11-9 所示。

用样本数据按 BP 算法对该网络进行训练,训练结束后,网络就可以作为一种模式分类器使用。因为网络的输出向量 $(1,0,0)$、$(0,1,0)$、$(0,0,1)$ 可以表示多种模式或状态。如可以分别表示凸、凹和直 3 种曲线,或者 3 种笔画,也可以表示某公司的销售情况:高峰、低谷和持平等。当然,要使网络有很好的模式分类能力,必须给以足够多的

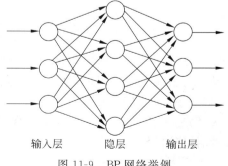

图 11-9 BP 网络举例

输入层 　 隐层 　 输出层

样例使其学习,本例仅是一个简单的示例。

11.5 深度学习

11.5.1 什么是深度学习

所谓深度学习(DL),简单来讲,就是基于深度神经网络的神经网络学习或者说机器学习。这里的深度神经网络,就是含有多个隐层的前向(前馈)神经网络,其隐层个数依具体问题可以是数个、数十个、数百个甚至数千个。不过,更准确地说,深度神经网络的一个隐层可能是一行神经元,也可能是一行由神经元排列而成的矩阵,甚至是一行网络模块,而且各层神经元之间并非必须是全连接。这样,一个普通的多隐层前馈神经网络(多隐层感知器)就是一个深度神经网络。如图 11-10 所示的含有 3 个隐层的前馈网络就是一个深度神经网络。此外,还有许多其他结构形式和连接方式的深度网络(后面将陆续提到)。如图 11-11 所示的也是一个深度神经网络(示意图,此网络是一个深度卷积神经网络)。

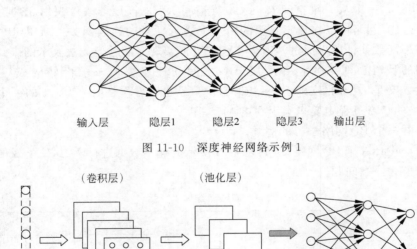

输入层　　　　隐层1　　　　隐层2　　　　隐层3　　　　输出层

图 11-10　深度神经网络示例 1

(卷积层)　　　　　　(池化层)

输入层　　　　隐层1　　　　　隐层2　　　　隐层3　　　隐层4　　　输出层

图 11-11　深度神经网络示例 2

其中:空心箭头 ⟹ 表示层间神经元为局部连接,黑色箭头 ⟹ 表示全连接。

在深度神经网络中,深度置信网络(Deep Belief Network,DBN)是深度学习中最早被研究和使用的深度网络,深度学习也正是由此网络获得了初步突破。随后卷积神经网络(Convolutional Neural Network,CNN)和池化(pooling)等技术被引入深度学习,形成由卷积层、池化层和其他层(如果需要的话)所构成的深度神经网络(也称深度卷积网络)。这种架构的深度网络现在已经是计算机视觉等领域的流行网络模型。

深度学习仍然采用以误差反传和梯度下降为基本或基础的学习算法和优化策略,但根据不同的具体网络模型和架构,人们对这种基本算法和策略则做了相应的改进、变通或发展,或者开发新的独特的学习算法和优化技巧。例如,逐层预训练＋微调、减少层间的权值连接等,就是在深度学习中出现的新思想和新方法。

2006 年,深度学习脱颖而出,之后在计算机视觉、语音识别和自然语言处理等领域表现出非凡的学习能力和效果。例如,使图像识别和语音识别的正确率大幅度提高,接近或达到实用水平。从而大大推动了人工智能技术的应用和发展。

深度学习的优异效绩主要归功于以下两点。

(1) 深度网络有自动特征发现(automating feature discovery)的潜质和特性。

研究者们发现,多于一个隐层的前馈网络有自动发现或创造设计者没有明确引入的特征的特性,而且隐层单元越多就可以发现或创造出越复杂的特征。这样,含有多个隐层的深度网络就可以从输入数据中学习更抽象的类别和更复杂的函数。

(2) 深度学习所采用的"逐层训练,多级学习(抽象)(learning multiple levels of representation)"等技术技巧。

"逐层训练,多级学习(抽象)"就是从最原始的输入数据开始,对网络各隐层逐级分别进行训练,将每一层所抽象出的特征作为下一层的输入,从而使所得特征的级别逐层提高,直到最后一个隐层抽象出级别最高的特征。例如,图 11-12 就是由一个图像的原始数据通过逐层训练,多级学习而得到的人脸图像。这样,对于无监督学习,深度网络将输出层对输入层的抽象(abstract)分解为多个逐级进阶的抽象,从而使学习所得的类别能概括更多的实例,也能更好地反映样例数据之间的分类关系;在监督学习中,对于位于网络前部的隐层仍然采用这种逐级训练的手法直到最高抽象层,对于之后的隐层再使用有标记的数据,以监督方式训练(此方法即所谓半监督学习)。一旦所有隐层都按这种格式完成训练就将它们组装在一起,并使用有标记数据对整个网络的权值进行微调。当然,如果有充足的标记数据,监督学习也可以对整个深度网络进行监督训练。不过实践表明,这种先用非监督学习逐级初始化权值的方法要比一开始先随机初始化权值的方法好得多,主要表现为学习效率更高和所需标记数据更少。对于深度监督学习,可以理解为深度网络将输入层到输出层的映射分解为多个映射(即多个函数)的逐次叠加(逐次迭代复合),从而使学习所得的(总)映射(函数)能充分地拟合相应的样例数据。

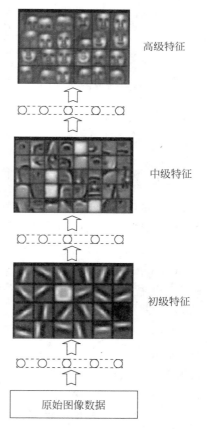

高级特征

中级特征

初级特征

原始图像数据

图 11-12 多级学习(抽象)示例

从灵长类动物视觉皮层及其处理自然场景的机制来看,深度学习可以说是对人脑感知-认知过程的一种模拟。

11.5.2 深度学习的优势

除了学习效果优异外,深度学习的优势和吸引力还在于需要较少的人工干预。事实上,采用深度学习,不需要手工制作正确的特征或合适的基函数(basis function),也不必担心网络结构。一旦有充足的数据和足够强大的计算能力,就只需等待,让学习算法独自发现所需要的一切。深度学习的这一特点和优势从图 11-13 中可更直观地看出。

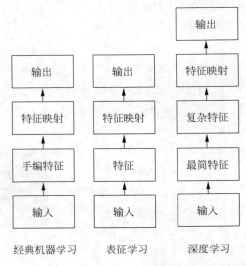

图 11-13　深度学习与其他学习方法的比较

11.5.3 深度学习的发展和扩展

早在 20 世纪 90 年代,加拿大多伦多大学的 Geoffrey Hinton 教授等就在研究深度学习,但屡遭挫败。然而他们依然坚持不懈地努力,直到 2006 年,深度学习终于获得了首次突破——在基于深度置信网络的非监督学习中,通过采用无监督逐层预训练(layer-wise pre-traning)的技巧,成功地实现了图像聚类。但这一时期,深度学习仍然未受到学术界的广泛重视,相关的研究论文不被重视甚至被拒。然而,Hinton 以及蒙特利尔大学的 Yoshua Bengio 和纽约大学的 Yann LeCun 等学者依然扎扎实实地进行着自己的研究工作。2010—2012 年,深度学习在语音识别方面取得进展;2012—2015 年深度学习又在计算机视觉领域取得突破。在相关的国际赛事中,基于深度学习的系统连连取胜,而且评分遥遥领先于其他技术。这才使学术界为之震惊,不得不对深度学习刮目相看了。2016—2017 年,基于深度学习的围棋程序 AlghaGo 与人类顶尖选手的人机大战使深度学习名声大噪,获得了空前的举世瞩目,并迅速在全世界掀起了一股深度学习热潮。有人估计全世界当前有数万名学者(包括硕士生、博士生)在学习、研究深度学习。除了大专院校外,许多 AI 的研究机构、IT 公司也纷纷进军深度学习,正如 Bengio 所说"IT Companies are racing into Deep Learning"。以至于深度学习几乎成了机器学习甚至人工智能的代名词。

深度学习的热潮使得关于深度学习的研究更加深入,同时其技术和应用领域也在不断扩展。继深度置信网络和深度卷积网络之后,人们又开发出更多的深度网络,诸如深度堆栈自编码网络、深度反卷积网络、深度复卷积网络、稀疏深度网络、深度循环和递归网络、深度生成网络等。进一步,还将深度网络与其他技术相结合而开发出多种复合型的深度网络,如深度融合网络、深度贝叶斯网络等。

值得指出的是,与其他深度网络不同,深度循环和深度递归网络的输入为序列向量,信息处理过程中有一种(局部)循环机制,通过学习旨在挖掘序列数据中的上下文逻辑特性(这两种深度网络在自然语言处理领域已取得了诸多成果)。这两种网络的处理对象和机制表现出一种时间意义上的"深度"。这样,深度循环网络和递归网络的提出就扩展了深度学习的内涵,使深度学习的"深度"从原来的空间(网络结构)概念扩展到时间(序列)概念。也就是说,现在深度学习和深度神经网络中的"深度"既有空间含义又有时间含义。

从应用来看,当前最重要、最著名的(深度)神经网络当推卷积神经网络(CNN)和循环神经网络(Recurrent Neural Network,RNN)、递归神经网络(Recursive Neural Network,RNN)以及长短期记忆网络(Long Short-Term Memory,LSTM,一种特殊的循环网络)。卷积网络擅长于图像处理,主要应用于计算机视觉;循环、递归和长短期记忆网络由于其擅长处理"动态"性信息(相比之下,其他网络处理的则是静态信息),所以在自然语言处理中大显身手。特别是 LSTM,现在已经是机器翻译和语音识别领域的核心技术。此外,最近出现的生成对抗网络(Generative Adversarial Network,GAN)也引人注目。

尽管深度学习有诸多特色和优势,但它也存在一些问题和不足,例如,对大数据的依赖、训练时间长、欠拟合和过拟合问题仍未彻底解决以及可解释性问题等。另外,在实际应用中,深度学习还存在不少具体问题,如算法的稳定性和收敛性、梯度弥散、性能及资源问题等。为此,研究者们通过理论分析、应用试验以及借鉴生物神经及脑科学的研究成果等多种途径,对深度学习进行全方位深入研究,以解决现有问题并开发新的网络结构和学习算法及扩展新的应用领域。例如,现在人们又提出了一种深度脉冲神经网络和图卷积神经网络等。此外,人们还在研究深度学习中如何引入外部知识(如知识图谱),以及将深度学习与传统方法相结合等课题。例如,现在已经提出了深度强化学习和深度迁移学习。总之,深度学习仍在被进一步深入研究,深度学习的理念和方法仍在不断发展。据悉,Hinton 又提出了被称为胶囊网络(capsule networks)的新概念,而 LeCun 则提出了"可微分编程"(differentiable programming)的新技术。

11.5.4 深度学习框架与平台

为了简化编程,提高编程效率,现在网上已经出现了一批支持深度学习编程的框架与平台,其中开源的有 TensorFlow、Caffe、Theano、Torch/PyTorch、Deeplearing4j、MXNet等。此外,国内推出的深度学习框架有百度的 PaddlePaddle 等。

TensorFlow 为 Google 开发的一款数值计算软件。TensorFlow 用数据流图(data flow graph)的形式进行计算。图中每个节点代表数据的数学运算或输入/输出,其中输入/输出可以是一个数或者张量(tensor),节点间的连线代表张量(多维数组)之间的处理关系。用 TensorFlow 实现的项目可以灵活地部署在一个或多个 CPU/GPU 的服务器上,甚至可以被部署在移动设备上。TensorFlow 是由研究人员和 Google Brain 团队针对机器学习和深度神经网络而开发的,开源后几乎可用于各个领域。TensorFlow 是全世界用户最多、社区最大的一个框架,有与 Python 和 C++ 的接口。

Caffe 是加州大学伯克利的博士贾扬清用 C++ 开发的,全称为 Convolutional Architecture for Fast Feature Embedding。Caffe 是一个清晰而高效的开源深度学习框架,由伯克利视觉中心进行维护。Caffe 对卷积网络的支持特别好,还提供了与 C++、Matlab 和 Python 的接口。

Theano 于 2008 年诞生于蒙特利尔理工学院,是专门为深度学习中处理大型神经网络而设计的。它是这类深度学习库的首创之一,被认为是深度学习研究和开发的行业标准。Theano 是一个进行数值计算的 Python 库(支持深度学习的软件包,著名的有 Blocks 和 Keras),其核心是一个数学表达式的编译器,它知道如何获取你的结构,并使之成为一个使用 numpy 高效本地库的高效代码,并把它们部署在 CPU 或 GPU 上高效运行。

Torch 是一个含有大量机器学习算法的科学计算框架,其特点是特别灵活,但因其主要语言接口是 Lua 而使其推广受到限制。由于现在 Github 上大部分深度学习框架的语言接口都是 Python,因此 Torch 团队就用 Python 重写了整个框架而得到了 PyTorch。PyTorch 不仅能实现强大的 GPU 加速,还支持动态神经网络。除了 Facebook 外,还被 Twitter、CMU 和 Salesforce 等机构采用。

现在的情况是,Google 用 TensorFlow 做科研和产品,Facebook 用 PyTorch 做科研,而产品化用 Caffe2。斯坦福 CS231N 课程中有更详细的框架对比,感兴趣的读者可进一步阅读(网址是 http://cs231n.stanford.edu/slides/2017/cs231n_2017_lecture8.pdf)。

深度学习框架提供了大量组件,从而简化了深度学习编程,提高了编程效率和程序效率。对于初学者来说,使用这些框架就降低了深度学习入门门槛。所以,初学者或一般开发人员在进行深度学习编程时,最好使用一个支持用户所用编程语言的框架。这样,就不必从定义复杂的神经网络开始编程,而只需要选择框架中已有的模型和算法即可。当然,在进一步的深度学习编程中,可以在已有模型和算法的基础上加入自己的代码,也可以自己设计算法而仅调用框架中提供的函数。

延伸学习导引

本章介绍了神经网络学习的基本原理和基础知识,但还有更多的内容需要进一步学习。下面指出延伸学习的有关内容和方向,以供参考。

(1)神经网络学习有许多与统计学习平行的技术和方法,二者之间有一定的交集和联系,所以,可对比统计学习来学习神经网络学习。

(2)结合编程实践进一步学习多层感知器和 BP 网络的建模和学习算法,为进一步学习深度学习奠定基础。

(3)除了感知器和 BP 网络外,还应该了解和学习一些传统著名的网络模型(如表 11-1 中的网络模型,特别是 Hopfield 网络(HNN)、自组织映射(SOM/Kohonen)和玻尔兹曼机),以深化和拓展关于神经网络技术的知识结构。

（4）进一步学习深度学习。着重了解、掌握卷积网络、深度玻尔兹曼机、深度置信网络、循环神经网络、递归神经网络、长短期记忆网络、生成对抗网络、深度稀疏网络、深度堆栈自编码网络等的工作原理和学习算法。

（5）将深度学习与其他学习方法相结合，如深度强化学习。

（6）将深度学习与应用相结合，解决诸如图像识别、语音识别，自然语言处理等方面的实际问题。

习题 11

1. 试说明神经网络的学习机理。
2. 用 Python 语言编程实现 11.3 节或 11.4 节中网络模型及其学习算法及实例。
3. 参照 11.3 节的例子，用逻辑运算 OR 的真值表训练一个感知器。
4. 神经网络学习都有哪些方法，各有什么特点？
5. 试谈深度学习与传统神经网络学习的异同点。
6. 了解深度学习框架，选择其中之一，做深度学习练习。

第 **12** 章

数据挖掘与知识发现

12.1 引言

随着计算机和网络技术的迅速发展,20 世纪 80 年代后,出现了以数据库和数据仓库为存储单位的海量数据,而且这种数据仍然在以惊人的速度不断增长。如何对这些海量数据进行有效处理,特别是如何从这些数据中归纳、提取出高一级的更本质、更有用的规律性信息,就成了一个重要课题。正是在这样的背景下,数据挖掘与知识发现技术应运而生。

数据挖掘(DM)也称数据开采、数据采掘等,意思是从数据中提取或挖掘知识。知识发现可分为广义的知识发现(KD)和数据库中的发现知识(KDD),本章的知识发现主要指 KDD。

数据挖掘和知识发现的目的就是从数据集中抽取和精化一般规律或模式。其涉及的数据形态包括数值、文字、符号、图形、图像、声音,甚至视频和 Web 网页等。数据组织方式可以是有结构的、半结构的或非结构的。知识发现的结果可以表示成各种形式,包括概念、规则、法则、定律、公式、方程等。其实,数据挖掘与知识发现也就是机器学习的一种大规模应用,而且是一种最现实、最真实的应用。当然,反过来,数据挖掘与知识发现又大大推动了机器学习的进展。其实,发现学习(见 9.2.6 节)就可以看作是数据挖掘的前身。

现在,数据挖掘与知识发现已成为人工智能和信息科学技术的一个热门领域,其应用范围非常广泛(如企业数据、商业数据、科学实验数据、管理决策数据等),其研究内容已相当丰富(如 Web 挖掘和大数据挖掘),甚至已构成了人工智能技术与应用的一个重要分支领域之一。本章仅对数据挖掘与知识发现技术做一简单介绍。

12.2 概述

12.2.1 数据挖掘的一般过程

数据挖掘过程大致可划分为 3 步：数据准备、数据开采以及结果的解释评估。

1. 数据准备

数据准备又可分为 3 个子步骤：数据选取、数据预处理和数据变换。数据选取就是确定目标数据，即操作对象，它是根据用户的需要从原始数据库中抽取的一组数据。数据预处理一般可能包括消除噪声、推导计算缺值数据、消除重复记录、完成数据类型转换等。当数据开采的对象是数据仓库时，一般来说，数据预处理已经在生成数据仓库时完成了。数据变换的主要目的是消减数据维数，即从初始特征中找出真正有用的特征以减少数据开采时要考虑的特征或变量个数。

2. 数据挖掘

数据挖掘阶段首先要确定开采的任务或目的是什么，如数据总结、分类、聚类、关联规则或序列模式等。确定了开采任务后，就要决定使用什么样的开采算法。同样的任务可以用不同的算法来实现，选择实现算法有两个考虑因素：一是不同的数据有不同的特点，因此需要用与之相关的算法来开采；二是用户或实际运行系统的要求，有的用户可能希望获取描述型的、容易理解的知识，而有的用户或系统的目的是获取预测准确度尽可能高的预测型知识。

3. 解释和评价

数据挖掘阶段发现出来的知识模式中可能存在冗余或无关的模式，所以还要经过用户或机器的评价。若发现所得模式不满足用户要求，则需要退回到发现阶段之前，如重新选取数据，采用新的数据变换方法，设定新的数据挖掘参数值，甚至换一种采掘算法。

除了以上三项基本工作外，数据挖掘还涉及知识的表示形式问题，由于数据挖掘的最终结果是面向人的，因此可能要对发现的模式进行可视化，或者把结果转换为用户易懂的另一种表示，如把分类决策树转换为 If…Then 规则集。

12.2.2 数据挖掘的对象

1. 数据库

数据库是当然的数据挖掘对象。研究比较多的是关系数据库的挖掘。其主要研究课题有：超大数据量、动态数据、噪声、数据不完整性、冗余信息和数据稀疏等。

2. 数据仓库

随着信息技术的发展,到 20 世纪 80 年代,许多企业的数据库中已积累了大量的数据。于是,便产生了进一步使用这些数据的需求,想通过对这些数据的分析和推理,为决策提供依据。但对于这种需求,传统的数据库系统却难以满足。这是因为:①传统数据库一般只存储短期数据,而决策需要大量历史数据;②决策信息涉及许多部门的数据,而不同系统的数据难以集成。在这种情况下,便出现了数据仓库(data warehouse)技术。

但人们对数据仓库有很多不同的理解。Inmon 将数据仓库明确定义为:数据仓库是面向主题的、集成的、内容相对稳定的、不同时间的数据集合,用以支持经营管理中的决策制订过程。

具体来讲,数据仓库收集不同数据源中的数据,将这些分散的数据集中到一个更大的库中,最终用户从数据仓库中进行查询和数据分析。数据仓库中的数据应是良好定义的、一致的、不变的,数据量也应足够支持数据分析、查询、报表生成和与长期积累的历史数据的对比。

数据仓库是一个决策支持环境,通过数据的组织给决策者提供分布的、跨平台的数据,在使用过程中可忽略许多技术细节。数据仓库有 4 个基本特征:①数据仓库的数据是面向主题的;②数据仓库的数据是集成的;③数据仓库的数据是稳定的;④数据仓库的数据是随时间不断变化的。

数据仓库是面向决策分析的,数据仓库从事务型数据抽取并集成得到分析型数据后,需要各种决策分析工具对这些数据进行分析和挖掘,才能得到有用的决策信息。而数据挖掘技术具备从大量数据中发现有用信息的能力,因此,数据挖掘成为数据仓库中进行数据深层分析的一种必不可少的手段。

数据挖掘往往依赖于经过良好组织和预处理的数据源,数据的质量直接影响数据挖掘的效果,因此数据的前期准备是数据挖掘过程中一个非常重要的阶段。而数据仓库具有从各种数据源中抽取数据,并对数据进行清洗、聚集和转移等各种处理的能力,恰好为数据挖掘提供了良好的前期数据准备工作的环境。

因此,数据仓库和数据挖掘技术的结合便成为必然的趋势。数据挖掘为数据仓库提供深层次数据分析的手段,数据仓库为数据挖掘提供经过良好预处理的数据源。许多数据挖掘工具都采用了基于数据仓库的技术。例如,中科院计算所智能信息处理开放实验室开发的知识发现平台 DBMiner 就是一个典型的例子。

3. Web 信息

随着 Web 的迅速发展,分布在 Internet 上的 Web 网页已构成了一个巨大的信息空间。在这个信息空间中也蕴藏着丰富的知识。因此,Web 信息也就理所当然地成为一个数据挖掘对象。基于 Web 的数据挖掘称为 Web 挖掘。

Web 挖掘主要分为内容挖掘、结构挖掘和用法挖掘。

内容挖掘是指从 Web 文档的内容中提取知识。Web 内容挖掘又可分为对文本文档(包括 text、HTML 等格式)和多媒体文档(包括 image、audio、video 等类型)的挖掘。如对这些文档信息进行聚类、分类、关联分析等。

结构挖掘包括文档之间的超链结构、文档内部的结构、文档 URL 中的目录路径结构等,从这些结构信息中发现规律,提取知识。

用法挖掘就是对用户访问 Web 时在服务器留下的访问记录进行挖掘,以发现用户上网的浏览模式,访问兴趣、检索频率等信息。在用户浏览模式分析中主要包括了针对用户群的一般的访问模式追踪和针对单个用户的个性化使用记录追踪;挖掘的对象是服务器上包括 Server Log Data 等日志。

4. 图像和视频数据

图像和视频数据中也存在有用的信息需要挖掘。比如,地球资源卫星每天都要拍摄大量的图像或录像,对同一个地区而言,这些图像存在着明显的规律性,白天和黑夜的图像不一样,当可能发生洪水时与正常情况下的图像又不一样。通过分析这些图像的变化,可以推测天气的变化,并对自然灾害进行预报。

12.2.3 数据挖掘的任务

所谓数据挖掘的任务,就是数据挖掘所要得到的具体结果。它至少包括以下几种。

1. 数据总结

数据总结的目的是对数据进行浓缩,给出它的紧凑描述。传统的也是最简单的数据总结方法是计算出数据库的各个字段上的求和值、平均值、方差值等统计值,或者用直方图、饼状图等图形方式表示。数据挖掘主要关心从数据泛化的角度来讨论数据总结。数据泛化是一种把数据库中的有关数据从低层次抽象到高层次的过程。

2. 概念描述

有两种典型的概念描述:特征描述和判别描述。特征描述是从与学习任务相关的一组数据中提取出关于这些数据的特征式,这些特征式表达了该数据集的总体特征;而判别描述则描述了两个或多个类之间的差异。

3. 分类

分类是数据挖掘中一项非常重要的任务,在商业上应用最多。这种类型的数据挖掘就是要发现一个分类判别函数或分类模型(称为分类器),以便把数据库中的数据项映射到相应的类别中。

4. 聚类

聚类是将一个数据集划分为不同的类,其原则是属于同一类的个体之间的差异尽可能的小,而不同类的个体间的差异尽可能的大。聚类方法包括统计方法、机器学习方法、神经网络方法和面向数据库的方法等。

5. 相关性分析

相关性分析就是分析、发现数据之间的相互依赖关系。数据的相关性代表一类重要的可发现的知识。一个依赖关系存在于两个元素之间。如果从一个元素 A 的值可以推出另一个元素 B 的值,则称 B 依赖于 A。这里所谓元素可以是字段,也可以是字段间的关系。

6. 偏差分析

偏差分析包括分类中的反常实例、例外模式、观测结果对期望值的偏离以及量值随时间的变化等,其基本思想是寻找观察结果与参照量之间的有意义的差别。通过发现异常,可以引起人们对特殊情况的注意。

7. 建模

建模就是通过数据挖掘,构造出能描述一种活动、状态、关系或现象的数学模型。

12.2.4 数据挖掘的方法

数据挖掘主要有以下几种方法。

1. 统计方法

事物的规律性一般从其数量上会表现出来。而统计方法就是从事物的外在数量上的表现去推断事物可能的规律性。因此,统计方法就是知识发现的一个重要方法。常见的统计方法有回归分析、判别分析、聚类分析以及探索分析等。

2. 机器学习方法

DM 和 KDD 就是机器学习的具体应用,理所当然地要用到机器学习方法,包括符号学习、连接学习和统计学习等。

3. 粗糙集

粗糙集理论由波兰学者 Zdziskew Pawlak 在 1982 年提出,它是一种新的数学工具,用于处理含糊性和不确定性。粗糙集在数据挖掘中也可发挥重要作用。什么是粗糙集呢?由于篇幅所限,这里不给出其精确的数学定义,简单地说,一个粗糙集是由其下近似集和上近似集来定义的。下近似集中的每一个成员都是相应粗糙集的确定成员,若不是上近似集中的成员肯定不是该粗糙集的成员。粗糙集的上近似集是下近似集和边界区的合并。边界区的成员可能是该粗糙集的成员,但不是确定的成员。粗糙集是一种处理数据不确定性的数学工具,通常与规则归纳、分类和聚类方法结合起来使用。

4. 智能计算方法

智能计算方法包括进化计算、免疫计算、量子计算等。这些方法正是在数据挖掘的刺激和推动下迅速发展起来的,它们可有效地用于数据挖掘和知识发现。

5. 可视化

可视化(visualization)就是把数据、信息和知识转化为图形的表现形式的过程。可视化可使抽象的数据信息形象化。于是,人们便可以直观地对大量数据进行考察、分析,发现其中蕴藏的特征、关系、模式和趋势等。因此,信息可视化也是知识发现的一种有用的手段。

12.2.5 数据挖掘工具与平台

由于所处理的数据规模和复杂性,数据挖掘系统往往是一种大型软件系统,其开发难度较大。于是,相应的开发工具和平台便应运而生。其中,比较著名的有 Enterprise Miner(SAS 公司)、Intelligent Miner(IBM 公司)、Clementine(SPSS 公司)、SetMiner(SGI 公司)、Warehouse Studio(Sybase 公司)、See5(RuleQuest Research 公司)以及 Knowledge Discovery Workbench、CoverStory、EXPLORA、DBMiner、Quest 等。在国内,中科院计算所研发的知识发现平台 MSMiner 值得一提。

Enterprise Miner 是一种通用数据挖掘工具,其提供"抽样-探索-转换-建模-评估"的处理流程,集成了多种知识发现的方法和算法,诸如聚类分析(含 SOM/Kohonen 自组织特征映射网络)、关联模式/序列模式分析、多元回归、决策树学习、神经网络模型、统计分析和时间序列分析等。

Intelligent Miner 具有典型数据集自动生成、关联发现、序列规律发现、概念性分类和可视化等功能。它可以自动实现数据选择、数据转换、数据挖掘和结果显示。

Clementine 提供了一个可视化的快速建模的环境。它可以用图分析探测数据,可以选择模型,可以将多种模型技术组合起来或建立大模型;它还是开放型的,用户可以通过外部模块添加更多的算法。

12.3 关联规则发现

12.3.1 什么是关联规则

所谓关联规则(association rule)也就是表示事件或者数据项之间有某种相关性的一种产生式规则。例如:

> 如果某人买了一台笔记本电脑,则该人还会买一款应用软件。

就是一条关联规则。也可形式化表示为:

$$buys(某人,笔记本电脑) \rightarrow buys(该人,应用软件) \tag{12-1}$$

可以看出,这一规则本质上描述的是消费者购买行为中物品"电脑"与"软件"之间的一种关联。所以,该规则可简化表示为:

> 笔记本电脑 → 应用软件

但这种关联未必是必然的,而只是可能的。所以,它其实是一条不确定性规则。为了刻画不确定性,人们引入了支持度(support)、置信度(confidence)、期望可信度(expected confidence)和作用度(lift)等多种度量。其中,支持度为规则前、后件同时出现的概率,置信度为规则前件出现时后件也出现的概率。即对于规则 $A \rightarrow B$,support$(A \rightarrow B) =$ P$(A \bigcap B)$,confidence$(A \rightarrow B) = P(B|A)$。

有了这两个度量,上面的规则就可以进一步写成:

$$笔记本电脑 \rightarrow 应用软件;[\text{support} = 5\%, \text{confidence} = 70\%]$$

上面,通过一个简单的例子引入了关联规则的概念,下面给出其数学定义。

设 $I = \{i_1, i_2, \cdots, i_m\}$ 是一个物品(item,有的文献中将其翻译为项目)集,其中每一个 i_l 都是一个物品;设 $T = \{t_1, t_2, \cdots, t_n\}$ 是一个交易(transaction,有的文献中将其翻译为事务)集,其中每一个 t_j 是一个物品子集,即 $t_j \subseteq I$。关系 $A \rightarrow B$ 称为一个关联规则,如果 $A \in T$ 亦即 $A \subseteq I$,则 $B \in T$ 亦即 $B \subseteq I$,且 $A \bigcap B = \varnothing$。

按照这一定义,上面的那条关联规则就可以写成如下的规范形式:

$$\{笔记本电脑\} \rightarrow \{应用软件\};[\text{support} = 5\%, \text{confidence} = 70\%] \tag{12-2}$$

下面再给出几个关联规则:

$$\{画笔,颜料,宣纸\} \rightarrow \{调色板\};[\text{support} = 35\%, \text{confidence} = 95\%]$$

$$\{圆规,直尺,三角板,半圆仪\} \rightarrow \{铅笔,橡皮\};[\text{support} = 55\%, \text{confidence} = 99\%]$$

下面给出支持度和置信度的计算方法。令

$$\text{support}(A \rightarrow B) = \frac{\sigma(A \bigcup B)}{|T|}$$

$$\text{confidence}(A \rightarrow B) = \frac{\sigma(A \bigcup B)}{\sigma(A)}$$

分别称为关联规则 $A \rightarrow B$ 的支持度和置信度。其中,$\sigma(X)$ 为交易 X 出现的次数,$|T|$ 为交易集 T 的元素个数,即相关数据库中所含交易的总数。此外,

$$\text{support}(X) = \frac{\sigma(X)}{|T|}$$

称为交易 X 的支持度。

假设某商场某天共有 1000 笔交易(即 card$(T) = 1000$),其中交易 $A \bigcup B$ 出现了 150 次(即 $\sigma(A \bigcup B) = 150$),则关联规则 $A \rightarrow B$ 的支持度就是 $150/1000 = 15\%$;如果交易 A 共出现了 200 次,则关联规则 $A \rightarrow B$ 的可信度是 $150/200 = 75\%$。而交易 A 的支持度是 $200/1000 = 20\%$。

不难看出,上面定义的支持度也就是一个交易出现的频率,置信度则是一个交易出现时另一个交易也出现的比率。这样,如果将交易看作事件的话,交易 $A \bigcup B$ 就变成了事件 $A \bigcap B$ 了,则支持度和置信度可分别用概率表示为 support$(A \rightarrow B) = $ P$(A \bigcap B)$,confidence$(A \rightarrow B) = P(B|A)$。同理,support$(A) = P(A)$。

12.3.2　关联规则的发现机理和方法

1. 关联规则的发现机理

在日常生活中,同时出现的事物或同时发生的事情往往会给人一种可能有关联的感觉;而且同时出现或发生得越频繁,其关联就似乎越肯定、越真切。于是,当其中的一

（几）个再次出现或发生时，人们往往就会预测另一（几）个也会出现或发生。这应该是大家都会有的常识，我们无妨称其为**关联猜想**。

设｛笔记本电脑，应用软件｝是个频繁发生的交易。那么由关联猜想，当其中的子交易｛笔记本电脑｝再次发生时，另一个子交易｛应用软件｝也可能发生。于是，就得到关联规则：

$$｛笔记本电脑｝→｛应用软件｝$$

现在，我们明白，上一节所举例的这个关联规则原来是由交易｛笔记本电脑，应用软件｝而得到的。同理，关联规则：

$$｛画笔，颜料，宣纸｝→｛调色板｝$$

和

$$｛圆规，直尺，三角板，半圆仪｝→｛铅笔，橡皮｝$$

则是分别由交易｛画笔，颜料，宣纸，调色板｝和｛圆规，直尺，三角板，半圆仪，铅笔，橡皮｝得到的。

这就是说，关联猜想正是关联规则的发现机理。这一机理同时也隐含着发现关联规则的基本方法。

2．发现关联规则的基本方法

设 $A=｛i_1,i_2,\cdots,i_n｝\subseteq I$ 是一个交易。如果 support$(A)\geqslant$min-supp（最小支持度），则称 A 是一个频繁交易［或频繁项集（frequent itemset）或大项集］。

显然，一个频繁交易的子交易也是频繁交易。这被称为频繁交易的向下封闭性（这意味着一个非频繁子交易的已发生的扩展交易也一定是非频繁交易）。

设 A_1 是频繁交易 A 的任一子交易（即非空真子集），则由关联猜想，$A_1→(A-A_1)$ 就是一个关联规则。

这样，我们就得到一个构造关联规则的基本方法。但这样构造的关联规则还只能作为一个候选规则。原因是一个可用的关联规则其支持度和置信度都必须大于或等于所设置的阈值，即最小支持度（min-supp）和最小置信度（min-conf）。

综上所述，发现关联规则一般方法就是：

第一步，计算交易集中的所有交易的支持度，取出其中的所有频繁交易和频繁子交易。

第二步，对所得的各个频繁交易（包括子交易），按上述方法构造所有的候选关联规则。

第三步，计算各候选规则的支持度和置信度，保留二者都大于或等于所设阈值的规则作为所发现的关联规则。

如果一个关联规则的支持度和置信度都大于所设的阈值，则称该关联规则为**强规则**。发现关联规则的任务就是从数据库中发现那些支持度和置信度都大于阈值的强规则。

12.3.3 发现关联规则的 Apriori 算法

Apriori 算法是一个发现关联规则的经典算法，其主要工作在于寻找频繁交易。

Apriori 算法的基本过程是：

（1）从交易集的每一个交易中拆分出所有 1-交易（k-交易是含有 k 个物品的交易），将它们组成集合 C_1（当然相同的 1-交易在 C_1 中只有一个），然后计算 C_1 中每个交易的支持度，提取其中满足支持度阈值条件的频繁交易组成集合 L_1。

（2）令 $C_2 = L_1 \otimes L_1$，计算 C_2 中每个交易的支持度，然后提取其中满足支持度阈值条件的频繁交易组成集合 L_2。

令 $C_3 = L_2 \otimes L_2$，计算 C_3 中每个交易的支持度，然后提取其中满足支持度阈值条件的频繁交易组成集合 L_3。

············

一直这样重复做下去，直到某个 $L_{k+1} = \varnothing$。这时，相应 L_k 中的交易即为所求的全部频繁交易。

这里的运算 $\otimes$ 的定义是

$$L_k \otimes L_k = \{X \bigcup Y \mid X, Y \in L_k, \mid X \bigcap Y \mid = k-1\} \tag{12-3}$$

例 12-1　设表 12-1 是某体育用品超市在某一时段的销售记录，试用 Apriori 算法发现其中的关联规则。

表 12-1　某体育用品超市的销售记录

	乒乓球拍(i_1)	乒乓球(i_2)	网球拍(i_3)	网球(i_4)	运动鞋(i_5)
t_1	1	1	0	0	0
t_2	0	1	0	0	1
t_3	0	0	1	1	1
t_4	0	0	1	1	1
t_5	1	1	0	0	0
t_6	0	0	1	1	1
t_7	1	1	0	0	0
t_8	1	1	0	1	1
t_9	1	0	1	1	0
t_{10}	0	1	0	0	0

解　将表 12-1 中的全部交易置入数据库 DB，然后按照 Apriori 算法，求出候选频繁交易集，具体步骤和方法如图 12-1 所示。

不难计算，$L_3 \otimes L_3 = \varnothing$。从而，$C_4 = L_4 = \varnothing$。于是，$L_3$ 中的交易 $\{i_3, i_4, i_5\}$ 即为所求的频繁交易。

由频繁交易 $\{i_3, i_4, i_5\}$ 可得以下 6 条候选关联规则，再分别计算它们的置信度并附于其后：

（1）$\{i_3, i_4\} \rightarrow \{i_5\}$；confidence $= 3/4 = 0.75$

（2）$\{i_3, i_5\} \rightarrow \{i_4\}$；confidence $= 3/3 = 1$

（3）$\{i_4, i_5\} \rightarrow \{i_3\}$；confidence $= 3/4 = 0.75$

（4）$\{i_3\} \rightarrow \{i_4, i_5\}$；confidence $= 3/4 = 0.75$

（5）$\{i_4\} \rightarrow \{i_3, i_5\}$；confidence $= 3/5 = 0.6$

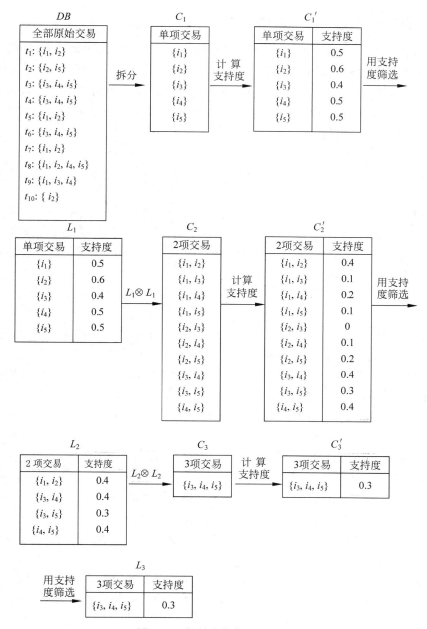

图 12-1 频繁交易集生成过程

(6) $\{i_5\} \rightarrow \{i_3, i_4\}$；confidence＝3/5＝0.6

现在，如果设定置信度阈值 min-conf＝0.6，则以上 6 条规则皆为最终的强关联规则（予以输出）；如果设定 min-conf＝0.7，则(1)～(4)共 4 条规则为最终的强关联规则；如果设定 min-conf＝0.8，则仅(2)一条规则为最终的强关联规则。

12.3.4 关联规则的类型和挖掘算法

关联规则还可细分为多种类型,前面介绍的只是其中的单层单维布尔关联规则。

(1) 根据规则中所描述的值的类型,关联规则可分为布尔关联规则和量化关联规则。

布尔关联规则描述的是项(item)的有或无。它表示了离散对象之间的联系。量化关联规则描述的是量化的项或属性(attributes)之间的关联。例如,前面的规则(12-1)就是一个布尔关联规则;而规则

$$age(X,30\sim40) \to income(X,8000)$$

$$income(X,8000) \wedge buys(X,\text{high-configuration(计算机)}) \to buys(X,\text{large-capacity(存储器)})$$

就是两条量化关联规则。

(2) 根据规则中涉及数据的维数,关联规则可分为单维关联规则和多维关联规则。

单维关联规则是指规则中只涉及一个谓词的规则,而多维关联规则中则涉及两个或两个以上谓词的规则。例如,前面的规则(12-1)就是一个单维规则;而下面的两条规则则分别是二维和三维关联规则:

$$age(X,50\sim60) \to buys(X,\text{台式计算机})$$

$$age(X,30\sim40) \wedge income(X,4000\sim5000) \to buys(X,\text{笔记本电脑})$$

(3) 根据规则所涉及的抽象层次(levels),关联规则集可分为由单层(single-level)关联规则组成的规则集和由多层(multilevel-level)关联规则组成的规则集。

单层规则集中各规则描述相同抽象层次的项或属性,而多层规则集中各规则描述不同抽象层次的项或属性。例如,规则集

$$age(X,30\sim40) \to buys(X,\text{台式计算机})$$

$$age(X,30\sim40) \to buys(X,\text{便携式计算机})$$

就是一个由单层关联规则组成的规则集("台式计算机"和"便携式计算机"都是特殊的计算机);而规则集

$$age(X,20\sim60) \to buys(X,\text{计算机})$$

$$age(X,20\sim40) \to buys(X,\text{便携式计算机})$$

就是一个由多层关联规则组成的规则集。因为"计算机"和"便携式计算机"不是一个层级的概念。

(4) 如果一个关联规则中的项或属性是软语言值,则这样的规则称为软语言关联规则(flexible linguistic association rule),否则称为硬语言关联规则(rigid linguistic association rule)。

例如,

$$age(X,\text{老年人}) \to buys(X,\text{便宜水果})$$

就是一条软语言关联规则。

发现关联规则的算法也有许多种,除了 Apriori 算法外,还有诸如 FP-Growth 算法、并行 Apriori 算法、抽样算法、DIC 算法、空间关联规则发现算法、大项集深度优先算法、基于约束的关联规则挖掘,基于关系代数理论的优化关联规则发现算法(ORAR)、基于概念分层的泛化关联规则发现算法、组织进化算法、词性标准规则的发现算法等。此外,人

们还研究了模糊关联规则(即软语言关联规则)的发现算法,基于分布式系统的关联规则发现算法等。另外,关联挖掘还可以被扩展到关联分析、大模式和频繁闭项集挖掘。由于篇幅有限,这里不再一一介绍。有兴趣的读者可进一步延伸学习。

12.4 k-均值聚类算法

实际问题中有许多数据是已被划分类别(即含类别标记)的数据,但还有一些数据甚至更多的数据是未被划分类别的数据。这就为数据挖掘提出了一个重要任务和课题:采用某种聚类方法,将未划分类别的数据集适当划分为若干个子集。其实,这一课题也就是统计学早已研究的聚类分析,它是统计学的主要研究内容之一。

所谓聚类,就是将一个数据集按数据点间的相似关系划分为若干互不相交的子集,这样的子集称为簇(cluster)。数据点的相似性用某种距离或近似度度量。距离一般取欧氏距离。用聚类方法对数据集进行划分的原则是:类内对象相似度尽可能大,类间对象相似度尽可能小。聚类也就是对数据进行归纳、概括,从而发现数据集的结构或模式,提取相关概念性知识。所以,聚类的过程也是一种机器学习的过程。但由于被聚类的数据还没有类别(否则也就不需要聚类了),所以,关于聚类的学习称为无监督学习。

关于聚类,人们已开发出了不少算法,其中 k-均值算法是一种简单而基础的聚类算法,它也是公认的十大数据挖掘算法之一。k-均值算法也是一种重要的无监督学习算法。

设 $S = \{x_i\}_{i=1}^{N}$ 为一数据集,x_i 为 n 维向量,针对数据集 S 的 k-均值聚类算法可简单描述如下。

k-均值算法

(1) 对于数据集 S,随机指定或创建 k 个数据点(向量)$\mu_1, \mu_2, \cdots, \mu_k$,分别作为 k 个簇 $C_1, C_2, \cdots, C_k$ 的质心(即聚类中心)。

(2) 计算 S 中每个数据点 x_i 到每个质心 μ_j 的距离,然后将 x_i 划归给距离最近的质心 μ_l 所代表的簇 C_l;(这时得到 k 个簇 $C_1, C_2, \cdots, C_k$,构成 S 的一个划分 $\{C_1, C_2, \cdots, C_k\}$)。

(3) 计算每个簇 C_j 中所有点 x_s 的均值(向量)$\dfrac{\sum\limits_{x_s \in C_j} x_s}{|C_j|}$,并将该向量作为簇 C_j 的新质心,即令

$$\mu_j = \frac{\sum\limits_{x_s \in C_j} x_s}{|C_j|}$$

(4) 重复步骤(2)和步骤(3),直到每个点 x_i 的所属簇不再发生改变,也就是质心 $\mu_j (j = 1, 2, \cdots, k)$ 不再改变,这时所得的簇集 $\{C_1, C_2, \cdots, C_k\}$ 就是所求的数据集 S 的一个最佳划分。

为什么用均值向量作为新质心,就能最终使质心 $\mu_j (j = 1, 2, \cdots, k)$ 不再改变而得到数据集 S 的最佳划分呢?

原来,为了满足聚类原则,人们设计了一个如下的准则函数

$$J(\mu) = \sum_{j=1}^{k} \sum_{x_s \in C_j} \| x_s - \mu_j \|^2 \qquad \mu = (\mu_1, \mu_2, \cdots, \mu_k)$$

显然,当函数 $J(\boldsymbol{\mu})$ 取极小值时,簇内的分散度总和最小,即内聚性最高。于是,对于数据集 S 的聚类问题就转化为基于准则函数 $J(\boldsymbol{\mu})$ 的最优化问题,即求函数 $J(\boldsymbol{\mu})$ 的极小值点的问题。于是,令导数

$$J'(\boldsymbol{\mu}) = 0$$

则可解得

$$\boldsymbol{\mu}_j = \frac{\sum\limits_{x_s \in C_j} x_s}{|C_j|} \quad (j = 1, 2, \cdots, k)$$

这正是簇 C_j 内所有数据点的均值(向量)。这就是说,只要每次取簇内点的均值点作为该簇新的质心,就能使函数 $J(\boldsymbol{\mu})$ 收敛而最终找到最佳的划分。这也就是均值算法的由来。

当然,上面只是均值算法的理论依据和解释。具体实现时,采用迭代法有时只能收敛到局部最优解处。于是,又出现了多种均值算法的改进版本。因篇幅所限,这里不再介绍。

最后指出:关于聚类,除 k-均值算法外,还有诸如 k-medoids 算法、k-prototype 算法、EM(expectation maximization)算法、ABSCAN 算法、OPTICS 算法等。另外,对于连续的数据集,人们还开发了所谓的模糊 k-均值算法。文献[96]中则提出了软聚类的概念和算法。有兴趣的读者可延伸学习。

12.5　大数据挖掘与分布式学习

12.5.1　分布式并行计算模型和框架

传统数据挖掘主要是针对数据库或数据仓库级别的数据集的,然而,现在已进入大数据时代,那么针对大数据,该如何进行挖掘呢?

大数据的主要特征是海量的数据规模、快速的数据流转、多样的数据类型和价值密度低。针对大数据的这些特点,一批分布式并行计算模型和框架应运而生。

分布式并行计算可分为模型并行、数据并行和混合并行等类型。模型并行(model parallelism)就是将模型按照其结构进行拆分,然后分布在不同的机器上。数据并行(data parallelism)就是将数据分割并分配到不同的机器上进行处理,然后将结果合并。混合并行(hybrid parallelism)则是将模型和数据同时分解而分配到多个机器上并行处理。

分布式并行计算框架也有多种类型。流行的有基于数据流方法的 Spache Hadoop(特别是其中的 MapReduce)和 Spache Spark、基于参数服务器模型的 PMLS、基于高级数据流模型的 TensorFlow 和 MXNet 等。

12.5.2　Spache Hadoop(MapReduce)简介

Spache Hadoop 是由 Spache 软件基金会发起的一个项目,Spache Hadoop 包含了 HDFS(Hadoop Distributed File System)和 MapReduce。其中 HDFS 是一个分布式文件系统,负责海量数据的分布式存储,可以以流的形式访问数据;MapReduce 是一个分布式编程框架,可实现分布式离线计算。HDFS 和 MapReduce 源于 Google 开发的 Google File System(GFS)和 Google MapReduce(GMR),分别是 GFS 和 GMR 的开源版本,由

Spache 用 Java 实现。但 MapReduce 与 HDFS 是互相独立的。

在实际使用时,用户只要继承 MapReduceBase,提供分别实现 Map 和 Reduce 的两个类,并注册 Job 即可自动分布式运行。

Hadoop 为主-从式架构,由一个主节点和若干从节点组成。该架构能够在大量硬件配置不高的计算机上实现并行化处理。它具有高可靠性、高扩展性、高容错性、高效性、可伸缩和低成本等一系列优点。因此,已被大数据领域广泛应用。Hadoop 擅长存储大量的半结构化数据,并能快速地实现跨机器计算。

MapReduce 是处理大量半结构化数据的编程模型。MapReduce 源于函数性编程中的 map 函数和 reduce 函数。它由两个可包含许多实例(Map 和 Reduce)的操作组成。Map 函数接受一组数据并将其转换为键-值(key, value)对列表,Reduce 函数接受这种列表,然后根据它们的键(为每一个键生成一个键-值对)缩小键-值对列表。MapReduce 的 Map 和 Reduce 过程都定义了键-值对($<$ key, value $>$)数据结构,即系统视任务的输入数据为键-值对集合,并且产生键-值对作为输出。一次任务的输入/输出格式为

$$(input)< k1, v1 >-> map->< k2, v2 >-> combine->< k2,$$
$$v2 >-> reduce->< k3, v3 >(output)$$

从外部看,MapReduce 就是给开发者提供了两个面向对象编程接口 Map 和 Reduce,而在内部则是由 Map 和 Reduce 协作而构成的一个分而治之(分解-处理-合并)的分布式信息处理系统。

MapReduce 的基本原理为:将一个复杂的问题分成若干个简单的子问题来解决;然后对子问题的结果进行合并,得到原有问题的解。具体来讲,一个 MapReduce 任务会把一个输入数据集分割为独立的数据块,然后 Map 任务会以完全并行的方式处理这些数据块。MapReduce 系统自动对 Map 任务的输出分类,再把这些分类结果作为 Reduce 任务的输入。MapReduce 是在大型商用硬件集群(成千上万的节点)中对海量数据实施可靠的、高容错的并行计算的软件系统。

用 Map 和 Reduce 方法来处理分布式计算问题时,应尽可能地实现数据处理的本地化,降低由数据移动而产生的代价。每一个 Map 操作都是相对独立的,所有的 Map 操作都是并行运行的,虽然实际中会受到数据源和 CPU 个数的影响。同样,用一个 Reduce 集合来执行 Reduce 操作,所有带有相同键的 Map 输出会聚集到同一个 Reduce。MapReduce 方法能够处理一般服务器不能处理的大数据量处理问题。

12.5.3 基于 MapReduce 的分布式机器学习

利用分布式计算平台也可实现分布式机器学习。例如,基于 MapReduce 就可以实现并行决策树学习算法和并行 k-均值聚类算法。

1. 并行决策树学习算法

在决策树学习算法中最耗时的是属性信息熵值或重要度计算。那么,将这些计算并行处理,则会大大提高学习效率。为此,我们用 Map 和 Reduce 来实现并行计算的决策树学习过程。

(1) 在 Map 阶段中,Map 函数以单个元组的形式分解数据,计算属性的重要度,然后以<属性名,重要度>的形式输出。

(2) 在 Reduce 阶段中,首先汇总 Map 阶段的输出<属性名,重要度>,然后找出最大重要度对应的属性名;接着选取这个属性名作为测试节点,并判断它是否为叶子节点;如果是叶子节点,则返回;否则执行分裂,并将其录入待计算数据库中存储。

反复进行这两步操作,即可实现相应决策树的构建。

2. 并行 k-均值聚类算法

在 k-均值聚类算法中,要反复进行两轮计算:一轮是计算每一个数据点到各个簇质心的距离,另一轮是计算每个簇的均值(点)。显然,这两轮计算中的各个计算都是互相独立的,所以都可以并行计算。那么,对于大数据的聚类,我们就自然想到用 MapReduce 框架实现并行 k-均值聚类算法。

其基本做法是,首先将数据集切块(block)并分配到不同的节点(机器)上,然后将每一次迭代作为一个 MapReduce Job,通过多次运行该 Job 以达到聚类的目的。在每次迭代过程中,需要在 Mapper 中读取之前的聚类中心,然后读取每个数据点,并计算该数据点到各聚类中心的距离,再按照它到各聚类中心的距离进行归类。

具体实现时,还需将输入数据集存储在分布式文件系统 HDFS 中,作为<key,value>序列文件,每个<key,value>代表数据集的一条记录,其中 key 为该记录对应于数据文件起始位置的偏移量,value 为该记录的内容。将上一次迭代(或初始化)得到的 k 个聚类中心放到 Configuration 中,然后在 Mapper 的 setup 计算读取这 k 个聚类中心。Mapper会将同一类的数据发送至同一个 Reducer,计算并判断某个数据点到哪个中心最近。在Reducer 中重新计算聚类中心,即求类内所有点的均值作为新的聚类中心。

这样,在 Map 阶段,对于数据集中的每一个节点,读取全局文件,获得上一轮迭代生成的聚类中心信息,计算样本点到聚类中心的距离;在 Reduce 阶段,每个 Reducer 收到关于某个簇的信息,包括该簇的 ID 和簇质心以及所含数据点的个数。

习题 12

1. 简述数据挖掘的任务、过程、方法和对象。

2. 假设取图 12-1 中表 L_2 中的交易 $\{i_1,i_2\}$ 和 $\{i_3,i_4\}$ 为候选频繁交易集,试构造相应的候选关联规则并计算它们的置信度。

3. 试写出两条多维量化关联规则。

4. 试用 Python 语言编程,实现 k-均值聚类算法。

5. 简述大数据挖掘的方法和平台。

6. 简述分布式机器学习原理和框架。

第5篇　感知与响应，理解与交流

　　感知和响应能力是一个智能体所必备的功能要素。机器感知首先涉及图像、声音等信息的识别问题。为此,发展出一门称为"模式识别"的专门学科。模式识别的主要目标就是用计算机来模拟人的各种识别能力,当前主要是对视觉能力和听觉能力的模拟,并且主要集中于图形、图像识别和语音识别。

　　实现模式识别的先决条件是要有相关的分类知识,而分类知识的获得则主要靠机器学习。所以,模式识别与机器学习关系密切,二者相辅相成,互相促进。因而,模式识别既是人工智能系统的组成部分,也是人工智能技术的应用领域。

　　当然,模式识别技术也可以单独用于问题求解。例如,工业检测、人脸识别、讲话人识别、印刷体和手写体文字识别、指纹识别、癌细胞识别、遥感数据分析等等。这方面的技术已经进入实用化阶段。语音识别技术近年来也发展很快,现在已经有商品化产品(如汉字语音录入系统)上市。

　　机器感知不仅是对人类感知的模拟,也是对人类感知的扩展和延伸。因为人的感知能力是很有限的,例如对声音的感知只能限于一定的声波频率范围。在这一点上,人的感觉灵敏度还不如有些高等动物甚至昆虫。那么,可想而知,若计算机的感知能力一旦实现,则必将超过人类自身。

　　考察我们人类的感知和响应过程可以发现,对人类来说,感知就是将人体接收到的来自外部环境或自身的刺激信号(量)转换为一种以语言(值)形式表达的心理量(的过程);而响应则一般是对于接收到的信息,运用相关知识,通过思维(分析、判断、推理和决策)而做出的回应。这种响应可能仅限于语言表达,也可能既有语言表达又有具体行为。这后一种响应实际上是一个将作为心理量的语言(值)转换为一种数量(值)即执行量的过程。人类的这种感知和响应原理提示我们:可通过数量值与语言值的互换来实现机器的感知与响应。

　　除了感知外,智能体还需要与人类进行信息交流,而最好的交流媒介莫过于人类的语言,即所谓自然语言。但从我们人类之间的语言交流来看,要交流首先需要对所用语言能够理解。而理解属于认知范畴,理解力也是高级智能体必备的功能要素。事实上,没有理解就没有真正的信息交流。自然语言理解就是计算机理解人类的语言,如汉语、英语等,并包括口头语言和文字语言两种形式。试想,计算机如果能理解人类的自然语言,那么计算机的使用,机器人与人的信息交流将会变得十分方便和简单。经过人们的不懈努力,在自然语言理解方面现在已经取得了不少成就,但仍然存在不少困难。

自然语言理解的困难在于自然语言往往具有二义性,再加上同一句话在不同的时间、地点、场合往往有不同的含义。理解困难的另一个原因是,究竟什么是理解,几乎和什么是智能一样,至今还是一个没有完全明确的问题,因而从不同的角度有不同的解释。从微观来讲,理解是指从自然语言到机器内部表示的一种映射;从宏观来讲,理解是指能够完成我们所希望的一些功能。例如,美国认知心理学家 G. M. Ulson 曾为理解提出了 4 条判别标准:

(1) 能够成功地回答与输入材料有关的问题。

(2) 能够具有对所给材料进行摘要的功能。

(3) 能用不同的词语叙述所给材料。

(4) 具有从一种语言转译成另一种语言的能力。

当然,这 4 条标准也只是理解的充分条件,事实上理解也可以表现为某种行为。除了语言理解外,还有图形、图像和视频理解。这是图形、图像识别的自然延伸,也是计算机视觉的组成部分。在模式识别和人工智能技术的支持下,随着图像处理技术发展,现在图像理解和计算机视觉已发展成为一个独立的研究方向。

理解实际是感知和识别的延伸,或者说是深层次的感知和识别。理解不是对现象或形式的感知,而是对本质和意义的认知。例如自然语言理解和图形理解都是如此。

就在基于理解的自然语言处理的方法遇到困难之际,20 世纪 70 年代后期,出现了一种绕过"理解"而用统计方法处理自然语言的"经验主义"方法。基于统计的自然语言处理方法是在大量的语言资料的基础上用统计和概率的理论和方法实现自然语言处理。到了 20 世纪 90 年代,统计方法已成了自然语言处理领域的后起之秀。但 2010 年前后,基于神经网络的"经验主义"方法又后来居上,成为自然语言处理的领衔主演。

第**13**章

模 式 识 别

本章首先概述模式识别的基本原理和方法,然后简单介绍统计模式识别。

13.1 概述

识别是人和生物的基本智能信息处理能力之一。事实上,我们几乎每时每刻都在对周围世界进行着识别。而所谓模式识别,指的是用计算机进行物体识别。也就是说,这里所说的模式识别是仅限于针对图形、声音等实体对象的狭义模式识别,它是人和生物的感知能力在计算机上的模拟和扩展。经过多年的研究,模式识别已发展成为一个独立的学科,其应用十分广泛。诸如:信息、遥感、医学、影像、安全、军事等领域,模式识别已经取得了重要成果,特别是基于模式识别而出现的生物认证、数字水印等新技术正方兴未艾。

13.1.1 模式、模式类与模式识别

我们知道,事物、对象总具有一些属性、状态或者说特征。例如,图形有长度、面积、颜色、边的数目等特征;声音有音量的大小、音调的高度、频率分量的强度等特征。而对象之间的差异也就表现在这些特征的差异上。所以,可以用对象的特征来表征对象,即为对象建模。另一方面,从结构来看,有些对象可以看作是由若干基本成分按一定的规则组合而成。例如,一个汉字就是由若干基本笔画组成的,而一个几何图形则可以看作是由若干基本线条组合而成的。所以,可用一些基本元素的某种组合来刻画对象,即为对象建模。

定义 13-1 能够表征或刻画被识别对象类属特征的信息模型称为对象的模式(pattern)。

有了模式,对实体对象的识别就转化为对其模式的识别。那么,怎样识别呢?

考察人类对物体的识别过程,可以发现,识别其实就是分类,即辨识或判别被识对象的类属。例如,汉字"文"可以有多种形体、写法和大小,但它们都属于同一个类。而人们识别这个"文"字实际也就是在判定当前看到的对象"文"的类属。又如,同一个人的脸,从不同角度或在不同时间所看到的图像是不一样的,但这些图像属于同一类,即该人的脸像类。而人们在识别人的脸谱时,实际上就是在判定当前看到的脸像应该属于哪一个脸像类。也就是在把当前看到的脸像归入记忆中该人脸像的类中去。

定义 13-2   具有某些共同特性的模式的集合称为模式类,判定一个待识模式的类属的过程称为模式识别。

13.1.2   模式的表示

最常用的模式表示形式有向量和字符串。

用向量表示对象模式就是以对象的诸特征值作为分量而组成的一个 n 维向量 X,即 $X = (x_1, x_2, \cdots, x_n) \in \mathbf{R}^n$,其中 $x_i (i=1,2,\cdots,n)$ 为相应对象的第 i 个特征值。例如,向量 $(2,5,0.8,100)$ 就描述了一个模式(比如,它代表了质量等级为 2,长为 5m,直径为 0.8cm,单价为 100 元的一根钢筋)。由于被识对象的特征往往都取数量值,于是,用 n 维向量表示对象模式就是一个很自然的选择。

表示对象模式的 n 维向量称为**特征向量**,而相应的向量空间 $\mathbf{R}^* \subset \mathbf{R}^n$ 称为**特征空间**。

基于被识对象的结构特征,人们又提出了对象模式的字符串表示形式和方法。用字符串表示模式,就是先对对象的结构进行适当分割,以找出其**基本图元**并以单字符命名,然后根据对象的结构特点,将这些基本图元的符号名按相应的逻辑顺序排成一行。这样得到的字符串即为原对象的模式。例如,对于图 13-1(a)所示的数字 6,根据其结构特点,该图可以分割为两个子图(见图 13-1(b));进而可以以有向线段 a、b、c、d 作为基本图元(见图 13-1(c))。这样,该图形就可以看作是由线段 a、b、c、d 按数字 6 的书写顺序依次首尾相连而成(见图 13-1(d))。于是,该图形的模式就可以用字符串 $S = accbda$ 来描述。

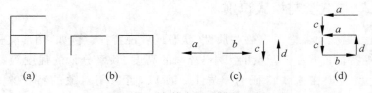

图 13-1   字符串描述模式示例

表示模式的字符串一般是由小写字母组成的字符序列 $s_1 s_2 \cdots s_m$。

上面给出了模式的两种表示形式:特征向量和字符串。其中,特征向量反映的是对象的数量特征,或者说是用数量来描述对象的,所以,特征向量是被识对象的数量模式;字符串反映的是对象的构造特征,或者说是用形状来描述对象的,因此字符串是被识对象的结构模式。

特征向量和字符串是两种最常用、最基本的模式表示形式。除此之外,模式的表示形式还有树、图等数据结构，以及模糊集合或软集合等，它们一般被用来描述复杂的对象模式。

13.1.3 模式识别系统工作原理

我们已经知道，模式识别就是判定一个待识别模式类属的过程。但是要判定一个模式的类属，首先就得存在相应的模式类。所以在正式进行模式识别之前，就得让计算机先具有相关模式类的知识。这种知识可以是一个类的标准模式（这是最直接、最自然的想法和做法），也可以是该类的判别条件（如判别函数或规则）等。有了相关模式类的知识，在遇到相应的模式时，计算机就可以根据这些知识来判定该模式的类别了。

怎样使计算机具有某一模式类的知识呢？现在的一般做法是先让计算机自己去学习（其实是发现）。这就又归结为机器学习的问题了。而要进行机器学习，就得有作为样例的模式。在模式识别中，要得到样例模式，一般还要通过信息获取、预处理和特征选取或基元选取等一系列的过程。

信息获取就是采集被识别对象的原始信息。这些信息一般表现为光、声、热、电等形式的信号量。所以，对所采集的信息还需进行数/模转换。另外，原始信息中可能还夹杂着一些干扰或噪声。因此，还必须进行预处理以除去噪声和干扰信息。

采集来的原始数据，其数据量往往很大。这样，当把一个对象的原始数据作为对象的特征值时，将会形成维数很高的特征向量。例如，用摄像机所得到的物体图像可以是一个 256×256 灰度阵列。这相当于一个 256×256 维向量。直接使用这种高维向量进行模式识别将是十分困难的。所以需要对原始的测量数据进行适当处理（如计算或变换等），以降低其维数而形成对象的特征向量。

然而，已经形成的诸特征，对于对象的识别来说，并非都是有用的或者并非总是有用的。例如，颜色这个特征对于汽车的识别来讲就是无关紧要的。因为颜色固然可以作为汽车的一个特征，但它并非一个物体是否为汽车的关键特征。但如果识别的目的任务是在众多的汽车中要找出一辆特定的汽车，则颜色就又变成了必不可少的重要特征了。这就是说，在模式识别时，还须根据具体的识别目的和任务对已知的对象特征进行选择。

以上过程一般称为对象的特征提取（或抽取）和特征选择。本书将其统称为特征选取。

特征选取是对建立对象的数量模式即特征向量而言的。对于建立对象的结构模式，也有一个相当的过程。该过程是分析、选择被识对象的基本构造元素，一般称其为基元提取（或抽取）和选择。本书将其统称为基元选取。

这样，原始样例数据经过特征选取/基元选取便得到样例模式。有了样例模式，接下来就是通过机器学习而产生相关的分类知识。有了分类知识，对于新的待识模式，就可以进行识别了。

综上所述，模式识别的原理可图示如下（见图 13-2）。

可以看出，模式识别的全过程分为两步：第一步是分类知识的生成过程，其实是个纯粹的机器学习过程，第二步才是真正的模式识别过程。这就是说，模式识别的先决条件是要有相关的分类知识，而分类知识的获得主要靠机器学习。所以，机器学习特别是统计学

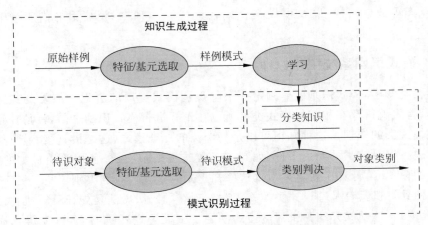

图 13-2　模式识别系统工作原理示意图

习和神经网络学习算法(关于分类问题的学习算法)在这里就派上了用场。其实,在模式识别的发展历程中,它总是与机器学习互相促进,相辅相成。

13.1.4　模式识别方法分类

从模式识别系统的工作原理可以看出,可以分别从待识别模式、分类知识和类别判决等 3 个侧面对模式识别方法进行分类。例如,待识别模式可以表示为特征向量、字符串、树、图以及模糊集合或软集合等。模式识别方法就可以分为面向特征向量的模式识别、面向字符串的模式识别,以及面向树、图及模糊集合或软集合的模式识别等。利用原始样例可以发现的分类知识有模式类的标准模式、模式类的判别函数、模式类的估计知识等。据此,模式识别方法可分为基于标准模式的模式识别、基于判别函数的模式识别、基于统计决策的模式识别等。现在常见的模式识别方法分类都是基于模式的表示形式的。

依据模式的表示形式,模式识别方法可分为基于特征向量的模式识别和基于字符串的模式识别,前者称为统计模式识别,后者称为结构模式识别。统计模式识别和结构模式识别是两种经典而基本的模式识别方法,其技术比较成熟。除此之外,还有神经网络模式识别、模糊模式识别和软模式识别等。近年来还出现了自适应模式识别、仿生模式识别等多种模式识别方法。

统计模式识别主要是依据统计、概率理论(主要是贝叶斯决策理论)、统计学习理论及其他数学理论和方法通过机器学习进行建模,然后进行分类决策的。其具体内容将在下一节简单介绍。

结构模式识别处理的是字符串或树结构的模式,模式类描述为形式语言的文法,识别器(即分类器)就是有限状态自动机。这样,有一个模式类就有一种语言的文法规则,而作为待识模式的字符串就相当于一个句子,判定一个待识模式的类别就是自动机通过推理运算判定该句子是否遵循某语言的文法规则。

神经网络模式识别也是基于特征向量的一种模式识别,不过这种方法是通过神经网络的学习而实现模式的分类和聚类。近年来,随着深度神经网络和深度学习的出现和发展,神经网络模式识别发展迅猛,在计算机视觉(图像识别)和语音识别等方面取得了巨大的成功,展现了诱人的应用前景,已成为模式识别乃至人工智能领域的一个研究热点和热门技术,成为结构模式识别和统计模式识别之后的第三种主流模式识别方法。

由于篇幅所限,下面仅简单介绍统计模式识别。

13.2 统计模式识别

由模式识别系统的工作原理可知,模式识别的主要工作其实是机器学习,统计模式识别尤其如此。统计模式识别主要用统计机器学习。第10章已经介绍了统计学习,所以,本章就直接介绍已知分类知识(判别函数)情况下的模式识别。

13.2.1 距离分类法

对于特征向量描述的模式,进行模式识别的一个最直接的想法就是,如果能找到模式类的标准模式,则对于任一待识模式,通过计算其与各标准模式的距离,就可以确定该待识模式的类属。

一个特征向量就是相应特征空间中的一个点。在特征空间中距离越近的点,对应的模式就越相近,相应的对象就越相似,因而也就可以将它们归为一类。因此,利用距离就可以判定一个待识模式(特征向量)的类属。这就是距离分类法的基本思想。具体来讲,该方法还可以分为标准模式(也称参考模式或模板)法、平均距离法和最近邻法等。

1. 标准模式法

设由训练样例可获得 c 个模式类 $\omega_1,\omega_2,\cdots,\omega_c$,且可获得各个模式类的标准模式 $M_1,M_2,\cdots,M_C$。那么,对于待识别模式 X,可通过计算其与各标准模式的距离 $d(X,M_i)(i=1,2,\cdots,c)$ 来决定它的归属。具体分类规则为

$$d(X,M_j)=\min d(X,M_i) \Rightarrow X \in \omega_j \quad i=1,2,\cdots,c \tag{13-1}$$

即与 X 距离最小的标准模式所属的模式类即为 X 的所属模式类。

如果模式类 $\omega_1,\omega_2,\cdots,\omega_c$ 无标准模式,则可用平均距离法或最近邻法进行分类判决。

2. 平均距离法

平均距离法就是将待识别模式 X 与模式类 $\omega_i(i=1,2,\cdots,c)$ 的所有样例模式的距离平均值作为 X 与模式类 ω_i 的距离,然后以距离最小的模式类作为 X 的类属。分类规则可表述为

$$d(X,\omega_j) < d(X,\omega_i), \quad \forall i \neq j \Rightarrow X \in \omega_j \tag{13-2}$$

这里,$d(X,\omega_k)=\dfrac{1}{s_k}\displaystyle\sum_{l=1}^{s_k} d(X,Y_l)(k=1,2,\cdots,c)$,$Y_l$ 为模式类 ω_k 的样例模式。

3. 最近邻法

最近邻法是将与待识模式 X 距离最近的一个样例模式所属的模式类作为 X 的类属。分类规则可表述为

$$d(X,\omega_j) < d(X,\omega_i), \quad \forall i \neq j \Rightarrow X \in \omega_j \tag{13-3}$$

这里，$d(X,\omega_k) = \min\limits_{l=1,2,\cdots,s_k} d(X,Y_l)$，$s_k$ 为模式类 ω_k 的样例模式数。

13.2.2 几何分类法

一个模式类就是相应特征空间中的一个点集。一般来讲，在特征空间中一个模式类的点集总是在某种程度上与另一个模式类的点集相分离。因此，模式识别的另一个思路就是设法构造一些分界面(线)，把特征空间 $\mathbf{R}^n$ 分割成若干个被称为决策区域的子空间 $\mathbf{R}_i(i=1,2,\cdots,c)$，使得一个模式类刚好位于一个决策区域。这样，对于待识别模式 X，就可以利用空间中的这些分界面来判定 X 的类属。分界面(线)方程 $g_i(X)=0$ 中的函数 $g_i(X)$ 被称为判别函数。显然，构造分界面的关键就是构造其判别函数。

分界面(线)可分为平面(直线)和曲面，相应的判别函数为线性函数和非线性函数。下面介绍分界平面和线性判别函数。

对于二分类问题，显然只需一个分界平面。设判别函数为

$$g(X) = \boldsymbol{W}^{\mathrm{T}}X + w_0$$

其中，$\boldsymbol{W}=(w_1,w_2,\cdots,w_n)^{\mathrm{T}}$ 为 X 中各分量 $x_1,x_2,\cdots,x_n$ 的系数组成的向量，称为权向量；w_0 为一个常数，称为阈值权。那么，分界平面方程为

$$g(X) = \boldsymbol{W}^{\mathrm{T}}X + w_0 = 0$$

由几何知识可知，位于这个分界平面两边的点 X 的判别函数值 $g(X)$ 符号相反。于是，可有分类规则

$$g(X) > 0 \Rightarrow X \in \omega_1$$
$$g(X) < 0 \Rightarrow X \in \omega_2$$
$$g(X) = 0 \Rightarrow X \text{ 属于 } \omega_1 \text{ 或 } \omega_2\text{，或者不可判别} \tag{13-4}$$

二分类问题的分界面(线)示意图如图 13-3 所示。

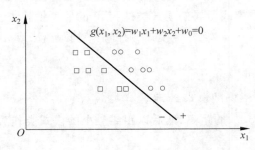

图 13-3　二分类问题的分界面(线)示意

例 13-1　设对于三维特征空间 $\mathbf{R}^3$ 有一个线性可分的二分类问题，其判别函数为 $g(x,y,z)=8-x-2y-4z$。则相应的类别分界面如图 13-4 所示。于是，对于待识模式 $p_1=(1,1,1)$，有

$$g(1,1,1) = 1 > 0$$

所以，模式 p_1 应属于类 ω_1；而对于待识模式 $p_2=(2,2,2)$，有

$$g(2,2,2)=-6<0$$

因此,模式 p_2 应属于类 ω_2。

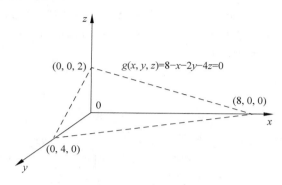

图 13-4 三维特征空间 $\mathbf{R}^3$ 的二分类问题分界面

对于多分类问题有以下 3 种方法。

(1) 对每一个模式类 ω_i 与其余的模式类设计一个分界平面 $g_i(X)=\boldsymbol{W}_i^{\mathrm{T}}X+w_{i0}=0$,即构造一个线性判别函数 $g_i(X)=\boldsymbol{W}_i^{\mathrm{T}}X+w_{i0}$,使得

$$当 X \in \omega_i, \quad g_i(X)>0$$
$$当 X \notin \omega_i, \quad g_i(X)<0$$

于是,有分类规则

$$g_i(X)>0 \Rightarrow X \in \omega_i \tag{13-5}$$

(2) 在每两个类之间设计一个分界平面 $g_{ij}(X)=\boldsymbol{W}_{ij}^{\mathrm{T}}X+w_{ij0}=0$,即构造一个线性判别函数 $g_{ij}(X)=\boldsymbol{W}_{ij}^{\mathrm{T}}X+w_{ij0}$,使得,对于 $\forall j \neq i$,有 $g_{ij}(X)>0$。从而,有分类规则

$$g_{ij}(X)>0, \quad \forall j \neq i \Rightarrow X \in \omega_i \tag{13-6}$$

可以算得,对于一个 c 分类问题,采用该方法时需要设计 $c(c-1)/2$ 个分界平面。

(3) 对于一个 c 分类问题,构造 c 个线性判别函数 $g_i(X)=\boldsymbol{W}_i^{\mathrm{T}}X+w_{i0}$,使得

$$g_i(X)>g_j(X), \quad \forall j \neq i$$

从而有分界平面

$$g_i(X)=g_j(X)$$

即

$$g_i(X)-g_j(X)=0$$

在这种情况下的分类规则为

$$g_{ij}(X)=g_i(X)-g_j(X)>0, \quad \forall j \neq i \Rightarrow X \in \omega_i \tag{13-7}$$

或者

$$g_i(X)>g_j(X), \quad \forall j \neq i \Rightarrow X \in \omega_i$$

上面的分类方法只给出了判别函数的形式,即都是线性的判别函数,但其中的变量系数即权向量 $\boldsymbol{W}=(w_1,w_2,\cdots,w_n)^{\mathrm{T}}$ 和 w_0 还为未知。所以,对于一个实际模式识别问题,还需要确定这些参数。确定参数 w_i 的方法就是利用样例模式通过机器学习来求得。由于人们总是希望能得到尽可能好的参数值,为此,又引入了准则函数的概念。利用准则

函数,参数 w_i 的优化问题又转化为准则函数的极值问题。

上面的几种基于线性判别函数或者分离平面的几何分类法是对线性可分的问题而言的,对于非线性可分问题,则需要用非线性判别函数或者分离曲面去解决。

其实,这里的几何分类法与统计学习一章中分类方面的有关内容是一致的或相同的,所以,可以将二者联系起来理解和运用。

13.2.3　概率分类法

上面介绍的几何分类法适合于几何可分(线性或非线性)。但还有一些模式是几何不可分的,即在同一区域可能出现不同类型的模式,或者说不同类的模式在空间存在交叠。对于这类问题则要用概率分类法来解决。最常用的概率分类法有基于最小错误率的贝叶斯决策和基于最小风险的贝叶斯决策等。

1. 基于最小错误率的贝叶斯决策

由于一个模式属于哪一模式类存在不确定性,所以需要用概率来决策,就是说对于待识模式 X,它属于哪个类的概率大则它就属于哪一类。但如果直接使用各模式类的先验概率(prior probability)$P(\omega_i)$,则会因先验概率所提供的信息量太少而导致所有模式都归入先验概率最大的模式类的无效分类。因此,应该考虑后验概率 $P(\omega_i|X)$。但通常概率 $P(\omega_i|X)$ 不易直接求得。幸好,概率论中的贝叶斯公式可以帮忙。事实上,由贝叶斯公式(密度函数形式):

$$P(c_i \mid X) = \frac{p(X \mid c_i)P(c_i)}{\sum_{j=1}^{c} p(X \mid c_j)P(c_j)} \tag{13-8}$$

概率 $P(c_i|X)$ 就可以由类条件概率密度 $p(X|c_i)$、$p(X|c_j)$ 和先验概率 $P(c_i)$、$P(c_j)$ 来间接求得。于是,令

$$g_i(X) = P(c_i \mid X), \quad i = 1,2,\cdots,c$$

作为判别函数,从而有分类规则

$$g_i(X) > g_j(X), \quad \forall j \neq i \Rightarrow X \in c_i \tag{13-9}$$

例 13-2　假设对某地区人体细胞的统计发现,正常细胞(c_1)和异常细胞(c_2)的先验概率分别为 0.9 和 0.1,即

$$P(c_1) = 0.9, \quad P(c_2) = 0.1$$

现有一待识细胞,其特征值为 X,若已知其类条件概率密度为

$$p(X \mid c_1) = 0.2, \quad p(X \mid c_2) = 0.4$$

试用最小错误率的贝叶斯决策判断该细胞是否正常。

解　利用贝叶斯公式,分别计算 c_1 和 c_2 的后验概率,得

$$P(c_1 \mid X) = \frac{p(X \mid c_1)P(c_1)}{\sum_{j=1}^{2} p(X \mid c_j)P(c_j)} = \frac{0.2 \times 0.9}{0.2 \times 0.9 + 0.4 \times 0.1} \approx 0.818$$

$$P(c_2 \mid X) = \frac{p(X \mid c_2)P(c_2)}{\sum\limits_{j=1}^{2} p(X \mid c_j)P(c_j)} = \frac{0.4 \times 0.1}{0.2 \times 0.9 + 0.4 \times 0.1} \approx 0.182$$

取判别函数

$$g_1(X) = P(c_1 \mid X), \quad g_2(X) = P(c_2 \mid X)$$

显然，

$$g_1(X) > g_2(X)$$

于是，由贝叶斯决策规则，$X \in c_1$，即该细胞为正常细胞。

基于概率的识别不能保证绝对正确，即它总存在一定的错误率。但可以证明，基于上述的分类规则的识别可使识别的错误率最小。

2. 基于最小风险的贝叶斯决策

对于有些问题，仅使识别的错误率最小还是不够的。比错误率更广泛的概念是风险，而风险又是和损失紧密相连的。所谓损失，就是错误分类所带来的不良后果。还以细胞识别为例，如果将正常细胞误判为癌细胞，固然会给被体检者带来无端的精神压力和思想负担，但如果将癌细胞误判为正常细胞则会贻误治疗。两者相比，显然后者的损失要比前者大得多。因此，分类决策时就更应该考虑损失，而且应该将其降到最低。正是基于这样的考虑，基于最小风险的贝叶斯决策便应运而生。

首先，设 $\lambda(\alpha_i \mid c_j)$ 为将应属于类 c_j 的模式 X 错判为 α_i 所造成的损失，简记为 λ_{ij}。这里的 α_i 称为决策或行动，它包括 c 个模式类和其他决策，如拒绝。

设

$$R(\alpha_i \mid X) = \sum_{j=1}^{c} \lambda(\alpha_i \mid c_j)P(c_j \mid X) \tag{13-10}$$

称为决策 α_i 的条件风险。称

$$R = \int R(\alpha(X) \mid X)p(X)d(X) \tag{13-11}$$

为总风险，其中 $\alpha(X)$ 为对每一 X 所可能采取的行动中的一个。总风险为期望风险，它反映了对整个特征空间中的所有模式采取相应决策 $\alpha(X)$ 所带来的风险。条件风险只是反映了对某一模式采取决策 α_i 所带来的风险。当然，我们的目标是使总风险 R 最小。

为了使总风险最小，在作每一个决策时都应该使其条件风险最小。于是，有最小风险贝叶斯决策规则：

$$R(\alpha_k \mid X) = \min_{i=1,\cdots,m} R(\alpha_i \mid X) \Rightarrow \alpha = \alpha_k \tag{13-12}$$

之所以也称为贝叶斯决策规则，是因为计算条件风险公式中的后验概率 $P(c_j \mid X)$ 仍需要用上面的贝叶斯公式。

由于最小风险贝叶斯决策的条件里多了一个"损失"项，所以，对于同一个识别问题，最小风险贝叶斯决策与最小错误率贝叶斯决策可能会得出不同的结论。例如，对于例 13-2 中提供的数据，如果用最小风险贝叶斯决策来识别同一个细胞，则会将那个曾被最小错误率贝叶斯决策判为正常的细胞改判为异常细胞。那么，在实际问题中，究竟要采

用哪一个贝叶斯决策规则？应该依具体问题而定。

13.3 朴素贝叶斯分类算法

在统计学习一章中，所讨论的都是判别模型和判别方法，判别模型实际是基于特征向量（n 维空间 $\mathbf{R}^n$ 中的数据点）$\pmb{x} = (x_1, x_2, \cdots, x_n)$ 之间的近似关系用代数和几何方法而构造的。然而，实际问题中有些特征向量之间的聚类关系很难用几何方法度量；此外，还有一种情况，就是有些数据无法用数值表示，而只能用符号表示，因而相应的样本数据就无法用 n 维向量的形式表示，而只能采用元组或记录的形式表示。对于这些情况的模式识别问题，可用概率方法来解决。

概率方法的特点是不用考虑样本数据在几何空间中的关系，只考虑相应事件的发生概率。对于分类问题来讲，只要能算出数据对象 $\pmb{x}$ 属于各个类别的概率，就能知道将 $\pmb{x}$ 该归入哪个类。那么，怎样求一个数据对象 $\pmb{x}$ 属于一个类别的概率呢？仍然采用贝叶斯公式。

事实上，对于分类问题，数据对象 $\pmb{x}$ 属于类别 y_i 的概率就可以用下面的贝叶斯公式来计算：

$$P(y_i \mid \pmb{x}) = \frac{P(\pmb{x} \mid y_i)P(y_i)}{\sum_{j=1}^{c} P(\pmb{x} \mid y_j)P(y_j)} \tag{13-13}$$

其中，$P(y_i)$ 为先验概率；$P(\pmb{x} \mid y_i)$ 是 $\pmb{x}$ 相对于 y_i 的类条件概率（class-conditional probability）；$\sum_{j=1}^{c} P(\pmb{x} \mid y_j)P(y_j) = P(\pmb{x})$；$P(y_i \mid \pmb{x})$ 称为后验概率。

这样，只要知道了等式右端的 3 个概率值，后验概率 $P(y_i \mid \pmb{x})$ $(i = 1, 2, \cdots, c)$ 便可求得，然后比较 c 个后验概率，取最大者对应的类 y_k 作为 $\pmb{x}$ 的所属类。

但这次与上一节的情况不同，就是公式右端的概率一概不知，而是已知若干样本数据 $S = \{(\pmb{x}_i, y_i)\}_{i=1}^{m}$。

注意到，在比较 c 个后验概率的大小时，式(13-13)的分母因为是公分母故其实际上并无作用，因此，仅需要计算式(13-13)分子上的两个概率值即可。这样一来，

$$\max_{y_i} P(y_i \mid \pmb{x}) = \max_{y_i} P(\pmb{x} \mid y_i)P(y_i)$$

于是得

$$y_k = \arg\max_{y_i} P(y_i \mid \pmb{x}) = \arg\max_{y_i} P(\pmb{x} \mid y_i)P(y_i) \tag{13-14}$$

即数据对象 $\pmb{x}$ 属于类 y_k $(k \in \{1, 2, \cdots, c\})$ 的概率最大。于是，就可判决 $\pmb{x} \in y_k$。

然而，怎样来计算概率 $P(\pmb{x} \mid y_i)$ 和 $P(y_i)$ 呢？可以想到，在没有其他知识但有相关样本数据的情况下，可用样本数据来估算这两个概率值。但 $P(\pmb{x} \mid y_i) = P(x_1, x_2, \cdots, x_n \mid y_i)$ 要按乘法公式展开来计算则非常烦琐而且也不好使用样本。那么，只能假设 $x_1, x_2, \cdots, x_n$ 是条件独立的。这样一来，就有

$$P(\pmb{x} \mid y_i) = P(x_1, x_2, \cdots, x_n \mid y_i) = P(x_1 \mid y_i)P(x_2 \mid y_i), \cdots, P(x_n \mid y_i)$$

$$= \prod_{j=1}^{n} P(x_j \mid y_i) \tag{13-15}$$

不难看出,如果要用一个样本 S 中的样例来估算概率 $P(x_j|y_i)$ 和 $P(y_i)$,则相应的计算公式应该是

$$P(y_i) = \frac{S\text{ 中类别为 }y_i\text{ 的样例个数}}{S\text{ 中的样例总数}} \tag{13-16}$$

$$P(x_j|y_i) = \frac{S\text{ 中类别为 }y_i\text{ 的样例中含数据 }x_j\text{ 的样例个数}}{S\text{ 中类别为 }y_i\text{ 的样例个数}} \tag{13-17}$$

可以看出,这里是用样例 $(\boldsymbol{x}_i,y_i)$ 出现在 S 中的频率来作为相应的先验概率 $P(y_i)$,而用数据 x_j 出现在集合 $\{(\boldsymbol{x}_i,y_i)|(\boldsymbol{x}_i,y_i) \in S\}$ 中的频率来作为相应的条件概率 $P(x_j|y_i)$。由于频率只是概率的一种近似估计,所以,一般将上面这两个式子称为实际概率 $P(y_i)$ 和 $P(x_j|y_i)$ 的似然函数或简称**似然**(likelihood),称它们对概率 $P(y_i)$ 和 $P(x_j|y_i)$ 的估计为一种**最大似然估计**(意即最大可能、最为近似的估计)。

综上所述,我们得到一个基于贝叶斯公式和样本数据的概率分类算法。具体步骤如下。

(1) 采集样本数据,构造一个样本数据集 $S = \{(\boldsymbol{x}_i,y_i)|i=1,2,\cdots,m\}$;

(2) 对于新数据对象 $\boldsymbol{x} = (x_1,x_2,\cdots,x_n)$,按下式计算后验概率 $P(y_i|\boldsymbol{x})$,$i=1,2,\cdots,c$:

$$P(y_i|\boldsymbol{x}) = P(y_i) \prod_{j=1}^{n} P(x_j|y_i) \tag{13-18}$$

其中 $P(y_i)$ 按式(13-16)计算,$P(x_j|y_i)$ 按式(13-17)计算。

(3) 比较 $P(y_1|\boldsymbol{x}),P(y_2|\boldsymbol{x}),\cdots,P(y_c|\boldsymbol{x})$,得

$$P(y_k|\boldsymbol{x}) = \max_i P(y_i|\boldsymbol{x}) \tag{13-19}$$

判决 $\boldsymbol{x} \in y_k$。

由于假设不同属性的数据项之间是条件独立的,所以这种基于贝叶斯定理的分类算法称为**朴素贝叶斯分类算法**。

例 13-3　据观察,网上有关学术会议征文的垃圾邮件一般有这样一些特征:①无收件人姓名;②无发件人姓名;③含有"会议""征文""SCI"等字样。现在,用朴素贝叶斯分类算法来鉴别特征数据 $\boldsymbol{x} = (\text{无收},\text{无发},\text{征文})$ 的一个新邮件是否为垃圾邮件。表 13-1 是有关样本数据,其中类别"0"代表垃圾邮件,类别"1"代表非垃圾邮件。

表 13-1　有关电子邮件样本数据

样例序号	收件人	发件人	所含字符	类别
1	有收	无发	征文	0
2	有收	有发		1
3	无收	无发	SCI	0
4	无收	无发	会议	0
5	无收	有发	会议	1
6	无收	无发	征文	0
7	无收	无发	SCI	0
8	无收	无发	会议	0
9	有收	有发	会议	0
10	有收	无发	征文	0

解　由朴素贝叶斯分类算法,得

$$P(0) = 8/10 = 0.8,$$

$$P(1) = 2/10 = 0.2$$

$$\begin{aligned}
P(\boldsymbol{x} \mid 0) &= P(\text{无收} \mid 0)P(\text{无发} \mid 0)P(\text{征文} \mid 0)P(0) \\
&= 5/8 \times 7/8 \times 3/8 \times 0.8 \\
&\approx 0.164
\end{aligned}$$

$$\begin{aligned}
P(\boldsymbol{x} \mid 1) &= P(\text{无收} \mid 1)P(\text{无发} \mid 1)P(\text{征文} \mid 1)P(1) \\
&= 1/2 \times 0/2 \times 0/2 \times 0.2 \\
&= 0
\end{aligned}$$

显然,$P(\boldsymbol{x} \mid 0) > P(\boldsymbol{x} \mid 1)$。所以,该邮件为垃圾邮件。

　　注意:由上所述,$P(\boldsymbol{x} \mid 0)$ 和 $P(\boldsymbol{x} \mid 1)$ 的值并非真正的两个后验概率值,而是 $P(\boldsymbol{x} \mid 0)$ 和 $P(\boldsymbol{x} \mid 1)$ 的似然函数值;而真正的概率值则是

$$P(\boldsymbol{x} \mid 0) = \frac{0.164}{0.164 + 0} = 1$$

$$P(\boldsymbol{x} \mid 1) = \frac{0}{0.164 + 0} = 0$$

这也就是用贝叶斯式(13-13)所求的概率。

　　可以看出,在这种朴素贝叶斯分类方法中,一个数据对象属于某一类别的概率完全由样本数据直接决定。所以,样例越多则分类准确度就越高。

　　从式(13-18)及式(13-16)、式(13-17)可以看出,这种朴素贝叶斯分类方法的分类模型是一种生成模型,所以该方法是一种生成方法。由于 $P(\boldsymbol{x} \mid y_i)P(y_i) = P(\boldsymbol{x}, y_i)$,而等式右端为联合概率,因此,也可以说生成模型是求联合概率,而(概率性)判别模型是求条件概率(可参见前面10.2.3节中的式(10-11)和式(10-12))。

　　该方法用样本直接构造分类模型而不是学习模型参数,故该方法还是一种非参数方法。

　　朴素贝叶斯算法是一种简单而实用的分类方法,已广泛应用于许多领域。但该方法还存在一些问题(如容易出现0概率),现在已有相应的改进版本。另外,也可采用一种称为贝叶斯估计的方法来计算这两个概率值。

13.4　概率密度函数估计

13.4.1　概述

　　在13.2.3节中,我们是在先验概率 $P(c_i)$ 和类条件概率密度 $p(X \mid c_i)$ 已知的情况下,利用贝叶斯公式求后验概率 $P(c_i \mid X)$ 的。然而,在实际问题中,先验概率 $P(c_i)$ 和类条件概率密度 $p(X \mid c_i)$ 往往未知。以上述的癌细胞识别为例,医生也许根据其经验会给出正常细胞与异常细胞的大致比例,以供推断先验概率;医生也可能会提供一些细胞样本,但很难给出相应的类条件概率密度。那么,在这种情况下,只能根据有关样本数据(在细胞识别问题中就是细胞样本的统计数据)去估计相应的类条件概率密度。解决这个类条件概率密度问题要运用统计推断中的估计理论。

利用样本数据估计类条件概率密度的方法有参数估计和非参数估计两类方法。

所谓参数估计,就是在所求类条件概率密度函数的形式已知,但其中某些参数未知的情况下的密度函数估计。例如,只知道样本密度函数总体为正态分布,但其参数 μ 和 σ^2 的取值是未知的。这种情况下的密度函数估计实际上是对其中参数值的推断,故称其为参数估计。

所谓非参数估计,就是所求密度函数的形式未知,而直接由样本推断概率密度函数本身。

从样本数据的结构来看,参数估计又可分为监督参数估计和非监督参数估计。前者指利用有类别标记样例的参数估计,而后者是指利用无类别标记样例的参数估计。

参数估计是统计学中的经典问题,其方法很多。常用的有两种:最大似然估计和贝叶斯估计。虽然这两种估计的结果通常是近似相等的,但从概念上来说,它们的处理方法是完全不同的。最大似然估计把参数看作是确定而未知的,最好的估计值是在获得实际观察样本的概率(即似然)为最大的条件下得到的;而贝叶斯估计则把未知参数当作具有某种分布的随机变量,样本的观察结果使先验分布转化为后验分布,再根据后验分布修正原先对参数的估计。

非参数估计也有多种方法,常用的有 Parzen 窗法和 k_N 近邻法等。

13.4.2 最大似然估计

设有某一类别 y 的样本数据集 $X=\{\boldsymbol{x}_i\}_{i=1}^m$, $\boldsymbol{x}_i(i=1,2,\cdots,m)$ 互相独立且服从密度函数为 $p(\boldsymbol{x};\boldsymbol{\theta})(\boldsymbol{\theta}=(\theta_1,\theta_2,\cdots,\theta_s),s\geqslant 1)$ 的分布,即

$$\boldsymbol{x}_i \sim p(\boldsymbol{x};\boldsymbol{\theta})$$

但其中的参数 $\boldsymbol{\theta}$ 值未知。所以,就需要利用样例 $\boldsymbol{x}_i$ 而求出 $\boldsymbol{\theta}$ 的值,以得到一个具体的密度函数 $p(\boldsymbol{x};\boldsymbol{\theta}^*)$。

利用样例 $\boldsymbol{x}_i$ 求 $\boldsymbol{\theta}$ 值有多种方法,这里我们介绍一种称为最大似然估计的方法。

首先构造一个称为相对于 X 的 $\boldsymbol{\theta}$ 的似然函数

$$l(\boldsymbol{\theta}\mid X)=p(X\mid \boldsymbol{\theta})=p(\boldsymbol{x}_1,\boldsymbol{x}_2,\cdots,\boldsymbol{x}_m\mid \boldsymbol{\theta})$$

由于 $\boldsymbol{x}_i$ 是独立的,所以

$$l(\boldsymbol{\theta}\mid X)=p(\boldsymbol{x}_1,\boldsymbol{x}_2,\cdots,\boldsymbol{x}_m\mid \boldsymbol{\theta})=\prod_{i=1}^m p(\boldsymbol{x}_i\mid \boldsymbol{\theta}) \tag{13-20}$$

观察这个似然函数 $l(\boldsymbol{\theta}\mid X)$,可以看出,它是由 m 个形式为 $p(\boldsymbol{x}_i\mid\boldsymbol{\theta})$ 的关于 $\boldsymbol{\theta}$ 的函数式之乘积。理论上,可以从这个函数表达式中解出 $\boldsymbol{\theta}$,而且所解出的 $\boldsymbol{\theta}$ 还是关于 $\boldsymbol{x}_1$, $\boldsymbol{x}_2,\cdots,\boldsymbol{x}_m$ 的表达式。显然,通过这种方式所得到的 $\boldsymbol{\theta}^*$ 肯定与 $\boldsymbol{x}_1,\boldsymbol{x}_2,\cdots,\boldsymbol{x}_m$ 有关,但不一定是最佳的,即相应的密度函数 $p(\boldsymbol{x};\boldsymbol{\theta}^*)$ 与 $\boldsymbol{x}_1,\boldsymbol{x}_2,\cdots,\boldsymbol{x}_m$ 不一定是最吻合的。研究表明:当 $\boldsymbol{x}_1,\boldsymbol{x}_2,\cdots,\boldsymbol{x}_m$ 被代入与之对应的密度函数 $p(\boldsymbol{x};\boldsymbol{\theta})$ 时,似然函数 $l(\boldsymbol{\theta}\mid X)$ 会取最大值。那么,反过来,求 $l(\boldsymbol{\theta}\mid X)$ 的最大值就可以获得那个最佳的 $\boldsymbol{\theta}^*$ 了。

于是,将 $l(\boldsymbol{\theta}\mid X)$ 最大化,即求解最优化问题:

$$\max l(\boldsymbol{\theta}\mid X)=\prod_{i=1}^m p(\boldsymbol{x}_i\mid \boldsymbol{\theta}) \tag{13-21}$$

为了简化计算,可取 $l(\boldsymbol{\theta}\mid X)$ 的自然对数(亦称对数似然函数),得:

$$H(\boldsymbol{\theta} \mid X) = \ln l(\boldsymbol{\theta} \mid X) = \ln \prod_{i=1}^{m} p(\boldsymbol{x}_i \mid \boldsymbol{\theta}) = \sum_{i=1}^{m} \ln p(\boldsymbol{x}_i \mid \boldsymbol{\theta}) \qquad (13\text{-}22)$$

问题又变为:

$$\max H(\boldsymbol{\theta} \mid X) = \sum_{i=1}^{m} \ln p(\boldsymbol{x}_i \mid \boldsymbol{\theta}) \qquad (13\text{-}23)$$

对于这个最优化问题,一般可通过令梯度

$$\nabla H(\boldsymbol{\theta}) = 0$$

即令 $H(\boldsymbol{\theta} \mid X)$ 关于 $\theta_j (j=1,2,\cdots,s)$ 偏导等于 0,即

$$\frac{\partial H(\boldsymbol{\theta} \mid X)}{\partial \theta_j} = 0, \quad j = 1, 2, \cdots, s$$

解这些偏微分方程而直接求得

$$(\theta_1^*, \theta_2^*, \cdots, \theta_s^*) = \boldsymbol{\theta}^*$$

如果不能用求函数极大值的方法直接得到 $\boldsymbol{\theta}^*$,则可采用梯度上升法导出(近似的)$\boldsymbol{\theta}^*$。

最终得到的这个 $\boldsymbol{\theta}^*$ 被称为 $\boldsymbol{\theta}$ 的最大似然估计,而这个求密度函数参数 $\boldsymbol{\theta}$(近似)值的方法就称为**最大似然估计法**。

例 13-4 设有同一类别的、独立同分布的样本数据集 $X = \{x_i\}_{i=1}^{m}$,$x_i \in \mathbf{R}$,并已知 $x_i (i=1,2,\cdots,m)$ 服从正态分布(高斯分布),即

$$x_i \sim p(x; \mu, \sigma^2) = \frac{1}{\sqrt{2\pi}\sigma} \exp\left(-\frac{(x-\mu)^2}{2\sigma^2}\right), \quad -\infty < x < +\infty$$

但其中参数 μ 和 σ^2 的值未知。试用最大似然估计法求出参数 μ 和 σ^2。

解 这里的似然函数为 $l(\mu, \sigma^2 \mid X) = p(X \mid \mu, \sigma^2) = p(x_1, x_2, \cdots, x_m \mid \mu, \sigma^2)$

由于 x_i 是独立的,所以

$$l(\mu, \sigma^2 \mid X) = \prod_{i=1}^{m} \left[\frac{1}{\sqrt{2\pi}\sigma} \exp\left(-\frac{(x_i-\mu)^2}{2\sigma^2}\right) \right]$$

两边取自然对数,得对数似然函数

$$\ln l(\mu, \sigma^2 \mid X) = -\frac{m}{2}\log(2\pi) - m\log\sigma - \frac{\sum_i (x_i - \mu)^2}{2\sigma^2}$$

分别对参数 μ 和 σ^2 求偏导,并令其等于 0,得方程

$$\frac{\partial \ln l(\mu, \sigma^2 \mid X)}{\partial \mu} = 0$$

$$\frac{\partial \ln l(\mu, \sigma^2 \mid X)}{\partial \sigma^2} = 0$$

解之得

$$\mu = \frac{\sum_{i=1}^{m} x_i}{m}$$

$$\sigma^2 = \frac{\sum_{i=1}^{m} (x_i - \mu)^2}{m}$$

　　将由最大似然估计法所确定的密度函数用于式(13-8)所示的分类假设模型中,就可以得到一个具体的概率分类模型。显然,这种模型为生成模型。所以,最大似然估计法是构造分类问题生成模型的重要方法。

　　除最大似然估计法外,贝叶斯估计也是一种常用的构造生成模型的方法。由于篇幅所限,这里不再介绍。有兴趣的读者可以进一步延伸学习。

延伸学习导引

　　本章介绍了模式识别的基本原理,重点介绍了统计模式识别的一些知识点。但模式识别还有更多的内容需要进一步学习。下面指出延伸学习的有关内容和方向,以供参考。

　　(1) 统计模式识别与统计学习关系密切,在分类问题上二者几乎是一回事。所以,第10章中关于分类的学习模型和算法也就是统计模式识别的学习模型和算法,而且相应的延伸学习内容在这里也是适用的。

　　(2) 除了统计模式识别方法外,基于神经网络的模式识别技术在深度学习的推动下正方兴未艾,而且应该说已经走在了统计模式识别的前面。当然,神经网络模式识别与统计模式识别也有一定的交集和联系。所以,在本章的基础上,可进一步学习神经网络模式识别的基本知识。

　　(3) 结构模式识别也是模式识别的重要分支,所以,可在本章概述的基础上进一步学习结构模式识别。

　　(4) 图像识别、语音识别等是模式识别的重要和主要应用领域。所以,在本章及前面机器学习知识的基础上,可开始考虑图像识别和语音识别等方面的课题。但要用模式识别技术解决图像和语音方面的问题,首先得了解图像、语音等的模式表示原理和方法,这还需要了解计算机图形学、计算机视觉等方面的知识。

习题 13

　　1. 什么是模式、模式类和模式识别?

　　2. 简述模式识别的一般原理。

　　3. 模式识别方法有哪些? 它们各有什么特点?

　　4. 设二维特征空间 $\mathbf{R}^2$ 中有一个线性可分的二分类问题,其判别函数为 $g(x,y)=x+2y+4$。

　　(1) 试在 XOY 平面上画出相应的类别分界线。

　　(2) 任取平面上的点作为待识模式,利用判别函数 $g(x,y)$ 给出其类别决策。

　　5. 使用例 13-3 和表 13-1 中的样本数据,用朴素贝叶斯分类算法来鉴别特征数据 $x=$(有收,无发,SCI)的一个邮件是否为垃圾邮件。

　　6. 采集一组服从正态分布的样本数据,用例 13-4 中所得的公式求参数 μ 和 σ^2 的值。

第 **14** 章

数-语互换*

由 8.5.1 节知,一个软语言值是一批(连续)数量值的概括,而一个数量值则是相应软语言值的一个实例。那么,对于一个数量值来说,它对应的软语言值是什么呢? 或者反之,对于一个软语言值来说,它对应的数量值是什么呢? 回顾 8.5.1 节给出的相容函数,可以看出,相容函数就是数量值与软语言值之间的桥梁。事实上,通过相容函数就可知一个数量值 x 应该对应哪一个软语言值,反之,由于相容函数是分段线性或线性函数,所以,由相容函数也不难给出相应的数量值。数量值到软语言值的转换可用于解决相关分类和评判等问题,也可用来实现机器人从感知到表达的功能过程;而软语言值到数量值的转换可用于解决相关规划、决策和控制等问题,也可用来实现机器人从决策到行动的功能过程。

现在,使用图像识别技术已经可以辨认出照片中特定的人,但还不能感知其美丑、胖瘦、老少、高矮等特征。同样,计算机也不能感知大小、多少、快慢、热冷等,更不能感知热情、友好、勤奋、懒惰、正义、邪恶等高级别的特征。而对这些特征的"感知",在具有相关数量值的基础上,通过数-语转换就可以做到。事实上,上述的这些特征都是一些软特征,相应的词语为软语言值,而机器要感知这些软特征就要给相应的软语言值建模(软语言值建模方法可参见 8.5.1 节)。有了这些软语言值的数学模型,智能系统就可以将传感器接收到的有关数量值信息转换成语言值信息——相当于将生理刺激转换成心理感觉。

可见,数-语转换在模式识别和自然语言处理中可派上用场,进而用于智能人机接口、人机对话系统、智能 Agent、智能机器人等拟人智能系统。

14.1 数-语转换——从感知到表达

1. 数量值到纯软语言值的转换

我们将数量值到纯软语言值的转换(conversion)称为**数-语转换**,简记为 N-L 转换。数-语转换可以看作是数量值的一种软化。

将论域 U 中的数量值 x 转换为 U 上一个软语言值可分为两种情况：一种情况是 U 上还没有合适的现成软语言值可选，或者虽然有现成软语言值但实际问题需要以数量值 x 为峰值点而生成一个软语言值；另一种情况则是 U 上已有现成的软语言值可选。

对于第一种情况，需要在 U 上构造一个新软语言值来概括地代表数量值 x。构造这个软语言值的方法也就是文献[96]Chapter 2 中所讲的软聚类方法。例如，要将 10 这个数转换为实数域上的软语言值"大约 10"。那么，设其核为区间 $[9.5, 10.5]$，支持集为区间 $[9, 11]$。其相容函数就是

$$c_{\text{大约}10}(x) = \begin{cases} 2x - 18, & 9 \leqslant x \leqslant 10 \\ 22 - 2x, & 10 \leqslant x \leqslant 11 \end{cases}$$

这是一个三角形函数，图像如图 14-1 所示。

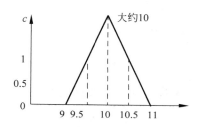

图 14-1　数-语转换示例 1

对于第二种情况，则可以从现有软语言值中选取一个来代替数量值 x，尽管 x 可能分别以某种程度同时具有多个软语言值（如一对互否的软语言值 A 和 $\neg A$）。那么，如何选取这个软语言值呢？可以看出，这实际上也就是确定对象 x 更具有哪个软性质或者更应该属于哪个软集合，即要刚性地确定对象 x 的所有关系或所属关系（其实，人脑将数量值转换为软语言值时正是这样的）。由于同一对象具有互否语言值的程度之和为 1，而这种数-语转换要求相应的结果软语言值是唯一的，所以，相容度 >0.5 就是数-语转换的基本条件，而相容度最大者则是最佳选择。

设 U 为一维测量空间，$x_0 \in U$ 为一数量值，$A_1, A_2, \cdots, A_m$ 为 U 上的一个基本软语言值组。由于相邻基本软语言值之间为互补关系，所以，就一定有

$$\max\{c_{A_1}(x_0), c_{A_2}(x_0), \cdots, c_{A_m}(x_0)\} = c_{A_k}(x_0) \geqslant 0.5$$

这样，如果 $c_{A_k}(x_0) > 0.5$，则软语言值 A_k 就是数量值 x_0 所具有的最佳匹配基本软语言值。这样，将 x_0 转换为基本软语言值的一般方法就是：

先将 x_0 代入相容函数 $c_{A_1}(x), c_{A_2}(x), \cdots, c_{A_m}(x)$，然后取

$$c_{A_k}(x_0) = \max\{c_{A_1}(x_0), c_{A_2}(x_0), \cdots, c_{A_m}(x_0)\}$$

如果 $c_{A_k}(x_0) > 0.5$，则将数量值 x_0 转换为软语言值 A_k；如果 $c_{A_k}(x_0) = 0.5$，则或者由具体问题决定是否将 x_0 转换为 A_k，或者不予以转换。这一转换过程就是

$$x_0 \rightarrow c_{A_k}(x_0) > (=)0.5 \rightarrow A_k \tag{14-1}$$

例如，从图 14-2 可直观地看出，气温 15℃ 可转换为软语言值"凉"，25℃ 可转换为"中等"，而 30℃ 可转换为"热"。

上面关于一维空间中数量值到软语言值的转换方法也可推广到多维空间中去。

设 U 为一 n 维测量空间，$\boldsymbol{x}_0 = (x_1, x_2, \cdots, x_n) \in U$ 为 n 维数值向量。

(1) 由 $\boldsymbol{x}_0$ 直接生成一个软语言值。其一般方法为：以 $\boldsymbol{x}_0$ 为峰值点，根据需要确定相应的核半径和支持集半径，用软聚类方法在空间 U 上生成一个相应的软语言值。以后

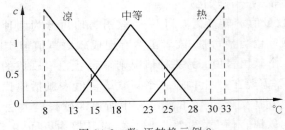

图 14-2 数-语转换示例 2

就用(x_0)表示由向量x_0生成的那个软语言值。

（2）将x_0转换为U上的一个基本软语言值。其一般方法如下：

设$A_1, A_2, \cdots, A_m$为U上的一个基本软语言值组。首先将x_0代入相容函数$c_{A_1}(x)$，$c_{A_2}(x), \cdots, c_{A_m}(x)$，然后取

$$c_{A_k}(x_0) = \max\{c_{A_1}(x_0), c_{A_2}(x_0), \cdots, c_{A_m}(x_0)\}$$

如果$c_{A_k}(x_0) > 0.5$，则将数值向量x_0转换为软语言值A_k；如果$c_{A_k}(x_0) = 0.5$，则不予以转换。这一转换过程就是

$$x_0 \rightarrow c_{A_k}(x_0) \rightarrow A_k \tag{14-2}$$

注意到基本软语言值都是原子软语言值，而由上述数量值到软语言值的转换原理可以看出，$c_A(x_0) > 0.5$实际上是x_0转换为软语言值A的充分必要条件。而$c_A(x_0) > 0.5$又等价于$x_0 \in \text{core}(A)^+$。这相当于给出了数量值到软语言值转换的一个几何方法。

可以看出，数量值到基本软语言值的转换实际上相当于对数量值的**软分类**（flexible classifying）或**软评判**（flexible judging）。于是，数-语转换就可以直接用于解决基于数量值分类和评判等问题。

考察人类从感知到表达的生理过程，可以发现，人的感知-表达过程实际是将感官（眼、耳、鼻、肌肤等）所受到的刺激量（数量值）转换为心理级的语言值（往往还是软语言值）的过程。例如，我们对于气温的感觉实际就是把肌肤受到的温度刺激量转换为"热""冷""凉"等软语言值而表达的。这就是说，人的感知-表达过程实际上是一个数-语转换过程。既然如此，就可以利用数-语转换实现机器人从感知到表达的过程。

2. 数量值到程度化软语言值的转换

一个数量值可以转换为一个程度化软语言值，也可以转换为多个程度化软语言值。

设$x_0 \in U = [a, b]$，$A_1, A_2, \cdots, A_m$为测量空间U上的软语言值。令

$$d_j = \max\{c_{A_1}(x_0), c_{A_2}(x_0), \cdots, c_{A_m}(x_0)\} = c_{A_j}(x_0)$$

则(A_j, d_j)就是数量值x_0所对应的一个程度化软语言值。这是一个 1 对 1 转换。这一转换过程就是

$$x_0 \rightarrow \max\{c_{A_1}(x_0), c_{A_2}(x_0), \cdots, c_{A_m}(x_0)\} = d_j \rightarrow (A_j, d_j) \tag{14-3}$$

一般来说，这个程度化软语言值(A_j, d_j)中的程度d_j可能是相应程度域中除了下确界α外的任一个数。但如果$A_1, A_2, \cdots, A_m$是空间U上的一个基本软语言值组，则一

定有 $d_j \geqslant 0.5$；而且如果 $d_j > 0.5$ 则它还是唯一的；而如果 $d_j = 0.5$，则也有 $d_{j-1} = 0.5$ 或者 $d_{j+1} = 0.5$。这就是说，x_0 其实也可转换为 $(A_{j-1}, 0.5)$ 或者 $(A_{j+1}, 0.5)$。至于在这种情况下，究竟是将 x_0 转换为 $(A_j, 0.5)$ 还是转换为 $(A_{j-1}, 0.5)$ 或者 $(A_{j+1}, 0.5)$，或者不予转换，就要由具体问题来决定。

　　设 $x_0 \in U = [a, b]$，$A_1, A_2, \cdots, A_m$ 为测量空间 U 上的软语言值。令 $d_i = c_{A_i}(x_0)$ $(i = 1, 2, \cdots, m)$，则有程度化软语言值 $(A_1, d_1), (A_2, d_2), \cdots, (A_m, d_m)$，它们就是数量值 x_0 所对应的 m 个程度化软语言值。这是一个一对多转换。这一转换过程就是

$$x_0 \rightarrow \begin{cases} c_{A_1}(x_0) = d_1 \\ c_{A_2}(x_0) = d_2 \\ \vdots \\ c_{A_m}(x_0) = d_m \end{cases} \rightarrow \begin{cases} (A_1, d_1) \\ (A_2, d_2) \\ \vdots \\ (A_m, d_m) \end{cases} \tag{14-4}$$

　　注意：由于 $(A_1, d_1), (A_2, d_2), \cdots, (A_m, d_m)$ 都是由数值 x_0 转换而来的，即它们代表同一个数量值 x_0，所以它们是相互等价的。

　　同样，一般来说，这些程度化软语言值中的程度 $d_1, d_2, \cdots, d_m$ 也可能是相应程度域中的任意 m 个数。但如果 $A_1, A_2, \cdots, A_m$ 是空间 U 上的一个基本软语言值组，而且当数量值 x_0 位于两个相邻软语言值 A_i 和 A_{i+1}（$i \in \{1, 2, \cdots, m-1\}$）的边界区域 $\mathrm{supp}(A_i) \cap \mathrm{supp}(A_{i+1}) = (s_{A_{i+1}}^-, s_{A_i}^-)$ 中时，相应的程度化软语言值 (A_i, d_i) 和 (A_{i+1}, d_{i+1}) 中的 d_i 和 d_{i+1} 则分别满足 $0 < d_i < 1$ 和 $0 < d_{i+1} < 1$，而且也仅有 d_i 和 d_{i+1} 满足 >0 且 <1（见图 14-3）。

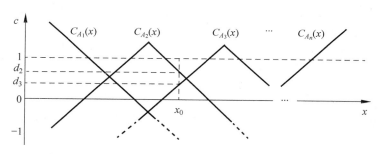

图 14-3　满足 >0 且 <1 的程度 d_i 和 d_{i+1} 示例

　　数量值 x_0 到一维的程度化软语言值的转换显然也可推广到 n 维向量 $\boldsymbol{x}_0$ 到 n 维的程度化软语言值的转换。其方法与前者是类似的，这里不再赘述。

14.2　语-数转换——从决策到行动

1. 纯软语言值到数量值的转换

　　将一个软语言值转换为一个数量值，就是从相应的测量空间中选取一个数（或向量），使其能代替或者代表这个软语言值。由软语言值与数量值的关系，这首先需要（通过相容函数）确定该软语言值的扩展核，然后从中选取一个数（或向量）。可以看出，纯粹从相容

关系来讲,扩展核中可代替相应软语言值的数(或向量)首先是其峰值点,其次是核中的任一数(或向量),再次就是扩展核中的任一数(或向量)。这样,一维测量空间 U 上的一个软语言值 A 转换为一个数量值 x_0 的方法就是

$$A \rightarrow core(A)^+ \rightarrow x_0 \qquad (14\text{-}5)$$

其中,$x_0 = \xi_A$ 或者 $x_0 \in core(A)$ 或者 $x_0 \in core(A)^+$。

一般地,n 维测量空间 U 上的一个原子软语言值 A 转换为一个向量 $\boldsymbol{x}_0$ 的方法就是

$$A \rightarrow core(A)^+ \rightarrow \boldsymbol{x}_0 \qquad (14\text{-}6)$$

其中,$\boldsymbol{x}_0 = \xi_A$ 或者 $\boldsymbol{x}_0 \in core(A)$ 或者 $\boldsymbol{x}_0 \in core(A)^+$。

然而,实际问题中软语言值到数量值的转换往往是针对某一具体对象的。例如,已知张三是个高个子但不知他究竟有多高,这就需要将软语言值"高"转换为一个数量值。可以看出,这种转换只能靠猜,因此它实际上是一个不确定性问题。那么,对于这种转换,如果没有相关知识或信息的指导,其转换的准确性便无任何保证。而要提高转换准确性就得有相关的启发式信息,譬如数量值的概率分布或分布密度或者相应对象的相关背景信息等。例如,如果知道人类身高的分布情况,则会有效提高张三身高的准确率;而如果知道张三是个国家篮球队队员,则你一定会在 2 米左右考虑他的身高。

综上所述,软语言值到数量值的转换可分为基于语言值与数量值的关系的转换和针对某对象的转换。前者可称为概念性转换,后者则为特定性转换。概念性转换纯粹与软语言值的相容函数有关,可用式(14-5)来转换;但特定性转换是个不确定性问题,要提高准确率,就应由相关的启发式信息来指导。如果以数量值的密度函数作为启发式信息,则这两种转换的区别可通过图 14-4 直观地看出(这里不严格地将某区间上变量 x 的密度函数和相容函数放在同一个坐标系中)。

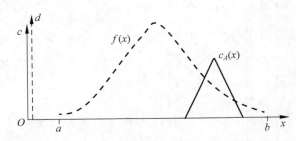

图 14-4 关于 x 的密度函数和相容函数示例

其中虚线所示的 $f(x)$ 为密度函数,实线所示的 $c_A(x)$ 为相容函数

另外,从图 14-4 中还可以清楚地看出,一个数量值 x 与某软语言值 A 的相容度和该数量值 x 出现的概率或密度是两回事,二者之间并无直接关系。因此,一般来讲,不能由数量值 x 的出现概率或密度来确定 x 与软语言值 A 的相容度;反之亦然。

我们将软语言值到数量值的转换称为**语-数转换**,简记为 L-N 转换。语-数转换可以看作是软语言值的一种硬化。可以看出,语-数转换可直接用于解决基于软语言值的规划、决策和控制等问题。

考察人类的决策-行动过程,可以发现,人在心理级上所做的许多决策特别是行为性

的决策都是用软语言值描述的(可称为软决策,flexible decision)。例如"快速前进""加大力度"等。这些软决策在执行时被转换为具体的数量值。这就是说,决策-行动过程实际上是一个语-数转换过程。既然如此,就可以用语-数转换实现机器人从决策到行动的功能过程。

2．程度化软语言值到数量值的转换

从原理看,程度化软语言值到数量值的转换就是数量值到程度化软语言值转换的逆过程。由于后者是通过相容函数将数量值变换为相应的相容度,所以,程度化软语言值到数量值的转换就是通过原相容函数的逆函数将相容度又变换为数值。

这样,对于一维半峰语言值来说,转换就非常容易。事实上,设 $A \subset U$ 为一维半峰软语言值,(A,d) 为一程度化软语言值,由于其相容函数 $c_A(x)$ 为 1-1 映射,所以,$c_A(x)$ 的逆函数 $c_A^{-1}(y)$ 也为 1-1 映射。将 d 代入 $c_A(x)$ 的逆函数 $c_A^{-1}(y)$,便得 $c_A^{-1}(d)=x_0$。这一转换过程就是:

$$(A,d) \rightarrow c_A^{-1}(d) = x_0 \tag{14-7}$$

再考虑一维全峰程度化软语言值到数量值的转换。

设 $A \subset U$ 为一维全峰软语言值,(A,d) 为一程度化软语言值。由于相容函数 $c_A(x)$ 为三角形函数,因而其逆函数 $c_A^{-1}(y)$ 就有两个表达式,从而会有两个相应的 x_0(分别记为 x_{0_1} 和 x_{0_2})。那么,该选取哪个数作为 x_0 呢?这里给出确定 x_0 的几个方案。

(1) 随机地取 x_{0_1} 或 x_{0_2} 作为 x_0。

(2) 取 $x_0 = \xi_A$,即以软语言值 A 的峰值点 ξ_A 作为 x_0。

(3) 取 $x_0 = \bar{x}_0 = (x_{0_1} + x_{0_2})/2$,即 x_{0_1} 和 x_{0_2} 的平均值作为 x_0。

可以看出,虽然取峰值点 ξ_A 和平均值 $\overline{x_0}$ 作为转换值 x_0 肯定都有一定误差,但由于二者总是位于 x_{0_1} 与 x_{0_2} 之间,所以有

$$\max\{|x_{0_1} - \xi_A|, |x_{0_2} - \xi_A|\} < |x_{0_1} - x_{0_2}|$$

$$\max\{|x_{0_1} - \bar{x}_0|, |x_{0_2} - \bar{x}_0|\} < |x_{0_1} - x_{0_2}|$$

这样,取 ξ_A 或 $\bar{x}_0$ 就比随机地取 x_{0_1} 或 x_{0_2} 所产生的误差要小。

(4) 由相关背景知识决定 x_0 的选取。如果已知在某一条件下,x 的值出现在 x_{0_1} 所在的半区的概率高于 x_{0_2} 所在的半区(可以看出,这种情况下的 x_{0_1} 和 x_{0_2} 一定分别位于支持集 supp(A) 的两个半区),那么就可以取 $x_0 = x_{0_1}$,或者也可从该半区中任取一数作为 x_0 的值。

由于多维软语言值的相容函数是不可逆的,所以多维程度化软语言值难以转换为数值向量。

14.3 带数-语互换接口的推理系统

如前面所述,我们可以用数-语转换实现机器人的感知-表达,而用语-数转换实现机器人的决策-行动。进一步如果将数-语转换和语-数转换作为软语言规则推理的输入和输出

接口,则这样的推理系统就可以有以下 3 种功能:

(1) 将数量值转换为软语言值,然后用其进行推理(见图 14-5(a))。

(2) 将某一推理结果(软语言值)作为软决策,然后转换为数量值用于执行(见图 14-5(b))。

(3) 将数量值转换为软语言值,然后用其进行推理;将推理结果(软语言值)作为软决策,然后转换为数量值用于执行(见图 14-5(c))。

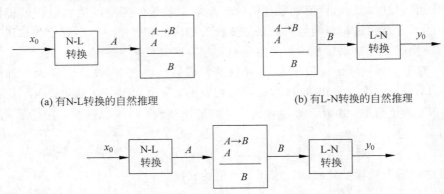

(a) 有N-L转换的自然推理　　　　　　　　(b) 有L-N转换的自然推理

(c) 兼有N-L和L-N转换的自然推理

图 14-5　有数据转换接口的推理系统的 3 种功能

图中的 x_0 和 y_0 为数量值,A 和 B 为软语言值。

这就是说,配上数据转换接口,基于软语言规则的自然推理就可以先做数-语(N-L)转换(如果需要的话)再进行推理,推理后再做语-数(L-N)转换(如果需要的话)。下面举例。

例 14-1 设有一个为机器人设置的苹果分类软语言规则:

如果一个苹果个头大且形状匀称且色泽鲜艳且表皮光洁,则该苹果为上等苹果。

已知机器人对某个苹果的个头、形状、色泽、表皮的观测值分别为 a_1、a_2、a_3、a_4。问:机器人是否会将该苹果归入上等苹果?

解 可以看出,由于这个分类规则的前件语言值是软语言值,而机器人对苹果的观测值是数量值,所以机器人按规则对这个苹果进行分类前,需要先将其观测值转换为软语言值。

将软语言值"大""匀称""鲜艳""光洁""上等"依次记为 A_1、A_2、A_3、A_4 和 B,则原规则可符号化为 $A_1 \wedge A_2 \wedge A_3 \wedge A_4 \rightarrow B$。

假设数量值 a_1、a_2、a_3、a_4 对相应软语言值"大""匀称""鲜艳""光洁"的相容度依次为 1.0、0.86、1.05、0.98,即 $c_{A_1}(a_1)=1.0, c_{A_2}(a_2)=0.86, c_{A_3}(a_3)=1.05, c_{A_4}(a_4)=0.98$。显然,这 4 个相容度都大于 0.5。因此,数量值 a_1、a_2、a_3、a_4 可分别转换为软语言值 A_1、A_2、A_3、A_4(具体转换方法见 14.1 节)。进而,由 A_1、A_2、A_3、A_4 之间的逻辑关系而有合取软语言值 $A_1 \wedge A_2 \wedge A_3 \wedge A_4$。

现在,由事实 $A_1 \wedge A_2 \wedge A_3 \wedge A_4$ 和规则 $A_1 \wedge A_2 \wedge A_3 \wedge A_4 \rightarrow B$ 按假言推理便有结论 B。因此,机器人将该苹果归入上等苹果。

可以看出,此例中推理前有一个 N-L 转换。

例 14-2 设有一个用于机器人驾车的软规则:

如果路况变差或能见度降低或前方不远处出现障碍物则适当减速。

已知车在行驶过程中机器人的视觉对路况、能见度和前方距离的目测值分别为 a_1、a_2、a_3。问:机器人此时该怎样具体操作?

解 可以看出,由于规则的前件是软语言值,所以在运用规则进行推理前需先将机器人的目测值转换为软语言值,又由于规则的后件是软语言值而机器人对车的操作需要一个精确的数量值,所以推理后又需要将结果(软语言值)转换为数量值。

将软语言值"差""低""不远""适当"依次记为 A_1、A_2、A_3 和 B,则原规则可符号化为 $A_1 \vee A_2 \vee A_3 \rightarrow B$。

假设数量值 a_1、a_2、a_3 对相应软语言值"差""低""不远"的相容度依次为 0.15、0.95、0,即 $c_{A_1}(a_1)=0.15$,$c_{A_2}(a_2)=0.95$,$c_{A_3}(a_3)=0$。显然,只有相容度 $c_{A_2}(a_2)$ 大于 0.5。于是,数量值 a_2 可转换为软语言值 A_2。但由于 A_2 蕴涵 $A_1 \vee A_2 \vee A_3$,所以也可有析取软语言值 $A_1 \vee A_2 \vee A_3$。当然,也可由

$$c_{A_1 \vee A_2 \vee A_3}(a_1, a_2, a_3) = \max\{c_{A_1}(a_1), c_{A_2}(a_2), c_{A_3}(a_3)\}$$
$$= \max\{0.15, 0.95, 0\} = 0.95 > 0.5$$

而直接由数量值 a_1、a_2、a_3 得软语言值 $A_1 \vee A_2 \vee A_3$。

由事实 $A_1 \vee A_2 \vee A_3$ 和规则 $A_1 \vee A_2 \vee A_3 \rightarrow B$ 按假言推理有结论 B。即此时机器人应该适当减速。但具体的操作量是多少呢?

要得到具体的操作量就得将软语言值 B 转换为某一数量值 b。从理论上讲,可取软语言值 B 的扩展核中的任一个数作为这个数量值 b。那么,机器人就以这个操作量 b 实施具体的减速操作。

可以看出,此例的推理前有一个 N-L 转换而推理后有一个 L-N 转换。N-L 转换将机器人的目测数据转换为机器人脑海中的软语言值——"(能见度)低",L-N 转换则将机器人通过推理后所做出的软决策——"适当(减速)"转换为一个具体的执行量 b。

上面 3 个模式中的推理都是自然推理。可以看出,对于程度推理和 AT 推理也可以有类似的 3 个模式。

其实,上面所述的第 3 种模式,即同时配有 N-L 和 L-N 转换接口的自然推理系统,实际上就是实现了一个从规则前件软语言值的定义域 U 到规则后件软语言值的定义域 V 的映射。这就意味着利用这种模式的推理系统就可以实现相应函数关系的近似求值。从而,也可以以这种推理系统为核心构造控制器而实现一种软控制(flexible control)系统。

延伸学习导引

本章介绍的数-语互换选自文献[96],此书全面、系统、完整地论述了不确切性信息(知识)处理的原理和方法,建立了一个新的理论和技术体系,有兴趣的读者,可参阅此书,继续延伸学习。

习题 14

1. 按照 8.5.1 节中例 8-11 中定义的 3 个软语言值及其相容函数,将 1.3m、1.36m、1.52m、1.55m、1.85m、1.96m 和 2.10m 分别转换为软语言值;反之,再将软语言值"低""中等""高"分别转换为一个身高值。

2. 结合自己的体会,谈谈你对数-语转换与感知到表达,语-数转换与从决策到执行的关系的认识。

3. 数-语转换和语-数转换各有哪些直接应用? 带数-语互换接口的推理系统有哪些应用?

4. 参照例 14-1 或者例 14-2 自拟一道题目,然后用相应的数-语互换和推理方法进行求解。

第15章

自然语言处理

15.1 自然语言处理的途径、方法和学派

自然语言处理(NLP)包括自然语言的理解、分析、综合和生成等。狭义的自然语言处理主要指对文字形态语言的处理,广义的自然语言处理也包括非文字形态语言(如语音、手语等)的处理。

按照当代语言学理论,自然语言分符号、词法、句法、语义和语用 5 个层级。在符号层,有语音、文字、手语和电子输入;在词法层,有词典、词性标注、词的形态变化、构词法等;在句法层,有词对词的关联/依存关系,以及短语对短语的结合/拼接关系;在语义层,有语义标签与它们在现实/想象世界中的所指之间的映射关系和语义标签之间的角色指派关系;在语用层,有语言成分与语境之间、字面意义和言外之意之间的复杂互动关系。一般所称的"语法"包含了词法和句法两个层级。

20 世纪 60 年代,随着乔姆斯基形式语言理论的出现,形式化和数学方法被引入语言学,形成了乔姆斯基形式语言理论体系。

在形式语言理论框架下,自然语言处理有三大机制,它们分别相继形成了基于规则的形式化机制,包括词汇功能语法(LFG)、广义短语结构语法(GPSG)、中心词驱动的短语结构语法(HPSG)、依存语法(DG)、范畴语法(CG)、组合范畴语法(CCG)等;基于统计的形式化机制,包括隐马尔科夫模型(HMM)、概率上下文无关语法(PCFG)等;基于联结(连接)的形式化机制,包括卷积神经网络(CNN)、循环/递归神经网络(RNN)、门限循环单元(GRU)、长短期记忆网络(LSTM)等。相应地,也就出现了基于规则的方法、基于统计的方法和基于联结的方法等 3 大方法和流派。

基于规则的方法从自然语言自身的元素、结构、含义及语境等(包括语法、语义和语用

等)入手研究自然语言处理。基于规则的流派被称为"理性主义"学派,从20世纪60年代到80年代,是"理性主义"学派盛行的时期,是基于规则的方法主导的年代,但随着时间的推移,研究工作越发艰难。

基于统计的方法是在大量的语言资料(语料库,corpus)的基础上用统计和概率的理论和方法研究自然语言处理。基于统计的流派被称为"经验主义"学派,始于20世纪70年代后期,到了20世纪90年代,经验主义学派超越了基于规则的理性主义学派,成了NLP领域的后起之秀。

基于联结的方法也是从大量的语言资料中挖掘自然语言的规律来研究自然语言处理,但所用的工具是人工神经网络及其学习算法。基于联结的学派也被称为"经验主义"。该学派起步更晚,但在深度学习技术的支持下,迅速崛起且后来居上,在2010年前后就将人们十分看好的基于统计的方法甩在身后。目前,基于联结的范式风头正盛。

注:语言/文本的向量化方法是统计和联结两大方法共用的。但基于统计的向量化方法是隐性语义标引(LSI)模型,而基于联结的向量化方法是词嵌入(word embedding)模型。

尽管从当前来看,经验主义的基于统计和基于联结的方法占据上风,但经验主义方法还只是浅层的自然语言处理(这一点经验主义者并不完全认同)。事实上,当前的NLP技术能够大规模处理的仍然只是具有"浅层句法"或者"简单标记"的任务。而深层的自然语言处理,包括更复杂语言现象的理解、更复杂语义关系的抽取,更专业的语言资料的处理,仍然任重道远。这就是说,理性主义的基于规则的方法仍然有望再度繁荣。此外,自然语言处理从浅层到深层的范式转换,还需要情感计算、常识计算、知识图谱和不确切性信息(特别是软语言值)处理等技术的支持。

由于篇幅所限,下面仅简介基于规则的自然语言理解和自然语言的统计模型。

15.2 基于规则的自然语言理解

自然语言理解包括语音理解和文字理解。这里只介绍文字理解。几乎所有文字资料都是由语句组成的。所以,语句的理解应该是文字理解的基础。也就是说,语句应该是理解的最小单位。

然而,一个语句一般并不是孤立存在的,而往往是与该语句所在的环境(如上下文、场合、时间等)相联系在一起才构成它的语义。这正是自然语言理解所遇到的困难之一。为了简单起见,这里仅讨论与环境无关的语句理解。

语句又分为简单句和复合句。下面就以英语为例,分别介绍简单句理解和复合句理解。

15.2.1 简单句理解

1. 理解的实现过程

要理解一个语句,需建立起一个和该简单句相对应的机内表达。而要建立机内表达,需要做以下两方面的工作。

（1）理解语句中的每一个词。

（2）以这些词为基础组成一个可以表达整个语句意义的结构。

第一项工作看起来很容易，似乎只是查一下字典就可以解决。而实际上由于许多单词有不止一种含义，因而只由单词本身不能确定其在句中的确切含义，需要通过语法分析，并根据上下文关系才能最终确定其含义，例如，单词 Diamond 有"菱形""棒球场""钻石"3 种意思，在语句

John saw Susan's diamond shimmering from across the room.

中，由于"shimmering"的出现，显然，"diamond"是"钻石"的含义，因为"菱形"和"棒球场"都不会闪光。再如在语句

I'll meet you at the diamond.

中，由于"at"后面需要一个时间或地点名词作为它的宾语，显然这里的"diamond"是"棒球场"的含义，而不能是其他含义。

第二项也是一个比较困难的工作。因为要以这些单词为基础来构成表示一个句子意义的结构，需要依赖各种信息源，其中包括所用语言的知识、语句所涉及领域的知识以及有关该语言使用者应共同遵守的习惯用法的知识。由于这个解释过程涉及许多事情，因而常常将这项工作分成以下 3 个部分来进行：

（1）语法分析。将单词之间的线性次序变换成一个显示单词如何与其他单词相关联的结构。语法分析确定语句是否合乎语法，因为一个不合语法的语句就更难理解。

（2）语义分析。各种意义被赋予由语法分析程序所建立的结构，即在语法结构和任务领域内对象之间进行映射变换。

（3）语用分析。为确定真正含义，对表达的结构重新加以解释。

这 3 部分工作虽然可依次分别进行，但实际上它们之间是相互关联的，总是相互影响着，所以要绝对分开是不利于理解的。

2. 语法分析

要进行语法分析，必须首先给出该语言的文法规则，以便为语法分析提供一个准则和依据。对于自然语言人们已提出了许多种文法，例如，乔姆斯基（Chomsky）提出的上下文无关文法就是一种常用的文法。

一种语言的文法一般用一组文法规则（称为产生式或重写规则）以及非终结符与终结符来定义和描述。例如，下面就是一个英语子集的上下文无关文法：

< sentence >::= < noun-phrase >< verb-phrase >
< noun-phrase >::= < determiner >< noun >
< verb-phrase >::= < verb >< noun-phrase >|< verb >
< determiner >::= the | a| an
< noun >::= man | student | apple| computer
< verb >::= eats | operates

　　这个文法有 6 条文法规则,它们是用 BNF 范式表示的。其中带尖括号的项为非终结符,一个非终结符称为起始符,不带尖括号的项为终结符,符号"∷＝"的意思是"定义为",符号"|"是"或者"的意思,而不带"|"的项之间是"与"关系。符号"∷＝"也可以用箭头"→"表示。

　　有了文法规则,对于一个给定的句子,就可以进行语法分析,即根据文法规则来判断其是否合乎语法。可以看出,上面的文法规则实际是非终结符的分解、变换规则。分解、变换从起始符开始,到终结符结束。所以,全体文法规则就构成一棵如图 15-1 所示的与或树,称为文法树。所以,对一个语句进行语法分析的过程也就是在这个与或树上搜索解树的过程。可以看出,搜索解树可以自顶向下进行,也可以自底向上进行。自顶向下搜索就是从起始符 sentence 出发,推导所给的句子;自底向上搜索就是从所给的句子出发,推导起始符 sentence。

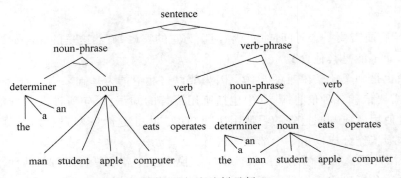

图 15-1　文法树示例

例 15-1　下面是一个基于上述文法的语法分析程序。它采用自顶向下搜索。

```
sentence(X): - append(Y, Z, X),noun_phrase(Y), verb_phrase(Z).
noun_phrase(X): - append(Y, Z, X), determiner(Y), noun(Z).
verb_phrase(X): - append(Y, Z, X), verb(Y), noun_phrase(Z).
verb_phrase(X): - verb(X).
determiner([the]).
noun([H|_]): - member(H, [man, student, apple, banana, computer]).
verb([H|_]): - member(H, [eats, study, programming, operates]).
append([], L, L).
append([H|T], L, [H|L2]): - append(T, L, L2).
member(X, [X|_]).
member(X, [_|T]): - member(X, T).
```

　　这个程序是先把所给的句子以符号表的形式约束给谓词 sentence 的变量 X,然后对其进行分解和变换。如果最终分解、变换的结果与语言的文法树相符,则证明所给的句子语法正确;否则语法错误。例如,对于句子:

```
The student operates the computer.
```

要用该程序进行语法分析,则应给出询问:

```
?-sentence([the,student,operates,the,computer]).
```

这时，系统回答：

```
Yes
```

分析这个句子所产生的解树如图 15-2 所示。这个解树称为该句子的语法分析树。

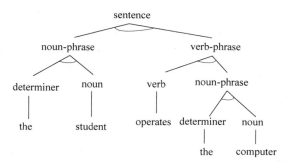

图 15-2　语法分析树示例

需指出的是，这个程序虽然易于理解，但运行效率较低。因为在用 append 谓词对句子进行分解时一般要进行多次回溯。为此，我们把这个程序修改为如下形式：

```
sentence(X, Y): - noun_phrase(X, Z), verb_phrase(Z, Y).
noun_phrase(X, Y): - determiner(X, Z),noun(Z, Y).
verb_phrase(X, Y): - verb(X, Z), noun_phrase(Z, Y).
verb_phrase(X, Y): - verb(X, Y).
determiner([the|T], T).
noun([H|T], T): - member(H, [man, student, apple, computer]).
verb([H|T], T): - member(H, [eats, operates]).
```

这个程序的每个谓词都有两个参量，且它们都是符号表。对于一个给定的句子，后一个表是前一个表的余表。在语法分析时，把所给的句子以符号表的形式约束给 sentence 的第一个变量 X，第二个变量约束为空表。如：

```
? - sentence([the, student, operates, the, computer],[]).
```

则系统仍然回答：

```
Yes
```

这个程序虽然难读，但它的运行效率较高。

语法分析可判断一个句子的语法结构是否正确，但不能判断一个句子是否有意义。例如把上面询问中的例句改为：

```
? - sentence([the, computer, operates, the, student], []).
```

系统则仍然回答：

```
Yes
```

对于诸如此类的问题,语义分析则可解决。

3. 语义分析

语义分析就是要识别一个语句所表达的意思。语义分析的方法很多,如运用格文法、语义文法等。这里仅介绍其中的语义文法方法。

语义文法是进行语义分析的一种简单方法。所谓语义文法,就是在传统的短语结构文法的基础上,将名词短语、动词短语等不含语义信息的纯语法类别,用所讨论领域的专门类别来代替。例如,下面就是一个语义文法的例子:

```
S→PRESENT the ATTRIBUTE of SHIP
PRESENT→what is|can you tell me
ATTRIBUTE→length|class
SHIP→the SHIPNAME|CLASSNAME class ship
SHIPNAME→Huanghe|Changjiang
CLASSNAME→carrier|submarine
```

这是一个舰船管理数据库系统自然语言接口的语义文法片段。

可以看出,语义文法的重写规则与上下文无关文法的形式是类似的。但这里没有出现像名词短语和动词短语等语法类别,而是用了 PRESENT、ATTRIBUTE、SHIP 等专门领域中的类别。

对于语义文法的分析方法,可以使用与上下文无关文法相类似的方法。利用上面给出的语义文法,可以从语义上识别如下的语句:

```
What is the class of the Changjiang?
Can you tell me the length of the Huanghe?
```

语义文法可以排除无意义的句子。当然,它只适应于严格限制的应用领域。

15.2.2 复合句理解

简单句的理解不涉及句与句之间的关系,它的理解过程首先是赋单词以意义,然后再给整个语句赋予一种结构。而一组语句的理解,无论它是一个文章选段,还是对话节录,句子之间都有相互关系。所以,复合句的理解,就不仅要分析各个简单句,而且要找出句子之间的关系。这些关系的发现,对于理解起着十分重要的作用。

句子之间的关系包括以下几种。

(1) 相同的事物,例如:

"小华有个计算器,小刘想用它。"

单词"它"和"计算器"指的是同一物体。

(2) 事物的一部分,例如:

"小林穿上她刚买的大衣,发现掉了一个扣子。"

"扣子"指的是"刚买的大衣"的一部分。

(3) 行动的一部分,例如:

"王宏去北京出差,他乘早班飞机动身。"

"乘飞机"应看成是"出差"的一部分。

（4）与行动有关的事物,例如:

"李明准备骑车去上学,但他骑上车子时,发现车胎没气了。"

李明的自行车应理解为是与他骑车去上学这一行动有关的事物。

（5）因果关系,例如:

"今天下雨,所以不能上早操。"

下雨应理解为是不能上早操的原因。

（6）计划次序,例如:

"小张准备结婚,他决定再找一份工作干。"

小张对工作感兴趣,应理解为是由于他要结婚,而结婚需要钱而引起的。

要能做到理解这些复杂的关系,必须具有相当广泛领域的知识才行,也就是要依赖于大型的知识库,而且知识库的组织形式对能否正确理解这些关系,起着很重要的作用。特别是对于较大的知识库,应考虑如何将问题的"焦点"集中在知识库的相关部分。例如,对于下面的一段话:

"接着,把虎钳固定到工作台上。螺栓就放在小塑料袋中。"

显然,第二句中的螺栓就是第一句中用来固定虎钳的螺栓。所以,如果在理解第一句时,就把需用的螺栓置于"焦点"之中,则全句的理解就容易了。因此,需要表示出与"固定"有关的知识,以便当见到"固定"时,能方便地提取出来。

对于描述与行为有关的复合语句,也可采用目标结构的方法帮助理解。即对于常见的一些行为目标,事先制订出其行动规划,这样,当语句所描述的情节中的某些信息省略时,可以调用这些规划,通过推导找到问题的答案。例如对于下面的文章片段:

"小王有点饿。他便向行人打听餐馆在哪里。"

如果有这样的行动规划:

打听地址→去餐馆→吃饭→不饿

则就不难理解第二个句子了。

15.2.3　转换文法和转换网络

下面介绍一些在语法分析及语义分析中涉及的更进一步的理论和方法。

1. 转换文法

人们对自然语言句子的结构进行研究,发现同一个意思往往有许多不同的表示形式（说法）。例如语句:

```
Mary read me a story.
```

和

```
Mary read a story to me.
```

说法虽然不同,但意思实际是完全一样的。再如主动句和被动句也是常用的两种不同的表示形式。于是,人们就提出了语句的深层结构和表层结构的概念。认为一个句子可以有多个不同的表层结构,但其深层结构都是相同的。鉴于这样的认识,转换文法(transformational grammar)便应运而生。

转换文法就是可把句子的一种结构转换为另一种结构的文法。转换文法是由基础和转换两部分组成。基础部分是一个上下文无关文法,它产生句子的深层结构表示;转换部分是一个转换规则(重写规则)集,它负责句子结构的转换。转换文法的工作过程是:先用上下文无关文法建立相应句子的深层结构,然后再应用转换规则将深层结构转换为符合人们习惯的表层结构。图 15-3 给出了一条把主动句转换为被动句的转换规则。

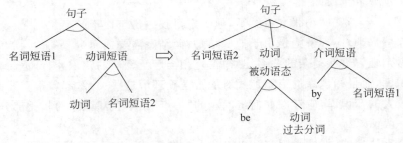

图 15-3 转换规则

转换又可分为被动转换、分割转换、疑问转换等,运用这些转换,转换文法可以将一个句子转换为多种不同的表达形式。例如,对于下面这个简单的主动句:

John ate the banana.

运用被动转换,得到:

The banana was eaten by John.

运用分割转换,得到:

It was John who ate the banana.

先进行被动转换,再进行分割转换,得到:

It was the banana that was eaten by John.

运用疑问转换,得到:

Did John eat the banana?

转换也可以将语句的表层结构逆转换为其深层结构。这样,可以将一组不同形式的相关语句,通过一个转换序列而映射为一个单一的句子。例如把上述各种其他形式的语句转换为一个主动句。显然这对于自然语言理解和机器翻译有重要作用。

2. 转换网络

转换网络(transition network)全称为状态转换网络。它是一种由节点和有向边(弧)组成的有向图。其中节点代表状态,有向弧代表从一个状态到另一个状态的转换。一个转换网络中一般有一个起始节点(代表起始状态),有一个或多个终止节点(代表终止状态）。一般节点用单线圆圈表示,终止节点用双线圆圈表示。

　　转换网络也是一种自然语言文法的表示形式,用它也可对所给句子进行语法分析。例如,15.2.1节给出的上下文无关文法用状态转换网络表示就是图15-4所示的样子。图中节点 S_0 为起始节点,S_5 为终止节点。

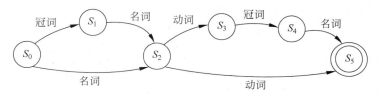

图15-4　状态转换网络

　　下面举例说明怎样用该网络进行语法分析。设有英语句子:

Mary wants a computer.

　　首先,将句子从起始节点处输入,起始状态 S_0 考察输入句子的左边第一个单词 Mary,因为它是名词,故用名词转换,结果把剩下的单词序列推向 S_2;接着考察 wants,由于它是动词,所以用动词转换,但从 S_2 出发有两个动词转换,即有两条路可走,这时发现动词后面还有单词,所以,只能走上面的一条路,于是就把剩下的单词序列推向 S_3;接着 S_3 考察的应是冠词 a,所以立即做冠词转换,又把剩下的单词推向 S_4;这时 S_4 发现它所考察的单词是个名词,于是就做名词转换,结果,单词考察完毕,也刚好到达终止状态 S_5。从而说明输入的句子是合乎语法的。

　　需指出的是,上述的状态转换网络是最基本、最简单的状态网络。所以它的功能有限,也存在不少问题。于是,人们就对它不断进行改进,又提出了递归转换网络 (Recursive Transition Network,RTN)和扩充转换网络(Augmented Transition Network,ATN)等。特别是扩充转换网络已经成为书写自然语言文法的重要方法之一。但由于篇幅所限,这里不再介绍。

　　最后需说明的是,自然语言理解现在已经发展为一门独立的学科,其内容十分丰富,本章仅介绍了其中的一些最基本的内容,更进一步的学习将涉及许多新的概念和技术,诸如格文法、概念依从、概念分析、故事表示、词汇集聚理论、语料库、机器词典等;同时,知识表示、知识库、机器推理等技术在这里也有重要的发展和深入的应用。对此有兴趣的读者可参阅有关专著,进一步延伸学习。

15.3　统计语言模型

　　我们考察下面的句子:

小明是一个学生。

可以看出,这个句子也就是由"小明""是""一个""学生"等4个(单)词组成的一个序列。这句话的英文表示

Xiaoming is a student.

更显而易见地是个单词序列。

一般地,设 $w_1, w_2, \cdots, w_n$ 为 n 个单词,语句 S 由词序列 $w_1, w_2, \cdots, w_n$ 组成,记为:

$$S = w_1, w_2, \cdots, w_n \qquad (15\text{-}1)$$

又设 C 为一个与语句 S 属同一语言的语料库,其中收录了大量已有语言文字资料。

现在考虑语句 S 在语料库 C 中出现的概率。仍用 S 表示事件:语句 S 在语料库 C 中出现,用 w_i 表示事件:词 w_i 在语料库 C 中出现 ($i = 1, 2, \cdots, n$)。由式(15-1),有

$$P(S) = P(w_1, w_2, \cdots, w_n) \qquad (15\text{-}2)$$

这里 $w_1, w_2, \cdots, w_n$ 在逻辑上为"与"(AND)关系。再注意到单词 $w_1, w_2, \cdots, w_n$ 并不互相独立而是依次出现的,即除了第一个词 w_1,其余每个词的出现都依赖于其前面所有词的出现,或者说是以其前面所有词的出现为前提条件的。由概率的乘法公式,有

$$P(w_1, w_2, \cdots, w_n) = P(w_1)P(w_2 \mid w_1)P(w_3 \mid w_1, w_2) \cdots P(w_n \mid w_1, w_2, \cdots, w_{n-1})$$
$$(15\text{-}3)$$

然而,在上面等式的右端,除了 $P(w_1)$,其余都是条件概率,而且越往后条件越多。这就使概率 $P(w_1, w_2, \cdots, w_n)$ 的计算遇到了困难。

设 X 为从语料库 C 中取单词值的一个随机变量。那么,词序列 $w_1, w_2, \cdots, w_n$ 就可以看作是随机变量 X 按时间顺序 $t_1 < t_2 < \cdots < t_n$ 在 C 中取值而得到的一个值序列,即

$$X(t_1) = w_1, X(t_2) = w_2, \cdots, X(t_n) = w_n$$

考虑到词序列 $w_1, w_2, \cdots, w_n$ 中除了 w_1 外各个词的出现都是向前依赖的,所以,简单地讲,随机变量 X 按时间顺序 $t_1, t_2, \cdots, t_n$ 在 C 中取值的过程就可以看作是一个随机过程(stochastic process)。现在将这个随机过程进一步视为或者假设为一个马尔可夫过程(Markov Process),或者说马尔可夫链(Markov Chain),即认为随机变量 X 在 t_i 时刻的取值 w_i 只与其前面 t_{i-1} 时刻的取值 w_{i-1} 有关,而与时刻 $t_{i-2}, t_{i-3}, \cdots, t_2, t_1$ 的取值 $w_{i-2}, w_{i-3}, \cdots, w_2, w_1$ 无关。用概率语言来表达就是认为或者假设

$$P(w_1)P(w_2 \mid w_1)P(w_3 \mid w_1, w_2) \cdots P(w_n \mid w_1, w_2, \cdots, w_{n-1})$$
$$= P(w_1)P(w_2 \mid w_1)P(w_3 \mid w_2) \cdots P(w_n \mid w_{n-1})$$

这样,式(15-3)就可以简化为

$$P(w_1, w_2, \cdots, w_n) = P(w_1)P(w_2 \mid w_1)P(w_3 \mid w_2) \cdots P(w_n \mid w_{n-1}) \quad (15\text{-}4)$$

下面我们就来求式(15-4)右端的各条件概率。由条件概率的定义可得

$$P(w_i \mid w_{i-1}) = \frac{P(w_{i-1}, w_i)}{P(w_{i-1})} \quad (i = 2, 3, \cdots, n)$$

我们用 sum 标记语料库 C 中词汇的总数,用 $c(w_{i-1}, w_i)$ 标记词 w_{i-1} 和 w_i 以前后相邻的顺序在 C 中出现的次数,则可求得频率

$$f(w_{i-1}, w_i) = \frac{c(w_{i-1}, w_i)}{\text{sum}}$$

和

$$f(w_{i-1}) = \frac{c(w_{i-1})}{\text{sum}}$$

根据大数定律,只要 sum 足够大,这两个频率也就约等于相应的概率。于是,有

$$P(w_{i-1}, w_i) \approx \frac{c(w_{i-1}, w_i)}{\text{sum}}$$

$$P(w_{i-1}) \approx \frac{c(w_{i-1})}{\text{sum}}$$

进而,有

$$P(w_i \mid w_{i-1}) \approx \frac{c(w_{i-1}, w_i)}{c(w_{i-1})}$$

这样,式(15-4)右端的概率和条件概率就可以全部计算出来了,而概率 $P(S) = P(w_1, w_2, \cdots, w_n)$ 也就被求出来了。读者或许有这样的疑问:上面采用式(15-4)求概率 $P(S)$ 的方法合理吗? 求得的这个概率 $P(S)$ 又有何用呢?

关于式(15-4)的合理性这里就不深究了,这里只简单介绍一下由它求得的概率 $P(S)$ 的功用和意义。

请不要小看这概率 $P(S)$,有了它,我们就可以对语句 S 的正确性或者合理性做出估计,而不必考虑该语句的语法、语义和语用等问题了。其实,公式(15-4)也就是语句 S 的一种数学模型。对了,它就是大名鼎鼎的**统计语言模型**(Statistical Language Model)。

更准确地讲,式(15-4)所表示的统计语言模型称为二元模型(Bigram Model)。除了二元模型外,按条件概率中的变量个数,还有三元、四元、……、N 元模型。

传统上,人们从语句的(内部)结构着眼对语言建立数学模型,如文法规则,但这个统计语言模型却是从语句的词汇之间的外部联系(上下文相关性)着眼而建立的。传统上人们考察一个句子的正确性、合理性是直接从该句子的结构着眼来分析评判的,但有了统计语言模型,就可以从已有的句子集合中间接地获得该句子的正确性和合理性信息。

统计语言模型似乎并不复杂,但它在自然语言处理中却非常有用而且效果非凡。例如,采用统计语言模型的 Google 的机器翻译系统 Rusetta 于 2007 年第一次参加了美国标准局(NIST)主持的机器翻译系统评测,这个仅开发了两年的系统便以遥遥领先的评分夺得了第一,而将那些开发了十几年的基于规则的系统甩在了后面。又如,Google 的问答系统中由于采用了统计语言模型,而使得其能够通顺回答"为什么"和"怎么做"等问题。

统计语言模型的出现使自然语言处理从基于规则的方法逐渐转向基于统计的方法,使自然语言处理的研究从偏理论的句法分析和语义理解等,转变为贴近实际应用的语音识别、机器翻译、文本到数据库的自动生成、数据挖掘和知识获取等。统计语言模型是基于统计方法的核心和基石,是经验主义学派的法宝。

统计语言模型的提出应归功于弗里得里克·贾里尼克(Frederich Jelinek)和他领导的 IBM 华生(T. J. Watson)实验室。他们最初是为了解决语音识别问题而另辟蹊径地想出了这个"功夫在诗外"的模型和方法,进而开创了基于统计的自然语言处理新途径和新学派。

延伸学习导引

本章介绍了自然语言处理的基本原理和基础知识,还有更多的内容需要进一步学习。下面指出延伸学习的有关内容和方向,以供参考。

（1）要深入研究自然语言处理，还应具备语言学特别是计算语言学方面的基本知识。

（2）语言文字和文本的形式化或量化表示、语料库、分词、词性标注等技术是自然语言处理的前提和基础，需要继续学习。

（3）建立了统计语言模型后，还涉及模型训练问题，语料选取问题，因此，这方面的知识还需延伸学习。

（4）在神经网络技术方面，在深度学习的基础上，需进一步学习、掌握循环网络、递归网络和长短期记忆等网络模型的原理和在自然语言处理中的应用技术。

习题 15

1. 自然语言处理有哪些主要途径、方法和学派？它们各有什么特点？

2. 实现机器的自然语言理解都涉及哪些工作？

3. 扩充 15.2 节中所给的文法及程序，进行语法分析练习。

4. 对 15.2 节中的语义文法编写程序，进行语义分析练习。

5. 什么是统计语言模型？谈谈你对统计语言模型的认识。

第6篇 系统与建造

　　人工智能技术一般都要以某种智能系统的形式投入应用。人工智能系统可分为智能计算机系统、智能化网络、智能应用系统和智能机器人系统等类型。其中,智能计算机系统又可分为智能硬件平台和智能操作系统。智能化网络就是将人工智能技术引入计算机网络系统,如在网络构建、网络管理与控制、信息检索与转换、人机接口等环节,运用 AI 的技术,构成一个智能化的网络平台。智能应用系统又可分为:

- 基于知识的智能系统:如专家系统、知识库系统、智能数据库系统、对话系统等。
- 基于算法的智能系统:如人工神经网络系统、统计学习系统、人工进化系统、人工免疫系统等。
- 兼有知识和算法的智能系统:如机器学习系统、模式识别系统、数据挖掘系统、Agent 系统、智能机器人系统等。

　　从体系结构考虑,智能系统还有集中式和分布式之别。分布式人工智能(Distributed Artificial Intelligence,DAI)系统是指在逻辑上或物理上分散的智能个体或智能系统并行地、相互协作地实现大型复杂问题求解的系统,即所称的分布式问题求解(Distributed Problem Solving,DPS)系统。例如,多 Agent 系统(Multi Agent System,MAS)就是一种典型的分布式智能系统。多 Agent 系统实现的是由多个智能个体通过协作或竞争所体现出来的智能。这种智能也是一种社会智能,但它是比前述的群智能更高级的社会智能。

　　智能系统的建造涉及智能系统的硬件原理、软件的体系结构和实现等技术。经过数十年的不懈努力和艰苦探索,这些方面已取得了不少成就和成果,但也有失败和挫折。总的来讲,在智能软件方面进展较快,如对于基于知识的系统、多 Agent 系统等已提出了多种体系结构模型,智能程序设计语言方面有函数程序设计语言、逻辑程序设计语言、面向对象程序设计语言、框架表示语言、产生式语言、神经网络设计语言、Agent 程序设计语言等,以及各种专家系统工具、知识工程工具和机器学习框架等,但在智能硬件方面却举步维艰。人工智能的理论和实践表明,要实现人工智能的最终目标,作为人工智能载体的计算机系统特别是硬件系统本身必须有质的进步和提高。可喜的是,随着物理、生物、信息和计算机等技术的发展,现在已有多种可望成为新一代智能系统硬件平台的新型智能计算机正在研制和开发。

第 **16** 章

专家(知识)系统

专家系统(ES)是人工智能技术的一种重要应用形式。本章介绍专家系统的基本原理与建造方法。首先阐述专家系统的概念、类型、结构和实例,然后具体介绍专家系统的设计与实现技术。

16.1 基本概念

16.1.1 什么是专家系统

专家系统就是能像人类专家一样解决困难、复杂的实际问题的计算机(软件)系统。自从 1965 年世界上第一个专家系统 DENDRAL 问世以来,专家系统的技术和应用已获得了长足的进步和发展。

我们知道,专家之所以是专家,是因为专家拥有丰富的专业知识和实践经验,或者说拥有丰富的理论知识和经验知识,特别是经验知识;同时专家具有独特的思维方式,即独特的分析问题和解决问题的方法和策略;从效果看,专家解决问题一定是高水平的。因此,专家系统应该具备以下 4 个要素:

(1) 应用于某专门领域。

(2) 拥有专家级知识。

(3) 能模拟专家的思维。

(4) 能达到专家级水平。

所以,准确地讲,专家系统就是具备这 4 个要素的计算机(软件)系统。

例如,能模拟名医进行辨证施治的诊断医疗系统就是一种专家系统,能模拟地质学家进行地下资源评价和地质数据解释的计算机(软件)系统也是一种专家系统,能像人类专家甚至超过人类专家进行网络故障诊断和处理的软件系统也是一种专家系统。

16.1.2　专家系统的特点

同一般的计算机应用系统(如数值计算、数据处理系统等)相比,专家系统具有下列特点:

(1) 从处理的问题性质看,专家系统善于解决那些不确定性的、非结构化的、没有算法解或虽有算法解但在现有的机器上无法实施的困难问题。例如,医疗诊断、地质勘探、天气预报、市场预测、管理决策、军事指挥等领域的问题。

(2) 从处理问题的方法看,专家系统则是靠知识和推理来解决问题,而不像传统软件系统使用固定的算法来解决问题。所以,专家系统是基于知识的智能问题求解系统。

(3) 从系统的结构来看,专家系统一般强调知识与推理的分离,因而系统具有很好的灵活性和可扩充性。

(4) 专家系统一般还具有解释功能。即在运行过程中一方面能回答用户提出的问题,另一方面还能对最后的输出(结论)或处理问题的过程作出解释。

(5) 有些专家系统还具有"自学习"能力,即不断对自己的知识进行扩充、完善和提炼。这一点是传统系统所无法比拟的。

(6) 专家系统不像人类专家那样容易疲劳、遗忘,易受环境、情绪等的影响,它可始终如一地以专家级的高水平求解问题。因此,从这种意义上讲,专家系统可以超过专家本人。

16.1.3　专家系统的类型

关于专家系统的分类,下面从几个不同的侧面进行划分。

(1) 按用途划分,专家系统可分为:诊断型、解释型、预测型、决策型、设计型、规划型、控制型、调度型等几种类型。这些专家系统的功能大部分都是显然的,而其中的"解释"是对仪器仪表的检测数据进行分析、推测得出某种结论。例如通过对一个地区的地质数据进行分析,从而对地下矿藏的分布和储量等得出判断。又如,通过对一个人的心电图波形数据进行分析,从而对该人的心脏生理病理情况得出某种结论。这里的"规划"则是为完成某任务而安排一个行动序列。例如,对地图上的两地间找一条最短的路径、为机器人做某件事安排一个动作序列等。

(2) 按输出结果划分,专家系统可分为分析型和设计型。分析型就是其工作性质属于逻辑推理,其输出结果一般是个结论。如上面的前 4 种就都是分析型的,它们都是通过一系列推理而完成任务的;设计型就是其工作性质属于某种操作,其输出结果一般是一个方案。如前面的后 4 种就都是设计型的,它们都是通过一系列操作而完成任务的。当然,也可兼有分析和设计的综合型专家系统。例如,医疗诊断专家系统就是一种综合型专家系统,诊断病症时要分析、推理,而开处方即制订医疗方案时要设计、操作(如对药剂的取舍或增减等)。

(3) 按知识表示划分,专家系统可分为基于产生式规则的专家系统、基于一阶谓词的专家系统、基于框架的专家系统、基于语义网的专家系统等。当然,也存在综合型专家系统。

（4）按结构划分,专家系统可分为集中式和分布式,单机型和网络型等类型。

（5）按采用的技术划分,专家系统可分为符号推理专家系统和神经网络专家系统。符号推理专家系统就是把专家知识以某种逻辑网络(如：由产生式构成的显式或隐式的推理网络、状态图、与或图、由框架构成的框架网络,还有语义网络等)存储,再依据形式逻辑的推理规则,采用符号模式匹配的方法,基于这种逻辑网络进行推理、搜索的专家系统。神经网络专家系统就是把专家知识以神经网络形式存储,再基于这种神经网络,采用神经计算的方法,基于这种神经网络实现推理、搜索的专家系统。

（6）按规模划分,可分为大型协同式专家系统和微专家系统。大型协同式专家系统就是由多学科、多领域的多个专家互相配合、通力协作的大型专家系统。这种专家系统也就是由多个子(分)专家系统构成的一个综合集成系统。它所解决的是大型的、复杂的综合性问题,如工程、社会、经济、生态、军事等方面的问题。微专家系统则是可固化在一个芯片上的超小型专家系统,它一般用于仪器、仪表、设备或装置上,以完成控制、监测等任务。

16.1.4　专家系统与基于知识的系统

专家系统能有效地解决问题的主要原因在于它拥有知识,但专家系统拥有的知识是专家知识,而且主要是经验性知识。由专家系统的出现和发展而发展起来的基于知识的系统(KBS)或者简单地称为知识系统,其中的知识已不限于人类专家的经验知识,而可以是领域知识或通过机器学习而获得的知识。这样,专家系统就是一种特殊的 KBS,或者说特殊的知识系统。

但"专家系统"这一名词有时也泛指各种知识系统,包括**知识库系统**和**演绎数据库**(deductive data base)等。就是说,一个知识系统,不论其中的知识是否真的来自某人类专家(如通过机器学习获得的知识就不是来自人类专家),但是只要能达到专家级水平或系统的能力能达到专家级水平,则把这样的系统也称为专家系统。

16.1.5　专家系统与知识工程

由于专家系统是基于知识的系统,那么,建构专家系统就涉及知识获取(即从人类专家那里或从实际问题那里搜集、整理、归纳专家级知识)、知识表示(即以某种结构形式表达所获取的知识,并将其存储于计算机之中)、知识的组织与管理(即知识库建立与维护等)和知识的运用(即使用知识进行推理)等一系列关于知识处理的技术和方法。特别是基于领域知识的各种知识库系统的建立,更加促进了这些技术的发展。这样,关于知识处理的技术和方法就形成了一个称为"知识工程"(KE)的学科领域。这就是说,专家系统促使了知识工程的诞生和发展,知识工程又为专家系统提供服务。正是由于这二者的密切关系,所以,"专家系统"与"知识工程"几乎已成为同义语。

16.2　系统结构

专家系统是一种计算机应用系统。由于应用领域和实际问题的多样性,专家系统的结构也就多种多样。但抽象地看,它们还是具有许多共同之处的。

16.2.1 概念结构

从概念来讲,一个专家系统具有如图 16-1 所示的一般结构模式。其中知识库和推理机是两个最基本的模块。

1. 知识库

所谓知识库(Knowledge Base,KB),就是以某种表示形式存储于计算机中的知识的集合。知识库通常是以一个个文件的形式存放于外部介质上,在专家系统运行时将被调入内存。知识库中的知识一般包括专家知识、领域知识和元知识。元知识是关于调度和管理知识的知识。知识库中的知识通常就是按照知识的表示形式、性质、层次、内容来组织的,构成了知识库的结构。

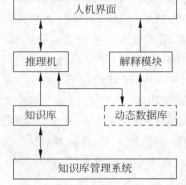

图 16-1 专家系统的一般结构模式

2. 推理机

所谓推理机(Inference Engine,IE),就是实现(机器)推理的程序。这里的推理,是一个广义的概念,它既包括通常的逻辑推理,也包括基于产生式的操作。例如:

$$\frac{A \rightarrow B \qquad A}{B}$$

这里的 B 若是个结论,则上式就是通常的假言推理;若表示某种动作,则上式就是一种操作。

3. 动态数据库

动态数据库也称全局数据库、综合数据库、工作存储器、黑板等,它是存放初始证据事实、推理结果和控制信息的场所,或者说它是上述各种数据构成的集合。动态数据库只在系统运行期间产生、变化和撤销,所以称为动态数据库。需要说明的是,动态数据库虽然也叫数据库,但它并不是通常所说的数据库,两者有本质差异。

4. 人机界面

这里的人机界面指的是最终用户与专家系统的交互界面。一方面,用户通过这个界面向系统提出或回答问题,或向系统提供原始数据和事实等;另一方面,系统通过这个界面向用户提出或回答问题,并输出结果以及对系统的行为和最终结果进行适当解释。

5. 解释模块

解释程序模块专门负责向用户解释专家系统的行为和结果。推理过程中,它可向用户解释系统的行为,回答用户"Why"之类的问题;推理结束后它可向用户解释推理的结果是怎样得来的,回答"How"之类的问题。

6. 知识库管理系统

知识库管理系统是知识库的支撑软件。知识库管理系统对知识库的作用类似于数据库管理系统对数据库的作用,其功能包括知识库的建立、删除、重组;知识的获取(主要指录入和编辑)、维护、查询和更新;以及对知识的检查,包括一致性、冗余性和完整性检查等。

知识库管理系统主要在专家系统的开发阶段使用,但在专家系统的运行阶段也要经常用来对知识库进行增、删、改、查等各种管理工作。所以,它的生命周期实际和相应的专家系统是一样的。知识库管理系统的用户一般是系统的开发者,包括领域专家和计算机人员(一般称为知识工程师),而成品的专家系统的用户则一般是领域专业人员。

给图 16-1 所示的结构再添上自学习模块,就成为更为理想的一种专家系统结构,如图 16-2 所示。这里的自学习功能主要是指在系统的运行过程中,能不断自动化地完善、丰富知识库中的知识。所以,这一模块也可称为自动知识获取模块。

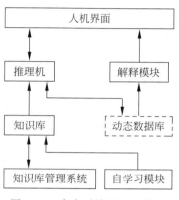

图 16-2 专家系统的理想结构

16.2.2 实际结构

上面介绍的专家系统结构只是专家系统的概念模型,或者说是只强调知识和推理这一主要特征的专家系统结构。但专家系统终究仍是一种计算机应用系统。所以,它与其他应用系统一样也是解决实际问题的。而实际问题往往是错综复杂的,譬如,可能需要多次推理或多路推理或多层推理才能解决,而知识库也可能是多块或多层的。

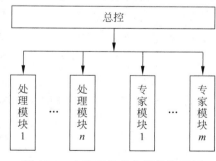

图 16-3 专家系统的实际结构示例

另一方面,实际问题中往往不仅需要推理,而且还需要做一些其他处理。如在推理前也可能还需要做一些预处理(如计算),推理后也可能要做一些再处理(如绘图),或者,处理和推理要反复交替多次,或经多路进行,等等。这样一来,就使得专家系统的实际结构可能变得多式多样。例如,可以有如图 16-3 所示的实际结构。可以看出,在这种实际结构中,专家系统只作为整个系统的一个模块(称为专家模块)嵌套在一个实际的应用系统中,而整个应用系统可能包含一个或者多个专家模块。

当然,这种系统仍可称为专家系统,但对于含有多于一个专家模块的系统,实际上已是多专家系统(可能是多层的、多路的、多重的等)。另外,从图 16-3 可以看出,给通常的各种应用系统添上专家模块也就是专家系统了。这就是说,专家系统实际上应该是与通常的计算机应用系统融为一体的。下面再举一个实际例子。

如图 16-4 所示是一个用于地质图件绘制的智能辅助系统,其中就至少包含了两个专家模块,一个是方法选择模块,一个是图形评价模块。

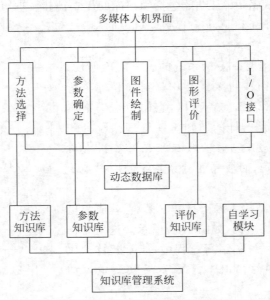

图 16-4　地质图件绘制智能辅助系统结构

方法选择就是绘图方法选择,也就是绘图算法选择。这是绘图的第一步。绘图的算法很多,如距离加权平均法、三角形剖分法、克里金法等。这些方法还可以再进行细分,其中克里金方法最为丰富,它已形成一个体系。所以,绘图时选择合适的方法是关键的一步。而这里就需要专家知识。

图形绘出后,还要进行评价,以确定该图件的可用性。评价的原因是,并非是只要按以上过程进行,绘出的图形就是可用的。事实上,由于地质状况的复杂性和不确定性,就是专家所绘出的图形,也不能绝对肯定符合实际。换句话说,地质图件一般也只是对地质情况的某种近似描述。如果经评价,发现图形有明显的违反地质理论或常识的地方,或者其误差超过了某一限度,该图形就不能使用。那么,怎样评价呢? 这里也需要专家知识。

参数确定和图件绘制是实际绘图的两个步骤,当然,这里也可以融入有关知识特别是专家知识,做成专家绘图模块。

16.2.3　黑板模型

黑板模型是一种典型而流行的专家系统结构模式。黑板模型首先于 1973—1976 年在美国卡耐基·梅隆大学开发的 HEARSAY-II 系统中创立,又在 HEARSAY-III 中得到发展,后来被许多系统所效仿和采用,成为一种十分流行的知识系统结构模式。黑板模型主要由"黑板"、知识源和控制机构三大部分组成,结构如图 16-5 所示。

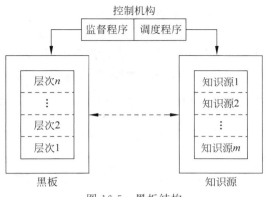

图 16-5　黑板结构

1. 黑板

这里的所谓"黑板"(blackboard)，就是一个分层的全局工作区（或称全局数据库）。它用来存储初始数据、中间结果和最终结果。整个黑板被分为若干层，每一层用于描述领域问题的某一类信息。高层信息可以看作是下层信息的抽象（或整体），反之，下层信息可以看作是上层信息的实例（或部分）。

2. 知识源

所谓知识源(knowledge source)，就是一个知识模块。黑板结构中具有多个知识源，每个知识源能用来完成某些特定的解题功能。知识源可以表示成过程、规则集或逻辑断言等形式。一个知识源即为一个大规则，其条件部分称为知识源先决条件，动作部分称为知识源体。知识源的先决条件一旦与黑板状态匹配，该知识源便被激活，这时知识源体执行，其结果将导致黑板状态的变化。知识源之间互相独立，它们只能通过黑板进行通信和互相调用。

3. 控制机构

控制机构是求解问题的推理机构，由监督程序和调度程序组成。监督程序时刻注视着黑板状态，根据黑板状态采用某种策略选择合适的知识源，将其条件部分放入调度队列，随后条件部分与黑板状态匹配，若匹配成功，则将其动作部分放入调度队列。动作部分的执行便又改变了黑板状态。调度程序通过选择所谓"聚焦"来优先使用队列中最重要、最有希望的知识源来执行。

黑板模型是一种适时推理模型，即系统能按"最适宜"的原则自行决定什么时候和怎样使用知识。在黑板模型中，解空间被组织成层次性结构，层次结构中每一层上的信息都表示局部解，相应层次上的知识模块对这种信息进行处理，生成更高级的局部解，直到最后的解。

理想的黑板模型中没有控制机制，知识源含有领域知识且是自驱动的。这样，每个知识源都"注视"着黑板上的状态信息，并能"适时"地决定是否要对黑板进行操作。所以，在理想黑板模型中，各知识源实际上是并行执行的（这类似于股票交易），但在现有的串行环境下这种并行却难以实现。因此,才增设了控制机制等方法,把黑板变成串行系统(这又类似于拍卖过程)。当然,这样就限制了黑板模型的潜在功效。

需指出的是,为了能在现有的串行硬件上保持黑板的并行能力,人们在这方面做了不少工作,提出了许多基于黑板的改进模型。例如,多黑板、分布式、将面向对象方法与黑板模型相结合等,从而有效地解决了黑板模型的并行处理能力,并推出了新一代黑板系统及其开发工具。

由上所述可看出,黑板模型可以看作是产生式系统的特殊形式。

黑板模型适于求解那些大型、复杂且可分解为一系列层次化的子问题的问题。例如,在 HEARSAY-Ⅱ 中,黑板被分为 6 个信息层,每个信息层对应着问题的一个中间表示层次。6 个信息层分别为:

(1) 参数层,用于从语音信号中提取有意义的参数。有 4 种不同的参数,统称为 ZAPDASH 参数。

(2) 片段层,用于描述系统对语音信号的分割与归类。此层主要包含音素与单音等信息。

(3) 音节层,用于描述语音信号的音节划分。此层主要为由片段层上信息构成的音节信息。

(4) 单词层,用于记录根据音节划分所识别出的孤立词信息。

(5) 词组层,用于记录根据单词层中的词汇所生成的词组信息。

(6) 短语层,用于记录多个词汇或词组构成的短语和句子信息。

HEARSAY-Ⅱ 中有 5 大类共 13 个知识源,每个知识源涉及黑板中的一个或几个信息层,用于完成某些特定的工作。例如抽取语音参数,将语音片段归类为音节,根据音节划分识别单词等。

16.2.4 网络与分布式结构

在网络环境下,专家系统也可以设计成网络结构,如客户/服务器(Client/Server,C/S)结构或者浏览器/服务器(Browser/Server,B/S)结构(见图 16-6)。这种专家系统被称为网上专家系统。

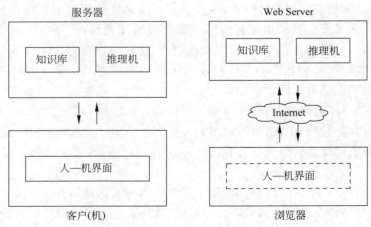

图 16-6 专家系统的客户/服务器结构和浏览器/服务器结构

分布式结构则是一种适合于分布式计算环境的专家系统。例如那些多学科、多专家联合作业,协同解题的大型专家系统,就可以设计成分布式结构。这类专家系统也称为分布式专家系统。

16.3 实例分析 *

本节介绍一个名为 PROSPECTOR 的实际专家系统。PROSPECTOR 是一个探矿专家系统,它是由 Stanford 国际研究所(SRI)的 R. O. Duda 等人于 1976 年开始研制。1982 年,美国一家地质勘探公司利用 PROSPECTOR 发现了华盛顿州的一处钼矿,据估计,这个矿的开采价值在一亿美元以上。PROSPECTOR 系统的一个特点是,它很好地协调了多个专家(存入 20 多位一流地质专家的知识)的多种矿藏知识模型。

1. PROSPECTOR 的功能与结构

PROSPECTOR 的研究目的是:勘探矿产资源,扩大技术培训及集中多个专家的知识来解决给定的资源问题。该系统能给地质勘探人员提供以下几种帮助。

(1)勘探评价。

当地质工作者在某一地区获得了一些有意义的信息后,可求助于 PROSPECTOR 系统。系统对这些信息进行分析和评价,预测成矿的可能性,并指导用户下一步应采集哪些对判别矿藏存在与否的有价值的信息。

(2)区域资源评价。

系统采用脱机方式处理某一大范围区域的地质数据,这些数据按小区域划分列成表格形式。系统处理这些数据的结果是给出这一大区域中某些资源的分布情况。地质普查就属于这一类工作。

(3)井位选择。

当已知某一区域含有某种矿藏后,PROSPECTOR 可以帮助地质工作者选择最佳钻井位置,以避免不必要的浪费。这时 PROSPECTOR 接受的输入是一张地质图,这个图经过一个特殊的数字化仪数字化后,由系统的井位选择模型处理。最后输出一张标有井位的地质图。

图 16-7 是 PROSPECTOR 系统的总体结构图。系统的勘探知识以某种外部格式存储在磁盘中。同样,一个具有 1000 多个单词的分类学词典也存储在磁盘上。每一次咨询开始时,由一个叫作 PARSEFILE 的程序把这些外部表示转换成系统的内部表示形式——推理网络。推理网络就是系统赖以完成咨询的知识库。

系统中其他部分的作用如下。

执行程序:作为人机接口负责接受用户输入的命令,然后解释这些命令的含义,并根据需要调用其他子系统。

英语分析程序:负责理解用户用自然语言输入的信息,并将其转换成匹配程序可以使用的语义网络形式。

匹配程序:使用分类学词典来比较各个语义空间的关系,把用户提供的信息加入推

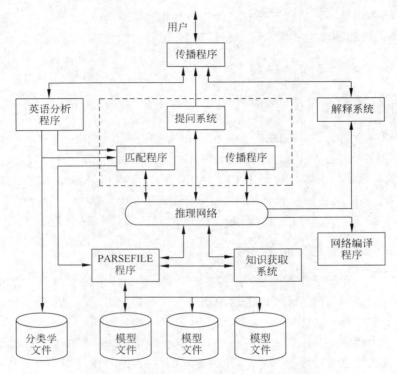

图 16-7　PROSPECTOR 系统总体结构示意图

理网络中或检查推理网络的一致性。

传播程序：负责在推理网络中进行概率传播，它实现系统的似然推理。

提问系统：负责向用户提问，要求用户输入数据。

解释系统：用于解答用户的询问。

网络编译系统：为在井位选择推理网络中传播图形信息，生成高效代码。

知识获取系统：在 PROSPECTOR 运行时可生成、修改或保存推理网络。

2. 知识表示

PROSPECTOR 系统的知识用语义网络和产生式规则表示。知识库由三级网络组成，包括分类学网络、分块语义网络和推理网络。它们分别用来描述概念、陈述和推理规则。

（1）分类学网络。

分类学网络如图 16-8 所示，它的作用类似于词典，给出了系统所需的 1000 多个词汇的用途及相互关系。概念之间的从属关系由 4 种弧表示。

例如，连接节点的弧用字符 s 表示箭头后件是前件的子集，而用 e 表示后件是前件的元素。

（2）分块语义网络。

在 PROSPECTOR 中，陈述由分块语义网络表示。分块语义网络是把整个网络划分

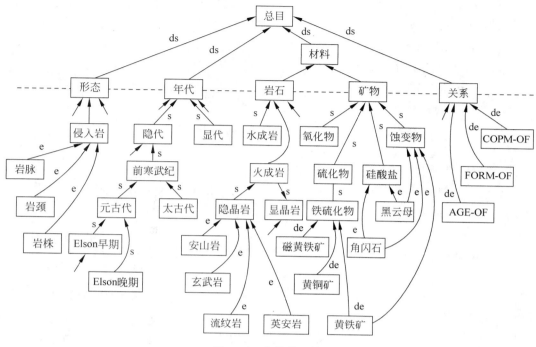

图 16-8　分类学网络

成若干个块,每一块(称为语义空间)表示一句完整的话(陈述)。例如,"角闪石部分地转化为黑云母",可由图 16-9 表示。语义网络中共有 3 种节点:代表实体、过程和位置的节点(用圆表示),代表关系的节点(用椭圆表示)和表示概念的节点(用矩形框表示)。其中,表示概念的节点实际上是分类学网络中的节点,它们也可被其他空间(陈述)使用,所以把它们放在空间外面,称其为外部参数。语义网络中的弧用来指明各个关系的参量。一般来说,一个关系的各参量之间的次序是有意义的,关系的第一个参量通常是该关系所描述的对象,关系的其他参量通常是该对象的属性值。

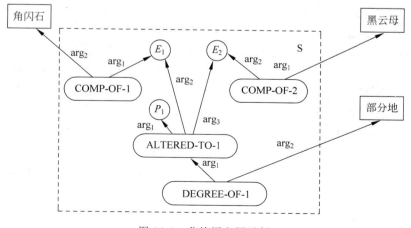

图 16-9　分块语义网示例

每一个陈述都可以分解为若干个简单断言。所谓简单断言指仅包含一个关系及其各参量的断言。图 16-9 可分解为下面 7 个简单断言。

a_1：存在一个实体 E_1。

a_2：E_1 的成分是角闪石。

a_3：存在一个实体 E_2。

a_4：E_2 的成分是黑云母。

a_5：存在一个过程 P_1。

a_6：在 P_1 过程中，E_1 转化为 E_2。

a_7：在 P_1 过程中，转化的程度是部分转化。

分块语义网络中的空间还可以用逻辑连接词 AND、OR、NOT 连接成更大的语义空间，表示更复杂的陈述。

(3) 推理网络。

在 PROSPECTOR 中，判断性知识用规则表示。规则的形式如下：

$$E \rightarrow H(\text{LS}, \text{LN})$$

其中，E 为前提(称为证据)，H 为结论(称为假设)，$P(H)$ 为 H 为真的先验概率，LS 和 LN 分别为充分似然性因子和必要似然性因子。

$$\text{LS} = \frac{P(E \mid H)}{P(E \mid \neg H)}$$

$$\text{LN} = \frac{P(\neg E \mid H)}{P(\neg E \mid \neg H)}$$

LS、LN 的作用有些类似于 MYCIN 系统中规则的可信度，它们用来反映证据 E 对假设 H 的影响程度。LS $\in [0, +\infty)$，它表示证据 E 出现时，对假设 H 成立的支持程度：LS$>$1，表示证据 E 的出现支持假设 H 成立；LS$<$1，表示证据 E 的出现反对假设 H 成立；LS$=$1，表示证据 E 的出现与否对假设 H 成立的可能性无影响，即 E 与 H 无关。这 3 种情况分别相当于 MYCIN 中规则的 CF 大于 0、小于 0 和等于 0。LN $\in [0, +\infty)$，它表示证据 E 不出现时，对假设 H 成立的支持程度：LN$>$1、LN$<$1 和 LN$=$1 分别表示 E 不出现时，支持、反对或不影响 H 成立。每条规则的 LS、LN 及每个语义空间 H 的 $P(H)$ 均由领域专家在建造知识库时提供。

与 MYCIN 不同，PROSPECTOR 的决策规则被明显地链接在一起形成一个有向图，称为推理网络(见图 16-10)。推理网络中的节点是各个语义空间——称为超节点(super node)，弧代表规则，与每一条弧相联系的两个数字分别是该规则的 LS 和 LN。推理网络中每个超节点 H 都有一个先验概率 $P(H)$(即在没有任何信息的情况下，H 所代表的命题成立的概率)。随着信息 E 的输入，H 的先验概率改变为后验概率 $P(H|E)$(即已知 E 时 H 成立的概率)，当 $P(H|E)>P(H)$ 时，说明 H 在某种程度上成立；当 $P(H|E)<P(H)$ 时，说明 H 在某种程度上不成立；当 $P(H|E)=P(H)$ 时，说明 E 对 H 无影响。

除了表示规则的弧外，推理网络中还有代表先后顺序的弧(用虚线表示，见图 16-10)，以避免提出一些不合逻辑的问题。

推理网络的顶层是一些矿藏的名称，它们代表每种矿藏存在的假设。如 A 型斑状铜

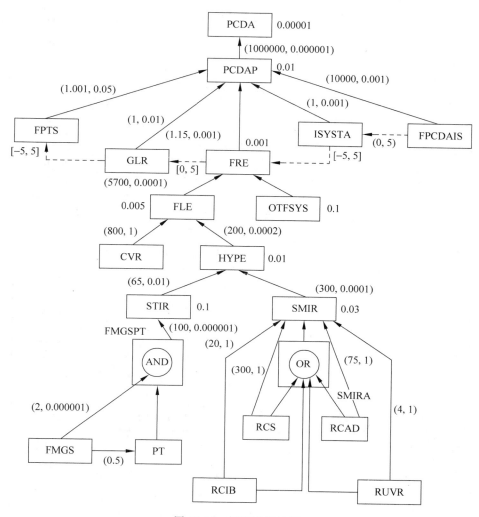

图 16-10 推理网络示例

矿(PCOA)、Kuroko 型重硫化物矿(MDS)等。推理网络的叶节点是一些可问空间。所谓可问空间,就是直接与用户的观察有关的语义空间,即它们的后验概率可通过向用户提问获得。类似地,后验概率可由系统推出的空间(即作为某些规则结论部分的空间)被称为可推空间。注意,可问空间和可推空间并不互相排斥,一个空间可同时既是可问的,又是可推的。

分类学网络、语义网络和推理网络交织在一起构成了 PROSPECTOR 的知识库。这3 种网络在知识库中的关系如图 16-11 所示。

3. 推理模型

PROSPECTOR 的不确定性推理模型是建立在概率论的基础上的,称为主观贝叶斯方法(这里从略,可参见 8.3.2 节)。

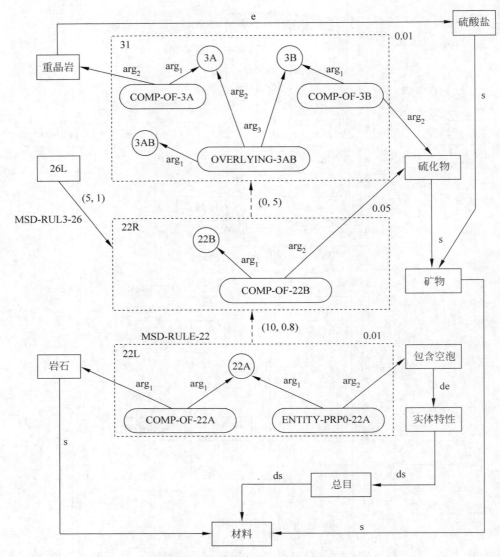

图 16-11 知识库中的 3 种网络关系

4．控制策略

（1）正向推理。

PROSPECTOR 的正向推理实际上就是概率传播，它由传播程序完成。每当用户输入一个证据 E 及其后验概率 $P(E \mid S)$，传播程序就利用主观 Bayesian 方法，将 $P(E \mid S)$的影响沿推理网络传播，修改更高层次上语义空间的后验概率，直至将 $P(E \mid S)$的影响传至顶层空间。传播程序传播后验概率的方法如前所述。

（2）主动式推理。

咨询开始时，用户可根据自己的观察为系统提供信息。PROSPECTOR 在这方面为用户提供了很大的灵活性。用户不仅可以输入有关可问空间的信息,还可以输入关于推理网络任意层次上的假设空间的信息。这种方法有利于充分发挥用户的作用,加快推理速度。例如,H 是推理网络中的一个非可问空间,如果用户根据观察已经很明显地看出 H 是成立的,那么他可直接告诉系统 H 成立。这就可以减少系统关于 H 的推理,而直接在已知 H 成立的基础上进行推理。不仅在咨询开始时而且在咨询的任意时刻,用户都可以以这种方式为系统提供信息。这种方法称为主动式推理。

（3）反向推理。

当正向推理(概率传播)结束后,如果系统已能确定存在某种矿藏,则输出结果;否则进入反向推理过程。反向推理由提问系统负责,它为断定某种矿藏的成矿可能性寻求有关的数据。因此反向推理实际上要完成两个任务:

① 应优先考虑哪个顶层假设,这主要根据评判函数 Jh 来选择。

② 应向用户询问哪个空间,这主要根据评判函数 J* 来选择。

进入反向推理后,提问系统首先用 Jh 函数为推理网络中的所有顶层空间打分,并从中选出得分最高者作为反向推理的目标。然后提问系统用 J* 函数为所有以这个空间为结论的规则打分,并选择得分最高的规则的前提空间作为反向推理的下一级子目标。若该子目标是一个可问空间,则向用户提问;否则继续用 J* 函数进行反向推理,直至达到某一可问空间为止。

5. 解释系统

PROSPECTOR 的解释系统可以为用户提供几种不同类型的解释。最简单的一种是允许系统在咨询的任何时刻检查推理网络中某个语义空间的后验概率。此外,解释系统可以向用户显示推断某一结论所使用的规则。用户还可以检查某一数据对推理网络中任一特定空间概率的影响。这种解释可以为用户提供两种很有意义的信息。首先,系统可以通过这种解释能力告诉用户,它所采集到的数据中哪些是最有意义的;其次,系统可以提示用户需要进一步采集的有意义的数据是什么。

PROSPECTOR 系统把推理规则直接链接起来构成推理网络的方法更便于向用户提供解释。由于把系统推理过程中所产生的各种信息直接记录到推理网络中,使推理网络同时兼有历史树的功用。

16.4 系统设计与实现

16.4.1 一般步骤与方法

由于专家系统也是一种计算机应用系统,所以,一般来说,其开发过程也要遵循软件工程的步骤和原则,即也要进行系统分析、系统设计等几个阶段的工作。但又由于它是专家系统,而不是一般的软件系统,所以,又有其独特之处。如果仅就"纯专家系统"而言,则其设计与实现的一般步骤如图 16-12 所示。

由图 16-12 可以看出,专家系统的开发有以下特点。

（1）知识获取与知识表示设计是一切工作的起点。

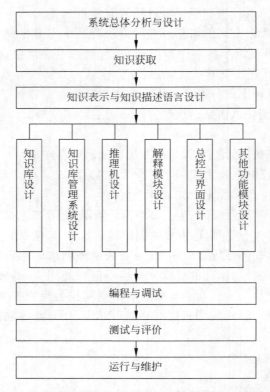

图 16-12　建造专家系统的一般步骤

（2）知识表示以及知识描述语言确定后，各项设计（图中并列的 6 个设计）可同时进行。

这里还有以下几点需说明。

① 对于一个实际的专家系统，在系统分析阶段就应该首先弄清楚：系统中哪里需要专家知识，专家知识的作用是什么？以及系统中各专家模块的输入是什么？处理是什么？输出又是什么？

② 系统投入运行后，一般来说，其知识库还需不断扩充、更新、完善和优化，所以，专家系统的开发更适合采用快速原型法。

③ 对系统的评价主要看它解决问题是否达到专家水平。

④ 上述的所谓"纯专家系统"就是一个实际专家系统中的专家模块部分。那么，对于系统其他部分的分析与设计，原则上讲，应与一般计算机应用系统完全一样，即可按软件工程规范和程序进行。

16.4.2　快速原型法和增量式开发

快速原型法和增量式开发是软件工程中的一个有效方法。具体来讲，就是在开发一个大型软件系统之前，先尽快地建立一个简单的小型的系统模型——称之为系统原型，然后对原型进行扩充，即在原型的基础上进行的继续开发，也就是增量式开发，这样像滚雪球似地直至完成整个系统。

快速原型法的优点是,利用系统原型,开发者可以更好地分析和理解系统;用户也能尽快看到系统的概貌,以便尽早反馈有关信息,使后面的工作少走弯路;同时,也方便了开发者和用户的相互交流。

快速原型法和增量式开发很适合专家系统的开发。许多专家系统开始于一个演示原型,然后经过不断的扩充和完善,最终达到实用阶段。

16.4.3 知识获取

所谓知识获取,就是将专家头脑中的有关知识,特别是经验性知识挖掘、整理并显式地表达出来。知识获取是建造专家系统的关键一步,也是较为困难的一步,被称为建造专家系统的"瓶颈"。知识获取大体有以下 3 种途径。

1. 人工获取

人工获取就是计算机人员(或知识工程师)与领域专家合作,对有关领域知识和专家知识进行挖掘、收集、分析、综合、整理、归纳,然后以某种表示形式存入知识库。

2. 半自动获取

半自动获取就是利用某种专门的知识获取系统,采取提示、指导或问答的方式,帮助专家提取、归纳有关知识,并自动记入知识库。

3. 自动获取

自动获取又可分为两种形式:一种是系统本身具有一种机制,使得系统在运行过程中能不断地总结经验,并修改和扩充自己的知识库;另一种是开发专门的机器学习系统,让机器自动从实际问题中获取知识,并填充知识库。

16.4.4 知识表示与知识描述语言设计

知识表示与知识描述语言设计是根据所获得知识的特点,选择或设计某种知识表示形式,并为这种表示形式设计相应的知识描述语言。所谓知识描述语言,就是知识的具体语法结构形式。知识描述语言既要面向开发者、面向用户,又要面向知识表示、面向机器,还要面向推理、面向知识运用。这就要求知识描述语言既能为用户提供一种方便、易懂的外部知识表达形式,又能将这种外部表示转换成容易存储、管理、运用的内部形式。

知识描述语言可以利用现有的程序设计语言(如 PROLOG、LISP、C 等)提供的数据结构或语句来实现,也可以选用专门的知识描述语言(如产生式语言 OPS、框架语言 FRL 等)或现成的专家系统工具(如 M.1,S.1 EMYCIN 等),也可以自己动手进行设计。例如,笔者曾设计了一种基于框架的软知识描述语言,它可以实现多种知识的描述。例如,

苹果(类属(水果),形状(圆(0.8)),颜色(红(0.9),黄(0.8)),味道(甜(0.9)))

就描述了一个"苹果"框架。

16.4.5　知识库与知识库管理系统设计

1. 知识库设计

知识库设计主要是设计知识库的结构,即知识的组织形式。专家系统(或知识工程)中所涉及的知识库,一般取层次结构或网状结构模式。这种结构模式是把知识按某种原则进行分类,然后分块分层组织存放,如按元知识、专家知识、领域知识等分层组织;而每一块和每一层还可以再分块分层。这样,整个知识库就呈树形或网状结构。如图 16-13 所示的就是一个医疗诊断知识库的层次结构。

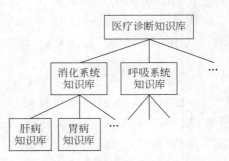

图 16-13　医疗诊断知识库层次结构

2. 知识库管理系统设计

知识库管理系统应该包括知识一级和知识库一级的各种管理功能。

(1) 知识操作功能设计。

知识操作功能包括知识的添加、删除、修改、查询和统计等。这些功能可采用两种方法来实现。一种方法就是利用屏幕窗口,通过人机对话方式实现知识的增、删、改、查等;另一种方法就是用全屏幕编辑方式,让用户直接按知识描述语言的语法格式编辑知识。

(2) 知识检查功能设计。

知识检查包括知识的一致性、完整性、冗余性等检查。

所谓知识的一致性,就是知识库中的知识必须是相容的,即无矛盾。例如,下面的两条规则

$$r_1: \text{If } P \text{ Then } Q$$

$$r_2: \text{If } P \text{ Then } \neg Q$$

就是矛盾的。那么,像这样的规则就不能同时存在于一个知识库中。又如,

$$r_1: \text{If } P \text{ Then } Q$$

$$r_2: \text{If } Q \text{ Then } R$$

$$r_3: \text{If } R \text{ Then } P$$

形成了一条环路,也是不允许的。

(3) 知识库操作设计。

知识库操作包括知识库(文件)的建立、删除、分解、合并等。这里着重要说明的是知识库的分解与合并。这两种功能类似于关系数据库的投影、选择和连接操作,它们实现的是知识库的重组。知识库的重组也是可能甚至是必要的。因为随着系统的运行,可能会发现原先的知识组合不合理,因此需要重新组合,这时就需要使用知识库的分解与合并功能。

需要说明的是,上面关于知识库及其管理系统的叙述,是从专家系统角度出发的。事实上,关于知识库及其管理系统,人们还从另一个方向——数据库出发进行了研究。

从数据库出发来研究知识库,是把知识库作为数据库的发展来看待的。这样,便可以从数据库和数据库管理系统中取得借鉴和启发,来设计知识库和知识库管理系统。这方面有两个重要的研究方向:一个是从面向对象的数据库系统出发来研究面向对象的知识库系统;另一个是由主动数据库得到启发来研究主动知识库。

一个主动知识库系统可定义为一个传统知识库系统之外再加一个事件驱动规则库,及其相应的事件监视器。其中事件库由系统和用户定义的各种事件驱动的规则组成。这样,整个系统中的知识被分成了两部分。一部分称为“被动知识”,即传统知识库中的知识,它们是供知识引擎(或推理机)在解题过程中使用的;另一部分称为“主动知识”,它是由上述事件驱动规则组成的。这些主动知识受系统中的一个“事件监视器”的监视控制,该事件监视器主动地时刻监视着知识库,一旦发觉某事件发生,就立即触发其后的规则,从而引发所需动作的执行。这样,用户可通过设置不同的事件驱动规则,以一种统一的机制实现许多知识管理功能。例如,对知识库的动态监视,知识库的完整性、一致性检查,例外情况处理,推理示踪,知识库分块处理,元知识或深层知识的自动切换,实现某些实时功能,多知识库合作解题,分布知识库系统中的同步与通信,乃至推理或搜索策略的自动切换和推理中“黑板”内容的自动切换,等等,应用将十分广泛。

16.4.6 推理机与解释机制设计

1. 推理机设计

推理机是与知识库对应的专家系统的另一重要部件。推理机的推理是基于知识库中的知识进行的。所以,推理机就必须与知识库及其知识相适应、相匹配。具体来讲,就是推理机必须与知识库的结构、层次特别是其中知识的具体表示形式等相协调、相一致。否则,推理机与知识库将无法接轨。因此,设计推理机时,首先得对知识库有所了解。例如,知识库中有无元知识?所有知识是否分模块存放?知识库的结构是集中式的,还是分布式的?是树形的,还是网状的?又如,知识的表示是产生式、谓词公式,还是框架、语义网?还有,库中的知识是确定性的,还是不确定性的,等等。然后,再考虑推理机的设计。

对推理机本身而言,还要考虑推理的方式、方法和控制策略等。例如,对于推理方式,是正向推理,还是反向推理或双向推理?是精确推理,还是不精确推理?是串行推理,还是并行推理?是单调推理,还是非单调推理?又如,对于推理方法,是用归结法,还是用自然演绎法?对于不确定性推理采用什么样的推理模型?还有,对于搜索控制,是采用深度优先还是广度优先;对于冲突消解是依据优先数,还是可信度或程度(隶属度);等等。

做了上述的分析以后,就可着手设计推理机的算法了。对于一个基于规则的系统来说,其推理机也就相当于产生式系统中的执行控制部件,所以其运行过程也就是产生系统的运行过程,因此,前面产生式系统所采用的算法,或者图搜索中所用的算法也就是这里的推理机所用的算法。

算法确定后,就可进行程序设计。至于推理机用何种程序语言实现,这个并无限制。如可以用传统的 LISP 语言或 PROLOG 语言,也用 C、C++ 或其他语言。

2. 解释机制设计与实现

另外,在推理机的设计中还得考虑解释机制。因为专家系统一般要求要有解释功能。即在推理中要能回答用户"为什么"的问题,在推理结束后,要能回答"怎么样"(得到结果)的问题。从系统结构讲,一般是把解释作为一个独立的模块,但实际上解释功能也是与推理机密切相关的。因为要解释就必须对推理进行实时跟踪。所以说,解释模块也可作为推理机的一部分。

但需说明的是,解释的方式还可以分为两种:一种是直接输出推理跟踪的结果,另一种则是以跟踪结果为索引,输出另外的预制文本。所谓预制文本,就是事先将解释的内容(一般就是相关规则的内容)以自然语言或领域中的专业语言形式存储在一个文件上,以供解释时调用。

16.4.7　系统结构设计

对一个专家系统来说,其体系结构非常重要。虽然从原理来讲,专家系统由知识库、推理机等部分组成,但由于受问题领域、系统规模、知识表示方法、知识库结构以及其他特殊性等诸多因素的影响,故专家系统的体系结构难以形成固定的模式。一般来讲,有诸如独立式(一个纯专家模块)、混合式(还有其他处理模块)、集中式、分布式、层次式以及黑板模型等。

对一个具体的专家系统采用什么结构形式,要视具体情况而定。例如,随着社会、生产、工程、科研、经济等的不断发展,开发大型知识系统已日趋迫切。对于大型知识系统,人们提出了多级专家系统和多库协同系统的体系结构方案。多级专家系统是由总体专家系统和专业专家系统组成的一个树形结构。多库协同系统的典型是四库协同系统。四库是指知识库、数据库、模型库和方法库。根据对这四库的不同组织形式,四库系统又可分为"知识主导型""模型驱动型""数据基础型"等类型。可以看出,大型知识系统已超出了"纯"专家系统的范畴,而与传统的管理信息系统、决策支持系统等相融合了。

16.4.8　人机界面设计

人机界面对于一个实用专家系统(特别是咨询型知识系统)来说至关重要。一个专家系统一般有两个人机界面:一个是面向系统开发和维护者的;一个是面向最终使用者的。前一个界面由开发工具提供;后一个则是专家系统自身的一部分。由于图形用户界面(GUI)的广泛使用,所以目前专家系统的开发界面已达到相当高的水平。而专家系统的使用界面相对还比较落后。这是因为,使用界面往往要涉及"人机对话",如人对系统的询问、系统对人的回答,特别是系统对用户的解释。显然,最好的对话方式莫过于使用自然语言。但这又要涉及自然语言理解,而自然语言理解目前还是一个未攻克的课题。所以,当前的"人机对话"多以受限的自然语言形式进行,即仅在本系统所涉及的那些有限的词汇和简单的语法及语义范围内进行人机对话。例如,下面就是某石油开采专家系统人机对话中的3个自然语言问句:

(1) Please tell me the depth of well No. 2?

(2) What is the depth of well No. 2?

(3) May you tell me the depth of well No. 2?

对于这3个问句,系统均能给出正确的回答,且是同一个答案。

这类自然语言接口,常用的技术有关键词匹配法和模式匹配法。这两种方法是最早发展起来的自然语言理解技术。这类方法没有严格的语言文法,系统通过把输入的句子与给定的关键词或句法模式进行匹配,若匹配成功,则句子就算被理解。

需指出的是,多媒体技术的迅速发展为专家系统的人机界面增添了更为精彩的表现形式。利用多媒体技术,专家系统的人机界面有了很大的改善和提高。

16.5 开发工具与环境

为了加速专家系统的建造,缩短研制周期,提高开发效率,专家系统的开发工具与环境便应运而生。

16.5.1 开发工具

如今,已有各种各样的专家系统开发工具投入使用。它们大致可分为以下几类。

1. 面向 AI 的程序设计语言

面向 AI 的程序设计语言包括 LISP、PROLOG 等。由于这些语言与领域无关,因此它们的通用性强,且使用灵活,限制少,用户能"随心所欲"地设计自己的系统。但由于一切皆要"从头做起",故开发周期长、效率低。

由于面向对象程序设计语言(如 Smalltalk、C++语言)以其类、对象、继承等机制,而与人工智能特别是知识表示与知识库产生了天然的联系。因而,现在面向对象型语言也成为一种人工智能程序设计语言,面向对象程序设计也被广泛引入人工智能程序设计,特别是专家系统程序设计。

2. 知识表示语言

这是针对知识工程发展起来的程序设计语言,因此也称知识工程语言。这些语言并不与具体的体系和范例有紧密联系,也不局限于实现任一特殊的控制策略,因而便于实现较广泛的问题。

针对不同知识类型和知识表示,人们开发了若干种知识表示语言,如产生式语言系统OPS5、基于框架理论的知识表示语言 FRL、UNITS 等。特别是多知识表示语言LOOPS,它集中了4种编程方式,即面向对象、面向数据、面向规则和它们的组合。在面向过程的语言 INTERLISP-D 程序设计环境下,它允许设计者选择最适合其目的的那种方式。

3. 外壳系统

外壳系统也称为骨架(frame),这种工具通常提供知识获取模块、推理机制、解释功能等,只要加上领域专门知识,即建立起知识库就可以构成一个专家系统。这类系统典型的代表有 EMYCIN、KAS 和 EXPERT 等。国内也开发出了不少这类工具系统。

笔者也曾研制了一个称为 ESS(Expert System Shell)的通用专家系统开发工具,并在国内推广应用。ESS 的核心是专家系统设计语言 ESL。ESL 是融过程性和描述性于一体,把知识推理同其他数据处理相结合的模块化程序设计语言。具体来讲,ESL 是将人工智能的自动推理和搜索等功能嵌套于过程性语言之中,而 ESL 的语句和所处理的知识(事实和规则)本身又都是用一阶谓词描述的。这样,就把计算机的数值计算、数据处理、图形声音以及流程控制等功能同搜索、推理功能有机地结合在一起,把传统程序同知识系统有机地结合在一起,这就为设计实用专家系统提供了方便,从而使用户能非常灵活方便地设计自己的实际专家系统。如定义系统的运行流程和工作方式,设置屏幕布局和菜单,实现多次推理、多层推理和多路推理,设计各种各样的输入/输出、运行外部程序,进行必要的数值计算和数据处理,设计必要的图形和声音,等等。ESS 的应用范围广泛。它既可实现结论型专家系统,又可实现规划型专家系统,也适用于建造综合性大型专家系统。从知识系统角度看,ESS 有知识库容量大、知识调度机制灵活、输入/输出方式多样等特点。

下面就是用 ESS 开发的一个小型专家系统示例。

```
work(main):                    {主程序}
make window(1,117,0,"d",3,10,4,30),nl,{定义主窗口}
write("微机故障诊断专家系统"),nl,nl,
make window(2,27,0,"a",9,40,1,16)
read char( - ),
dialog(yes),                   {开人机对话}
meta KB(kb0),                  {将元知识调入内存}
goal trouble(Y),              {推理目标}
reasoning(backward)           {启动反向推理机}
showconclusion,               {显示结论}
clearwindow,write("解释否(y/n)?"),readchar(C),
if C = 'y' then explain {给出解释}
else write(""),
clearmemory,{清内存}
clearwindow. {清屏,运行结束}
```

4. 组合式构造工具

这种工具向用户提供多种知识表示方法和多个推理控制机构,使用户可以选择各种组成部件,非常方便地进行组合,来设计、建造自己所需的专家系统。这类系统的典型代表有 AGE 等。

上面的各类工具,是按其使用方式划分的。但事实上,工具系统还与其应用领域有关,现在的知识系统工具基本上是针对某一专门领域的。所以,如果按用途来分类,知识系统工具又可分为:医疗诊断型、故障诊断型、设计规划型、金融分析型、气象预报型、地质勘探型等。

通用是工具系统追求的目标,但通用与专用又是一组矛盾,如果只考虑通用性,势必会丢掉某些专用的特色,从而又影响了工具自身的应用价值。所以,知识系统开发工具的发展方向是,在不影响专用性的前提下,尽量提高通用性。因此,组合式、开放式的工具系统是这一领域的重要课题。这种组合式、开放式的工具系统应具有多知识表示,多推理机制,多控制策略,多学习方法,多解释形式,多界面,能灵活组装,并具有用户接口(以便用户选择、取舍、增添新的特殊功能),最终形成一个完善的知识系统开发环境。

16.5.2　开发环境

随着专家系统技术的普及与发展,人们对开发工具的要求也越来越高。一个好的专家系统开发工具应向用户提供多方面的支持,包括从系统分析、知识获取、程序设计到系统调试与维护的一条龙的服务。于是,专家系统开发环境便应运而生。

专家系统开发环境就是集成化了的专家系统开发工具包。提供的功能主要有以下6种。

(1) 多种知识表示:至少提供两、三种以上知识表示,如谓词、框架、对象、过程等。

(2) 多种推理模型:即提供多种推理模型,可供用户选用。最好还留有用户自定义接口。

(3) 多种知识获取手段:除了必需的知识编辑工具外,还应有自动知识获取即机器学习功能,以及知识求精手段。

(4) 多样的辅助工具:包括数据库访问、电子表格、作图等工具。

(5) 多样的友好用户界面:包括开发界面和专家系统产品的用户界面,应该是多媒体的,并且有自然语言接口。

(6) 广泛的适应性:能满足多种应用领域的特殊需求,具有很好的通用性。

例如,以中科院数学所牵头研制的名为"天马"的专家系统开发环境(1990)包括4部推理机(常规推理机、规划推理机、演绎推理机和近似推理机)、3个知识获取工具(知识库管理系统、机器学习和知识求精)、4套人机接口生成工具(窗口、图形、菜单和自然语言)等3大部分共11个子系统。它可以管理和操作6大类知识库,包括规则库、框架库、数据库、过程库、实例库和接口库,并有和 DOS、dBASE、AutoCAD 的接口。国际上比较接近专家系统开发环境的有:GURU、AGE、ART、KEE、Knowledge Creft 和 ProKappa 等。

随着计算机软件开发方法向工具化方向的迅猛发展,应用工具与环境开发知识系统已是必然。所以,研制知识系统开发工具与环境也是一个重要课题。然而,知识系统开发工具实际上是知识系统技术之集成,其水平是知识工程技术水平的综合反映。所以,知识系统开发工具的功能、性能和技术水平的发展和提高,仍有赖于知识系统本身技术水平的发展和提高。

16.6　专家系统的发展

自从世界上第一个专家系统 DENDRAL 问世以来,专家系统已经走过了 50 余年的发展历程。从技术角度看,基于知识库(特别是规则库)的传统专家系统已趋于成熟,但仍存在不少问题,诸如知识获取问题、知识的深层化问题、不确定性推理问题、系统的优化和发展问题、人机界面问题、同其他应用系统的融合与接口问题等。为此,人们对专家系统做进一步研究,引入了多种新思想、新技术,提出了形形色色的所谓新一代专家系统。下面简介其中几种。

16.6.1　深层知识专家系统

深层知识专家系统就是不仅具有专家经验性表层知识,而且具有深层次专业知识的专家系统。这样的系统,智能就更强了,也更接近于专家水平了。例如一个故障诊断专家系统,如果不仅有专家的经验知识,而且有设备本身的原理性知识,那么,对于故障判断的准确性将会进一步提高。要做到这一点,这里存在一个如何把专家知识与领域知识融合的问题。

16.6.2　自学习专家系统

自学习专家系统就是能够自主学习并不断获取知识的专家系统。这类专家系统还可以分为两种类型。一类是在已有人类专家知识的基础上能够随着环境的变化而不断更新、完善、扩充其知识(库)的专家系统。这类系统可以新建,也可以对已有专家系统进行升级而实现。另一类自学习专家系统则是从零开始的完全"自学成才"的专家系统。这类专家系统不需要任何人类的专家知识,完全靠自己在与环境的交互过程中通过不断学习而成为"专家"。例如,2017 年 10 月 DeepMind 推出的名为 AlphaGo Zero 的围棋程序系统,就是这种自学成才专家系统的一个成功案例。据报道,这个程序系统中没有用人类棋手的经验和策略,仅自学(自我对弈)21 天后再经过 3 天训练,便以 100∶0 击败了上一个版本系统 AlphaGo。

16.6.3　神经网络专家系统

神经网络具有自学习、自适应、分布存储、联想记忆、并行处理,以及鲁棒性和容错性强等一系列特点和优势,所以,也可用神经网络来实现学习、计算和知识库等功能模块,建造基于神经网络的专家系统。

这种专家系统的建造过程是:先根据问题的规模,构造一个神经网络,再用专家提供的典型样本数据,对网络进行训练,然后利用学成的网络,对输入的数据进行处理,便得到所期望的输出。

可以看出,这种系统把知识库融入网络之中,其推理过程就是沿着网络的计算过程。而基于神经网络的这种推理,实际是一种并行推理。这种系统是自学习的,它将知识获取和知识利用融为一体。而且它所获得的知识往往还高于专家知识,因为它所获得的知识是从专家提供的特殊知识中归纳出的一般知识。这种专家系统还有一个重要特点,那就是它具有很好的鲁棒性和容错性。

16.6.4 大型协同分布式专家系统

这是一种多学科、多专家联合作业,协同解题的大型专家系统,其体系结构又是分布式的,可适应分布和网络环境。

具体来讲,分布式专家系统的构成可以把知识库分布在计算机网络上,或者把推理机制分布在网络上,或者两者兼而有之。此外,分布式专家系统还涉及问题分解、问题分布和合作推理等技术。

问题分解就是把所要处理的问题按某种原则分解为若干子问题。问题分布是把分解好的子问题分配给各专家系统去解决。合作推理就是分布在各节点的专家系统通过通信,进行协调工作,当发生意见分歧时,甚至还要辩论和折中。

需指出的是,随着分布式人工智能技术的发展,多 Agent 系统将是分布式专家系统的理想结构模型。

习题 16

1. 何为专家系统?它有哪些基本特征?
2. 专家系统的主要类型有哪些?
3. 专家系统包括哪些基本部分?每一部分的主要功能是什么?试画出专家系统的一般结构图。
4. 专家系统有哪些典型的结构形式?
5. 试述开发专家系统的一般步骤与方法。
6. 什么是知识获取?知识获取有哪些途径与方法?
7. 知识的管理主要包括哪几方面的内容?
8. 试画出知识库管理系统的结构图。
9. 什么是元知识?它的作用是什么?
10. 何谓知识的一致性与完整性?"不一致"有哪些表现形式?
11. 推理机的设计与知识表示和知识库有什么关系?
12. 专家系统开发工具有哪几类?

第 **17** 章

Agent 系统

    Agent 系统是继专家(知识)系统之后的一种新型智能系统。随着网络技术的飞速发展,Agent 系统及其应用已是人工智能领域的一个研究热点。人们试图用 Agent 技术统一和发展人工智能技术,甚至试图用它统一和发展计算机技术特别是软件开发技术。本章介绍 Agent 系统的基础知识。

17.1 什么是 Agent

17.1.1 Agent 的概念

    Agent 一词的通常含义有:代理(人)、代办、媒介、服务等,而且作为"代理"在计算机领域广为使用。但人工智能领域所说的 Agent 则具有更加特定的含义。简单地讲,这里的 Agent 指的是一种实体,而且是一种具有智能的实体。这种实体可以是智能软件、智能设备、智能机器人或智能计算机系统等,甚至也可以是人。国内人工智能文献中对 Agent 的翻译或称呼有智能体、智能主体、智能 Agent 等。Agent 的这一特定含义是由美国麻省理工学院的 Minsky 在其 1986 年出版的《思维的社会》一书中提出的。Minsky 认为,社会中的某些个体经过协商之后可求得问题的解,这些个体就是 Agent。他还认为 Agent 应具有社会交互性和智能性。从此,这种含义扩展了的 Agent 便被引入人工智能领域,并迅速成为研究热点。

    Agent 的抽象模型是具有传感器和效应器,处于某一环境中的实体。它通过传感器感知环境;通过效应器作用于环境;它能运用自己所拥有的知识进行问题求解;它还能与其他 Agent 进行信息交流并协同工作。因此,Agent 应具有如下基本特性:

    (1) **自主性**   也称自治性,即能够在没有人或别的 Agent 的干预下,主动而自发地控制自身的行为和内部状态,并且还有自己的目标或意图。

（2）**反应性** 即能够对感知做出响应，并在必要时通过行为改变环境。

（3）**适应性** 即能根据目标、环境等的要求和制约做出行动计划，并根据环境的变化，修改自己的目标和计划。

（4）**社会性** 即一个 Agent 一般不能在环境中单独存在，而要与其他 Agent 在同一环境中协同工作。协作就要协商，要协商就要进行信息交流，信息交流的方式是相互通信。从软件开发技术中面向对象的观点来看，Agent 也就是一种高级对象，或者说是具有智能的对象。

17.1.2　Agent 的类型

从不同的角度 Agent 有不同的分类。

（1）基于理论模型，Agent 可分为反应型、思考型（或认知型）和两者复合型。

（2）从特性来看，Agent 又可分为以下 5 种。

① 反应式 Agent。

即能够对环境主动进行监视并能做出必要的反应。反应式 Agent 最典型的应用是机器人，特别是 Brookes 类型的机器昆虫。

② BDI 型 Agent。

即有信念（belief，即知识）、愿望（desire，即任务）和意图（intention，即为实现愿望而想做的事情）的 Agent，它也被称为理性 Agent。这是关于 Agent 的研究中最典型的智能型 Agent（或自治 Agent）。BDI Agent 的典型应用是在 Internet 上为主人收集信息的软件 Agent，比较高级的智能机器人也是 BDI Agent。

③ 社会 Agent。

即处在由多个 Agent 构成的一个 Agent 社会中的 Agent。各 Agent 有时有共同的利益（共同完成一项任务），有时利益互相矛盾（争夺一项任务）。因此，这类 Agent 的功能包括协作和竞争。办公自动化 Agent 是协作的典型例子，多个运输（或电信）公司 Agent 争夺任务承包权是竞争的典型例子。

④ 演化 Agent。

即具有学习和提高自己能力的 Agent。单个 Agent 可以在同环境的交互中总结经验教训，提高自己的能力，但更多的学习是在多 Agent 系统，即社会 Agent 之间进行的。模拟生物社会（如蜜蜂和蚂蚁）的多 Agent 系统是演化 Agent 的典型例子。

⑤ 人格化 Agent。

即不但有思想而且有情感的 Agent。这类 Agent 研究得比较少，但是有发展前景。在故事理解研究中的故事人物 Agent 是典型的人格化 Agent。

（3）从所承担的工作和任务性质来看，Agent 又可分为信息型 Agent、合作型 Agent、接口型 Agent、移动型 Agent 等。也可分为专用 Agent 和通用 Agent（后者则是通用人工智能的一种体现）。

（4）以纯软件实现的 Agent 被称为软件 Agent（Software Agent，SA）。

17.2　Agent 的结构

由于 Agent 的多样性,很难给出一个统一的结构模型。下面仅给出思考型 Agent 的一个简单结构模型(见图 17-1)和一个简化 Agent 的结构图(见图 17-2)。

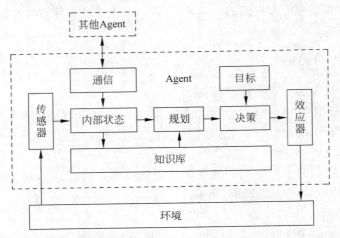

图 17-1　思考型 Agent 结构模型示意图

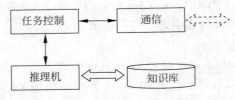

图 17-2　简化 Agent 结构模型图

上面的思考型 Agent 结构模型可以看作是 Agent 的标准结构;而简化 Agent 结构模型接近于传统的专家(知识)系统,或者可以看作是对传统专家(知识)系统的一种新包装。

17.3　Agent 实例——Web Agent

Web Agent 是在智能 Agent 概念的基础上,结合信息检索、搜索引擎、机器学习、数据挖掘、统计等多个领域知识而产生的用于 Web 导航的工具。随着网络化的飞速发展,Web Agent 将是具有广泛应用前景的一种小型 Agent 系统。事实上,已经有许多的 Web Agent 出现在人们日常访问的网站中。比较著名的有:Web Watcher、Personal Web Watcher、Syskill&Webert、WebMate、Letizia 等。下面以卡耐基·梅隆大学(CMU)的 Web Watcher 为例对这种系统做一简要介绍。

Web Watcher 是由卡耐基·梅隆的 Tom Mitchell 等人开发的服务端 Web Agent 系统,它建立一种用户模型,为所有登录服务器的用户服务,这种模型是根据大多数用户的普遍访问模式而训练生成的,它区别于许多运行于客户端的为单一客户服务的 Web Agent。

当用户上网时,Web Watcher 记录用户从登录开始一直到退出系统或服务器时浏览过的页面序列,点击过的超链序列,以及它们的时间戳。在退出系统或服务器之前,Web Watcher 会询问用户是否达到目标,即要求用户对此次浏览给出一个二值的评价,即成功与否。这种事例对同一时刻连接服务器的成千上万的用户都会发生,Web Watcher 就是通过对这种大量的训练事例的分析,得出当前大多数用户的普遍的浏览模式。

当一次新的浏览开始后,Web Watcher 就根据大多数用户过去的浏览模式,对当前用户进行引导。实验证明,Web Watcher 的这种智能导航,其效果远远超过了不考虑任何用户模型情况下的随机推荐超链的情况。

这里的 Web Agent 就好像一个过滤器或者一个监控程序一样,从 Web 服务器上获取用户的访问信息,对其进行统计处理,经过算法的加工成为用户访问网页的一种个性化信息,Agent 再拿这些个性化信息反过来服务于用户,而用户在这里无形中起到一种训练 Agent 的作用,即在自己访问网络的同时完成了对服务 Agent 的训练。大量的用户访问,使得 Web Agent 能够全面掌握访问网站用户的习惯,而且能够在一些新用户刚登录不久就可以提供出用户满意的推荐。当一个 Agent 不能完全满足用户所有的网络访问需求时,还可以同网上的其他 Agent 通信和协作,以满足用户所有的网络访问需求。

此外,网上已推出的各种对话系统,包括任务型的(如个人智能助理)和非任务型的(如聊天机器人)实际上也可以说是一种 Web Agent。

17.4　多 Agent 系统

从 Agent 的特性可以看出,Agent 的一个显著特点就是它的社会性。所以,Agent 的应用主要是以多个 Agent 协作的形式出现。因而,多 Agent 系统(MAS)就成为 Agent 技术的一个重点研究课题。另一方面,MAS 又与分布式系统密切相关,所以,MAS 也是分布式人工智能(DAI)的基本内容之一。

17.4.1　多 Agent 系统的特征和研究内容

多 Agent 系统是一个松散耦合的 Agent 网络,这些 Agent 通过交互、协作进行问题求解(所解问题一般是单个 Agent 能力或知识所不及的)。其中的每一个 Agent 都是自主的,它们可以由不同的设计方法和语言开发而成,因而可能是完全异质的。多 Agent 系统具有如下特征:

(1) 每个 Agent 拥有解决问题的不完全的信息或能力。

(2) 没有系统全局控制。

(3) 数据是分散的。

(4) 计算是异步的。

多 Agent 系统的理论研究是以单 Agent 理论研究为基础的,所以,除单 Agent 理论研究所涉及的内容外,多 Agent 系统的理论研究还包括一些和多 Agent 系统有关的基本

规范,主要有以下几点:

(1) 多 Agent 系统的体系结构。

(2) 多 Agent 系统中 Agent 心智状态包括与交互有关的心智状态的选择与描述。

(3) 多 Agent 系统的特性、这些特性之间的关系以及如何描述这些特性及其关系。

(4) 多 Agent 系统中 Agent 之间的交互和推理。

(5) 多 Agent 之间的合作与竞争。

(6) 多 Agent 的学习和适应。

17.4.2　多 Agent 系统的体系结构

从软件体系结构角度看,多 Agent 系统的体系结构一般是一种分布式动态体系结构。又由于其应用的广泛性,因此多 Agent 系统的体系结构具有多样性特点。下面就是几种典型的结构形式。

(1) **Agent 网络**

这种结构的特点是 Agent 之间都是直接通信的。对这种结构的 Agent 系统,通信和状态知识都是固定的,每个 Agent 必须知道消息应该在什么时候发送到什么地方,系统中有哪些 Agent 是可以合作的,都具备什么样的能力等。但是,将通信和控制功能都嵌入每个 Agent 内部,就要求系统中的每个 Agent 都拥有有关其他 Agent 的大量信息和知识,而在开放的分布式系统中这往往是做不到的。另外,当系统中 Agent 的数目越来越多时,这种一对一的直接交互将导致低效率。

(2) **Agent 联盟**

其结构不同于 Agent 网络,工作方式是:若干相距较近的 Agent 通过一个叫作协助者的 Agent 来进行交互,而远程 Agent 之间的交互和消息发送是由各局部 Agent 群体的协助者 Agent 协作来完成的。这些协助者 Agent 可以实现各种各样的消息发送协议。当一个 Agent 需要某种服务时,它就向它所在的局部 Agent 群体的协助者 Agent 发出一个请求,该协助者 Agent 将以广播方式发送该请求,或者将该请求与其他 Agent 所声明的能力进行匹配,一旦匹配成功,则将该请求发送给匹配成功的 Agent。同样地,当一个 Agent 产生了一个对其他 Agent 可能有用的信息时,便通知他所在的局部 Agent 群体的协助者 Agent,该协助者 Agent 通过匹配,将此信息发送给对它感兴趣的 Agent,而这种结构中的 Agent 并不需要知道其他 Agent 的详细信息,因此较 Agent 网络结构有较大的灵活性。协助者 Agent 能够实现一些高层系统服务,如白页、黄页、直接通信、问题分解和监控等。

(3) **黑板结构**

黑板结构与联盟系统有相似之处,不同的地方是黑板结构中的局部 Agent 把信息存放在可存取的"黑板"上,实现局部数据共享。在一个局部 Agent 群体中,控制外壳 Agent (类似于联盟中的协助者)负责信息交互,而网络控制者 Agent 负责局部 Agent 群体之间的远程信息交互。黑板结构的不足之处在于:局部数据共享要求一定范围的 Agent 群体中的 Agent 拥有统一的数据结构或知识表示,这就限制了系统中 Agent 设计和建造的灵活性。因此,开放的分布式系统不宜采用黑板结构。

其实,多Agent系统的体系结构也是软件工程领域的一个重要研究课题。事实上,软件工程界的一些组织已经推出了多Agent系统的体系结构标准。例如,关于Agent的全球最大的国际化组织,智能Agent基金会(The Foundation for Intelligent Physical Agents,FIPA)和对象管理组织(Object Management Group,OMG)的MAS体系结构标准。其中,FIPA的MAS体系结构标准已得到广泛应用。

如图17-3所示,FIPA标准的MAS体系结构分为4个层次:基于Agent的应用程序层、Agent通信层、Agent管理层和Agent消息传输层。

基于Agent的应用程序
Agent通信
Agent管理
Agent消息传输

图17-3　FIPA的MAS体系结构

其中,Agent消息传输层定义了一种消息格式,它由消息封套和消息体构成,起到如下作用:

(1)能支持多种传输协议,例如IIOP、HTTP、WAP等。

(2)以特定方式套封消息,例如XML用于HTTP协议下的消息封装,Bit-efficient用于WAP下的消息封装。

(3)能够表达FIPA的ACL,例如使用字符串编码,XML编码,Bit-efficient编码。

Agent管理层处理Agents的创建、注册、寻址、通信、迁移以及退出等操作,它提供如下服务:

(1)白页服务,比如Agent定位(寻址)、命名和控制访问服务。Agent的名字被表示成一种灵活的可扩展的结构,这种结构被称为Agent标识(Agent Identifier),它包含了Agent的名称、传输地址、名称服务等相关信息。

(2)黄页服务,比如服务定位、注册服务等,此类服务由一个叫作目录DF(Directory Facilitator)的部分提供。

(3)Agent消息传输服务。

Agent通信层是一种基于通信谓词又叫通信断言的机制,支撑这种机制的就是Agent通信语言ACL。ACL描述两部分内容,其一是通信的行为者,其二是通信的内容,并且支持上下文机制。FIPA的ACL是在早期的Agent通信语言ARCOL和KQML基础上形成的。在内容描述方面,FIPA使用一种内容语言作为FIPA语义语言,这些内容语言就是通常的约束选择语言,比如KIF、RDF等。FIPA交互协议描述了通过某些行为或者交互以完成某种目的而进行的对话。

基于这一体系结构标准,一个多Agent系统的应用过程如图17-4所示。

其中应用层的Agent充当了主要的问题解决者,包括问题的分解、协作、综合等,但它们不再考虑如何通信、如何协作、如何理解其他Agent的消息等问题。这就是FIPA标准的最大优点。它在Agent底层封装了所有应具备的基本功能,就如同人的本能一样,这些通信协同能力随着Agent的产生而产生。对于上层的应用,开发者根本不需要知道那些与具体应用毫不相关的通信、协同机制,而仅仅是把自己的Agent从标准库中的原始Agent继承下来,使用诸如Send、Receive等如同命令一样的函数或者操作原语来完成特定应用的需求。这些为多Agent系统的推广,以及进一步深入研究创造了良好的条件。

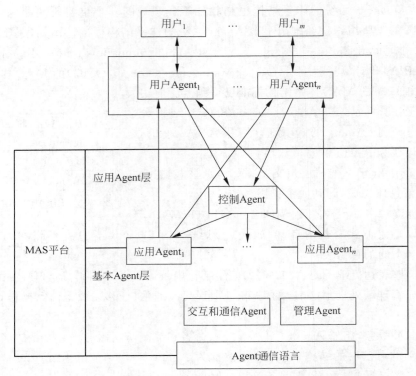

图 17-4 基于 FIPA-MAS 体系结构标准的多 Agent 系统应用示例

在定义用户 Agent 的请求时,用户 Agent 必须通过控制 Agent 才能得到所请求的服务,而控制 Agent 在接收到用户 Agent 的请求后,首先查询各应用 Agent 能提供的服务,然后将控制 Agent 与应用 Agent 间的连接转接到用户 Agent 与应用 Agent 间。在此过程中,首先是用户 Agent 与控制 Agent 之间在通信,用户 Agent 与应用 Agent 间尚不存在连接。然后,用户 Agent 和应用 Agent 间建立起新的连接,此后应用 Agent 将服务传递给用户 Agent 需要服务的地方。这表明在整个通信过程中,用户 Agent、控制 Agent 与应用 Agent 之间的通信结构在发生变化。这种通信结构的变化是在通信过程中发生的临时性变更,即用户 Agent 一旦得到应用 Agent 所提供的服务后,与应用 Agent 间的连接就会自动断开。但当用户 Agent 通过学习知道谁能为它提供服务后,就不再需要通过控制 Agent 来查询应用 Agent,而是直接与应用 Agent 建立请求连接。

与此同时,应用 Agent 可能会不断向控制 Agent 学习,即请求控制 Agent 提供知识服务;而另一方面,为了保证系统的可靠性,控制 Agent 可能会主动地将自己的知识和能力传授给其他 Agent。一旦某个 Agent 具有了与控制 Agent 相当的能力,即能完成控制 Agent 所承担的任务,那么该 Agent 就可以进一步进化为控制 Agent 而进入 Agent 控制层,这样,即使出现某个控制 Agent 无法履行其职责的情况,也会有其他 Agent 及时地顶替它来负责相关事务。

另外,控制 Agent 根据用户请求,选择可以满足用户需求的应用 Agent,并给出应用 Agent 的协作方式,从而形成通信结构。用户请求内容不同,所需的应用 Agent 及协作方式也不同,于是在系统运行期间就形成了动态变化的适应性的体系结构。

OMG 也致力于 Agent 和多 Agent 系统的标准化。OMG 认为 Agent 技术不是一种独立的新技术,而是多种技术的集成应用;同样,它也不是一种独立的应用,它可以为现有应用增加新的功能。OMG 将多 Agent 应用分为以下几种。

(1) 企业级应用,主要包括:智能文档(smart document)、面向目标的企业规划,动态人事管理,等等。

(2) 交互级企业应用,主要包括产品或者服务的市场拓展、代理商管理、团队管理。

(3) 过程控制,包括智能大厦、工厂管理、机器人等。

(4) 个人 Agents,包括像邮件和新闻过滤、个人日程管理、自动秘书等。

(5) 信息管理任务,包括信息检索、信息过滤、信息监视、数据资源调节、Agents 和个人助手程序间的交互。

17.4.3　多 Agent 的合作与学习

多 Agent 系统完成一个任务时涉及多个 Agent 的协同和合作,多 Agent 的合作又涉及 Agent 之间的协调和协商,所以,关于多 Agent 的协调、协商、协同和合作机制就是多 Agent 系统的一个重要课题。协同与合作是多 Agent 进行感知、目标选择、规划和执行的一个循环过程,其机制往往就体现在多 Agent 系统的体系结构中。例如,FIPA 标准的 MAS 体系结构中就有这方面的考虑和设计。除了协同与合作外,Agent 之间还有竞争甚至对抗。所以,竞争与对抗也是多 Agent 系统的一个研究内容。借鉴人类或生物群体的行为方式,并引入博弈论、对策论等技术策略,研究者们提出了不少关于多 Agent 合作和竞争机制的理论和解决方案,或者对已有模型进行改进。例如,有学者扩展了基本智能体的 BDI 模型,提出了一种 APFB(Awareness-Belief-Goal-Plan)模型,该模型能更好地反映 Agent 外部感知和内部心理状态,为多 Agent 的协同工作提供了更为实际的模型。

要更好地合作和竞争,除了 Agent 系统的本身设置和提供相应的机制外,Agent 还应该有一定的自学习能力,以适应环境的变化。关于多 Agent 的学习,有些学者以博弈为实例,研究多 Agent 的强化学习,提出了极大极小 Q 学习算法、纳什 Q 学习算法、单纯形算法、Lemke-Howson 算法、朋友或敌人 Q 学习算法、无限梯度上升算法、爬山策略 (PHC)算法、WoLF-PHC 算法、LR-I 滞后锚算法、指数移动平均(EMA)Q 学习算法等。另外,还提出了微分博弈的概念。

17.5　Agent 的实现

Agent 的实现(即编程)工具可分为两类:一类是专用的面向 Agent 的程序语言,另一类则是现有的通用面向对象程序语言(或其扩充)。已知的专用 Agent 编程语言有 Agent 描述语言 ADL、Agent 处理控制语言 PCL 和 Agent 通信语言 SACL(中科院计算所开发)、AGENT0、PLACA(PLAnning Communicating Agent Language〔Thomas 1993〕)、KQML(Knowledge Query and Manipulation Language,国际上比较流行的 Agent 通信语言,美国 ARPA 的知识共享计划的一部分)等。

在通用面向对象程序语言中,Java 语言则是很好的候选语言。Java 的面向对象、多线程、分布式、平台无关、可迁移、可嵌入等特性正是构造 Agent 所需要的。事实上,不少 Agent 都是用 Java 开发的。

另外,也有不少软件公司(如微软)推出了商品化的 Agent 软构件。这样,在开发一个 Agent 系统时,用户不必从头编程,而只需直接引用相应的 Agent 构件即可。

17.6　Agent 技术的发展与应用

Agent 系统是一种更拟人、更有灵性的智能系统,关于它的研究仍在继续。其热点课题主要是 Agent 的理论模型、学习算法、多 Agent 系统及其开发应用。

Agent 的理论模型的研究主要有逻辑方法和经济学方法两种。上面提到的 BDI 型 Agent 就是基于逻辑方法而提出的一种 Agent 模型,被称为理性 Agent。

在 Agent 学习方面,关于 Agent 的强化学习是一个热门研究方向,特别是结合博弈、机器人、无人机、自主车等研究相关的学习机制和算法,取得了不少进展。

多 Agent 系统的主要课题是其问题求解机制,包括组织形式、协商、协调、协作、学习、适应等有关的理论和方法学。近年来,有学者将系统科学中的复杂系统网络结构与多 Agent 相结合进行研究,并取得了一些重要成果。事实上,若将一个 MAS 中的单个 Agent 建模为网络节点,将 Agent 之间的通信和协作关系建模为网络节点之间的连接,则该 MAS 就可以表示为一个动态的复杂网络,因而复杂网络的结构和性质就有助于构建 MAS;反之,这样的网络也会因 MAS 的优势而能更好地解决复杂问题和仿真复杂系统。研究发现:稠密同构的网络易于控制,而稀疏异构的网络难以控制;对于可控的 MAS,通过计算机算法能够识别出少数核心 Agent,只需要对这些 Agent 发控制信号,就能从理论上保证 MAS 的宏观行为从任意初始状态向预期的方向发展。

Agent 系统虽然是一种较新的智能系统,但它与传统的人工智能系统并不是截然分开的。事实上,二者在技术上是互相渗透、相辅相成的。一方面,在 Agent 的设计中要用到许多传统的人工智能技术,如模式识别、机器学习、知识表示、机器推理、自然语言处理等;另一方面,有了 Agent 概念以后,传统的人工智能技术又可在 Agent 系统这样一种新的包装和运作模式下,提高到一个新的水平。例如,利用 Agent 技术可以建造新一代运行在 Internet 上的分布式专家系统。

除了与其他人工智能技术相结合外,Agent 技术和 Agent 系统还可用于智能机器人建造和群体智能系统开发。例如,可将关于 Agent 的技术成果应用于机器人,或者用 Agent 来仿真机器人;也可将 Agent 系统的技术成果应用于群体智能系统,或者用 Agent 系统来仿真群体智能系统。

其实,作为一种集成式人工智能技术和系统,Agent 技术和 Agent 系统的应用十分广泛。诸如计算机、网络、数据库、数据通信、知识库、知识共享、人机界面、人机对话、并行工程以及信息科学和系统科学等领域都是 Agent 技术的用武之地。特别是在软件工程领域,人们把 Agent 技术看作是面向对象技术的继续和发展,并正在研究面向 Agent 的软件开发技术,甚至已经提出了面向 Agent 的软件工程方法学,包括面向 Agent 的系统分析与设计方法、开发方法以及工具与环境等。此外,还有学者研究基于多 Agent 的软件集成开发与演化方法以及自适应软件。从这个意义上讲,Agent 技术将是人工智能与计算机及信息科学技术的交汇点。

Agent 技术在其他业务领域的应用也方兴未艾。从目前来看,Agent 技术的应用已遍及经济、军事、工业、农业、教育等诸多领域。具体一点讲,有工业制造、工业过程控制、空中和地面交通控制、噪声控制、农业专家系统、远程教育、远程医疗、电子商务、军事演习、市场模拟等。特别是在信息基础设施智能化方面,Agent 技术也将发挥重要作用,可有效解决信息基础设施所面临的易用性、灵活性等诸多难题。

习题 17

1. 什么是 Agent? 它有哪些特性?

2. Agent 可分为哪些类型?

3. 简述多 Agent 系统的特征和研究内容。

4. 简述多 Agent 系统的体系结构。

5. Agent 系统与传统的智能系统,特别是专家系统有什么异同和关系?

6. Agent 与面向对象技术中的对象(object)有什么异同和关系?

7. Agent 与智能机器人有什么异同和关系?

8. Agent 和多 Agent 的研究对机器人、无人机、自主车以及群体智能的研究和开发有何意义?

9. Agent 与强化学习有什么联系?

10. 简述 Agent 的应用。

第**18**章

智能机器人

智能机器人(intelligent robot)是人工智能技术的综合应用和体现,它的研制不仅需要智能技术,而且涉及许多科学技术门类和领域,如物理、力学、数学、机械、电子、计算机、软件、网络、通信和控制等。所以,它已是一个综合性的技术学科。由于篇幅所限,本章仅介绍智能机器人的一些基础知识。

18.1 智能机器人的概念

一般将机器人的发展分为 3 个阶段。第一阶段的机器人只有"手",以固定程序工作,不具有外界信息的反馈能力;第二阶段的机器人具有对外界信息的反馈能力,即有了感觉,如力觉、触觉、视觉等;第三阶段,即所谓"智能机器人"阶段,这一阶段的机器人已经具有了自主性,有自行学习、推理、决策、规划等能力。这也正符合 Agent 的条件,所以,智能机器人也被作为一种 Agent。

智能机器人至少应具备 4 种机能:感知机能——获取外部环境信息以便进行自我行动监视的机能;运动机能——施加于外部环境的相当于人的手、脚的动作机能;思维机能——求解问题的推理、判断机能;人-机通信机能——理解指示命令、输出内部状态、与人进行信息交流的机能。

18.2 机器人感知

机器人的感知包括对外界和对自身的感知。感知机能是靠传感器来实现的。因而,机器人传感器可分为内部传感器和外部传感器两大类。内部传感器用来感知机器人的内部状态信息,包括关节位置、速度、加速度、姿态和方位等。常见的内部传感器有轴角编码器、加速度计、陀螺系统等。外部传感器用来感知机器人外部环境信息,它又分为接触型和非接触型两种。前者有触觉、压觉、力觉、滑觉、热觉等,后者有视觉、听觉、接近觉、距离觉等。机器人传感器,直接模仿人或生物的感觉器官。如根据人和昆虫眼睛的成像原理研制的视觉传感器,它能感受物体的形状、特征、颜色、位置、距离和运动等。还有听觉传感器、触觉传感器、味觉传感器等也是用相应的仿生原理制作的。立体摄像机和激光测距仪是机器人获得三维视觉的两类实用传感器。

在机器人感知研究中,视觉方面的成果最为突出,机器人视觉已经成为一门新兴的独立学科。机器人视觉的主要目的是从整体上理解一个给定的三维景物,为此,图像处理、模式识别、知识工程和三维视觉等技术特别是智能技术在机器人视觉的研制中得到了应用。

18.3　机器人规划

机器人规划也称机器人问题求解。感知能力使机器人能够感知对象和环境,但要解决问题,即产生适应对象和环境的动作,还要依靠规划功能。规划就是拟定行动步骤。实际上它也是一种问题求解技术,即从某个特定问题的初始状态出发,寻找或构造一系列操作(也称算子)步骤,达到解决问题的目标状态。例如给定工件装配任务,机器人按照什么步骤去操作每个工件?在杂乱的环境下,机器人如何寻求避免与障碍碰撞的路径,去接近某个目标?规划功能的强弱反映了智能机器人的智能水平。

机器人规划的基本任务是:在一个特定的工作区域中自动地生成从初始状态到目标状态的动作序列、运动路径和轨迹的控制程序。规划系统可分为两级:任务规划子系统和运动规划子系统。任务规划子系统根据任务命令,自动生成相应的机器人执行程序,如将任务理解为工作区的状态变化,则它生成的即为把初始状态变成目标状态的操作序列。运动规划子系统首先将任务规划的结果变成一个无碰撞的操作器运动路径,这一步称为路径规划;然后再将路径变为操作器各关节的空间坐标,形成运动轨迹,这一步称为轨迹规划。

任务规划需要解决 3 个基本技术问题:问题或状态的表示、搜索策略和子目标冲突问题。经过多年的探索,至少已提出了 4 种有关任务规划问题的方法:非层次规划、层次规划、估价式规划和机遇式规划。

路径规划一般分解为寻空间和寻路径两个子问题。寻空间是指在某个指定的区域 R 中,确定物体 A 的安全位置,使它不与区域中的其他物体相碰撞。寻路径是指在某个指定的区域 R 中,确定物体 A 从初始位置移动到目标位置的安全路径,使得其在移动过程中不会发生与其他物体的碰撞。路径规划的方法有假设-测试法、罚函数法、位姿空间法、旋转映射图法等。

可以看出,无论是任务规划还是路径规划,都涉及搜索和推理问题。因此,它可以采用图搜索技术和产生式系统来解决。事实上,现已开发出了多种这样的机器人规划系统。一些系统将机器人世界表示为一阶谓词演算公式的集合,利用启发式搜索技术达到要求的目标。一些系统采用监督式学习来加速规划过程。还有一些系统将专家系统技术应用到规划之中。随着计算智能技术的飞速发展，人们也把神经网络技术引入了机器人规划。例如，利用一种并列连接的神经网络可以实时地进行无碰撞路径规划。该网络对一系列的路径点进行规划，其目标使得整个路径的长度尽量短，同时又要尽可能远离障碍物。从数学的观点看，它等效于一个代价函数，该代价函数为路径长度和碰撞次数的函数。这种方法的优点是：

（1）算法固有的并行性可用并行硬件来实现，对于有较多障碍物，有较多路径点以及物体上有较多测试点的情况，可达到实时应用的程度。

（2）算法的并行性使得所规划的路径可以达到任意高的精度而不增加计算时间。

18.4　机器人控制

机器人控制即运动控制，包括位置控制和力控制。位置控制就是对于路径规划给出的运动轨迹（即路径），控制机器人的肢体（如机械手）产生相应的动作。力控制则是对机器人的肢体所发出的作用力（如机械手的握力和推力）大小的控制。运动控制涉及机器人的运动学和动力学特性，所以，运动控制研究需要许多运动学和动力学知识。总的来说，机器人运动控制比较困难。主要原因在于要求的运动轨迹是在直角坐标空间中给定的，而实际的运动却是通过安装在关节上的驱动部件来实现。因而需要将机械手末端在直角坐标空间的运动变换到关节的运动，也就是需要进行逆运动学的计算。这个计算取决于机器人的手臂参数以及所使用的算法。具有四肢的动物（包括人类），运动时会很自然地完成从目标空间到驱动器（肌肉）的转换。这个转换能力一方面是先天遗传的，另一方面也是通过后天学习不断完善的。

生物系统的运动控制为机器人的神经网络控制提供了很好的参考模型。这种控制不需要各个变量之间的准确的解析关系模型，而只要通过大量的例子的训练即可实现。因此，在机器人控制中广泛采用神经网络控制技术。在运动学的控制方法中，分解运动速度的方法是比较典型的一种。它是一种在直角坐标空间而不是在关节坐标空间进行闭环控制的方法。对于那些需要准确运动轨迹的跟踪的任务，如弧焊等，必须采用这样的控制方法。分解运动速度的方法的关键是速度逆运动学计算，这个计算不仅需要有效的雅可比矩阵求逆算法，而且需要知道机器人的运动学参数。如果采用神经网络，则可不必知道这些参数，因此它可作为求解速度逆运动学的另一种颇具吸引力的方法。

通常的机器人运动学控制主要是基于正、逆运动学的计算。这种控制方法不但计算烦琐，而且需要经常校准才能保持精度。为此，人们提出了一种双向映射神经网络，进行机器人运动学控制。这种网络主要由一个前馈网组成，隐层为正弦激励函数。从网络的输出到输入有一个反馈连接，形成循环回路。正向网络实现正运动学方程，反馈连接起修改网络的输入（关节变量）以使网络的输出（末端位姿）向着期望的位姿点运动。这种双向映射网络不但能够提供精确的正、逆运动学计算，并且只需要简单的训练。

在动力学控制中，关键是逆动力学计算。这里主要有两方面的问题，一是计算工作量很大，难以满足实时控制的要求；二是需要知道机器人的运动学和动力学参数。要获得这些参数，尤其是动力学参数，往往是很困难的。采用神经网络来实现逆动力学的计算，原则上可以克服上述两个问题。由于神经网络的并行计算的特点,它完全满足实时性的要求,同时它是通过输入/输出的数据样本经过学习而获得动力学的非线性关系,因而它并不依赖机器人参数。

在力控制中,无论是采用经典控制还是现代控制,都存在建模难题。因此,人们将智能控制技术引入机器人力控制中,产生了智能力控制方法。该方法应用递阶协调控制、模糊控制和神经网络控制技术来实现力控制系统。在这类系统中,力/位反馈并行输入,模糊、神经网络控制对输入信息进行并行非线性处理和综合,将处理结果(位置量)输出给位置伺服子系统。这种控制系统具有高速响应,能够完成机器人在行走中与刚性表面接触而产生位移时的实时控制。

智能机器人的控制结构通常被设计成多处理机系统的网络,并采用智能控制的分层递阶结构。如在纵向,自顶向下分为 4 层,每一层完成不同级别的功能。第一层负责任务规划,把目标任务分解为初级任务序列。第二层负责路径规划,把初级移动命令分解为一系列字符串,这些字符串定义了一条可避免碰撞和死点的运动路径。第三层的基本功能是计算惯量动力学并产生平滑轨迹,在基本坐标系中控制末端执行器。第四层为伺服和坐标变换,完成从基本坐标到关节坐标系的坐标变换以及关节位置、速度和力的伺服控制。

18.5 机器人系统的软件结构

智能机器人软件体系结构必须将反应式控制和基于模型的思考式控制相结合。因此,大多数智能机器人体系结构在低层次的控制中采用反应式技术,而在高层次控制中采用思考式技术。结合了反应式和思考式技术的体系结构被称为混合体系结构。

一种流行的混合体系结构是**三层体系结构**,它由一个反应层、一个执行层和一个思考层组成。

反应层为机器人提供低层次的控制。它的特征是具有紧密的传感器-行动循环。它的决策循环通常是以毫秒计的。

执行层(或序列化层)起着反应层和思考层之间的黏合剂的作用。它接收由思考层发出的指令,序列化以后传送给反应层。例如,执行层将会处理一系列由思考式路径规划器生成的通过点,并作出采取哪种反应行为的决策。执行层的决策循环通常是以秒计的。执行层还负责将传感器的信息整合到一个内部状态表示中。例如,它将掌管机器人定位和联机绘制地图等任务。

思考层利用规划生成复杂问题的全局解。因为生成这一类解的过程中涉及计算复杂度,它的决策循环通常是以分钟计的。思考层(或规划层)使用模型进行决策。这些模型可以事先提供或者从数据中学习得到,它们通常利用了在执行层收集到的状态信息。

三层体系结构的各种变体可以在大多数现代机器人软件系统中找到。当然,3 个层次的划分并不是非常严格的。一些机器人软件系统具有更多的层次,例如还可有用于控制人机交互的用户接口层,或者负责协调机器人与在同一环境下运转的其他机器人的行动的软件层等。

18.6 机器人程序设计与语言

18.6.1 机器人程序设计

"教"机器人完成有关作业称为程序设计。这种程序设计一般有 3 种方式：直接示教方式、离线数据程序设计方式和使用机器人语言方式。

1. 直接示教方式

直接示教方式也称示教再现方式。其具体做法是,使用示教盒根据作业的需要把机器人的手爪送到作业所需要的位置上去,并处于所需要的姿态,然后把这一位置、姿态存储起来。对作业空间的各轨迹点重复上述操作,机器人就把整个作业程序记忆了下来。工作时,再现上述操作就能使机器人完成预定的作业,同时可以反复同样的作业过程。

直接示教法的优点是不需要预备知识,不需要复杂的计算机装置。所以被广泛使用,尤其适合单纯的重复性作业,例如搬运、喷漆、焊接等。

直接示教法的缺点是：

(1) 示教时间长、速度慢；

(2) 不同的机器人,或者即使同一个机器人,对于不同的任务都需要重新示教；

(3) 无法接受感觉信息的反馈；

(4) 无法控制多台机器人的协调动作。

2. 离线数据程序设计方式

离线数据程序设计方式就是使用计算机辅助设计软件设计数据,计算出为了完成某一作业,机器人手爪应该运动的位置和姿态,即用计算机辅助设计(CAD)的方法产生示教数据。这一方式克服了直接示教法的缺点,对于复杂的作业,或许要给出连续的数据时,采用此方法是比较合适的。

3. 机器人语言方式

机器人语言方式就是使用机器人程序设计语言编程,使机器人按程序完成作业。这种方式的优点是：

(1) 由于用计算机代替了手动示教,提高了编程效率。

(2) 语言编程与机器人型号无关,编好的程序可供多台机器人或不同型号的机器人使用。

(3) 可以接受感觉信息。

(4) 可以协调多台机器人工作。

(5) 可以引入逻辑判断、决策、规划功能以及人工智能的其他方法。

因此,研究智能机器人则必须研究机器人语言。

18.6.2 机器人程序设计语言

机器人程序设计语言一般是一种专用语言,即用符号来描述机器人的动作。这种语言类似于通常的计算机的程序设计语言,但有所区别。一般所说的计算机语言,只指语言本身,而机器人语言实际上是一个语言系统。机器人语言系统既包含语言本身——给出作业的指示和动作指示,又包含处理系统——根据上述指示来控制机器人系统,另外还包括了机器人的工作环境模型。

根据作业描述水平的高低,机器人语言通常分为3级:动作水平级、对象物水平级和作业目标水平级(也称任务级)。

动作水平级语言是以机械手的运动作为作业描述的中心,由使手爪从一个位置到另一个位置的一系列命令组成。

对象物水平级语言是以部件之间的相互关系为中心来描述作业的,与机器人的动作无关。作业目标水平级语言则是以作业的最终目标状态和机器人动作的一般规则的形式来描述作业的。

这种分类法较好地反映了语言的水平和功能,但在级与级之间还有些模糊或混乱,所以,另一种分类法将机器人语言分为5级:操作水平级、原始动作水平级、结构性动作水平级、对象物状态水平级和作业目标水平级。

机器人程序设计语言是智能机器人研究的重要方面。这方面也有不少成果,人们已经开发出了许多机器人语言。这些语言有汇编型的,如 VAL 语言;有解释型的,如 AML;有编译型的,如 AL、LM 语言;还有自然语言型的,如 AutoPass 等。下面介绍几种典型的语言。

(1) 通用机器人语言 GRL

GRL(Generic Robot Language,Horswill,2000)是一种用于编写大型模块化控制系统的函数程序设计语言。正如在行为语言中一样,GRL 采用有限状态机作为它的基本建造模块。在此之上,它比行为模型提供了范围更宽的结构用于定义通信流,以及不同模块之间的同步约束。用 GRL 写的程序可以被编译成高效的指令语言,例如 C 语言。

(2) 反应式行动规划系统 RAPS

RAPS(Firby,1994)是一种用于并发机器人软件的重要程序设计语言,它使程序员能够对目标、与这些目标相关的规划(或不完全策略)和那些有可能使规划成功的条件进行指定。重要的是,RAPS 还提供了一些措施用于处理那些在实际机器人系统中不可避免发生的失败。程序员可以指定检测各种失败的例行程序,并为每一种失败提供处理异常的过程。在三层体系结构中,RAPS 通常用在执行层,处理那些不需要重新进行规划的偶发事件。

(3) GOLOG 语言

GOLOG(Levesque 等人,1997)语言是一种将思考式问题求解(规划)和反应式控制的直接确定进行无缝结合的程序设计语言。用 GOLOG 语言编写的程序通过情景演算进行形式化表示,并使用了非确定性的行动算子的附加选项。除了用可能的非确定性行动制订控制程序以外,程序员还必须提供机器人及其环境的完整模型。一旦控制程序到达一个非确定性的选择点,一个规划器(具有理论证明机的形式)就被触发,用来决定下一步该做什么。这样,程序员就能够指定部分控制器,并依靠内置的规划器来做出最终的控制选择。GOLOG 语言的优美性体现在它对反应和思考的无缝整合上。尽管 GOLOG 语言需要很强的条件(完全可观察性、离散的状态、完整的模型),但它已经为一系列室内移动机器人提供了高级控制。

(4) 嵌入式系统 C++语言 CES

CES(C++ for Embedded System)是 C++的一种扩展,它集成了概率与学习(Thrun, 2000)。CES 数据类型为概率分布,允许程序员对不确定信息进行计算,而不必耗费实现概率技术通常所需的努力。更为重要的是,CES 使得根据实例训练机器人软件成为可能。CES 使程序员能够在代码中留出"缝隙"由学习函数(典型的如神经网络这样的可微分参数化表示方法)进行填补。这些函数再通过明确的训练阶段来归纳地学习,训练者必须指定所期望的输出行为。CES 已被证实能够在部分可观察的和连续的领域内很好地工作。

(5) ALISP

ALISP(Andre 和 Russell,2002)是 LISP 的一种扩展。ALISP 允许程序员指定非确定性的选择点,这与 GOLOG 中的选择点类似。不过,ALISP 通过强化学习来归纳地学习正确的行动,而不是依靠定理证明机进行决策。因此,ALISP 可以看作是用来将领域知识尤其是关于所期望行为的分层"子程序"结构的知识,结合到强化学习机中的一种灵活手段。它为建造通过与环境交互进行学习的机器人提供了一套非常有前途的方法。

18.7　机器人技术进展

随着人工智能技术的整体进展,特别是机器学习和计算机视觉等的飞速发展,近年来,智能机器人的研发也有了长足的进步和发展。人们将机器学习和模式识别的研究成果引入机器人领域,例如,用强化学习训练机器人,通过直接试错,让机器人通过自学习不断提高自己的技能水平。又如,用智能仿真技术对机器人的学习和训练进行软件模拟,然后将所得结果再移植到硬件机器人中。看来,交互智能技术将在机器人领域特别是机器人行为方面发挥重要作用。人工智能技术的引入极大地提高了机器人的智力和技能水平,新开发的机器人使人耳目一新。其中对话机器人和运动机器人尤为突出。在运动机器人中,波士顿动力(Boston Dynamics)研发的机器人值得一提,它代表了当前运动机器人的最高水平。

在机器人的学习方面,有学者引入了群智能技术,研究了群机器人的环境表征、性格特征及其进化、并用多 Agent 系统进行仿真。仿真实验的项目有矩阵博弈、机器人走出房间、机器人跟踪目标。这 3 个仿真情景体现了基于博弈理论和自适应性格特征的群智能的不同方面。

视频讲解

习题 18

1. 智能机器人应具备哪些机能？
2. 实现智能机器人要涉及哪些方面的技术问题？
3. 简述机器人感知、机器人规划和机器人控制的基本原理。
4. 智能机器人软件体系结构如何？
5. 机器人程序设计有哪几种方式？
6. 机器人程序设计语言有哪些类型？
7. 上网搜索关于智能机器人的最新报道和视频，了解智能机器人的发展动态。

第 **19** 章

智能计算机与智能化网络

作为人工智能的承载者,计算机系统及其网络自身也必须智能化。也只有自身智能化了,才能给各种智能应用提供更好的支持。本章简单介绍智能计算机与智能化网络方面的基本知识。

19.1 智能计算机

随着人工智能技术及其应用的深入研究和不断发展,现有的冯·诺依曼(Von Neumann)型电子数字计算机越来越难以胜任了。事实上,这种计算机当初是从实现数值计算的目标出发而设计制造的。它的高速运算能力对人工智能来说固然重要,但其刚性强而柔性差的缺点却是人工智能难以接受的。为此,人们就不得不在用冯·诺依曼机器开发智能应用的同时,研究其他更好的智能计算机。

19.1.1 智能硬件平台和智能操作系统

同何为智能一样,关于什么是智能计算机,至今也没有一个公认的确切定义。但从系统构成来讲,同普通计算机类似,智能计算机也应分为智能硬件平台和智能操作系统两大部分。

(1) 智能硬件平台:指直接支持智能系统开发和运行的智能硬件设备。在这方面,人们已做了不少工作,如研制过 LISP 机、PROLOG 机等。现在,又推出了适于机器学习的人工智能专用芯片,同时还在开发、研制神经网络计算机和其他新型智能计算机。

(2) 智能操作系统:指以智能计算机硬件为基础,能实现计算机硬软件资源的智能管理与调度,具有智能接口,并能支撑外层的智能应用程序的新一代操作系统。智能操作系统主要有 3 个特点:并行性、分布性和智能性。并行性是指能够支持多用户、多进程,同时进行逻辑推理和知识处理；分布性是指把计算机的硬件和软件资源分散而又有联系地组织起来，能支持局域网或远程网处理；智能性又体现于3个方面：一是操作系统所处理的对象是知识对象，具有并行推理和知识操作功能，支持智能应用程序的运行；二是操作系统本身的绝大部分程序也是智能程序，能充分利用硬件的并行推理功能；三是其系统管理应具有较高智能程度的自动管理维护功能，如故障的监控分析等，以帮助系统维护人员做出必要的决策。

19.1.2 LISP 机和 PROLOG 机

LISP 机是一种面向符号处理、直接以 LISP 语言为机器语言的计算机，由美国麻省理工学院 AI 实验室的 R.格林布拉特于 20 世纪 70 年代初首先研制成功。LISP 机直接以 LISP 语言的系统函数为机器指令，具有一种面向堆栈的系统结构，堆栈里存放的是指针，代表所谓的 LISP 对象。除了数和特种常量（T,NIL）用专用指针外，一般指针代表可赋予任何意义的符号，包括印刷名、值、功能函数和特性表 4 个项目，这种赋予是动态的，且各项目彼此独立。LISP 机的机器指令包含着在现行堆栈上操作以下 4 类机器指令：①基本函数；②四则运算及有关运算；③条件转移指令；④用低层次 LISP 微指令手编的 LISP 函数。在任何时刻，LISP 机的运算都是通过现行堆栈组控制的。当过程进行到需要计算另一函数时，就启动与那个函数相应的堆栈组并保留当前的计算状态，而被启动的堆栈组就成为现行堆栈组。因此，LISP 机实际上是各堆栈组能相互启动的处理符号的堆栈机。LISP 机的操作系统、解释系统、编译系统、调试程序都是用 LISP 语言写的。有些 LISP 机，例如美国的 SYMBOLICS3600 系统，还实现了以 LISP 为基础的 FORTRAN、PASCAL 和 C 语言，而且能联成网络。

继 LISP 机之后，人们又研制了 PROLOG 机。PROLOG 机是一种面向逻辑推理、直接以 PROLOG 语言为机器语言的计算机。例如，日本在 1981 年到 1991 年间投巨资研制的"第五代计算机"就是一种 PROLOG 机。该机器的逻辑推理能力确实不凡，每秒可进行 1 亿到 10 亿次逻辑推理，推理过程比起常规机器大为简化。

LISP 机和 PROLOG 机虽然在模拟、实现人脑的逻辑思维、推理和决策等方面都取得了一定的成功，但在模拟、实现人脑的形象思维、联想记忆、语言理解和非结构化信息处理等方面却遇到了难以克服的困难。也就是说，这两种机器都难以全面实现人工智能，因此不能作为真正的智能计算机（上述日本的"第五代计算机"就是因此而宣告失败的）。

其实，LISP 机和 PROLOG 机都是在传统符号人工智能理念之下的产物，因而它们只能模拟脑智能机理的一个层面。

19.1.3 人工智能芯片

深度学习极大地推动了人工智能的应用和发展，但深度学习算法的计算量往往非常大，所以其效率和功耗开销就成了解决实际问题时的瓶颈，尤其是对于实时性很强的应用问题更为突出。于是，人们就研发适合于机器学习，特别是深度学习的计算机硬件——专用处理器（芯片），以有效提升深度学习的速度并降低其功耗。这种用于机器学习以提升程序运行效率的人工智能专用芯片就是一般所称的人工智能芯片。

　　人工智能芯片的研制现在已经是 AI 领域的一个新的热点。国内外的许多公司都纷纷布局,展开了激烈竞争。国外主要有英伟达、谷歌、XILINX、英特尔、AMD、高通、亚马逊等公司,国内主要有百度、寒武纪、华为、地平线、云知声、阿里等公司。各个公司都推出了自己的特色芯片,呈现出百家争鸣的局面。

　　从原理来看,目前所推出的 AI 芯片有 GPU(Graphics Processing Unit)、FPGA(Field Programmable Gate Array,现场可编程逻辑门阵列)和 TPU(Tensor Processing Unit)等几种架构类型。

　　GPU 架构的芯片能满足深度学习的大量计算需求,但功耗较高;FPGA 架构的芯片具有足够的计算能力和灵活性以及较低试错成本,但编程复杂;而 TPU 架构的芯片则具有更高的处理速度和更低的能耗,而且成本也较低。

　　TPU 的优势在于对冯·诺依曼瓶颈(即处理器运行时要频繁访问内存)的大幅度简化。事实上,由于主要任务是矩阵运算,所以 TPU 中成千上万的乘法器和加法器被直接连接,以构建那些运算符的物理矩阵。这被称作脉动阵列(systolic array)架构。如在 Cloud TPU v2 中,有两个 128×128 的脉动阵列,在单个处理器中集成了 32 768 个 ALU(算术逻辑单元,控制乘法器和加法器的组件)。一个脉动阵列执行神经网络计算时,首先从内存加载参数到乘法器和加法器的矩阵中,然后从内存加载数据。当每个乘法被执行后,其结果被传递到下一个乘法器,同时执行加法。因而结果是所有数据和参数乘积之和。这样,在大量计算和数据传递的整个过程中,不需要执行任何内存访问。因而大大提高了运算速度,降低了能耗,物理空间占用也较通常的 CPU 和 GPU 更小。这就是为什么 TPU 可以在神经网络运算上达到高计算吞吐量,同时能耗和物理空间都很小的原因。

　　TPU 首先由 Google 推出。Google 将其作为可扩展的云计算资源,并为所有在 Google Cloud 上运行尖端 ML(机器学习)模型的开发者与数据科学家提供计算资源。

　　关于 AI 芯片的研发,尽管已取得了不少进展和成果,但目前的水平还处于初级阶段。要进一步升级换代,还有不少问题、难关和挑战。

19.1.4　神经网络计算机,类脑芯片

　　神经网络计算机也称神经计算机,是指由大量类似神经元的基本处理单元相互连接所构成,具有分布存储和并行处理能力及自组织方式,能模拟人脑神经信息处理功能的计算机系统。根据所用基本器件的不同,人工神经网络计算机又可分为 3 种类型,即基于超大规模集成电路的神经网络计算机、基于光处理器的神经网络计算机和基于分子处理器的神经网络计算机。但受当前物质条件和技术水平的限制,神经计算机分全硬件和软件模拟两条途径来实现。

　　所谓全硬件实现,是指物理上的处理单元和通信通道与一个具体应用问题的神经网络模型中的神经元及连接一一对应,每一个神经元及每一个连接都有与之相应的物理器件。这种器件可以是数字式的,也可以是模拟式的。全硬件实现中各处理单元之间的连接方式一般难以改变,因此,缺乏通用性、灵活性和可编程性,一般只在专用神经计算机中采用,以满足许多实时性要求很强的应用场合。

　　如果用 P 个物理单元去实现由 N 个神经元组成的神经网络的计算,只要 $P < N$,就

可以称这种实现为神经计算机的软件模拟实现。在软件模拟实现中，若干个神经元要映射到同一个物理处理单元，通过软件编程实现其功能。软件实现具有通用性强、灵活性好的优点，适用于神经网络模型研究、应用研究及实时性要求不高的众多场合。当然，严格地讲，神经计算机是(指全硬件实现的)不需要编程的，它是通过训练、自组织、自适应地调整其结构参数，从而完成一定的信息处理。

当前，神经计算机基本上还处于试验、研究阶段。神经网络理论为神经计算机的体系结构设计提供了理论模型；而微电子学、光学技术、生物工程技术、计算机科学技术为其物理实现提供了物质基础和技术手段。但由于人脑的复杂性，用物理器件做成的人工神经网络来模拟人脑，其难度是可想而知的。

然而，最近传来了好消息：英特尔推出的类脑芯片(brain-inspired chip)系统 Pohoiki Beach(见图 19-1)向模拟人脑这一目标前进了一大步，这是一个拥有 830 万个人工神经元的计算机系统。据英特尔公司介绍，其组成芯片在 AI 任务中的速度是传统 CPU 的一千倍，能耗效率是一万倍。而且这种类脑芯片越扩展效率越高，这是传统架构无法企及的。

图 19-1　类脑芯片系统 Pohoiki Beach

神经形态学工程，也称神经形态计算，通常是指使用电路系统来模拟生物的神经形态学结构。此前，来自麻省理工学院、普渡大学、斯坦福大学、IBM 公司、惠普公司等大学和公司的研究者们都曾提出自己的全栈系统，但没有一家能像今天英特尔公司这样如此接近神经形态学研究的终极目标——推出了一台超越前人千倍算力的超级计算机。英特尔公司实验室总监 Rich Uhlig 表示，已经免费向 60 个研究伙伴提供 Pohoiki Beach。这些机构正在使用新类型的芯片挑战最尖端领域的研究，其中包括可扩展 AI 算法，如冗余编码和路径规划。

Pohoiki Beach 包含 64 个 128 核心，14 纳米制程的 Loihi 神经形态芯片，这些芯片首次出现在世人面前是在 2017 年 10 月的 Neuro Inspired Computational Elements(NICE)研讨会上。它们具有 60 毫米裸片尺寸，每块包含 20 亿个晶体管、13 万个人工神经元和 1.3 亿个突触，此外还附有 3 个管理 Lakemont 核心用于任务编排。值得一提的是，Loihi 拥有可编程微码学习引擎，可在片上训练异步脉冲神经网络(SNN)——这是一种将时间结合进模型操作的特殊 AI 模型，可以让模型的不同组件不会同时被输入处理。SNN 被认为可以高效实现自适应修改、基于事件驱动和细粒度平行计算。

基于 Pohoiki Beach，英特尔还提供了 Loihi 开发工具链：包括 Loihi Python API、编译器和一组用于在 Loihi 上构建和执行 SNN 的执行库。这些工具提供了自定义构建神经、突触计算图的方法，可调整诸如衰减时间、突触权重、脉冲阈值等变量，也可通过自定义学习规则注入外部脉冲来模拟计算图。

与人脑中的神经元类似，Loihi 拥有数字轴突用于向临近神经元发送电信号，也有树突用于接收信号，在两者之间还有用于连接的突触。英特尔公司表示，基于这种芯片的系统已经被用于模拟皮肤的触觉感应、控制假腿和玩桌上足球等任务。因为效率颇高，Pohoiki Beach 和 Loihi 有望成为人工智能算法发展的新动力。英特尔公司称，新形态的芯片可以在图像识别、自动驾驶和机器人等方面带来巨大技术提升。

据悉，英特尔公司还将推出一个更大的 Loihi 系统——Pohoki Springs，该系统将拥有超过 1 亿神经元、1 万亿个突触，预计包含 768 颗芯片、1.5 万亿个晶体管。下一代神经形态系统将提供"前所未有的"性能和效率。此外，Santa Clara 公司将继续通过英特尔公司神经形态研究社区（Intel Neuromorphic Research Community）为用户提供访问其 Loihi 云系统和 Kapoho Bay（基于 Loihi 的 USB 形状因子系统）的权限。

在类脑芯片的研发领域，还有一个重大事件：清华大学也推出了一款名为"天机"的类脑芯片。该成果已作为封面文章发表在 2019 年 8 月 1 日的《自然》上。据报道，这款"天机芯"既可支持脉冲神经网络又可支持人工神经网络，是世界上首款异构融合型类脑芯片。利用天机芯已实现了无人驾驶自行车的智能控制，包括自平衡、动态感知、目标探测、跟踪、自动避障、过障、语音理解、自主决策等功能。

19.1.5　智能计算机发展展望

纵观智能计算机的发展历程，我们看到，虽然人们已经付出了很大努力，并且也取得了不少的成果，但真正意义上的智能计算机与我们还有一定的距离。其实，智能计算机的研制离不开对智能本质的认识。智能计算机的实现还需要智能科学的进一步发展。另一方面，智能计算机的发展也要与计算机科学技术本身的发展相呼应。

事实上，受速度、容量的限制和分布存储、并行计算需求的压力，同人工智能界一样，计算机科学技术界也在寻求新的出路，试图突破冯·诺依曼机的框架，开发、研制新一代计算机。所幸，当代的物理、生物、信息和计算技术的飞速发展，为研究新型计算机提供了基础和条件。事实上，现在人们的视野更加开阔，基于不同的计算原理，提出了许多新型计算机的构想。其中的生物计算机、分子计算机、光学计算机、量子计算机等，已经取得了初步的成果或不小的进展。

我们相信，这些新型计算机将会为智能计算机提供更大的选择空间和技术支持。值得关注的是，量子信息与量子计算的许多诱人特征现在越来越引起人工智能科学家的注意，甚至已经有人开始将量子计算用于智能信息处理，如提出了一些量子算法，将量子的叠加态与自然语言中的歧义相联系，将量子纠缠与上下文相关相联系，用量子的观点研究脑，等等。这些迹象似乎在提示人们：量子计算更适于描述和实现智能机理，量子计算机有望成为人们所期望的下一代智能计算机。

19.2　智能化网络

随着信息网络（包括电话网、广播电视网和计算机网）的飞速发展，一个以网络为基础的信息化时代已经到来。然而，网络技术还远未达到理想境界，它的功能和性能还不能满足人们越来越多和越来越高的需求。所以，网络技术还必须进一步发展。而网络技术要进一步向前发展，就不可避免地要引入智能技术。引入智能技术的网络将是智能化网络，它包括网络构建、网络管理与控制、网络信息处理、网络人机接口等方面的智能化。

本章就从网络构建、网络管理和网络应用等3个方面,介绍、探讨如何引入智能技术,从而实现智能化网络。

19.2.1 智能网

1. 智能网的定义

这里的智能网(Intelligent Network,IN)是一个专用术语。它是指一种独特的信息网络体系结构。早在20世纪80年代,智能网的思想就已出现。1992年CCITT正式命名并定义了智能网,称智能网是用于产生和提供电信新业务的体系(architecture)。之后,"智能网"便成为一个标准化名词。

按照CCITT对智能网的定义,智能网可描述为:在原有通信网络(即交换与传输网络结构)基础上,为快速、方便、经济、灵活地提供电信新业务(也称增值业务)而设置的一种附加网络结构。智能网的原理示意如图19-2所示。可以看出,智能网是建立在基础通信网之上,为各种具体电信业务提供统一服务的一个平台。

2. 智能网的结构

智能网自身的结构如图19-3所示,其中包含业务交换点(Service Switching Point,SSP)、业务控制点(Service Control Point,SCP)、业务数据点(Service Data Point,SDP)、业务管理点(Service Management Point,SMP)、业务生成环境(Service Creation Environment,SCE)等部件,其中SSP和SCP是智能网的两个关键部件,而SCP更是智能网的核心部件。

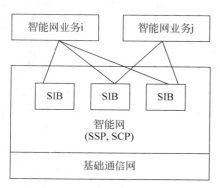

图 19-2 智能网原理示意图

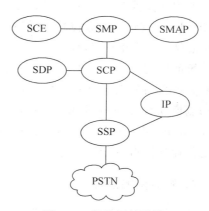

图 19-3 智能网的结构

(1)业务交换点(SSP)就是智能网中的交换机,但它只用来完成基本的呼叫处理和接续控制以及与SCP的信息交互。

(2)业务控制点(SCP)一般由大中型计算机和大型高速实时数据库构成,用来存放智能业务程序和数据。

SCP 位于 SSP 之上,二者之间的实时连接通过公共信道信令网实现。SSP 在处理智能业务时,将业务请求提交给 SCP,再由 SCP 通过查询智能业务数据库,将业务请求解释为 SSP 所能够进行的处理,这些处理再由 SCP 下达给 SSP。因此,SSP 并不需要知道智能网业务应如何处理,只要将其提交给 SCP 并接受它的控制,按照 SCP 的指令进行操作就可以了。基于智能网的业务简单处理过程如图 19-4 所示。

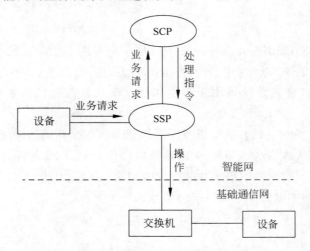

图 19-4　基于智能网的业务简单处理过程

3. 智能网的特点

智能网的最大特点是将网络的业务控制功能与交换功能相分离,把原来分散在基础通信网中的交换机功能从交换机中分离出来,集中到新设的功能部件——业务控制点(SCP)上,实现集中业务控制,而使原来交换机仅完成基本的接续功能。智能网的这一特点可总结为:**功能分离,集中控制**。

智能网的另一个重要特点被称为:**模块编程,组合配置**。具体来讲,就是先把各种具体业务逻辑划分成一个个基本功能模块(如"运算""筛选""计费""翻译"等),并将这些基本功能模块做成一个个独立的软件构件,称为业务无关组合块(Service Independent Building Blocks,SIB),然后,以这些 SIB 作为基本功能单元,通过组合、配置来实现各种特定的业务逻辑(见图 19-2)。

4. 智能网的意义

建立智能网是由于传统网络的缺点和智能网的优点两方面的原因。

按传统技术,通信业务是与通信网络甚至通信设备厂商密切相关的。要开展一项新业务,就要新建或更新通信网络,购买特定厂商的设备。例如,利用程控交换机实现电话卡就要为之配置专门的交换机和程序。那么,随着网络规模日益膨胀、网络结构日益复杂、通信业务的不断扩展,这种传统方式就显得不方便,不快捷,不能满足和适应现代社会对通信的需求,而且会造成严重的资源浪费。在这种情况下,发展新的网络技术就势在必行。智能网的概念和技术也正是在这样的形势下应运而生的。

事实上,智能网的上述特点也就蕴含着下列优点。

(1) 可方便、快速、经济地生成新的电信业务(网)。

由于智能网实现了业务集中控制(而不再分散于各个交换机上)和功能分块包装,所以,一旦需要增加新的业务或修改原有业务,只需增加或修改相应的功能组件 SIB,并在数据库中增加新的业务数据和用户数据即可。这样,在智能网中生成了一个新业务,也就相当于为该业务构建了一个专用网络。因此,利用智能网就可以快速、方便、经济地生成新的业务网络,而不必像原来那样:对于一个新业务的开发,是要选购硬件,编制软件,几乎一切从头做起。

(2) 可适应多种新业务的需要。

智能网的另一个优点是可适应多种新业务的需要,从而向用户提供那些用传统方式很难提供的业务。由于智能网是利用功能组件来实现业务逻辑的,所以,它提供的功能组件越多,则能实现的业务种类也就越多。例如,用已经开发的功能组件就可以实现:被叫集中付费、自动记账卡、大众呼叫、广告电话、预付费、通用个人通信、移动电话、虚拟专用网业务、电子投票、信用卡记账、911 应急、分时分区、用户局域信令、广域集中用户交换机等等业务。

(3) 可实现客户自己管理业务。

由客户自己管理业务也是通信市场的一个特点。如"虚拟专用网"业务,就是专用部门利用公用网的资源建立自己的专用网,它可以有自己的编号计划,自己来规定网络的业务属性,可以增加专用网的用户,可以自己来规定用户的属性,等等。客户(如 VPN 集团)或者称为业务用户自己管理业务的方法基本有两种:

① 利用自己的计算机终端,并通过智能网提供的业务管理接入点(SMAP)连到智能网的业务管理系统(SMS)。

② 通过电话机经调制解调器把所需要管理的信息送到 SMS,对数据进行补充、修改、增加以及删除等。

综上所述,智能网实际是一种开放、灵活、经济、独立于具体业务的信息业务网自动生成平台和运行管理平台。智能网的这些优点也正是建立智能网的目的。

5. 智能网的发展

首先需指出的是,当初 CCITT 提出的智能网主要是针对电信网的,所以其基础通信网主要指电话网(PSTN)。经过这几十年的发展,电话网的功能在不断扩展,而且电信网与有线电视网和计算机网也越来越融合了,所以,当今的智能网,其基础通信网除了PSTN 以外,还包括综合业务数字网(ISDN)、移动通信、宽带综合业务数字网(BISDN)和 IP 网等。也就是说,智能网的概念现在实际上已经扩展到了整个信息网络了。

经历了许多年的研究与开发,智能网的各种业务以及其他新业务已普遍展开,而且在宽带智能网、综合智能网等方面有了长足的进步和发展,特别是移动通信网现在已迈入5G 时代。

智能网之所以称为智能网,当初主要是由于它能够用简单编程的方法快速生成各种网络新业务而表现出一定程度的自动化特征。但从人工智能技术角度看,其智能水平还需要进一步提高。换句话说,如何进一步提高智能网的智能水平还是一个需要认真研究的课题。

从智能网的原理来看,对于智能网可以考虑引入自动规划与配置、专家系统、知识库、优化搜索等智能技术以及语音识别、语音合成和机器翻译等智能技术。例如,可运用 SIB 的组合排列知识、专家经验知识、业务特征知识等,通过推理或搜索而生成相关业务的 SIB 程序。

19.2.2 智能 Web

WWW(World Wide Web,万维网),简称 Web,是基于 Internet 的一个超大型信息网络系统,于 1991 年由 Tim Berners-Lee 创建。经过这 20 多年发展,WWW 已经从当初仅包含由网站提供的简单静态内容(如单位主页)的 Web 1.0 到后来用户可参与的具有更多交互性和复杂性(如社交媒体)的 Web 2.0 而进入 Web 3.0 的发展阶段。

然而,关于什么是 Web 3.0 目前还无共识和定论,而是众说纷纭。例如,认为 Web 3.0 等同于基于浏览器的虚拟网络操作系统 Web OS,或等同于 Web 服务;认为 Web 3.0 是 XML Web Services;而 Google 则把云计算看作是 Web 3.0;还有人认为 Web 3.0 是基于区块链(chain of blocks,Blockchain)的高可信的下一代 Web 系统。但更多的人则认为最"正统"的 Web 3.0 当属由 WWW 之父 Tim Berners-Lee 所构想和倡导的语义 Web (semantic Web)。另外,从智能化的目标看,语义 Web 无疑是最具潜力的发展方向。因此,下面对语义 Web 做简单介绍。

1. 语义 Web 的基本概念

我们知道,传统 Web 是将网页(文档)互联而形成的一种文档 Web,而语义 Web 则是进一步将(文档中的)知识(数据)互联,或者说将文档变成机器可读的知识结构(元数据)而形成的一种数据 Web。其目的是让计算机能够自己"理解"网页中有关的内容和用户意图,并能沿着数据链接进行一定的推理和判断,以便更好地为用户提供各种智能化信息服务。也就是说,语义 Web 是传统文档 Web 的扩展和升级,是一种智能型 Web。

2. 语义 Web 的体系结构

Tim Berners-Lee 将语义 Web 的体系结构设计为如图 19-5 所示的 7 层架构。其中:

第 1 层是基础层,主要包括 Unicode 和 URI。这里 Unicode 是一种字符集,用于 Web 资源(如 HTML 文档、程序、图片、音视频等)的编码;URI(Uniform Resource Identifier)是统一资源标识符,负责 Web 资源的定位。

第 2 层是句法层,包括 XML、NS 和 xmlschema。其中 XML(Extensible Markup Language)是精简的 SGML(标准通用标记语言),它综合了标准通用标记语言的丰富功能与 HTML 的易用性,允许用户在文档中加入任意的结构,而无须说明这些结构的含义;NS(Name Space)是命名空间,由 URI 索引确定;xmlschema 是 XML 模式规范。

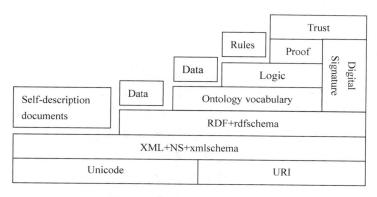

图 19-5　语义 Web 的体系结构

第 3 层是数据层,包括 RDF 和 rdfschema,其中 RDF(Resource Description Framework)是资源描述框架,它是一种描述信息资源的语言,其目标是建立一种供多种元数据标准共存的框架,RDF 解决的是如何采用 XML 标准语法无二义性地描述资源对象的问题,使得所描述的资源的元数据信息成为机器可理解的信息;rdfschema 是 RDF 模式规范。

第 4 层是语义层,Ontology vocabulary,即本体词汇。该层是在 RDF 基础上定义的概念及其关系的抽象描述,用于描述应用领域的知识,描述各类资源及资源之间的关系,实现对词汇表的扩展。在这一层,用户不仅可以定义概念而且可以定义概念之间丰富的关系。更具体地讲,该层在 RDF 的基础上定义了 RDFS(RDF Schema)和 OWL(Web Ontology Language)以帮助用户构建应用领域相关的轻量级的本体。RDFS 和 OWL 定义了语义,可以支持机器在用 RDFS 和 OWL 描述的知识库和本体中进行推理,以达到语义 Web 的目标。

第 5 至 7 层分别是逻辑层(Logic)、验证层(Proof)、信任层(Trust)。逻辑层在前面各层的基础上进行逻辑推理操作;验证层根据逻辑陈述进行验证,以证明输出的可靠性以及其是否符合用户的要求;信任层是语义 Web 安全的组成部分,主要负责发布语义 Web 所能支持的信任评估。

3. 语义 Web 的关键技术

从图 19-5 可以看出,实现语义 Web 需要 XML、RDF 和 Ontology 三大技术的支持。

XML 不仅能提供对资源内容的表示,也能描述资源的结构信息。XML 严格遵守 DTD 或 Schema 定义的语义约束,具有良好的数据存储格式、可扩展性、高度结构化等优点。

RDF 是一种资源描述语言,是语义 Web 的数据建模语言,所有语义 Web 信息都用 RDF 存储和表示。RDF 可以视为一种由数据结构、操作符、查询语言和完整性规则组成的数据模型。该模型描述了用元数据表示的真实世界的实体信息,其目标是构建一个综合性的框架来整合不同领域的元数据,实现在 Web 上交换元数据,促进网络资源的自动化处理。

ontology(本体)一词源于哲学领域,一直以来存在着许多不同的用法。在计算机科学领域,其核心意思是指一种模型,用于描述由一套对象类型(概念或者说类)、属性以及关系所构成的世界。尽管不同的本体对于这些构成成分的确切称谓有所不同,但它们都是一个本体不可或缺的基本要素。20 世纪 90 年代初期,斯坦福大学计算机科学家 Tom Gruber 对于计算机科学术语 ontology 给出了审慎的定义:一种对于某一概念体系(概念表达或概念化过程)(conceptualization)的明确表述(specification)。对于特定一个领域而言,本体表达的是其那套术语、实体、对象、类、属性及其之间的关系,提供的是形式化的定义和公理,用来约束对于这些术语的解释。在语义 Web 的实现中,ontology 具有非常重要的地位。怎样构建本体一直是一个热点课题。

语义 Web 被提出后,得到学术界和业界的积极响应,并取得了不少成果和长足进步。语义 Web 也一直受万维网联盟(World Wide Web Consortium,W3C)的管理和推动(RDF 就是由 W3C 推荐的一个资源描述标准)。然而,语义 Web 的真正、完全实现还面临诸如本体的开发、本体语言的标准化以及数据、推理和安全等问题和挑战。好在基于知识图谱的语义搜索现在已经实现,这就为语义 Web 的发展提供了新的思路和启发。

19.2.3　网络的智能化管理与控制

网络管理与控制是网络高效、可靠、安全、经济运行的基本保障。然而,随着网络的发展,其设备的复杂化使网络管理与控制已无法用传统的手工方式来完成。此外,现代网络的容量大、速度高的特点还要求网络管理与控制要有很高的实时性。所以,网络管理与控制必须采用更加先进有效的技术手段。为了更进一步提高网络管理与控制的水平,引入智能技术就成为必然。本节介绍网络的智能化管理与控制技术。

1. 在管理功能中引入智能技术

网络的管理功能包括配置管理、故障管理、性能管理、安全管理、计费管理等。对于其中的每一项管理几乎都可引入智能技术。特别是故障管理、性能管理和安全管理更是智能技术的用武之地。

(1) 在配置管理中,可以用人工智能中自动规划与配置技术实现优化配置,提高网络资源利用率。

(2) 在故障管理中,可建立故障诊断专家系统。

(3) 在性能管理中,性能分析可以采用知识库和专家系统技术提高其水平和速度。

(4) 在安全管理中,入侵检测中可使用多种智能技术,在这方面已经有一些成功的方法和案例,如基于神经网络的异常入侵检测方法、基于贝叶斯网络的异常入侵检测方法、基于机器学习的异常入侵检测方法、基于数据挖掘的异常入侵检测方法、基于专家系统的误用入侵检测方法、基于人工免疫系统的异常入侵检测方法、入侵检测专家系统、基于 Agent 的入侵检测系统等。图 19-6 所示的就是一个基于神经网络的入侵检测模型实例。这是一个多输入单输出网络,其中的 ls,chmod,…,vi 是输入的一列(UNIX)操作系统命令。图 19-7 则是一个入侵监测专家系统的结构。

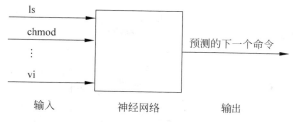

图 19-6 基于神经网络的入侵检测模型实例

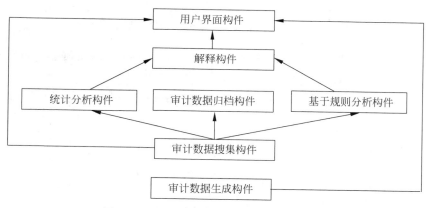

图 19-7 入侵监测专家系统 NIDES 的结构

2. 在管理方法中引入智能技术

传统的网络管理基本是遵循国际标准化组织(ISO)、互联网活动会议(IAB)以及国际电信联盟(ITU)提出的多个网络管理与控制标准和协议[如公共管理信息协议(CMIP)、简单网络管理协议(SNMP)、电信管理网络(TMN)等],采用的基本模型是 OSI 系统管理模型。如图 19-8 所示,该模型的核心是一对系统管理实体:Manager(管理者)和 Agent(代理者),被管资源被描述为被管对象(逻辑数据)后放入分散在各处的管理信息库(MIB)中。Manager 和 Agent 通过管理通信协议相互联系,Manager 需要对远程被管对象进行操作时,向被管对象所在处的 Agent 下达操作命令,由 Agent 具体进行对被管对象的访问,访问结果再由 Agent 通过通信协议报告给 Manager。这样的模型实现了远程监控、逻辑操作,为网络管理与控制提供了合理有效的框架。但由于 Agent 的管理操作完全由远程的 Manager 的控制,并且管理操作命令和操作结果的来回传递造成了网络业务量的升高,同时网络管理的实时性也受到了限制。所以,这一模型仍存在一定的问题,难以满足人们对网络管理与控制水平的要求。

为了更进一步提高网络管理与控制的水平,引入智能技术就成为必然。解决上述问题的一个有效方法是采用智能的 Agent 来代替现有模型中的 Manager 和 Agent(见图 19-9)。智能 Agent 具有一定的知识,它能自治地检测环境(被管对象及其自身的状态),经过分析、推理后,对环境进行调整和改造,必要时还可与其他智能 Agent 通信联络。所以,采用智能 Agent 就可以使各个管理实体能自治地、主动地、实时地,同时又相

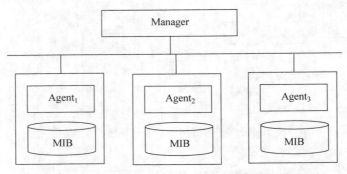

图 19-8　基于 Manager 和 Agent 的网络管理模式示例

互协作地工作。例如,把与呼叫建立的实体表示为智能 Agent,以便建立呼叫连接。一旦发现冲突,这些 Agent 便通过协商解决冲突。

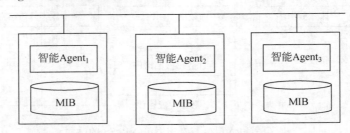

图 19-9　基于智能 Agent 的网络管理模式示例

在网络管理与控制中可采用的另一个智能技术就是专家系统技术。事实上,专家系统在网络管理与控制中已经发挥了重要作用,例如,出现了用于网络维护、开通和管理等多种类型网络管理专家系统。网络管理与控制专家系统正在由脱机工作方式向联机工作方式过渡,以期发挥更加重要和及时的作用。此外,在高速网的业务量控制、路由选择,大容量光纤传输网络的故障自愈控制方面,人工神经网络、智能控制、遗传算法等也是有效的智能技术。

3. 智能网络管理系统

从管理系统角度讲,实现智能化网络管理与控制就是要建立智能网络管理系统。智能网络管理系统应具有以下几方面的能力。

(1) **处理不确定性问题的能力**　智能化网络管理系统要具备处理不确定信息的能力,能根据这些信息对网络资源进行管理和控制。一些较好的方法有主观 Bayes 方法、证据理论和贝叶斯网络等。

(2) **协作能力**　由于网络规模和结构日趋复杂,集中式网管系统中单一的网络管理器难以应付全部管理任务,因此,可采用分布式网管系统。如可采用层次化网管模式,上层管理器可以轮询监测中层管理器,中层管理器在向上层管理器报告突发事件的同时还要对下层状态进行监测。这样一来,就存在多层管理器之间任务的分配、通信和协作问题,从而要求网络管理系统具有很好的协作能力。为此,可将多 Agent 系统、分布式人工智能技术引入网络管理系统。

（3）**应变能力**　由于网络系统是一个不断变化的动态系统，所以，要求网络管理系统必须具有应变能力。传统的按照"数据驱动"模式对网络资源进行管理控制的网管模式难以适应系统的动态变化，而采用"事件驱动"模式的网络管理系统就是解决这一问题的一个方法。当处在某一特定状态下时，网络管理系统就会启动相应的处理动作，如动态带宽调整，网络故障时业务的路由重置。

（4）**解释和推理能力**　智能化的网络管理不仅是简单地响应来自低层设备的一些孤立信息，它应有能力综合解释这些低层数据，以得出用于高层管理的信息，并基于这些高层的信息对网络进行管理和控制。这就要求网络管理系统具有一定的解释和推理能力。从而能够根据不完全、不精确的信息对网络状态做出判断。例如当网络中某个路由器出现故障时，这台路由器及其与之相连的网管通信设备都会失去与网络管理器的联系。当网络管理器轮询这些设备时，它们都不会响应。在这种情况下，智能网络管理应有能力推断出哪台设备可能出了故障。

（5）**记忆和学习能力**　就是在网络运行过程中，网络管理系统自动收集、记录有关的状态、性能等数据，并从中总结归纳出经验性知识，然后用于随后的网络管理与控制中。显然，具有这种能力的网络管系统是更高级的智能网络管理系统。

特别需提及的是，网络管理还涉及网络安全问题，包括对病毒、黑客、恶意软件、垃圾邮件、虚假信息等的识别、防范与清理。显然，这里也需要智能技术的支持。可以看出，模式识别、机器学习甚至机器博弈等智能技术都可在此派上用场。例如，可以用监督学习对邮件进行分类，以过滤垃圾邮件。

19.2.4　网上信息的智能化检索

1. 搜索引擎（Search Engine）

计算机网络特别是 Internet 的一个重要作用就是信息资源的共享和交流，所以，网上信息发布和信息检索就是网络应用的主要内容。随着 Internet 的飞速发展，网上的站点越来越多，信息量也越来越大。那么，如何使发布者的信息尽快地让更多的用户看到；另一方面，如何使需求者从这浩如烟海的网上信息中快速、准确地找到自己所需的信息，这两者就成为网上信息检索技术的重要课题。为了适应网络用户信息发布和信息查询的需求，搜索引擎技术便应运而生。所谓搜索引擎，就是专门为用户提供信息发布和信息查询服务的一种软件系统。其实，它也是一种网络数据库系统。

搜索引擎有三方面的功能。

（1）**信息搜集**：搜集网上所发布的各种信息，并录入其数据库。

（2）**信息组织**：对搜集来的信息进行分类、索引和摘要。

（3）**信息检索**：提供多种检索方式，为用户从数据库中检索出所需求的信息，满足信息需求者的需要。

所以，搜索引擎也就是一种网上信息中介机构。由于搜索引擎是为公众服务的，因而它也有自己的网站。所以，一个网络搜索引擎也就是网络上的一个信息查询站点。例如，百度、Google 等就是国内外著名的搜索引擎(网站),而网易、搜狐、新浪等这些含有搜索引擎的网站则称为门户网站。

搜索引擎的基本结构与工作原理如图 19-10 所示。

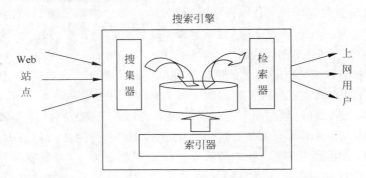

图 19-10 搜索引擎的基本结构与工作原理示意图

其中,搜集器负责信息搜集:由被称为 Robot(或 Spider 或 Web Crawler 网络爬虫)的搜索程序在网上主动搜索,将收集到的信息存入数据库。索引器负责对这些信息进行分类整理,并建立索引文件。检索器负责信息检索:按查询需求从数据库中提取相关信息回馈用户。应该说,网络搜索引擎的产生,为解决网上信息发布和查询问题提供了一个有效的手段,因此,搜索引擎现已成为网络信息检索的主要技术和工具。

搜索引擎有两个重要性能指标:查全率和查准率。其中,

查全率＝检索出的相关信息量/系统中的相关信息总量×100%

查准率＝检索出的相关信息量/检索出的信息总量×100%

为了提高查全率和查准率,就要对搜索引擎的信息搜集、信息组织和信息检索技术不断进行改进。在这方面已经取得了不少技术成果。如信息搜集方面已开发出不少有效的搜索算法;信息组织方面提出了许多信息分类和索引技术;信息检索方面提出了布尔模型、向量空间模型、概率模型等检索模型,开发了 PageRank 算法等有效的相关性排序算法。

2. 智能搜索引擎

随着网络应用的日益普及,网上的信息量越来越大,信息类型越来越多。一方面,除了文本外还有图形、图像、音频、视频等。另一方面,还出现了区域化(或称本地化)、专业化(或称垂直搜索)、个性化的信息服务需求。在这样的形势下,搜索引擎还要提高信息的查全率和查准率,就必须引入智能技术,即实现智能搜索引擎。

智能搜索引擎的主要有以下研究课题:

(1) 信息收集方面主要是智能搜索算法,如启发式搜索;

(2) 信息组织方面,又可分为以下几种。

① 信息分类技术。

信息分类就是对信息进行分门别类地组织和存放。这自然有利于信息的快速准确检索。这里的分类就是由机器判断一个信息文档应归属到哪个信息类中,这一过程实际上

就是模式识别的过程。系统中各类信息的特征要予以设定,当判断一个信息文档是否归属某个信息类时,就要看该信息文档中的特征是否与该信息类的特征相同或接近。分类的前提是聚类,所以,信息分类涉及模式分类、文本聚类、机器学习等诸多技术。

　　② 基于内容的自动索引技术。

　　传统自动索引方法是按关键词为信息文档自动建立索引,即根据信息文档提供的关键词或摘要中包含的关键词进行索引。为了提高搜索引擎的查全率和查准率,更好的方法是利用全文信息检索技术对信息文档全文中包含的关键词进行索引。这样不但能够更全面地检索文档中所包含的关键词,同时还可以计算出各个关键词在文档中的权重。而包含关键词权重的索引文件是智能查询所需要的。随着网络信息的变化,系统中用于建立索引的关键词也应不断地调整,否则系统的性能就会下降。因此,自动索引还应具有自动发现和添加新关键词并删除利用率太低的旧关键词的功能。

　　智能搜索引擎则要研究基于内容的索引。要实现基于内容的索引,首先要能够对信息文档的内容进行自动归纳和提取。这就涉及自然语言理解技术。虽然这方面的研究存在一定困难,但已经推出了一些研究成果。

　　③ 理解式自动文摘技术。

　　自动文摘就是计算机自动提取文章摘要。传统方法为机械式文摘,主要有以下方法。

- **频度统计法**　根据统计词(不包括连词、代词、介词、冠词、助动词及某些形容词和副词等)的出现频度来确定该词的重要性和句子的可选性。凡是频度超过设定阈值的词被看作是文章的代表词,而一个句子的代表性则根据句子中包含代表词的多寡来计算。代表性超过设定阈值的句子被抽出作为文摘句。
- **关键位置判定法**　根据句子在文章中所处的位置,如标题、段头、段尾等来判断其重要性,然后根据各个句子的重要性来选择文摘句。
- **句法频度结合法**　先利用句法分析程序将文章的短语识别出来,再计算短语中各个词的频度,以此来判断句子的代表性。

　　机械式文摘原理简单,易于实现,但由于仅根据词在文章中出现的频度以及句子在文章中的位置选取文摘句,而不对文章的内容进行理解,因而文摘的质量受到了限制。

　　理解式文摘方法是在对文章进行分析理解的基础上提取摘要。近年来,对理解式文摘的研究越来越多,并出现了知识化和交互化的发展趋向。许多自动文摘系统在提高对文本的语言学分析能力的同时,将各种知识存储在词典或知识库中。知识包括特定领域的关键词的语法、语义和语用信息,以及对应领域的文摘结构。知识的获取和知识库的建立采用人机交互的方式,由人提供基本关键词和典型文摘句,供计算机分析和学习,以自动获取文摘句的构造规则,并在运行过程中自动更新关键词和构造规则,使其更加丰富和完善。

　　(3) 信息检索方面有模糊检索、概念检索、自然语言检索等。

　　模糊检索(或查询)有双重含义:一是系统在进行关键词匹配时,对那些相近的关键词也给予一定的匹配度,如给予"通信网"和"信息网"一定的匹配度;二是用户检索表达式同信息文档的相关度是用模糊集合的隶属度表示的连续值,而不是相关和不相关两个值。从而能够将检索结果按照相关度进行排序。

概念检索(或查询)也就是基于词义不是基于词法(关键词)进行匹配。例如,"电脑"和"计算机"是两个不同的词,可是在词义和概念层次上却是一致的。显然,利用这种概念上的一致性就可以提高信息检索的智能水平。

3. 基于 Agent 的网上信息搜索

Agent 不仅在网络管理与控制方面可发挥作用,而且也可以在网上信息检索方面大显身手。事实上,可以设计一种网上信息查询 Agent,它可以根据查询者事先定义的信息检索要求,在网上实时监视信息源的动态,及时获取所需信息并将其提供给查询者。这种 Agent 也就实现了个性化信息搜索。另外,还可建立基于 Agent 的搜索引擎,从而进一步提高智能搜索引擎的智能水平。

4. 基于知识图谱的语义搜索

2012 年,Google 在其搜索引擎中引入了知识图谱技术,将传统的基于关键词和网页超链的搜索模型升级为基于语义的搜索模型,进一步提高了其搜索质量和智能水平。随后其他各搜索引擎也都纷纷效仿,开发各自的基于知识图谱的新一代搜索引擎,例如,微软的"必应"、百度的"知心"、搜狗的"知立方"等都是这样的产品。基于知识图谱的搜索引擎从语义层面理解用户意图,沿着知识图谱进行搜索和推理,因而不但能够给用户提供更准确的期望信息,而且还可以提供关联的信息。

基于知识图谱的语义搜索技术是在语义 Web 的大背景下产生的;反过来,语义搜索的成功必然会促进语义 Web 的发展。

5. 网页排序技术

随着网上信息量的急剧增加,人们发现,不论输入什么关键词都会瞬间出现大量的相关信息(网页),那么,怎样在这些信息中迅速找到自己所需的信息又成了问题。于是,网页排序便成了一个重要课题。对此,人们提出了不少排序算法,其中最著名的当推 Google 的 PageRank 算法(该算法由 Google 的创始人之一的 Larry Page 于 1998 年在斯坦福大学发明)。该算法将一个网页与其他网页的连接元素的多寡作为该网页的权重,然后对检索到的网页计算权值并按权值大小进行排序。这一排序原理俗称"民主表决"法,这在当时算是个革命性的发明。

19.2.5 推荐系统

随着网上信息和网络功能的激增,仅靠搜索引擎的信息查询方式已难以适应和满足人们的需求。大约于 1995 年始,一种被称为推荐系统(Recommender System)的智能网络信息服务系统应运而生。推荐系统就是专门为上网用户适时推荐或推送有关资讯、物品或服务等的一种个性化信息服务系统。与搜索引擎相比,推荐系统是一种更为主动的智能信息服务系统。推荐系统能根据每个用户的需求、兴趣、偏好甚至意图,投其所好,将认为用户最需要、最感兴趣的资讯、物品或服务等信息适时地呈现给用户。

推荐系统之所以如此神奇,其奥秘在于它能从用户的上网历史资料中挖掘、发现用户的需求、兴趣和偏好,甚至能揣摩当前用户的意图;而且它也从对用户偏好的分析中对推荐对象的相关特征、关系和关联了然于胸。

推荐系统的基本结构和简单工作原理如图 19-11 所示。

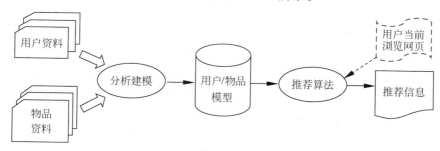

图 19-11 推荐系统的基本结构与简单工作原理示意图

如图所示,推荐系统一般由用户资料、物品资料、分析建模、用户模型及物品模型、推荐算法等模块组成,其逻辑关系如箭头所示。

这里的用户资料包括显式的注册、表格、问卷等,还包括隐式的上网记录、浏览记录、行为日志等。

这里的物品(items)是广义的,包括出现在互联网上的各种各样、包罗万象的商品、资讯、服务等。

分析建模就是利用数据挖掘、知识发现和机器学习等技术从用户资料和物品资料中发现相应的特征和类型,从而建立用户和物品的基本模型;在此基础上发现用户与用户、物品与物品、用户与物品之间(在用户偏好意义下)的关系和关联,如某种相似关系或关联关系。有了用户模型和物品模型,系统便可根据当前的用户浏览页面,采用某种算法适时主动地给用户推送有关物品或资讯。

其实,推荐系统也就是用户与物品之间的中介或媒介。一方面它收集、了解用户的特征和关系,特别是兴趣和偏好;另一方面还要了解有关推荐对象的特征和关系。因为只有对两者都了如指掌,方可更好地为两者牵线搭桥。

推荐算法就是具体的推荐策略和方法。推荐算法把用户模型中的用户的兴趣、偏好、相似性等信息和知识与物品模型中的特征、分类、关联等信息和知识相匹配,并进行相应的推理、计算和筛选,找到用户可能感兴趣的物品,然后推荐给用户。

经过多年的发展,已经有诸如协同过滤推荐(collaborative filtering recommendation,又分为基于用户的协同过滤和基于物品的协同过滤)、基于内容的推荐(content-based recommendation)、基于关联规则的推荐(association rule-based recommendation)、基于效用的推荐(utility-based recommendation)、基于知识的推荐(knowledge-based recommendation)、基于标签的推荐(label-based recommendation)以及混合推荐(hybrid recommendation)等多种推荐算法。

基于用户的协同过滤推荐算法的基本做法是:将与用户 A 兴趣相似的用户 B 所感兴趣的物品 O 推荐给用户 A。这一做法的依据是常识:兴趣相似的用户往往会喜欢同一类物品。于是,当用户 A 与用户 B 的兴趣相似时,就可以给 A 推荐 B 所感兴趣的物品 O。

基于物品的协同过滤推荐算法的基本做法是：将与用户 A 感兴趣的物品 O_1 相似的物品 O_2 推荐给用户 A。这一做法的依据是常识：相似的物品往往会被同一用户所喜欢。于是，当物品 O_2 在用户兴趣意义下相似于物品 O_1 并且用户 A 喜欢 O_1 时，就将物品 O_2 推荐给用户 A。

基于内容的推荐算法的基本做法是：将物品 O_i 具体表示为其相关的特征值（即内容）组成的特征向量 $x_i (i=1,2,\cdots,n)$，再利用用户 U_j 对该物品 O_i 的总体评分 y_i 的历史数据来学习一个函数关系 $y_j = f_j(x)$，（若取 $f_j(x) = wx$，即线性函数，就是学习参数向量 w），然后用函数 $y_j = f_j(x)$ 预测用户 U_j 对同类物品 $O_k = x_k$ 的评分 $y_k (k=1,2,\cdots,l)$，最后将评分最高的物品 O 推荐给用户 U_j。

上面这几种推荐算法都涉及用户对物品的评分。这里的评分是在"感兴趣"意义下的打分，即用户对物品的喜欢程度。而用户之间和物品之间的相似也是在这种"感兴趣"意义下的相似，相似度就是用评分计算而得的。用户对物品的评分一般用一个二维表（称为评分矩阵）来表示和存储。表 19-1 就是一个评分矩阵示例。

表 19-1 用户评分矩阵（片段）

物品 用户	O_1	O_2	O_3	O_4	O_5
U_1	3	4	3	5	1
U_2	4	4	3		2
U_3	1		5	4	4
U_4	4	2	1	3	
U_5	2		3	4	5

用户评分值习惯上在 0 到 5 之间取值，表中的空缺项为未知值。

用户评分表是一个十分重要的数据结构，可以说是推荐系统的核心和基础。事实上，评分表的一个行向量就是相应用户的基本模型（画像），评分表的一列就是相应物品的基本模型。有了用户评分就可以进一步计算用户（行向量）之间和物品（列向量）之间的相似度了。相似度可直接用距离来刻画，也可用皮尔逊相关系数和余弦相似度等近似度来度量。推荐系统中常用的距离有欧氏距离、曼哈顿距离、闵可夫斯基距离等。下面的式(19-1)是这 3 种距离的通用表达式。

$$d(x,y) = \left(\sum_{i=1}^{n}(x_i - y_i)^r\right)^{1/r} \tag{19-1}$$

此式为一般的闵可夫斯基距离；当 $r=1$ 时为曼哈顿距离（或称城市街区距离）；当 $r=2$ 时为欧氏距离。

除了上面 3 种基本的推荐算法外，基于关联规则的推荐算法也是一种重要而常用的推荐算法。该算法的基本做法是：将与用户感兴趣的物品有关联的物品推荐给用户。这一做法的依据是常识：相关联的物品往往会被用户同时采用。这里的关联有些是自然关联，有些则是由某种原因如用户的购物习惯形成的。例如笔与纸、牙刷与牙膏、桌子与椅子等就是自然关联，而面包与牛奶的关联则可能是由某些人的饮食习惯形成的。关联规则就是从用户的购物历史数据中挖掘出来的物品之间的关联关系。

可以看出,推荐系统实际是一种综合性智能系统,要用到机器学习、知识工程、模式识别甚至自然语言处理等诸多人工智能技术。所以,也可以说,推荐系统是一种有自学习功能的网上知识系统或专家系统。

据报道,最早的推荐系统是 1995 年 3 月美国人工智能协会上斯坦福大学的 Marko Balabanovic 等推出的个性化推荐系统 LIRA 和卡耐基•梅隆大学的 Robert Armstrong 等提出的个性化导航系统 Web Watcher。随后,各种各样的推荐系统便在互联网上相继出现。其中著名的专业化推荐系统有亚马逊的个性化产品推荐、Netflix 的视频推荐、Pandora 的音乐推荐、Facebook 的好友推荐等。随着人工智能技术的发展,推荐系统也在不断发展,而且"搜索"与"推荐"已有相互融合的趋势。现在上网时,"推荐"已经是无处不在了。

习题 19

1. 何为智能计算机? 智能计算机有哪些实现途径?

2. 从系统结构看,智能计算机可分为哪两部分?

3. 什么是神经网络计算机? 神经网络计算机有哪些不同的类型和实现途径?

4. 谈谈你对智能计算机及其发展前景的认识。

5. 智能化网络一般包括网络哪些方面的智能化?

6. 什么是智能网?

7. 网络控制与管理中怎样使用智能技术?

8. 哪些智能技术可用于网上信息检索?

9. 什么是智能搜索引擎? 它涉及哪些智能技术?

10. 谈谈你对语义 Web 和语义搜索的认识。

11. 试述推荐系统的工作原理。

12. 分别采用欧氏距离、曼哈顿距离、闵可夫斯基距离计算表 19-1 中用户 U_1 和 U_2 之间的相似度。

上机实习及指导

为了加深学生对课程内容的理解和掌握，并培养学生的动手能力和分析问题、解决问题的能力，下面特地安排了有关内容的上机实习项目，并给出了指导，供选择和参考。

实习一　PROLOG 语言编程练习

1. 目的

加深学生对逻辑程序运行机理的理解，使学生掌握 PROLOG 语言的特点、熟悉其编程环境，同时为后面的人工智能程序设计做好准备。

2. 内容

选择 Visual Prolog(www. visual-prolog. com)或 SWI Prolog(www. swi-prolog. org)在其集成环境下调试运行简单的 PROLOG 程序，如描述亲属关系的 PROLOG 程序或其他小型演绎数据库程序等。

3. 要求

(1) 程序自选，但必须是描述某种逻辑关系的小程序。
(2) 跟踪程序的运行过程，理解逻辑程序的特点。
(3) 对原程序可做适当修改，以便熟悉程序的编辑、编译和调试过程。

4. 示例程序

逻辑电路模拟程序。该程序以逻辑运算"与""或""非"的定义为基本事实，并在此基础上定义了"异或"运算。那么，利用这些运算就可以对"与""或""非""异或"等逻辑门电路进行模拟。事实上，在此基础上也可以对其他任一逻辑门电路进行模拟。

```
domains
        d = integer
    predicates
        not_ (D, D)
        and_ (D, D, D)
        or_ (D, D, D)
        xor(D, D, D)
    clauses
        not_(1, 0).
        not_(0, 1).
        and_(0, 0, 0).
        and_(0, 1, 0).
```

```
            and_(1, 0, 0).
            and_(1, 1, 1).
            or_(0, 0, 0).
            or_(0, 1, 1).
            or_(1, 0, 1).
            or_(1, 1, 1).

xor(Input1, Input2, Output): -
                            not_(Input1, N1),
                            not_(Input2, N2),
                            and_(Input1, N2, N3),
                            and_(Input2, N1, N4),
                            or_(N3, N4, Output).
```

实习二　图搜索问题求解

1. 目的

使学生加深对图搜索技术的理解,初步掌握图搜索基本编程方法,并能运用图搜索技术解决一些应用问题。

2. 内容

以求某交通图中两地之间的路径为例,用状态图搜索进行问题求解。

3. 要求

(1) 可使用第 3 章中的状态图搜索通用程序,只需编写规则集程序即可;也可用 PROLOG 语言或其他语言另行编程。

(2) 程序运行时,应能在屏幕上显示程序运行结果。

4. 示例

(参见第 3 章中的例 3-8、例 3-9、例 3-10)

实习三　小型专家系统设计与实现

1. 目的

专家系统及其设计与实现涉及该课程的大部分内容,而且实践性和应用性都很强。因此,将专家系统设计与实现作为一个重点上机实习项目,以加深学生对课程内容的理解和掌握,并培养学生综合运用所学知识开发智能系统的初步能力。

2. 内容

建造一个小型专家系统(如分类、诊断、预测等类型),具体应用领域由学生自选,具体系统名称由学生自定。

3．步骤

具体工作及步骤如下：
（1）系统分析。
（2）知识获取与表示。
（3）知识库组建。
（4）推理机选择/编制。
（5）系统调试与测试。

4．要求

（1）用产生式规则作为知识表示，用产生系统实现该专家系统。
（2）用 PROLOG 语言编程，可参考下面示例程序，特别是总控和人机接口部分的程序段；也可用其他语言另行编程。
（3）程序运行时，应有人机对话过程。

5．示例

考虑到本实习项目有一定难度，下面给出一个"小型动物分类专家系统"示例程序，以供参考。

```
/*      An Animal Classifying Expert System          */
database
    xpositive(symbol, symbol)
    xnegative(symbol, symbol)
predicates
    run
    animal_is(symbol)
    it - is(symbol)
    positive(symbol, symbol)
    negative(symbol, symbol)
    clear_facts
    remember(symbol, symbol, symbol)
    ask(symbol, symbol)
goal
    run.
clauses
    run: -
        animal_is(X), !,
        write("\nYour animal may be a(n) ", X),
        nl, nl, clear_facts.
    run: -
        write("\nUnable to determine what"),
        write("your animal is. \n\n"), clear_facts.
```

```
    positive(X, Y):- xpositive(X, Y), !.
    positive(X, Y):- not(xnegative(X, Y)), ask(X, Y).
    negative(X, Y):- xnegative(X,Y), !.
    negative(X, Y):- not(xpositive(X, Y)), ask(X, Y).
    ask(X, Y):-
        write(X, " it ", Y, "\n"),
        readln(Reply),
        remember(X, Y, Reply).
    remember(X, Y, y):- asserta(xpositive(X, Y)).
    remember(X, Y, n):- asserta(xnegative(X, Y)), fail.
    clear_facts:- retract(xpositive(_, _)), fail.
    clear_facts:- retract(xnegative(_, _)), fail.
    clear_facts:- write("\n\nPlease press the space bar to Exit"),
                  readchar(_).
/*          Knowledge Base              */
  animal_is(cheetah):-
      it_is(carnivore),
      positive(has, tawny_color),
      positive(has, black_spots).
  animal_is(tiger):-
      it_is(carnivore),
      positive(has, tawny_color),
      positive(has, black_stripes).
  animal_is(giraffe):-
      it_is(ungulate),
      positive(has, long_neck),
      positive(has, long_legs),
      positive(has, dark_spots).
animal_is(zebra):-
      it_is(ungulate),
      positive(has, black_stripes).
  animal_is(ostrich):-
      it_is(bird),
      negative(does, fly),
      positive(has, long_neck),
      positive(has, long_legs),
      positive(has, black_and_white_color).
  animal_is(penguin):-
      it_is(bird),
      negative(does, fly),
      positive(does, swim),
      positive(has, black_and_white_color).
animal_is(albatross):-
      it_is(bird),
      positive(does, fly_well).
it_is(mammal):-
      positive(has, hair).
  it_is(mammal):-
```

```
            positive(does, give_milk).
    it_is(bird): -
            positive(has, feathers).
    it_is(bird): -
            positive(does, fly),
            positive(does, lay_eggs).
    it_is(carnivore): -
            positive(does, eat_meat).
    it_is(carnivore): -
        it_is(mammal),
        positive(has, pointed_teeth),
        positive(has, claws),
        positive(has, forward_eyes).
    it_is(ungulate): -
        it_is(mammal),
        positive(has, hooves).
    it_is(ungulate): -
        it_is(mammal),
        positive(does, chew_cud).
```

需要说明的是,严格来讲,该专家系统程序中并无显式的推理机,而是利用了 PROLOG 语言本身的推理机制实现推理的。这就是说,用 PROLOG 编写专家系统程序,可以省去推理机部分。如果用其他语言编程,推理机则是必不可少的。当然,用 PROLOG 编写专家系统程序,也可以不用它自身的推理机作为所实现的专家系统的推理机,而用户自己重新编写一个显式的推理机,这可根据问题和需要而定。如果要重新编写推理机,一般说来,规则要用 PROLOG 的事实来实现。知识库要用 PROLOG 的动态数据库来实现。

当然,以上实习也可用 C 或 C++ 编程,但工作量要大得多。

实习四　Python 语言统计学习编程练习

1. 目的

使学生熟悉 Python 的编程环境,了解 Python 特点,加深对统计学习的理解,并具有初步的 Python 语言机器学习编程能力。

2. 内容

在 Python 的编程环境下调试、运行一个简单的统计学习程序。

3. 要求

(1) 按照 10.2 节中的学习算法,自编或自选一个简单的统计学习程序,并阅读和分析程序。

(2) 调试、运行程序。

（3）对原程序的参数做适当修改，再运行程序，以进一步理解机器学习的过程和机理。

实习五　Python 语言神经网络学习编程练习

1．目的

使学生熟悉 Python 的编程环境，了解 Python 特点，加深对神经网络学习的理解，并具有初步的 Python 语言机器学习编程能力。

2．内容

在 Python 的编程环境下调试、运行一个简单的神经网络学习程序。

3．要求

（1）按照 11.3 节或 11.4 节中的学习算法，自编或自选一个简单的学习程序，并阅读和分析程序。

（2）调试、运行程序。

（3）对原程序的参数做适当修改，再运行程序，以进一步理解机器学习的过程和机理。

实习六　深度学习框架应用练习

1．目的

使学生初步了解深度学习框架的特点，加深对机器学习和深度学习的理解，并具有初步的运用深度学习框架实现深度学习系统的能力。

2．内容

自选一个速度学习框架（建议使用 TensorFlow），然后利用其调试、运行一个简单的深度学习程序。

附录 A　函数型程序设计语言 LISP

　　LISP 语言是第一个人工智能编程语言，一直沿用至今；而且由它还派生出一些其他语言。

　　LISP 语言的主要特点是：

　　(1) LISP 程序由一组函数组成，程序的执行过程是函数的调用过程；

　　(2) 程序和数据在形式上是相同的，即都是符号表达式，简称 S-表达式；

　　(3) 递归是 LISP 语言的主要控制结构；

　　(4) 程序以交互方式运行。

1. LISP 的程序结构与运行机制

LISP 的程序一般由函数的定义和函数的调用两部分组成。其一般格式为：

```
(DEFUN (〈函数名〉(〈形参表〉) 〈函数体〉)
      (〈函数名〉(〈形参表〉) 〈函数体〉)
          ……
      (〈函数名〉(〈形参表〉) 〈函数体〉))
      (〈函数名〉〈实参表〉)
          ……
      (〈函数名〉〈实参表〉)
```

其中，DEFUN 是定义函数的关键字，"函数名"可以是系统的内部函数(名)，也可以是用户用 DEFUN 定义的函数(名)。例如下面就是一个 LISP 程序。

```
(DEFUN HANOI (a b c n)
    (COND (( = n 1) (MOVE – DISK a c))
        (T (HANOI a c b ( – n 1))
            (MOVE – DISK a c)
            (HANOI b a c ( – n 1)))))
(DEFUN MOVE – DISK(from to)
    (TERPRI)
    (PRINC "Move Disk From")
    (PRINC from)
    (PRINC "To")
    (PRINC to))
(HANOI 'a 'b 'c 3)
```

　　可以看出，这个程序的函数定义部分定义了名为 HANOI 和 MOVE-DISK 两个函数，其中前者调用后者；函数调用部分只有一个函数调用，即最后一行。

　　这个程序运行时，就从对函数 HANOI 关于实参('a 'b 'c 3)的调用、求值开始，依函数体内各子函数的逻辑顺序，又依次对各函数进行调用、求值，直到最后一个或最后一次函数调用和求值完成后,整个程序运行结束。所以,LISP 程序的运行过程就是一个不断地进行函数调用和求值的过程。

2．S-表达式

从语法上看,LISP 程序的基本单位是 S-表达式。S-表达式又可分为原子和表两大类。原子(atom)是由字母和数字组成的字符串,是 S-表达式的最简单情况。原子又可分为文字原子、串原子和数字原子 3 种。

文字原子又称符号(symbol),是以字母开头的字母数字串,用来表示常量、变量和函数的名字等。例如：ABC、X1 等。

串原子是由双引号括起来的一串字符,如"LISP Program"。

数字原子由数字串组成。在其前面可以有符号"－"或"＋",中间可出现".",用来表示整数和实数。例如：256、－66、3.14159 等。

S-表达式可以递归定义如下：

(1) 原子是 S-表达式。

(2) 若 S_1 和 S_2 是 S-表达式,则($S_1 \cdot S_2$)也是 S-表达式。由定义可知,下面的式子都是 S-表达式：

$$X2$$
$$123$$
$$(A \cdot B)$$
$$(A \cdot (B \cdot C))$$

表(list)是 LISP 语言中最常用的数据类型,也是主要的处理对象。表是由圆括号括起来的由空格分开的若干个元素的集合。

表的一般形式为：

$$(\langle S 表达式\rangle\langle S 表达式\rangle\cdots\langle S 表达式\rangle)$$

例如：

$$(X Y Z),(+1 2), (A (B C))$$

就是 3 个表。表的左括号后面的第一个元素称为表头,其余的元素组成的表称为表尾。例如,表(＋1 2)的头为＋,尾为(1 2)。

元素个数为零的表为空表,记为()或 NIL。

表是一种特殊的 S-表达式,每一个表都对应着一个 S-表达式。二者的关系由下面的例子说明。

表 ←————————→ S-表达式
(A)　　　　　　(A · NIL)
(A B)　　　　(A · (B · NIL))
(A B C)　　　(A · (B · (C · NIL)))
((A B) C D)　((A · (B · NIL)) · (C · (D · NIL)))

可以看出,表的 S-表达式的结构实际是一棵二叉树。

3.基本函数

LISP 的函数都以表的形式出现,并一律使用前缀表示方式,即表头为函数名,并且每个函数都有一个返回值。LISP 的函数可分为语言自身提供的内部函数(称为基本函数或系统函数)和用户自定义函数两类。基本函数的种类有十多个,下面仅介绍其中主要的几类。

(1) 表处理函数。

表处理是 LISP 的主要特色,表处理的函数也很多,以下是最常用的几个。

① CAR 函数。

格式　(CAR〈表〉)

其中,CAR 为函数名,它是一个保留字(下同)。

功能　取出表中的表头。

例如:(CAR '(LISP Language Program))

返回值为:LISP

② CDR 函数。

格式　(CDR〈表〉)

功能　取出表中的表尾。

例如:(CDR '(LISP Language Program))

返回值为:(Language Program)

③ CONS 函数。

格式　(CONS < S 表达式> <表>)

功能　将 S-表达式作为一个元素加到表中去,并作为所构成新表中的第一个元素。

例如:(CONS 'My '(LISP Language Program))

返回值为:(My LISP Language Program)

④ APPEND 函数。

格式　(APPEND〈表 1〉〈表 2〉…〈表 n〉)

功能　将 n 个表中的元素合并成一个新表。

例如:(APPEND '(TIGER LION)'(DOG CAT))

返回值为:(TIGER LION DOG CAT)

⑤ LIST 函数。

格式　(LIST〈S-表达式 1〉〈S-表达式 2〉… 〈S-表达式 n〉)

功能　把 n 个 S-表达式作为元素括在一起构成一张新表。

例如:(LIST 'YELLOW'RED 'BLUE)

返回值为:(YELLOW RED BLUE)

(2) 算术函数。

LISP 的算术表达式也是用函数表示的,称为算术函数。下面举例说明。

(＋ 2 5) 表示 2＋5,返回值为 7。

(－ (＊ 4 8) (/10 5)) 表示 4×8－10/5,返回值为 30。

（3）求值与赋值函数。

在上面的函数中多次出现撇号(')，它的意思是禁止求值。为什么要禁止求值呢？原来，LISP总是试图对一切S-表达式求值。表的值是通过函数运算而得到的，原子的值则是通过赋值函数实现的。撇号'也是一个函数，它实际是禁止求值函数QUOTE的简写形式。

赋值函数有多个，其中SET函数是一个最基本的赋值函数。

格式　（SET〈变量〉〈S-表达式〉）

功能　把S-表达式赋给变量。

例如：

```
(SET 'X '8); X 得到值 8
(SET 'Y '(a b c)); Y 得到值(a b c)
(SET 'Z (CDR Y); Z 得到值(b c)
```

另外，赋值函数还有SETQ、SETF(COMMON LISP)，其功能是类似的。

（4）**谓词函数**

返回值为逻辑值真或假的函数称为谓词函数，简称谓词。LISP中真和假分别用T和NIL表示，当函数的返回值为非NIL时，表示为真。另外，NIL也表示空表。谓词函数也有多个，下面介绍常用的几个谓词函数。

① 原子谓词ATOM。

格式　（ATOM〈参数〉）

功能　检测其参数是否为原子，是则返回T，否则返回NIL。

例如：

```
(ATOM 'a); 返回 T
(ATOM '(a b)); 返回 NIL
```

② 相等谓词EQUAL。

格式　（EQUAL〈参数〉〈参数〉）

功能　判断两个参数是否逻辑相等。

例如：

```
(EQUAL 'a 'a); 返回 T
(EQUAL '(a b) '(a c)); 返回 NIL
(EQUAL '(a b) (CONS 'a '(b))); 返回 T
```

还有一种相等谓词，其格式为：(EQ <参数> <参数>)，但它只是用来判断两个原子是否相等。例如：(EQ 'a 'a)，则返回T。

③ 判空表函数NULL。

格式　（NULL〈参数〉）

功能　判断参数是否为空表，是则返回T，否则返回NIL。

（5）条件函数。

条件函数也称分支函数，类似于其他语言中的分支语句，其作用是控制程序的流程。

最常用到的条件函数是 COND 函数。

格式　(COND (P1 e1) (P2 e2)…(Pn en))

其中,Pi($i=1,…,n$)为谓词,ei($i=1,…,n$)为一个或多个 S-表达式。

功能　如果 P1 为真,则 COND 函数的值为 e1(当 e1 为多个 S-表达式时,取最后一个 S-表达式的值,下同)。否则,判断 P2、P3 ……直到某个 Pi 真为止,然后将对应的 ei 作为函数值。若没有一个 Pi 的值为非 NIL,则 COND 的返回值为 NIL。Pi 也可以为逻辑常量 T,这时则对其对应的各表达式求值,并把最后一个表达式的值作为 COND 的返回值。

例如:

```
(COND ((NULL x) 0)
      ((ATOM x) 1)
      ((LISTP x) (LENGTH x)))
```

其语义是,若 x 的值为 NIL,则 COND 的返回值为 0;若 x 为原子,则 COND 的返回值为 1;若 x 的值为表,则 COND 的返回值为表的长度。

4. 自定义函数

基本函数是 LISP 提供的基本处理功能,要用 LISP 编程解决实际问题,仅有基本函数还是不够的,用户还必须根据问题的需要,利用基本函数自定义所需的函数。

自定义函数的格式为:

```
(DEFUN ⟨函数名⟩( ⟨形参表⟩)
       ⟨函数体⟩)
```

其中,函数体又可能是用户自定义的函数或 LISP 基本函数的某种组合。所以,一般来讲,LISP 自定义函数就是由其基本函数组合而成的。常用的组合方法有复和、分支、递归、迭代等。其中最具特色的构造方法是递归。

所谓递归,就是指函数的定义式中又包含着对其自身的调用。下面举例说明。

例 A.1　定义求 $N!$ 的 LISP 函数。

解　阶乘的公式是:

$$n!=n\times(n-1)!$$
$$1!=1$$
$$0!=1$$

由此给出其 LISP 函数如下:

```
(DEFUN N! (n)
      (COND (( = n 0) 1)
            (( = n 1) 1)
            (T ( * n (N! ( - n 1)))))))
```

可以看出,该函数的最后一行中又调用了它自己。所以,这个函数 $N!$ 是递归定义的。

需说明的是,一个函数是否能递归定义,要取决于以下两条:

① 函数的求值存在最简的情形,在这种情形下函数值是显然的或已知的。

② 该函数对于其参数的求值,可以归结为对另一些参数的求值,而且后者比前者更容易求值,即使问题朝最简情形逼近了一步。

可以看出,上面定义的阶乘函数正满足这两个条件。实际上,本节一开始给出的例子程序中的函数 HANOI 也是递归定义的。

5. 程序举例

例 A.2　符号微分程序。

这里是指数学上的一元函数求导。用 D(e x)表示数学上的 de/dx,这里 e 为需求导的函数表达式,x 为自变量。程序如下:

```
(DEFUN D(e x)
    (COND ((ATOM e) (IF (EQ e x) 1 0))
          (T (APPLY(D - RULE(CAR e))
                   (APPEND(CDR e))
                      (LIST x)))))
```

其中,D-RULE 是一个获取给定操作符的微分规则的 LISP 函数。微分规则的存放是通过为相应操作符建立 d 特性的方法完成的。D-RULE 的定义为:

```
(DEFUN D - RULE(operator)
    (GET operator 'd))
```

其中,操作符 d 的特性值需事先用 SETF 函数建立好。例如对于操作符加＋和乘·,在数学上有:

$$d(u+v)/dx = du/dx + dv/dx$$
$$d(u \cdot v)/dx = v \cdot du/dx + u \cdot dv/dx$$

用 LISP 表示就是:

```
(SETF(GET '+ 'D) '(LAMBDA(u v x)'(+ (D u x) (D v x))))
(SETF(GET '* 'D) '(LAMBDA(u v x)
'(+ (* (D u x),v) (* (D v x) u)))))
```

有了这些函数,就可以用机器求符号微分了。例如,给出如下的函数调用(D'(＋(＊2 x)(＊x x))'x);即求一元函数 $2x+x^2$ 关于 x 的导函数则得到返回值为:

$$(+ (+ (* 0 x) (* 1 2)) (+ (* 1 x) (* 1 x)))$$

即 $2+2x$,结果正确。

由于篇幅所限,上面对 LISP 语言仅做了简要介绍。需进一步学习的读者,可参阅有关专门著作。实际上,以此为入门和基础,读者就可以参照某一具体的 LISP 语言资料,进行 LISP 程序设计了。经过几十年的发展,LISP 的方言和版本也很多。比较流行的有 INTERLISP、MACLISP、COMMON LISP。其中 COMMON LISP 将成为一种标准,以统一各种 LISP 方言。

中-英文名词对照及索引

参 考 文 献

[1] 李卫华,等. IBM PC 机编译型 PROLOG 语言[M]. 武汉:武汉大学出版社,1987.

[2] 涂序彦. 人工智能及其应用[M]. 北京:电子工业出版社,1988.

[3] 何华灿. 人工智能导论[M]. 西安:西北工业大学出版社,1988.

[4] Clocksin,Mellish. PROLOG 程序设计[M]. 李德毅,赵立平,译. 北京:国防工业出版社,1988.

[5] 林尧瑞,张铖,石纯一. 专家系统原理与实践[M]. 北京:清华大学出版社,1988.

[6] 徐立本,姜云飞. 机器学习及其应用[J]. 吉林大学社会科学丛刊,1988,(69).

[7] 黄可鸣. 专家系统导论[M]. 南京:东南大学出版社,1988.

[8] 周远清,张再兴,许万雍,等. 智能机器人系统[M]. 北京:清华大学出版社,1989.

[9] 王元元. 计算机科学中的逻辑学[M]. 北京:科学出版社,1989.

[10] 林尧瑞,马少平. 人工智能导论[M]. 北京:清华大学出版社,1989.

[11] 何新贵. 知识处理与专家系统[M]. 北京:国防工业出版社,1990.

[12] T·雷蒙德. 人工智能中的逻辑[M]. 赵沁平,译. 北京:北京大学出版社,1990.

[13] 施鸿宝,王秋荷. 专家系统[M]. 西安:西安交通大学出版社,1990.

[14] 刘椿年,曹德和. PROLOG 语言,它的应用与实现[M]. 北京:科学出版社,1990.

[15] 徐立本,张志奇,戈峰. 机器学习新方法[M]. 长春:吉林大学出版社,1990.

[16] 沈清,汤霖. 模式识别导论[M]. 长沙:国防科技大学出版社,1991.

[17] 焦李成. 神经网络系统理论[M]. 西安:西安电子科技大学出版社,1991.

[18] 冯博琴. 实用专家系统[M]. 西安:西安交通大学出版社,1992.

[19] 童频,沉一栋. 知识工程[M]. 北京:科学出版社,1992.

[20] 杨行峻,郑君里. 人工神经网络[M]. 北京:高等教育出版社,1992.

[21] 沈政,林庶芝. 脑模拟与神经计算机[M]. 北京:北京大学出版社,1992.

[22] B. Kosko. Neural Networks and Fuzzy System[M]. EnglewoodCliffs:Prentice-Hall,1992.

[23] Shin-ichi Horikawa,et al. On Fuzzy Modeling Using Fuzzy Neural Networks with the Back-Propagation Algorithm[J]. IEEE Trans,on NN,1992,3(5).

[24] 施鸿宝. 神经网络及其应用[M]. 西安:西安交通大学出版社,1993.

[25] 石纯一,黄昌宁,王家廞. 人工智能原理[M]. 北京:清华大学出版社,1993.

[26] James J. Buckley. On the Equivalence of Neural Networks and Fuzzy Expert Systems[J]. Fuzzy Set and Systems,1993,53.

[27] C Elkan. The paradoxical success of fuzzy logic[J]. IEEE Expert,1994,(9):3-8.

[28] 王永庆. 人工智能——原理·方法·应用[M]. 西安:西安交通大学出版社,1994.

[29] 李孝安,张晓缋. 神经网络与神经计算机导论[M]. 西安:西北工业大学出版社,1994.

[30] 何新贵. 事件代数与主动知识库系统[J]. 软件学报,1994(9),23-29.

[31] 陆汝钤,等. 专家系统开发环境[M]. 北京:科学出版社,1994.

[32] 吴泉源,刘江宁. 人工智能与专家系统[M]. 北京:国防科技大学出版社,1995.

[33] 姚天顺,等. 自然语言理解[M]. 北京:清华大学出版社,1995.

[34] 蔡希尧,陈平. 面向对象技术[M]. 西安:西安电子科技大学出版社,1995.

[35] 曹文君. 知识系统原理及其应用[M]. 上海：复旦大学出版社,1995.

[36] 蔡自兴,徐光佑. 人工智能及其应用[M]. 2版. 北京：清华大学出版社,1996.

[37] 王鼎兴,温冬婵,高耀清,等. 逻辑程序设计语言及其实现技术[M].北京：清华大学出版社,1996.

[38] 路耀华. 思维模拟与知识工程[M]. 北京：清华大学出版社,1997.

[39] 廉师友. 人工智能原理与应用基础教程[M]. 昆明：云南科技出版社,1998.

[40] 胡舜耕,张莉,钟义信. 多 Agent 系统的理论、技术及其应用[J]. 计算机科学,1999,26(9):20-24.

[41] 周明,孙树栋. 遗传算法原理及应用[M]. 北京：国防工业出版社,1999.

[42] 郭军. 智能信息技术[M]. 北京：北京邮电大学出版社,1999.

[43] 龚双瑾. 智能网技术[M]. 北京：人民邮电出版社,1999.

[44] 廉师友. 程度论——一种基于程度的信息处理技术[M]. 西安：陕西科技出版社,2000.

[45] 廉师友. 人工智能技术导论[M]. 西安：西安电子科技大学出版社,2000.

[46] 边肇祺,张学工,等. 模式识别[M]. 2版. 北京：清华大学出版社,2000.

[47] Nils J. Nilsson. 人工智能[M]. 郑扣根,庄越挺,译. 北京：机械工业出版社,2000.

[48] 章毓晋. 图像理解与计算机视觉[M]. 北京：清华大学出版社,2000.

[49] 玄光男,程润伟. 遗传算法与工程设计[M]. 北京：科学出版社,2000.

[50] 陆汝钤. 世纪之交的知识工程与知识科学[M]. 北京：清华大学出版社,2001.

[51] 张铃,张钹. 计算智能——神经计算和遗传算法技术[A]. 世纪之交的知识工程与知识科学[G]. 北京：清华大学出版社,2001.

[52] 石纯一,徐晋晖. 基于 Agent 的计算. 世纪之交的知识工程与知识科学[M]. 北京：清华大学出版社,2001.

[53] 潘云鹤,耿卫东. 形象思维. 世纪之交的知识工程与知识科学[M]. 北京：清华大学出版社,2001.

[54] 金芝. 知识工程中的本体论研究. 世纪之交的知识工程与知识科学[M]. 北京：清华大学出版社,2001.

[55] 刘椿年. 约束逻辑程序设计 CLP——现状与未来. 世纪之交的知识工程与知识科学[M]. 北京：清华大学出版社,2001.

[56] 王珏. 机器学习：研究与分析. 世纪之交的知识工程与知识科学[M]. 北京：清华大学出版社,2001.

[57] Jiawei Han, Micheline Kamber. Data Mining：Concepts and Techniques[M]. San Francisco：Morgan Kaufmann Publishers,2001.

[58] 廉师友. 人工智能技术导论[M].2版.西安：西安电子科技大学出版社,2002.

[59] 高济,朱淼良,何钦铭. 人工智能基础[M]. 北京：高等教育出版社,2002.

[60] 史忠植. 知识发现[M]. 北京：清华大学出版社,2002.

[61] 王小平,曹立明. 遗传算法——理论、应用与软件实现[M]. 西安：西安交通大学出版社,2002.

[62] 张惟杰,吴敏,刘曼西. 生命科学导论[M]. 北京：高等教育出版社,2002.

[63] 沟口理一郎,石田亨. 人工智能[M].卢伯英,译.北京：科学出版社,2003.

[64] 蔡自兴,徐光佑. 人工智能及其应用（研究生用书）[M]. 3版. 北京：清华大学出版社,2003.

[65] 孙吉贵,何雨果. 量子并行计算,知识科学与计算科学[M]. 北京：清华大学出版社,2003.

[66] 应明生. 形式语义学在基于内容的智能信息处理中的可能应用[A]. 知识科学与计算科学[M]. 北京：清华大学出版社,2003.

[67] 凌云,王勋,费玉莲. 智能技术与信息处理[M]. 北京：科学出版社,2003.

[68] Stuart Russell,Peter Norvig. 人工智能——一种现代方法[M].姜哲,金奕江,张敏,等译.2 版.北京：人民邮电出版社,2004.

[69] 马少平,朱小燕. 人工智能[M]. 北京：清华大学出版社,2004.

[70] 余雪丽. 软件体系结构及实例分析[M]. 北京：科学出版社,2004.

[71] 杨炳儒. 基于内在机理的知识发现理论及其应用[M]. 北京：电子工业出版社,2004.

[72] Thomas Dean, James Allen, Yiannis Aloimonos. 人工智能——理论与实践[M]. 顾国昌,刘海波,仲宇,等译. 北京：电子工业出版社,2004.

[73] 邓良松,刘海岩,陆丽娜. 软件工程[M].2 版.西安：西安电子科技大学出版社,2004.

[74] 李德毅,杜鹢. 不确定性人工智能[M]. 北京：国防工业出版社,2005.

[75] Tom M. Mitchell. 机器学习[M]. 曾华军,张银奎,等译. 北京：机械工业出版社,2005.

[76] Michael Negnevitsky. Artificial Intelligence：A Guide to Intelligent Systems[M]. Second Edition. Pearson Education，2005.

[77] 雷英杰,邢清华,王涛,等. 人工智能（AI）程序设计（面向对象语言）[M]. 北京：清华大学出版社,2005.

[78] 王珏,周志华,周傲英. 机器学习及其应用[M]. 北京：清华大学出版社,2006.

[79] 焦李成,刘芳,缑水平,等. 智能数据挖掘与知识发现[M]. 西安：西安电子科技大学出版社,2006.

[80] 高尚. 群智能算法及其应用[M]. 北京：中国水利水电出版社,2006.

[81] 史忠植. 高级人工智能[M].2 版.北京：科学出版社,2006.

[82] 廉师友. 人工智能技术导论[M]. 3 版.西安：西安电子科技大学出版社,2007.

[83] 周志华,王珏. 机器学习及其应用[M]. 北京：清华大学出版社,2009.

[84] 廉师友. 不确切性信息处理原理[M]. 北京：科学出版社,2009.

[85] 廉师友. 人工智能技术简明教程[M]. 北京：人民邮电出版社,2011.

[86] 李航. 统计学习方法[M]. 北京：清华大学出版社,2012.

[87] Peter Harrington. 机器学习实战[M]. 李锐,李鹏,曲亚东,等译. 北京：人民邮电出版社,2013.

[88] 吴军. 数学之美[M].2 版.北京：人民邮电出版社,2014.

[89] Niaobirdfly. 语义网技术综述（Web 3.0）[EB/OL]. CSDN 博客，2014 年 03 月 22 日.

[90] Yoshua Bengio. Deep Learning. July 23，2015，LxMLS 2015，Lisbon Machine Learning Summer School，Lisbon Portugal. http://www.iro.umontreal.ca/~bengioy/talks/lisbon-mlss-19juillet2015.pdf

[91] Vladimir N. Vapnik. 统计学习理论[M]. 许建华,张学工,译. 北京：中国工信出版集团,电子工业出版社,2015.

[92] 梁勇. Python 语言程序设计[M]. 李娜,译. 北京：机械工业出版社,2015.

[93] 郑捷. 机器学习算法原理与编程实践[M]. 北京：电子工业出版社,2015.

[94] 高阳,安波,陈小平,等. 多智能体系统及应用[M]. 北京：清华大学出版社,2015.

[95] 集智俱乐部. 科学的极致：漫谈人工智能[M]. 北京：中国工信出版集团,人民邮电出版社,2015.

[96] Shiyou Lian. Principles of Imprecise-Information Processing：A New Theoretical and Technological System[M]. Heidelberg：Springer Nature, 2016.

[97] Stuart J. Russell and Peter Norvig. Artificial Intelligence：A Modern Approach [M]. Third Edition. London：Pearson Education Limited,2016.

[98] 周志华. 机器学习[M]. 北京：清华大学出版社,2016.

[99] 埃塞姆·阿培丁（Ethem Alpaydin）. 机器学习导论[M].范明,译.3 版.北京：机械工业出版

社,2016.

[100] 刘知远. 知识图谱——机器大脑中的知识库[EB/OL]. Big Data Intelligence. 2016.05.29.

[101] 雷·库兹韦尔(Ray Kurzweil). 人工智能的未来[M]. 盛杨燕,译. 杭州:浙江人民出版社,2016.

[102] 焦李成,赵进,杨淑媛,等. 深度学习、优化与识别[M]. 北京:清华大学出版社,2017.

[103] 廉师友. 不确切性信息处理原理简介[J]. 中国人工智能学会通讯,2017(7),84-89.

[104] 塞巴斯蒂安·拉施卡(Sebastian Raschka). Python 机器学习[M]. 高明,徐莹,陶虎成,译. 北京:机械工业出版社,2017.

[105] Miroslav Kubat. 机器学习导论[M]. 王勇,仲国强,孙鑫,译. 北京:机械工业出版社,2017.

[106] Howard M. Schwartz. 多智能体机器学习:强化学习方法[M]. 连晓峰,谭励,等译. 北京:机械工业出版社,2017.

[107] 尚文倩. 人工智能[M]. 北京:清华大学出版社,2017.

[108] 白硕. 人工智能的诗与远方,一文读懂 NLP 起源、流派和技术[EB/OL]. 新智元,2018-01-11.

[109] 袁梅宇. 机器学习基础——原理、算法与实践[M]. 北京:清华大学出版社,2018.

[110] 衫山将. 统计机器学习导论[M]. 谢宁,李柏杨,肖竹,等译. 北京:机械工业出版社,2018.

[111] 董豪,郭毅可,杨光,等. 深度学习:一起玩转 TensorLayer[M]. 北京:电子工业出版社,2018.

[112] 赵卫东,董亮. 机器学习[M]. 北京:中国工信出版集团,人民邮电出版社,2018.

[113] Kaz Sato. 仅需 1/5 成本:TPU 是如何超越 GPU,成为深度学习首选处理器的[EB/OL]. Google Cloud,机器之心,编译,参与:思源,刘晓坤,2018-09-03.

[114] 大四本科生发明 AI 论文生成器,写出的论文达到几近完善程度[EB/OL]. AI 有道,2019.7.

[115] 泽南. 效率可达 CPU 一万倍、内含 800 万神经元:英特尔发布神经形态芯片超算[EB/OL]. 机器之心,2019.7.

[116] 雷明. 机器学习与应用[M]. 北京:清华大学出版社,2019.

[117] 大明,张佳,小芹. "天机"今登 Nature 封面:清华施路平团队发布全球首款异构融合类脑芯片. 新智元. 2019 年 8 月 1 日.

图 书 资 源 支 持

感谢您一直以来对清华版图书的支持和爱护。为了配合本书的使用,本书提供配套的资源,有需求的读者请扫描下方的"书圈"微信公众号二维码,在图书专区下载,也可以拨打电话或发送电子邮件咨询。

如果您在使用本书的过程中遇到了什么问题,或者有相关图书出版计划,也请您发邮件告诉我们,以便我们更好地为您服务。

我们的联系方式:

地　　址:北京市海淀区双清路学研大厦 A 座 701

邮　　编:100084

电　　话:010-83470236　010-83470237

资源下载:http://www.tup.com.cn

客服邮箱:2301891038@qq.com

QQ:2301891038(请写明您的单位和姓名)

资源下载、样书申请

书圈

扫一扫,获取最新目录

课程直播

用微信扫一扫右边的二维码,即可关注清华大学出版社公众号"书圈"。